D1930299

Walter Simon

GABALs großer Methodenkoffer

Zukunft

Makuliert!
entwidmet aus den Beständer
der Stadtbibliothek Mitte

Walter Simon

GABALs großer Methodenkoffer
Zukunft

Grundlagen und Trends

GABAL

Bibliografische Information der Deutschen Nationalbibliothek

Die Deutsche Nationalbibliothek verzeichnet diese Publikation in der Deutschen Nationalbibliografie; detaillierte bibliografische Daten sind im Internet über http://dnb.d-nb.de abrufbar.

ISBN 978-3-86936-181-9

Umschlaggestaltung: Martin Zech Design, Bremen | www.martinzech.de
Umschlagfoto: Yuri Arcurs/Shutterstock Images
Satz und Layout: Lohse Design, Heppenheim | www.lohse-design.de
Druck und Bindung: Salzland Druck, Staßfurt

Copyright © 2011 by GABAL Verlag GmbH, Offenbach
Alle Rechte vorbehalten. Vervielfältigung, auch auszugsweise, nur mit schriftlicher Genehmigung des Verlages.

www.gabal-verlag.de

Inhalt

Zu diesem Buch und zur Buchreihe GABALs großer Methodenkoffer

Dieses ist der *sechste Band* in der Reihe GABALs großer Methodenkoffer. Die Gesamtreihe besteht aus folgenden Büchern:

- Grundlagen der Kommunikation
- Grundlagen der Arbeitsorganisation
- Managementtechniken
- Führung und Zusammenarbeit
- Persönlichkeitsentwicklung
- Zukunft: Grundlagen und Trends
- Zukunft: Konzepte, Methoden, Instrumente

Zu Band 6

Der *sechste* und *siebte Band* bilden eine thematische Einheit. Aus methodischen Gründen und wegen größerer Übersichtlichkeit und besserer Lesbarkeit wurde das Thema Zukunft auf zwei Bände verteilt. Wer Informationen über Megatrends oder die Aussagequalität der Zukunfts- und Trendforschung wünscht, ist mit Band 6 bestens bedient. Hier gibt es auch fundierte Antworten auf grundlegende Zukunftsfragen.

Zu Band 7

Leser, die aber sofort in medias res gehen wollen, die konkrete Fragestellungen an die Zukunft richten, denen sei Band 7 empfohlen. Hier finden sich Konzepte, Methoden und Instrumente, die die Zukunftsnavigation erleichtern. Band 6 zeigt, dass Zukunftsprognosen unsicher und fragwürdig sind. Also ist es geboten, selber die Pfade in die Zukunft auszukundschaften. Hierbei hilft Band 7.

Beide Bände bilden zwar eine Einheit, müssen aber nicht zwingend gemeinsam erworben oder gelesen werden. Wer jedoch über beide Bände verfügt, findet dank der bändeübergreifenden Querverweise schnell die ergänzenden und gegebenenfalls erklärenden Stellen im jeweils anderen Band.

Überblick über die gesamte Buchreihe

Zu Band 1

Der *Band 1* (*Methodenkoffer Kommunikation*) behandelt, auf folgender Gliederung basierend, alle relevanten Kommunikationsthemen:

- Umfassende Kommunikationsmodelle
- Teilaspekte der Kommunikation
- Besondere Kommunikationsformen und -zwecke

Der Themenbogen spannt sich von umfassenden Kommunikationsmodellen (z.B. neurolinguistisches Programmieren) über Teilaspekte der Kommunikation (z.B. Fragetechnik) bis hin zu besonderen Kommunikationsformen (z.B. Rhetorik).

Zu Band 2

Im *zweiten Band* (*Methodenkoffer Arbeitsorganisation*) werden die wichtigsten persönlichen Arbeitstechniken behandelt:

- Persönliche Arbeitsmethodik
- Lern- und Gedächtnistechniken
- Denktechniken
- Kreativitätstechniken
- Stressbewältigungsmethoden

Zeit- und Zielmanagement, Informationsbewältigung, Super-Learning, logisches und laterales Denken, autogenes Training und Meditation, das sind einige der Themen, die hier behandelt werden.

Zu Band 3

Der *dritte Band* (*Methodenkoffer Management*) stellt in vier Hauptabschnitten 40 Werkzeuge verschiedener Managementtechniken vor:

- Funktionales Management
- Funktionsintegrierende Managementkonzepte
- Qualitätsoptimierende Managementtechniken
- Strategische Managementthemen

Behandelt werden Themen wie Szenariotechnik, Nutzwertanalyse, Entscheidungsbaumtechnik, Kennzahlen, Kepner-Tregoe-Methode und Wertanalyse oder strategische Themen wie Change-Management und Lernende Organisation.

Zu Band 4

Band 4 (*Methodenkoffer Führung*) hat das Thema Mitarbeiterführung zum Inhalt. Dieses sind die Themengebiete:

- Führungslehre im Wandel der Zeit
  Human-Relation-Schule, Max Webers Führungstypologie, idealtypische (theoretische) und realtypische (empirische) Führungsmodelle, Theorie der Führungsdilemmata, Eigenschaftentheorie
- Interaktionelle Führung/Führungsaufgaben
  Ziele vereinbaren; Mitarbeiter informieren und mit ihnen kommunizieren; Mitarbeiter motivieren; Aufgaben, Kompetenzen und Verantwortung delegieren; Mitarbeiter kontrollieren; Mitarbeiter coachen oder sich selbst coachen lassen; Mitarbeiter entwickeln; Mitarbeiter gerecht beurteilen; Konflikte erkennen und lösen; neue Mitarbeiter einführen; Mitarbeiter gekonnt kritisieren
- Strukturelle Führung
  Visionen kreieren, Leitbilder formulieren, Unternehmenskultur gestalten, Führungsgrundsätze entwickeln
- Zusammenarbeit, Kooperation
  Teamwork praktizieren, Gruppenarbeit nutzen, Diversity
- Führungsmodelle und -konzepte
  Harzburger Modell, Grid-Modell, Kontingenzmodell, situatives Führen mit dem 3-D-Modell, situatives Führen

mit dem Reifegradmodell, Management-by-Techniken, Vier-Schlüsselstrategien-Modell, Wunderers Konzept der strukturellen Führung, Empowerment, Leadership

Zu Band 5 Alle fünf Bände der Buchreihe beabsichtigen, der interessierten Leserschaft Handlungskompetenz durch den Ausbau der Schlüsselqualifikationen zu vermitteln. Wenn das gelingt, ist das ein wertvoller Schritt auf dem nie endenden Weg der Persönlichkeitsentwicklung, *Band 5.*

Schlüsselqualifikationen Sogenannte *Schlüsselqualifikationen*, auch als extrafunktionale, fachübergreifende bzw. fundamentale Qualifikationen bezeichnet, gewinnen immer mehr an Bedeutung. Fachwissen veraltet schnell, womit sich zugleich auch Ihre Qualifikation entwertet. In dieser Situation helfen Ihnen Schlüsselqualifikationen, neue Lern- und Arbeitsinhalte schnell und selbstständig zu erschließen. Der Wesenskern von Schlüsselqualifikationen verändert sich nicht, selbst wenn sich Technologien oder Berufsinhalte wandeln. Außerdem können sie für andere Bereiche und weitere Tätigkeiten verstärkend eingesetzt werden und sind so ein wichtiger Teil Ihrer beruflichen Handlungskompetenz.

Zu den Schlüsselqualifikationen gehören diese Kompetenzfelder:

Fachkompetenz

Die *Fachkompetenz* ist das klassische Feld der beruflichen Bildung. Sie haben sie in der Schule, Ausbildung und bei Weiterbildungsmaßnahmen erworben. Dazu gehören unter anderem:

- Allgemeinwissen
- Fachspezifisches Wissen und Können
- Sprachkenntnisse
- EDV-Kenntnisse

Hierbei handelt es sich zumeist um Hard Skills, also um operationalisierbares, kognitives, fachliches Wissen oder um Kenntnisse zur Bedienung technischer Geräte. Diese Art des Wissens oder Könnens eignet sich aber nicht, um komplexe Situationen mit hohem affektivem Anteil zu bewältigen.

Methodenkompetenz

Die *Methodenkompetenz* befähigt Sie, Ihr Fachwissen geplant und zielgerichtet umzusetzen. Zu ihr gehören diese Teilkompetenzen:

- Analytisches Denkvermögen, also die systematische Annäherung an eine Problemstellung
- Kreatives Denken, also die Bereitschaft, auch unorthodoxe Wege einzuschlagen
- Strukturierendes Denken, indem Sie Informationen klassifizieren
- Kritisches Denken, indem Sie Bestehendes infrage stellen

Sozialkompetenz/Soft Skills

Unter der *Sozialkompetenz* versteht man insbesondere das situations- und personenbezogene Denken und Handeln eines Individuums, vor allem im kommunikativen Bereich. Es handelt sich demzufolge um die Fähigkeit zum konstruktiven Umgang mit anderen, und zwar um:

- Kommunikationsfähigkeit
- Kritikfähigkeit
- Kooperationsfähigkeit
- Teamfähigkeit
- Empathiefähigkeit
- Konfliktfähigkeit

Man umschreibt den Begriff *Sozialkompetenz* oft auch mit *Soft Skills*. Diese rangieren in ihrer Bedeutung für Unternehmen mit großem Abstand vor Mobilität und Flexibilität, so das Ergebnis einer Studie des Staufenbiel-Instituts aus dem Jahre 2000 (vgl. Büser, 2000).

Als wichtigste Persönlichkeitsmerkmale wurden dort genannt:

- Teamfähigkeit/Kooperationsbereitschaft 55 Prozent
- Kontakt- und Kommunikationsfähigkeit 45 Prozent
- Mobilität 33 Prozent
- Eigeninitiative 32 Prozent
- Flexibilität 30 Prozent

Das Interesse von Unternehmen an Soft Skills resultiert aus veränderten Anforderungsprofilen für Mitarbeiter. Als Folge von IT-Durchdringung und Globalisierung entwickelten sich flexible Organisationsstrukturen, flache Hierarchien und dezentrale Entscheidungsstrukturen. Selbst organisierte, informelle Netzwerke und ganzheitliche, projektorientierte Aufgabenbewältigung treten an die Stelle der tayloristischen Arbeitsteilung. Solche Arbeits- und Organisationsformen setzen aber Team-, Kontakt- und Kommunikationsfähigkeit voraus.

Persönlichkeitskompetenz

Bei der *Persönlichkeitskompetenz* geht es um die Fähigkeit, die eigene Person optimal zu entwickeln. Zu den Schlüsselfaktoren gehören unter anderem diese Fähigkeiten:

- **Selbstentwicklungsbereitschaft:** Erst durch die Bereitschaft des Einzelnen kann es zu wesentlichen Änderungen im persönlichen Bereich kommen. Dazu zählen laufende Selbstreflexion über die eigenen Fähigkeiten und Verhaltensweisen.
- **Lernbereitschaft:** Man bezieht diese Bereitschaft, immer etwas Neues dazuzulernen, jedoch nicht nur auf das Erlernen von neuem Wissen, sondern auch auf die Fähigkeit des Umlernens von eingefahrenen Denk- und Handlungsstrukturen.

Ein weiterer wichtiger Faktor ist das *Urteilsvermögen*, das nur erlangt werden kann, wenn eine Person viele Informationen zur eigenen Meinungsbildung heranzieht.

Auch die *Glaubwürdigkeit* gehört zur Persönlichkeitskompetenz. Aussagen und Verhaltensweisen sind für andere nur dann glaubwürdig, wenn sie ganzheitlich und stimmig sind. Selbst eine ausreichende *Belastbarkeit* ist in unserer an Hektik und Konflikten überladenen Arbeitssituation eine wichtige Teilkompetenz.

Daneben wird nach Ihrer *Kreativität* und *Flexibilität* gefragt, nach Ihrer *Eigeninitiative*, *Geduld* und *Ausdauer*, mit der Sie Problemstellungen im privaten und beruflichen Bereich angehen und lösen. „Eine gefestigte, in sich ruhende, selbstsichere und von der Meinung anderer unabhängige Persönlichkeit bildet die Voraussetzung dafür, systematisch und zielgerichtet alle Einflußfaktoren, die Persönlichkeits-Kompetenz ausmachen, anzugehen und laufend zu verbessern." (Brommer, 1992, S. 65)

Handlungskompetenz

Die Weiterbildung aller angestrebten Kompetenzen zu einem optimalen Sollzustand führt schlussendlich zur eigentlichen *Handlungskompetenz*. Darunter versteht man die Fähigkeit, die im Zusammenhang mit den Schlüsselqualifikationen erlangten

- Fertigkeiten,
- Fähigkeiten,
- Erkenntnisse und
- Verhaltensweisen

sowohl im beruflichen als auch im persönlichen Bereich anzuwenden und umzusetzen. Erst wenn das neu erlernte Wissen auch effektiv umgesetzt wird und man die neuen Methoden im täglichen Leben anwendet, kann man von Handlungskompetenz sprechen. Da aber immer wieder neue Lösungen verlangt werden, entwickelt sich die Handlungskompetenz stets weiter.

Grund und Zweck des GABAL-Zukunftskoffers

Wer an die Zukunft denkt,
Hat Sinn und Ziel fürs Leben,
Ihm ist das Tun und Streben,
Doch keine Ruh geschenkt.
Hermann Hesse

Viele Zukunftsbücher sind erschienen, früher und heute. In Zukunft werden es noch mehr sein. Das Bedürfnis nach Gewissheit und Orientierung wächst, je ungewisser sich Wirtschaft und Gesellschaft entwickeln. Wie viele Zukunftsstudien auch immer geschrieben werden, die Zukunft wird dadurch nicht klarer. Ein Blick in die relevanten Veröffentlichungen der letzten hundert Jahre zeigt, Zukunft war, ist und bleibt ungewiss. Wer in die Zukunfts-Lostrommel greift, zieht mehr Nieten als Treffer. Dieses Buch enthält eine Fülle von Beispielen, die diese Aussage untermauern.

Standort ermitteln

Wer mehr über seine Zukunft wissen will, ist selbst gefordert. Die Befunde der Trendforschung interessieren Designer und Marktplaner, aber sie sind für den Normalbürger oder das Normalunternehmen bedeutungslos. Zwar sollte man wissen, in welche Richtung sich unsere Welt bewegt, aber die vielen Prognosen liegen näher an der Gegenwart als an der Zukunft. Dichter Nebel verdeckt die Zukunft. Prognosen, vor allem die zu den Megatrends, sind zumeist sehr allgemein. Sie haben den Charakter von Weltkarten mit einem Maßstab von 1:30 000 000, wie ein Schulglobus. Sie eignen sich zur ungefähren Kursbestimmung. Ergänzend dazu bedarf es präziser Navigationsinstrumente, um den eigenen Standort zu ermitteln und den Kurs zu bestimmen.

Zukunft gestalten statt nur vorauszusagen

Wer auf der Basis von Zukunftsprognosen seine Planung wagte, musste diese bald schon revidieren. Warum sollen die Prognosen der Zukunfts- und Trendforscher zuverlässiger sein als die Kurzfristeinschätzungen unserer Konjunkturforscher? Das bedeutet aber nicht, der Zukunft auszuweichen. Sonst ist die Zukunft jene Zeit, in der Sie bereuen, was Sie alles nicht getan haben. Der beste Weg, die Zukunft vorauszusagen, ist, sie zu gestalten, meinte Willy Brandt einmal. In Abwandlung eines bekannten Zitats könnte man also sagen: „Die Zukunft ist das Ziel."

Wenn Sie nicht heute schon an Ihrer Zukunft bauen, werden Sie wahrscheinlich keine haben. An die Stelle der Zukunft treten dann die Sorgen. Das ist zu vermeiden.

Hilfe bei der Zukunftsgestaltung

Dieses Buch soll Ihnen als eine Art Do-it-yourself-Werkzeugkoffer bei der Zukunftsgestaltung helfen. Er enthält Warnhinweise, Gebrauchsanleitung, Karten und Instrumente. Die Warnhinweise stecken insbesondere in den Kapiteln zur Zukunfts- und Trendforschung sowie in dem Abschnitt, der die Zukunfts- und Erfolgsregeln zum Inhalt hat. Hier wird der Gebrauchswert dieser Themen relativiert. Navigationskarten und -daten befinden sich im Kapitel *Metatrends in die Welt von morgen.* Der zweite Koffer, der Instrumentenkasten der Zukunftsanalyse, enthält die wichtigsten Navigationsinstrumente zur Positions- und Kursbestimmung.

Natürlich garantiert Ihnen dieser Zukunfts-Werkzeugkoffer keinen Weitblick wie das Hubbel-Teleskop im Weltraum. Sie müssen sich mit einer kleineren Vergrößerung ohne Dunkelaufhellung zufriedengeben. Das aber hilft, auf die nahe bis mittlere Zukunft vorbereitet zu sein.

Inhalt und Aufbau dieses Bandes

Im *sechsten Band* des GABAL-Kompendiums werden Fragen angeschnitten wie beispielsweise: Sind Manager und Politiker geeignete Zukunftslotsen? Was ist in unserer Epoche anders als in vorherigen? Ist Zukunft vorhersehbar?

Kapitel A, C und D In drei Kapiteln (A, C und D) werden die Aktualität und der Nutzen der Trend- und der Zukunftsforschung beschrieben. Das Resultat ist ernüchternd, insbesondere was die Trendforschung betrifft. Auch der Leser erkennt, dass man sein eigener Zukunftsforscher sein sollte, und das auch nur auf vertrautem Terrain.

Kapitel B Ein gesondertes Kapitel (B) widmet sich der Frage nach den Ursachen des Wandels. Welche Rolle spielen die kondratjewschen Zyklen? Wer erklärt den Wandel schlüssiger: Karl Marx oder Max Weber? Welchen Beitrag liefern Nikolai Kondratjew und Joseph Schumpeter in der Diskussion nach den Ursachen des Wandels? Wer sich diesen wichtigen Fragen verschließt, der bleibt auf der Erscheinungsebene des Wandels stehen, ohne zu seinem Wesen vorzudringen.

Kapitel E Für die gekonnte Navigation braucht man Karten, auf denen die Hauptpfade erkennbar sind. Diese Hauptpfade sind die Metatrends. Man muss sie kennen, um Orientierung zu bekommen oder Klippen zu erkennen. Unter der Überschrift *Metatrends in die Welt von morgen* (Kapitel E) erhalten die Leser eine Vorstellung davon, was sich am Zukunftshorizont abzeichnet und immer stärker in unser Leben dringt. Acht Metatrends werden als Hauptkräfte des weltweiten Wandels dargestellt, sozusagen als das Konzentrat aus vielen Megatrends: Gesundheitswirtschaft, Globalisierung, neue Technologien, Transformation der Arbeitswelt, Demografie, Migration, multioptionale Lebens- und Gestaltungswelten sowie Wissensexplosion.

A

Zukunft – ein tagesaktuelles Thema

Denken Sie an die Vergangenheit – das ist ein Akt der Gegenwart; denken Sie an die Zukunft – das ist ein Akt der Gegenwart. Alle Anzeichen einer Vergangenheit existieren nur in der Gegenwart, und jeder Grund, an eine Zukunft zu glauben, existiert ebenfalls nur in der Gegenwart. Als die wirkliche Vergangenheit sich ereignete, war sie nicht Vergangenheit, sondern Gegenwart, und wenn die wirkliche Zukunft da ist, wird sie nicht Zukunft sein, sondern Gegenwart. Die einzige Zeit, derer wir jemals gewahr sein können, ist dieser gegenwärtige Augenblick mit seinen Erinnerungen und Erwartungen.

KENNETH EARL WILBER JR.

Wir sind Zeugen gewaltiger Veränderungen im Leben der Menschen. Alles ist in Bewegung, die Werte- und Denkstrukturen, die Berufs- und Leistungsorientierungen, die Lebens- und Erlebensformen, die Produktions- und Distributionsformen, die wirtschaftlichen Austauschbeziehungen, die Geschlechterrollen und die Kommunikationstechnologien. Neue Unternehmenstypen entstehen, die Arbeitsteilung der Weltwirtschaft wird neu geordnet, traditionelle Eliten werden durch neue ausgetauscht, die politischen Führungskader geben Macht an die wirtschaftlichen ab. Wir leben in einer Periode des gestörten Gleichgewichts. Der Schaltplan der Gesellschaft wird neu geschrieben.

Die Zukunft ist Veränderung

Unsere Welt wird von mächtigen Kräften erschüttert. Es vollziehen sich weltweit Veränderungen von gleicher Tragweite wie einst bei der Erfindung des Buchdrucks oder der Dampfmaschine oder der Nutzung der Elektrizität. Diese Techniken haben die Gesellschaft tief greifend verändert. Erst sehr viel später hat die Menschheit begriffen, was sich an Epochalem vollzogen hat.

Der Wandel – Freund oder Feind?

Was kommt als Nächstes? Der Übergang von der Agrar- zur Industriegesellschaft war nicht so folgenschwer wie der von der Industriegesellschaft zur Informations- und Dienstleistungsgesellschaft. Jetzt wird das eintreffen, was Karl Marx und Friedrich Engels im Manifest der Kommunistischen Partei prophezeiten, nämlich, dass „alle festen eingerosteten Verhältnisse … aufgelöst" werden, dass „alles Ständische und Stehende verdampft" und „alles Heilige entweiht" wird (MEW, 4, S. 465). Die Menschheit steht vor großen Herausforderungen in den Bereichen Wirtschaft, Umwelt und Bevölkerungswachstum. Zugleich drohen „hausgemachte" Gefahren. Während wir uns früher vor der Zukunft fürchteten, muss sich diese heute vor uns Menschen fürchten. Chancennutzung und Gefahrenabwehr erfordern ein ausgeprägtes Zukunftsbewusstsein und notwendige Maßnahmen. Es muss uns gelingen, den Wandel zu unserem Freund statt zu unserem Feind zu machen.

Denken auf Vorrat

Der Philosoph Gerhard Vollmer definierte die Philosophie als ein „Denken auf Vorrat". Das gilt in noch stärkerem Maße für alle Arten der Zukunftsreflexion. Das rasante Tempo, mit dem sich Gesellschaft, Wirtschaft und Wissenschaft entwickeln, stellt uns unaufhörlich vor neue Probleme. Wie sollen wir mit einer medizinischen Technologie umgehen, die es uns erlaubt, das Lebensalter künftiger Generationen von 75 Jahren auf 150 zu verlängern? Dürfen wir klonen oder genetisch hybridisieren? Wie viel Biometrik ist vertretbar, ohne in den Überwachungsstaat abzugleiten? Dürfen wir „Gott spielen" oder „der Natur ins Handwerk pfuschen", indem wir Goethes *Zauberlehrling* kopieren? Zukunftsdenker müssen sich mit diesen Fragen beschäftigen, die Folgen beschreiben und Antworten geben. Der technische Fortschritt erfordert Leute, die, wie Vollmer sagt, bereit sind, „auf Vorrat zu denken" (vgl. Vollmer, 2003).

1. Dauerkonjunktur für Zukunftsverkünder

Ein enormer Innovationsdruck und damit zusammenhängend die Unsicherheit über die Zukunft verstärken den Wunsch nach Orientierungswissen. Die Steuerleute in Wirtschaft und Politik wollen wissen, ob hinter dem Horizont gefährliche Klippen, Stürme oder Untiefen drohen. Zumindest brauchen sie Gewissheit, auf welchem Kurs sie die Reise fortsetzen können, um die Segel zu setzen oder auch einzuholen. Die Nachfrage nach Zukunftswissen ist immens. Schließlich will man nicht abgehängt oder unfreiwillig in eine ungewünschte Zukunft gestoßen werden. Noch lieber würde jeder gerne als Erster die Tür zur Zukunft aufstoßen.

Die Zukunftsverkünder mit guter Zukunft

Hier lag und liegt die Chance von Zukunftsverkündern, die es immer schon gab und weiterhin geben wird. Man denke an die Propheten des Alten Testaments und ihre späten Nachfahren in evangelikal-fundamentalistischen US-Sekten, Katastrophenverkünder à la Nostradamus, Science-Fiction-Autoren wie Jules Verne, an Abendland-Untergangsverkünder vom Typ Oswald Spenglers oder Zukunftspessimisten wie Orson Welles. Kaiser Claudius machte Zukunftsverkünder zu Beamten und richtete eine Art Zukunftsministerium ein. Man wünschte vor allem Aussagen über Naturereignisse und Kriegsverläufe. Schon damals galt: Die Autoren mit den besten Geschichten über die Zukunft haben immer auch eine eigene gute Zukunft. Aber Zukunftsvisionen haben grundsätzlich ein kurzes Verfallsdatum!

Alles wird heutzutage prognostiziert. Wirtschaftsinstitute beziffern das (Minus-)Wachstum für das kommende Jahr bis auf die zweite Stelle nach dem Komma. Und Parteienforscher kennen angeblich die Ergebnisse der nächsten Wahlen.

DAX-Prognosen kontra DAX-Stand

Dieser Teil des Manuskripts entsteht zum Zeitpunkt der Finanzkrise 2008/09 beim DAX-Stand von 4700 Punkten. Wenn man die Situation mit der vor einem Jahr vergleicht, dann erweisen sich alle Prognosen von hoch dotierten Finanzanalysten als abgrundtief falsch. Der DAX wurde zu Beginn des Jahres 2008 mit 10 000 Punkten per 31.12.2008 gehandelt, der Nikkei, der sich mit 8000 Punkten verabschiedete, sogar mit 20 000 Punkten.

Was ist aus den Weissagungen des aufregenden Jahres 2008 geworden? Lagen Politiker, Fachleute und Journalisten richtig? Kaum! Der Jahresverlauf bestätigte die gern zitierte Aussage Karl Valentins: „Prognosen sind schwierig, besonders, wenn sie die Zukunft betreffen."

Therapeutische Funktion von Vorhersagen

Für den französischen Historiker Georges Minois erfüllen Zukunftsverkünder eine „therapeutische Funktion". Ihre Vorhersagen beruhigen, geben Zuversicht, entlasten die Seele oder regen zum Handeln an. Er sieht fünf Epochen, in der jeweils eine Form der Zukunftsschau vorherrschend war (Minois, 1998):

- Zeitalter der Orakel
- Zeitalter der Prophezeiungen
- Zeitalter der Astrologie
- Zeitalter der Utopien
- Zeitalter der wissenschaftlichen Vorhersagen

Vom Wahrsagen und wahr sagen

Diese Reihung bedeutet aber nicht, dass die verschiedenen Praktiken der Zukunftsvorhersage zeitlich fixiert sind oder gar aus der Geschichte verschwanden. Die im Privatfernsehen tätigen 0190-Wahrsagerinnen beherrschen einen ganzen Methodenmix des Hellsehens, von Tarotkarten über die Kristallkugel bis hin zur präkognitiven Schnellprognose. Der Minutenpreis von 2,87 € bestätigt den begnadeten Aphoristiker Georg Christoph Lichtenberg: „Vom Wahrsagen lässt sich's wohl leben, aber nicht vom Wahrheit sagen."

Begriffe der Zukunftsinflation

Wenn Sie mit den Begriffen *Zukunft* oder *future* googeln, werden Sie mit unendlich vielen Zukünften fast erschlagen. Das geht von der Zukunft des Kleingartenvereins *Grüne Lunge* bis hin zur Zukunft der Mondfahrt. Hier einige Titel aus dem aktuellen Angebot:

- Ist Deutschland noch zu retten?
- Memoiren der Zukunft – Deutschland 2050
- Zukunft der Bildung
- 100 Produkte der Zukunft
- Medizin der Zukunft
- Die Mächte der Zukunft
- Die Zukunft des Alterns
- Das Krankenhaus der Zukunft
- Das Geld der Zukunft
- Zukunft der Fernsehwerbung

Die Zukunft ist kontrovers

Diese und ähnliche Bücher, aber auch diverse Homepages sind voll von Prophezeiungen und Prognosen, guten wie schlechten, sehr allgemeinen oder sehr speziellen. Friedrich Merz (Merz, 2008) hat gute Nachrichten zur Zukunft unserer Wirtschaft, vorausgesetzt, wir wagen mehr Kapitalismus. Sein Parteifreund Meinhard Miegel (Miegel, 2005) verkündet schlechte Botschaften, weil er einen Epochenwechsel hin zu mageren Jahren erkennt. Dazwischen gibt es eine Reihe von Wirtschaftswissenschaftlern, welche die Zukunft mit Beginn der großen Krise 2008/09 von ganz schwarz über mittelgrau bis hellgrau ausmalen. Man erinnere sich: Das sind die gleichen Wirtschaftswissenschaftler, die noch einige Monate vor dieser Malaise Wachstumsraten von zwei und mehr Prozent prognostizierten.

Die Erklärung für die Uneinigkeit der Ökonomen liegt in der ökonomischen Schöpfungsgeschichte begründet:

Am ersten Tag schuf Gott die Sonne.
Worauf der Teufel nachzog und den Sonnenbrand schuf.
Am zweiten Tag schuf Gott das Geschlecht.
Der Teufel schlug zurück und schuf die Ehe.
Am dritten Tag schuf Gott einen Ökonomen.
Was für eine Herausforderung für den Teufel.
Er dachte lange nach, und schließlich schuf er …
einen zweiten Ökonomen.

Quelle unbekannt

2. Was ist Zukunft, und wann beginnt sie?

Die Gegenwart hat keine Dimension. Sie ist nur der Übergang zwischen Vergangenheit und Zukunft. Folglich kann man entweder nur in der Vergangenheit oder nur in der Zukunft leben. Die meisten Menschen leben nur in der Vergangenheit.
QUELLE UNBEKANNT

Welchen zeitlichen Horizont haben Zukunftsprognosen? Wann beginnt die planungsrelevante Zukunft von heute aus betrachtet: 2020, 2030 oder 2040? Sind Prognosen, die einen Zeitraum von mehr als 20 Jahren umfassen, wissenschaftlich haltbar?

Die Distanz zur Zukunft ist ungewiss

Selbst die Futurologen haben kein einheitliches Verständnis von der Länge der Zeitschiene zwischen der Gegenwart und der Zukunft. Robert Jungk, der Begründer der Zukunftswerkstätten, kann da auch nicht weiterhelfen: „Das Morgen ist schon im Heute vorhanden, aber es maskiert sich noch als harmlos, es tarnt und entlarvt sich hinter dem Gewohnten. Die Zukunft ist keine sauber von der jeweiligen Gegenwart abgelöste Utopie: die Zukunft hat schon begonnen. Aber noch kann sie, wenn rechtzeitig erkannt, verändert werden." (Jungk, 1965, S. 18 f.) Wann beginnt das Morgen? Wenn die Zukunft noch keimt? Aber dann steht sie plötzlich vor der Tür und wartet auf Einlass.

Die Zukunft ist unendlich

Wenigstens bei der bezahlten Wahrsagerei ist der Zeithorizont klar, denn es geht zumeist um Menschen, die wissen wollen, was in der verbleibenden Lebenserwartung auf sie zukommt. Im Gegensatz dazu hat der Astrophysiker andere Vorstellungen von Zukunft, wenn er über das Werden und Vergehen von Sonnensystemen nachdenkt. Wer so weit denkt, kommt zu dem Ergebnis, dass es bei der Zukunft kein Ende gibt. Selbst wenn das Universum aufhört zu existieren, wird es irgendetwas danach geben, was auch immer es sein mag, denn Raum und Zeit sind unendlich.

Vom Scheitern der Langzeitprognose

Die frühen Zukunftsdenker arbeiteten alle an Problemen mit großer gesellschaftlicher Reichweite. Karl Marx hatte lange Zeiträume im Kopf, als er über den gesetzmäßigen Verlauf von Urgesellschaft, Feudalismus, Kapitalismus, Sozialismus und Kommunismus nachdachte. Aber das Bedürfnis des Menschen nach Prognose und Planung für konkrete Entscheidungen konnten er und seine philosophischen Kollegen auch nicht befriedigen.

2.1 Was hat Sinn: 10, 30 oder 50 Jahre?

Das hohe Tempo im High-Speed-Zeitalter erschwert Zeitraumbestimmungen und Trendprognosen immer mehr. Planungszeiträume verkürzen sich. Vor 50 Jahren waren Fünfjahresprognosen noch einigermaßen stabil. Heute sind sie ungewiss.

Die Dauer der Planungshorizonte

Welche zeitlichen Planungshorizonte haben noch Sinn? Prognosen mit einem Zeithorizont von 30 Jahren sind für den strategischen Unternehmensplaner wertlos. Der Blick in die nahe Zukunft, bis zu maximal fünf Jahren, ist halbwegs „nebelfrei“. Durch die Nähe zur Gegenwart findet man Bekanntes wieder. Aber er ist nicht weit genug entfernt, um Neues zu entdecken. Stadtplaner, Demografen, Tektonikgeologen, Rentenmathematiker und Klimaforscher müssen aber in längeren Zeiträumen denken. Die angepeilten Sachverhalte werden jedoch diffus, je weiter der Blick in die Zukunft geht, denn das Möglichkeitsspektrum an Zukünften vergrößert sich enorm.

Ein Manager mit einem Fünfjahresvertrag oder ein Unternehmer, der sich auf das Rentenalter vorbereitet, denkt in Zeiträumen, für die er Verantwortung trägt. Vielleicht gibt es einige kluge Köpfe bei der BASF oder bei Bayer, die bereits heute über die Folgen der Polschmelze und damit zusammenhängend über die Wasserstände in Ludwigshafen und Leverkusen nachdenken.

Relevante und irrelevante Zukünfte

Zukunftsdenker wie Oswald Spengler oder Karl Marx hatten große Zeiträume und Regionen im Sinn, oft begleitet von der Utopie an eine „wahre" und „gerechte" Gesellschaftsordnung. Aber unsere Normalentscheider in Wirtschaft und Politik denken und planen in kurzen Zeiträumen, vielleicht mit einem Zeithorizont von fünf bis zehn Jahren. Dieser Zeitraum ist mit heutigen Entscheidungen gestaltbar. Zeiträume von 25 bis 50 Jahren sind akademisch interessant, aber praktisch irrelevant. Alle Planungs- und Prognosetechniken umfassen einen kurzen bis mittleren Zeitraum, da sie ansonsten ihren Zweck verfehlen.

Zukunft ist relativ

Diese Beispiele zeigen, dass Zukunft etwas Relatives ist. Für einen Day-Trader an der Börse sind 15 Minuten ein langer Zeitraum, für einen Astrophysiker nur ein kosmischer Wimpernschlag. Die persönliche Zukunft hat einen kürzeren Zeitrahmen als die eines Unternehmens oder einer Organisation oder gar der menschlichen Gesellschaft. Jeder muss für seine Zwecke den Zeitraum anders bestimmen:

Das Institut für Zukunftsstudien und Technologiebewertung, Berlin, definiert diese Zeiträume für die Basistrends der gesellschaftlichen Entwicklung folgendermaßen:

	Nahe Zukunft	Mittlere Zukunft	Ferne Zukunft
Persönliche Ebene	0 – 1 Jahr	2 – 5 Jahre	5 Jahre und mehr
Organisatorische oder unternehmerische Ebene	0 – 3 Jahre	4 – 10 Jahre	11 Jahre und mehr
Gesellschaftliche, nationale und globale Ebene	0 – 5 Jahre	6 – 15 Jahre	16 Jahre und mehr

- Mittelfristige Trends – ca. 5 – 20 Jahre
- Langfristige Trends – über 20 Jahre

Ein Basistrend ist gegeben, wenn diese drei Voraussetzungen erfüllt sind:
- Er ist fundamental in dem Sinne, dass er nachhaltige Veränderungen bewirkt.
- Er wirkt mittel- bis langfristig.
- Er hat starke globale Wirkungen und Folgen.

2.2 Prognosen oder Spekulationen

Das Jahr 2099 liegt zwar auch in der Zukunft, aber es ist weder prognostizierbar noch planbar. Wenn Sie Zukunft gestalten wollen, benötigen Sie einen überschaubaren Zeitraum, sagen wir fünf Jahre. Eine halbe Dekade benötigt man für ein Studium einschließlich Promotion oder die Gründung und den Aufbau eines Unternehmens. Fünf Jahre ist auch der Zeitraum, den die EU-Kommission ihrem Vorschlag zugrunde legte, regionale Vorschauprojekte europaweit zu starten.

Langfristprognosen sind Spekulation

Ein mehr als zehnjähriger Vorausblick ist nicht möglich. Dahinter wird der Zukunftsnebel immer dichter. Wenn Sie von Ihrem Ehepartner geschieden wurden, wissen Sie, wie schwer es ist, die Haltbarkeit einer Bindung „Bis dass der Tod euch scheidet" einzuschätzen. Längerfristige Prognosen sind Spekulation.

Vier Modelle zur Prognosegenauigkeit

Die Frage nach dem Zeitraum zwischen der Gegenwart und Zukunft kann nur im Zusammenhang mit dem Anspruch an die prognostische Genauigkeit beantwortet werden. Heinz Busch unterscheidet in diesem Zusammenhang vier Zukunftsmodelle (vgl. Busch, 1970):

- Ein minimales Zukunftsmodell, welches nicht weit von der Gegenwart entfernt liegt. Es liefert das Bild einer relativ überraschungsfreien Zukunft.
- Das wahrscheinliche Zukunftsmodell. Hier wird ein einigermaßen objektives, empirisch abgesichertes Zukunftsbild angeboten.
- Ein wünschenswertes Zukunftsmodell. Es enthält Elemente des wahrscheinlichen Zukunftsbildes angereichert mit Ideen einer erstrebenswerten Zukunft.
- Das utopische Zukunftsmodell, das weit in die Zukunft hineinreicht. Es enthält wünsch- und denkbare Zukunftsentwürfe auf der Basis von Wünschen, Visionen und Fantasiereisen.

3. Was brachte die „Zukunft" aus dem Blick der Vergangenheit?

Man hört immer wieder solche und ähnliche Aussagen von Menschen: „Wir leben in einer aufregenden Zeit." Aber auch andere Generationen waren der Meinung, in einer besonderen Epoche zu leben. Die Menschen der Wende vom 18. in das 19. Jahrhundert beurteilten die Zukunft auf der Grundlage ihrer für damalige Verhältnisse aufregenden Erfahrungen. Dazu gehörten unter anderem:

- Die Französische Revolution
- Die US-amerikanische Unabhängigkeit
- Das Prinzip der Gewaltenteilung
- Der sich entwickelnde Kapitalismus
- Der Wandel vom Barock zum Rokoko, vom Klassizismus zur Romantik
- Die Dampfmaschine
- Der Blitzableiter
- Erste Impfungen
- Der Siebenjährige Krieg
- Die Philosophie der Aufklärung
- Australiens Besiedelung
- Cooks Weltumsegelung

Die zentrale und zugleich angsterfüllte Zukunftsfrage um 1800 lautete: Wie viele Menschen trägt die Erde, ohne dass sie wegen ihrer Schwere in das dunkle Weltall hinabstürzt?

3.1 Das 19. Jahrhundert: Ein kurzer Rückblick

Nach der Jahrhundertwende 1799/1800 ging es Schlag auf Schlag weiter: Kohlevorkommen werden nutzbar gemacht. Das ermöglichte den Betrieb von Eisenbahnen und Dampfschiffen. Die Telegrafie entstand, und das Telefon wurde erfunden. Später folgen die Elektrizität, die Radioaktivität und die Fotografie. Auf dem Meeresgrund liegen erstmals Transatlantikkabel. Der Schulbesuch wurde zur Pflicht. Napoleon „infizierte" große Teile Deutschlands mit den Ideen der Französischen Revolution. Nach ihm ordnete der Wiener Kongress Europa im Sinne der alten Feudalmächte. Preußen wurde mit den Reformen Steins und Hardenbergs modernisiert. Genossenschaften entstanden. Karl Marx und Friedrich Engels schrieben *Das Manifest der Kommunistischen Partei*. In der Pariser Kommune erhob sich erstmals das Proletariat. Deutschland erlebte die Revolution von 1848. Der Kapitalismus unterminierte den Feudalismus. Liberalismus und Sozialismus prägten die Diskussion um die wirtschaftliche Zukunft. Auf den letzten weißen Flecken der Weltkarte wurden die Flaggen der Kolonialmächte gehisst. Ingenieurwissenschaften und Technische Hochschulen entstanden. Charles Darwin zertrümmerte die biblische Schöpfungsgeschichte. Die Säkularisierung zügelte die Macht der Kirche. Bürgertum und Proletariat entstanden. 1871 gründete sich unter Bismarcks Federführung das Deutsche Reich. Er schuf die Sozialgesetzgebung und verantwortete die Sozialistengesetze. In den USA endete die Sklaverei um den Preis eines Bürgerkrieges. Spanien verabschiedete sich endgültig aus der Liga der Weltmächte. Die Briefmarke ermöglichte den Weltpostverein und damit neue Möglichkeiten der Kommunikation. Was für eine aufregende Zeit! Alle, die in dieser Zeit lebten, arbeiteten, schrieben und forschten, waren der Meinung, in einer interessanten und ganz besonderen Epoche zu leben. Das, was war, gab es bisher noch nicht und schien unübertreffbar zu sein.

Um 1900 laute die zentrale Zukunftsfrage: Gibt die Erde genügend Nahrungsmittel für alle Menschen her?

Die Zukunft ist gut und wird immer besser

Das Merkwürdigste an der Zukunft ist wohl die Vorstellung, dass man unsere Zeit später die gute alte Zeit nennen wird.
John Steinbeck

Die ersten Soziologen – der Begriff war noch nicht geboren – legten in dieser aufregenden Zeit ihre Vorstellungen einer zukünftigen Gesellschaft dar. Diese Zukunftsdenker hatten das Gefühl, an einer einmaligen Epochenwende teilzunehmen. Die Begriffe und Buchtitel belegen es: *Kulturkrise*, *Menschheitstransformation*, *Der Untergang des Abendlandes*, *Menschheitsaufbruch*, *Völker hört die Signale* u. a. m. Außerdem neigten sie zu dem Schluss, dass die Menschheitsgeschichte durch einen gesetzmäßig ablaufenden Prozess der Entwicklung vom Niederen zum Höheren, vom Schlechteren zum Besseren gekennzeichnet sei. Die eigene Gesellschaft sahen sie im Übergang vom theologischen über das metaphysische zum positivistischen Stadium (Comte), von den Verhältnissen großer Ungleichheit zu den Verhältnissen größerer Gleichheit (Tocqueville), vom Feudalismus über den Kapitalismus zum Sozialismus (Marx/Engels).

Der Glaube der Gelehrten

Frühere Zukunftsdenker waren Gelehrte, die frei von akademischen Spezialisierungen das menschliche Wissen ihrer Zeit in eine umfassende Synthese zu bringen versuchten. Sie glaubten, die Grundprinzipien der gesellschaftlichen Entwicklung erkannt zu haben und so den determinierten Verlauf der Menschheitsgeschichte erklären zu können.

3.2 Das 20. Jahrhundert: Noch ein kurzer Rückblick

Heute, hundert Jahre später, können wir in Anlehneung an ein bekanntes Sprichwort feststellen, dass es erstens anders kam, als man es zweitens dachte. Zukunft verläuft nicht so, wie Menschen es sich wünschen oder Politiker und Manager es verkünden.

Zur Erinnerung sei hier ein kurzer Überblick wichtiger Ereignisse des letzten Jahrhunderts gegeben:

Technische Entwicklungen	Historische Ereignisse	Wissenschaft und Kultur
Atomspaltung, Kernenergie, Atomwaffen Flugzeuge, Überschallflugzeuge U-Boote, Flugzeugträger Transistor, Radio- und Fernsehröhre, Tonband, Radio, TV, Mobilfunk, PC, Internet Elektromagnetische Wellen (Funk), Radar Gentechnik (DNA), Klonen Relativitätstheorie, Quantentheorie Raketen (Raumfahrt), Satelliten Sonnenenergie, Brennstoffzellen, Lasertechnik Anti-Baby-Pille, künstliche Befruchtung Künstliche Organe, Organ- und Herzverpflanzungen Neurologie, Neurochirurgie	Frauenrechtsbewegung Revolution in Russland (1905) Erster Weltkrieg Oktoberrevolution (1917) Ende der Habsburgerdynastie Novemberrevolution (1918) Gründung der UdSSR (1922) Weltwirtschaftskrise ab 1929 Faschismus/ Nationalsozialismus in Europa Spanischer Bürgerkrieg (1936–1939) Zweiter Weltkrieg und Holocaust UNO-Gründung und UN-Charta (1945) Teilung Deutschlands durch Gründung von BRD und DDR (1949) Lesben- und Schwulenbewegung Ostermärsche und Anti-Atom-Bewegung Aufstände in Berlin (1953), Budapest (1956) und Prag (1968)	Sozialwissenschaft: Phänomenologie, Behaviorismus, Kritischer Rationalismus, Funktionalismus, Marxismus, Strukturalismus, Systemtheorie, Existenzialismus, Kritische Theorie, System- und Chaostheorie, Politologie, Rollentheorie Ökonomie: Österreichische Schule, Keynesianismus, Planwirtschaft, soziale Marktwirtschaft, Neoliberalismus, Monetarismus Kunst: Futurismus, Kubismus, Jugendstil, Dadaismus, Surrealismus, Expressionismus, Pop-Art, Postmoderne, Neue Sachlichkeit, sozialistischer Realismus Musik: Blues, Country, Swing, Musical, Jazz, Rock'n' Roll, Popmusik

	Aids Vietnamkrieg (1964–1975) Kulturrevolution in China (1966–1976) Studentenrevolten (1968) Ölkrise ab 1973 Jom-Kippur-Krieg (1973) Reaktorkatastrophe in Tschernobyl (1986) Wiedervereinigung Deutschlands (1990) Auflösung der UdSSR (1991) Beginn der Globalisierung Euroeinführung Armutsmigration, Bevölkerungsexplosion Drohende Klimakatastrophe Fundamentalismus/ Terrorismus Krieg in Jugoslawien (1990er-Jahre) Krieg im Irak (andauernd) Krieg in Afghanistan (andauernd)	

Bitte vergleichen Sie die aufgeführten Ereignisse, Erfindungen und Stichwörter mit der Prognose aus dem Jahre 1910, die im Kapitel A 8.1 beschrieben ist. Das, was damals prognostiziert wurde, erwies sich als unbedeutend gemessen am tatsächlichen Verlauf der Geschichte des 20. Jahrhunderts.

Sein und Bewusstsein im 20. Jahrhundert

Historische Ereignisse spiegeln sich in den Begriffen einer Epoche wider. Das zeigt die nachstehende Übersicht der 100 wichtigsten Wörter des 20. Jahrhunderts. Hierbei ist aber zu bedenken, dass diese Aufzählung 1999 veröffentlicht wurde und somit den Bewusstseinszustand der letzten Jahrzehnte dieses Jahrhunderts wiedergibt. Die Auswahl war ein Gemeinschaftsprojekt von Kulturzeit (3SAT), Suhrkamp Verlag,

Süddeutscher Zeitung, Gesellschaft für deutsche Sprache e.V. und Deutschlandradio Berlin.

- Aids, Antibiotikum, Apartheid, Atombombe, Autobahn, Automatisierung
- Beat, Beton, Bikini, Blockwart, Bolschewismus
- Camping, Comics, Computer
- Demokratisierung, Demonstration, Demoskopie, Deportation, Design, Doping, Dritte Welt, Drogen
- Eiserner Vorhang, Emanzipation, Energiekrise, Entsorgung
- Faschismus, Fernsehen, Film, Fließband, Flugzeug, Freizeit, Friedensbewegung, Führer, Fundamentalismus
- Gen, Globalisierung
- Holocaust
- Image, Inflation, Information
- Jeans, Jugendstil
- Kalter Krieg, Kaugummi, Klimakatastrophe, Kommunikation, Konzentrationslager, Kreditkarte, Kugelschreiber
- Luftkrieg
- Mafia, Manipulation, Massenmedien, Molotowcocktail, Mondlandung
- Oktoberrevolution
- Panzer, Perestroika, Pille, Planwirtschaft, Pop, Psychoanalyse
- Radar, Radio, Reißverschluss, Relativitätstheorie, Rock'n' Roll
- Satellit, Säuberung, Schauprozess, Schreibtischtäter, Schwarzarbeit, Schwarzer Freitag, schwul, Selbstverwirklichung, Sex, Single, soziale Marktwirtschaft, Sport, Sputnik, Star, Stau, Sterbehilfe, Stress
- Terrorismus
- U-Boot, Umweltschutz, Urknall
- Verdrängung, Vitamin, Völkerbund, Völkermord, Volkswagen
- Währungsreform, Weltkrieg, Wende, Werbung, Wiedervereinigung, Wolkenkratzer

(vgl. Schneider, 1999)

Wenn die vorhergehenden Jahrhunderte aufwühlende Epochen waren, was war dann das 20. Jahrhundert? Wie werden die um 2099/2100 lebenden Menschen ihre Ära beurteilen? Auch sie werden wieder vom Besonderen, Gewaltigen und Einmaligen sprechen und die Gegenwart als den Zustand zwischen der guten alten Zeit und der besser werdenden Zukunft betrachten.

4. Der Wandel hat sich gewandelt

Wandel ist keine Erscheinung der Neuzeit oder des Industriezeitalters. Weltgeschichte ist Wandel, insbesondere seitdem Menschen die Erde bewohnen. Die Aneignung der Natur zur Existenzsicherung und Lebensverbesserung „verwandelte" die Natur und den Menschen als einen Teil von ihr. Je mehr Menschen die Erde bevölkerten und sich breiteres Wissen herausbildete, umso stärker und nachhaltiger wurde und wirkte der Wandel und umso schneller vollzog er sich. Wandel scheint so etwas wie ein Gesetz zu sein, denn bisher gab es keinen Stillstand in der menschlichen Geschichte.

Permanenter, zwangsläufiger und allgegenwärtiger Wandel

Es gab Kulminations- und Höhepunkte in Form großartiger Erfindungen und Kulturen, und es wird sie weiterhin geben. Phasen der Stagnation erwiesen sich auch als eine Form des Wandels, bei dem etwas ganz verschwand oder sich gezwungenermaßen erneuerte. Wandel war und ist permanent, zwangsläufig und allgegenwärtig. Aber in den letzten 200 Jahren hat er sich gewandelt, insbesondere seit dem Beginn des digitalen Zeitalters. Er vollzieht sich nicht mehr betulich und beschaulich, sondern schneller, globaler, komplexer und folgenschwerer.

Trends als semantisches Problem

Es gibt eine überschaubare Anzahl von Tendenzen. Man könnte sie als Metatrends (meta = darüber) bezeichnen, als Trends über den Megatrends (vgl. Kapitel D 4). Die Trendlinie reicht als Kontinuum von den Moden über die Megatrends bis hin zu den Metatrends. Diese Abgrenzung zu den Megatrends ist diffus. Man weiß schließlich nicht, was der Trend alles bewirkt und ob er sich zu einem Megatrend und schließlich zu einem Metatrend hin entwickelt, und die exakte Zuordnung erweist sich allzu oft als ein semantisches Problem. Wer ahnte schon (und weiß es heute!), dass ein Saulus, der zum Paulus mutierte, den Metatrend *Christentum* auslösen würde.

Drei Hauptmerkmale des Wandels

Im Kontext des Wandels seien hier drei genannt, und zwar jene, die den Charakter des Wandels ausmachen, die den Verlauf insbesondere unserer Wirtschaft und damit natürlich auch der Gesellschaft prägen. Zwar sind die weiter hinten beschriebenen Metatrends wie Globalisierung oder Feminismus Bereiche, an denen sich der Wandel besonders stark ausdrückt, sie sind aber nicht Wesensmerkmale des Wandels selbst.

- Beschleunigung
- Dezentralisierung
- Komplexitätsverdichtung

Diese „Wesenstrends" des Wandels sind über-übergeordneter Natur, fast mit Ewigkeitscharakter. Als eine Art Über-Übertrends beschreiben sie ein fundamentales Klima, das der Welt seinen Stempel aufdrückt.

4.1 Beschleunigung: Schnell, schneller, am schnellsten

Man muss nicht die Schnelligkeit steigern oder
die Langsamkeit pflegen, sondern den Rhythmus finden.
Ernst Reinhardt

Vor etwa 50 000 Jahren entwickelte sich die Sprache. Seit 5000 Jahren können Menschen schreiben. Der Buchdruck wurde vor 560 Jahren erfunden. Das Kino ist knapp 100 Jahre alt, das Fernsehen 70 und der erste von Konrad Zuse in seiner Berliner Werkstatt montierte Computer ebenfalls. Mit dem Transistor wurde die Kurve ständiger Innovationen exponentiell, da jede neue Entwicklung weitere Neuerungen nach sich zog. 1969 lief der erste, 50 kg schwere Videorekorder vom Band. Etwa zehn Jahre später bescherten uns Steven Wozniak und Steve Jobs den ersten Personal Computer. Die elektronische Evolution schlug in eine digitale Revolution um. Aus Monatssprüngen wurden Tagessprünge. Die Frage „Wohin gehen wir?" muss durch „Wohin rennen wir?" ersetzt werden. Alles, was dauert, dauert zu lange.

Die Geschichte holt uns ein

Der Stoffwechsel des Hightechmarktes bewegt sich in einem rasanten Tempo. Wir leben in einer neuen Sekundenkultur. Sie bricht mit einer Dynamik über uns herein, als würden Dampfmaschine, Automobil und Computer innerhalb eines Quartals erfunden. Ein Jahrzehnt des Wandels, zum Beispiel das von 1970 bis 1980, komprimiert sich heutzutage hinsichtlich seiner Dynamik auf ein Jahr oder einige Monate. Der Philosoph Hermann Lübbe spricht von einer nie dagewesenen „Gegenwartsschrumpfung". Während Sie dieses Kapitel lesen, werden mindestens zwei wichtige technologische Innovationen vollendet! Lübbe ergänzt obigen Begriff mit „temporale Innovationsverdichtung". Manche Entwicklungen, die sich früher lange hinzogen, überspringen heute Jahre und Jahrzehnte. Sie sind sofort und überall in der Welt wirksam. Der US-amerikanische Futurologe Alvin Toffler bringt das auf den Punkt: „Die Geschichte holt uns ein." (Toffler, 1970, S. 22) Noch pessimistischer äußert sich der französische Philosoph Paul Virilio: „Mitgerissen von der ungeheuren Gewalt der Geschwindigkeit bewegen wir uns nirgendwo hin ... In Zukunft wird es ... bei jeder menschlichen Aktivität sein wie in einem Rennvehikel, bei dem der Fahrer zunächst die Beschleunigung beherrschen, die Maschine in der Spur halten muß und die Einzelheiten des ihn umgebenden Raums nicht mehr beachtet." (Virilio, 1997, S. 135)

Beschleunigung als Rezept gegen die Angst

Eine Orwell-Vision droht Wirklichkeit zu werden: „… wir beschließen, uns rascher zu verbrauchen … wir steigern das Lebenstempo, bis die Menschen mit dreißig senil sind." (Orwell, 1990, S. 271) Der Grund: Wir sind erlebnishungrig. Ein 48-Stunden-Tag wäre angemessen. Heute schon das Morgen erleben, um uns auf das Übermorgen vorbereiten zu können. Uns treibt die Angst, etwas Wichtiges zu verpassen. Doch wie viel Beschleunigung kann der Mensch noch ertragen?

Auch Raum und Zeit verdichten sich. 1850 dauerte die Beförderung eines Briefes von Hamburg nach München mindestens 14 Tage. Eine E-Mail von Hamburg nach Sydney benötigt heute nur noch wenige Sekunden.

Beschleunigung durch das Internet

Das Internet ist die Turbokraft, die den Lebens- und Wirtschaftsprozess beschleunigt. Es verkürzt den *Time-to-market-Prozess* und setzt so den Rhythmus unserer Wirtschaft unter Geschwindigkeitsdruck. Inzwischen frisst nicht mehr der Große die Kleinen, sondern der Schnelle die Langsamen.

Entschleunigung wirkt nicht

Selbst der Gegentrend, die Entschleunigung, vermag den Zeitdruck nicht zu mindern. Die Angebote der Entschleuniger und Down-Shifter sind zu begrüßen, zum Beispiel Sinn, Langsamkeit, Nachdenklichkeit, Ausstieg, Gemeinsinn und Rosseaus „Retour à la nature", aber sie wirken nicht bremsend, allenfalls befremdlich.

Wandel oder Revolution?

Auch der Wandel hat sich gewandelt. Er bewegt sich nicht mehr schrittweise und nicht mehr in eine bestimmte Richtung. Er kommt nicht mehr nur aus einer Richtung, sondern gleichzeitig aus Ost und West, Nord und Süd. Der Begriff *Wandel* ist nicht mehr geeignet, die Situation zu beschreiben. Wäre der Begriff *Revolution* nicht treffender?

Revolution ohne Fallbeil

Die Antwort lautet Ja, wenn man unter Revolution eine grundlegende Umwälzung der Gesellschaft als Ganzes oder wesentlicher Teile versteht. Die Bedeutung als „gewaltsamer politischer Umsturz" geht ja nur auf den Einfluss der Französischen Revolution zurück. Revolution geht aber auch ohne Fallbeil.

Revolution als evolutionärer Sprung

Eine Revolution ist der Punkt, an dem sich der vorgeschaltete Evolutionsprozess so weit entfaltet, dass der Übergang zu einer weiteren Stufe in der Entwicklung vom Niederen zum Höheren erfolgt. Es vollzieht sich nicht nur in der Gesellschaft ein Wandel, sondern die ganze Gesellschaft wandelt sich. Diese Umwälzung ist machtvoll, obwohl niemand sie als politisches Ziel verkündet hat oder sie in der politischen Arena ausgefochten wird. Bemerkenswert ist dabei, dass sich diese Umwälzungen durchsetzen, obwohl sie die Bevölkerungsmehrheiten benachteiligen und elitäre Minderheiten begünstigen (vgl. Beck, 2007).

Die Rolle von Wissenschaft und Technik

Revolutionen vollziehen sich aber nicht nur als eine sozial grundlegende Umwälzung, sondern ebenso als wissenschaftlich-technische Fundamentalveränderung. Die wissenschaftlich-technische Revolution ist die wichtigste Triebkraft im Prozess der großen gesellschaftlichen und weltweiten Umwälzungen, die wir gegenwärtig erleben. Sie ist gekennzeichnet durch den gewaltigen und sozial höchst folgenreichen technischen Umbruch, der seit dem zweiten Drittel des 20. Jahrhunderts auf der Basis wissenschaftlicher Erkenntnisse besonders im Produktions- und Kommunikationsbereich stattfindet. Ihre Hauptmerkmale sind:

- Die computergestützte Steuerung und Regelung von Produktionsabläufen
- Die Einrichtung weitverzweigter technischer Systeme der Datenerfassung und -verarbeitung
- Die zunehmende Flut an Informationen

- Die wachsende Rolle theoretischen Wissens
- Die zunehmende Qualifikation der an Technik und Wissenschaft beteiligten Akteure
- Die Verkürzung der Zeitspanne zwischen einer Erfindung und ihrer praktischen Anwendung

Komplexität erfordert proaktives Handeln

Das alles erhöht in Unternehmen die Komplexität von Produkten und Prozessen. Infolgedessen nimmt auch die Störanfälligkeit von Anlagen und Abläufen zu. Es reicht nicht mehr, auf Veränderungen im Sinne einer *quick response* zu reagieren. Unternehmen müssen proaktiv agieren, um wettbewerbsfähig zu bleiben.

Langsam oder tot?

Wirtschaftliche, gesellschaftliche oder politische Organisationen, die mit eingeschaltetem Tempomat geruhsam in die Zukunft zu fahren gedenken, sollten darauf achten, dass sie am Steuer nicht einschlafen. In der neuen Schnelligkeitsepoche wird es nur noch zwei Typen von Verbänden, Unternehmen bzw. Managern geben: die langsamen und die toten. Platzhirsche können ihre Position nur so lange verteidigen, bis sie erschöpft sind. Auf den Grabsteinen der in den letzten Jahren untergegangenen Unternehmen stehen Namen wie Swissair, Kirch Media, Grundig, Holzmann, Babcock-Borsig, Quelle, Märklin, um nur einige der bekannteren zu nennen. Auf der Intensivstation liegen Patienten wie die Industrie-Kreditbank, die Landesbanken, Karmann, Hypo Real Estate, ja selbst Gewerkschaften, Arbeitgeberverbände und die Kirchen, denen die Mitglieder in Scharen davonlaufen. In einem turbodynamischen Umfeld kann jeder Versuch, das Erreichte zu bewahren, bereits ein Rückschritt sein. Dieses Zurückfallen ist oft der Anfang eines Sturzes. Auch wenn Sie auf dem richtigen Gleis sind, werden Sie überrollt, wenn Sie einfach nur sitzen bleiben. Bequemlichkeit ist Selbstmord. „Stop for lunch and you are lunch“ ist der treffende Ausdruck für diesen Zeitdruck.

Menschliche Evolution und soziale Revolution im Ungleichgewicht

Das Leben unter diesen neuen Bedingungen erfordert völlig andere Denk- und Handlungsweisen. Das aber ist ein großes Problem. Warum? Weil die Geschwindigkeit, mit der das postmoderne Zeitalter über uns hereinbrach, uns kaum Zeit ließ, unsere eigene menschliche Evolution darauf psychisch und physisch einzustellen und ein adäquates Verhalten zu entwickeln. In der biologischen Evolution konnten Mutationen über viele Generationen hinweg in unseren Genpool hinein diffundieren, wurden so getestet und angepasst. Das Großhirn mit seinen enormen Fähigkeiten entwickelte sich aber mit einer für die menschliche Evolution kritischen Geschwindigkeit. Unser auf die Rolle des Jägers und Sammlers „programmierter" Körper passte nicht mehr zu den neuen Möglichkeiten, die das Gehirn bot. Doch seit 100 000 Jahren hat sich genetisch nicht mehr viel verändert. Zehn Finger an jeder Hand wären praktischer als nur fünf. Wir könnten die Tastatureingabe am PC verdoppeln. Die menschliche Evolution läuft der gesellschaftlichen Revolution hinterher. Können wir in einer Welt handeln, die wir nicht mehr verstehen?

Hinzu kommt, dass, wenn Sie im Laufrad der globalen Ökonomie mitlaufen, Sie ein sehr intelligentes Zeitmanagement benötigen, um über die notwendige Zeit für Beschaulichkeit, Regeneration und Weiterbildung zu verfügen.

4.2 Dezentralisierung: Die Welt als Netz

Der Begriff *Dezentralisierung* steht hier als Metabegriff für eine Menge ähnlicher Termini, die in die gleiche Richtung weisen. In der Diskussion hört man Begriffe wie *Föderalismus, Molekularisierung, Subsidiarität, Pluralismus, Modularisierung, Divisionalisierung, Entbürokratisierung* u. a. m. Sie drücken den Trend zur Verkleinerung, Aufteilung und zu einer größeren Transparenz aus. eBay ist ein Ausdruck dieses

Trends. Statt in Läden auf der Hamburger Mönckebergstraße und der Frankfurter Zeil kaufen die Menschen immer mehr online ein. Ein Bahnticket muss nicht mehr im Schalterraum des Bahnhofs gelöst werden. Der heimische PC ist der Ticketschalter.

Das Internet als Dezentralisierungszentrale

Diese Beispiele zeigen, dass auch bei diesem Trend das Internet eine große Rolle spielte und spielt. Das Internet ist die perfekte Zentrale für Dezentralisierung, denn jeder kann sich einloggen, wann und wo er will. Dort, wo der Verstand des Individuums nicht weiterhilft, ermöglicht das Internet, die Weisheit vieler zu nutzen.

Ohne das Internet hat die Zukunft keine.
Jürgen Labus

Der Empfänger als Sender, der Sender als Empfänger

Neue Techniken führen zu neuen Arten der Vernetzung und ziehen weitere Benutzerkreise an. Man denke an IP-Telefonie, Wikis, Blogs, Breitbandzugänge, Peer-to-Peer-Vernetzung und Onlinespiele. Noch vor einigen Jahren brauchte man Verleger, Radio- oder TV-Stationen, um seine Gedanken anderen Menschen mitzuteilen. Heute genügt ein westentaschengroßes PDA-Gerät. Jeder Empfänger kann Sender und im nächsten Moment wieder Empfänger sein. Just-intime Kommunikation.

Das Internet baut Brücken

Internet und Globalisierung machen es leicht, Ideen und Produkte von jedem Ort aus weltweit zu vermarkten. Es bedarf keiner Industriezentren mehr an Rhein und Ruhr. Unternehmen dezentralisieren sich, indem sie die computergestützte Arbeit nach Indien oder die billige Herstellung von Sportschuhen nach China verlagern, während in Herzogenaurach Design und Marketing betrieben werden.

Die globale Netzwelt

Die Netzwelt hat gewaltige Ausmaße. Uns stehen in Deutschland 10 000 Zeitungen und Zeitschriften, 300 Hörfunk- und 20 nationale neben 70 regionalen TV-Kanälen zur Verfügung. Um über 600 Prozent ist das täglich gesendete Fernsehprogramm in den letzten zehn Jahren gewachsen. Wir können weltweit in mehr als 8000 Datenbanken stöbern. Etwa 1000 aktive Satelliten transportieren Daten, Töne und Bilder rund um den Globus. Unser Planet ist von einem aus Computern, Satellitenschüsseln, Kabeln und Telefonen bestehenden Kommunikationsnetz umhüllt. Dieses elektronische Spinnengewebe ähnelt der Komplexität des menschlichen Nervensystems. Es sorgt dafür, dass es kaum noch weiße Flecken auf der Kommunikationslandkarte gibt. Im Jahre 2012 werden eine Milliarde Menschen vernetzt sein. Mobilfunk leistet ein Übriges. Es gibt drei Milliarden Mobiltelefonanschlüsse. Stündlich werden auf der Welt 130 Millionen Telefongespräche geführt.

Weltweit laufen mehr als eine Milliarde Fernsehgeräte, in Deutschland 55 Millionen. In 98 Prozent aller Haushalte hierzulande steht die „Glotze". Um sie versammelt sich die Familiensippe wie früher die Stammessippe um das Lagerfeuer.

Die Rolle von 0 und 1, on und off

Die heutige Welt ist digital. Das binäre Verhältnis von 0 und 1 beherrscht uns. Ein oder aus lautet das Schema. On oder off entscheidet mitunter auch über den sozialen On- oder Off-Status, dessen Kontraste noch schärfere Konturen annehmen werden. Welcher Sozialschicht jemand angehört, hängt vor allem davon ab, ob sie/er gelernt hat, mit dem Informationsüberangebot umzugehen und wichtige von unwichtigen Informationen unterscheiden zu können. Das neue Proletariat, das sogenannte Prekariat, wird aus jenen Menschen bestehen, die es nicht schaffen, die neuen Techniken und das Informationshandling zu beherrschen, und passiv dem Orientierungsdruck der Medien ausgesetzt sind.

Gleichzeitig mit der Ausbreitung der digitalen Revolution setzte die Implosion der zentralistischen Planwirtschaft und des „demokratischen Zentralismus" ein. Die zentralistische Ökonomie hatte sich gegenüber der kapitalistischen als ineffizient erwiesen.

Dezentralisierung zum Zwecke der Konzernsteuerung

Natürlich gibt es auch in kapitalistischen Systemen Zentralismus und Bürokratie. Der Zentralismus realisiert sich hier auf betrieblicher Ebene im kleineren Maßstab. Eine Holding ist auch so etwas wie eine Zentrale, aber eben nur dieses Konzerns und nicht einer ganzen Volkswirtschaft. Doch selbst die Holding-geführten Wirtschaftsimperien erkannten, dass sie sich föderal bzw. dezentral strukturieren müssen. Sie verloren immer mehr den Überblick. Außerdem benötigt eine zentralisierte Macht Bürokratie, und die wiederum kostet Geld. Fortan versuchten die Konzerne also, die Vorteile kleiner Unternehmen, deren Flexibilität zum Beispiel, mit ihren eigenen, beispielsweise ihrer Einkaufsmacht, zu verbinden.

4.3 Alles hängt mit allem zusammen und voneinander ab

Alles hängt mit allem irgendwie zusammen, hängt voneinander ab und wirkt aufeinander ein. Das Zusammentreffen und Zusammenwirken von Vielfalt und Dynamik bezeichnet man als Komplexität. Der 11. September 2001 steht hierfür als Paradebeispiel. Ein im Milieu des Nahost-Konfliktes entstandener, in Hamburg-Harburg ausgeheckter Plan wurde dann in Manhattan ausgeführt und löste in Afghanistan und im Irak Kriege aus – und wer weiß, welche noch. Die Folgen werden in der Weltpolitik und den Portemonnaies der Menschen noch lange spürbar sein.

Beispiel PC

Wie sehr Systeme voneinander abhängen, zeigt der tägliche Umgang mit dem PC. Irgendeine Fehlfunktion eines kleinen

Teilsystems Ihres PC oder der Software führt zum Systemabsturz bzw. zu dem, was wir mit „der Computer hat sich aufgehängt" umschreiben. Sie suchen nervenaufreibend den Fehler, um dann festzustellen: kleine Ursache, großer Ärger.

Handlungen erzeugen Strukturen

Jedes Handeln von Menschen oder Organisationen, von Managern und Politikern erzeugt Strukturen, die diesen später als eigenständig und eigendynamisch gegenüberstehen. Entscheidungen führen zum Ausschluss anderer Möglichkeiten und bilden eine Struktur aus, die für spätere Entscheidungen eine Abhängigkeit von den vorhergegangenen erzeugen.

Im Zusammenhang mit der Finanzkrise 2008/09 entdeckten selbst Politiker den systemischen Zusammenhang von Real- und Finanzwirtschaft. Erstmals nahm die deutsche Regierungschefin, Angela Merkel, den Begriff *systemische Bank* in den Mund.

Die Paradoxie von komplexen Sachverhalten

Infolge der dynamischen Abhängigkeit und Wechselseitigkeit können Politiker für ihre Organisationen das Richtige tun und bewirken so das Falsche für die Gesellschaft insgesamt. Oder sie handeln richtig im Sinne der Gesellschaft und somit falsch für ihr Amt. Manager können kurzfristig richtig entscheiden, aber damit langfristig falsch liegen, oder auf lange Sicht eine richtige Entscheidung treffen, jedoch kurzfristig falsch handeln. Die Paradoxie einer solchen Situation zeigt sich auch daran, dass wir Planungsfehler mit noch mehr Planung bekämpfen und damit neue Planungsfehler erzeugen. Mit der Zunahme von Komplexität versagen solche Managementkonzepte, die auf einer getrennten Betrachtung von Unternehmen, Wirtschaft und Gesellschaft beruhen.

Probleme erzeugen Probleme

In der Banken- und der dann folgenden Schuldenkrise der Jahre 2008/2009 war dieser Wechselwirkungsmechanismus besonders deutlich. Jedes Wort eines Spitzenpolitikers wurde von der Finanzwirtschaft auf die Goldwaage gelegt und in Finanzströme umgesetzt, die der Politik postwendend neue Handlungen aufzwangen. Jede Problemlösung erzeugt neue Probleme.

Gewolltes und Ungewolltes

Wechsel- und Rückwirkungen unterlaufen lineare Handlungs- und Führungskonzepte auf der Basis von Ursache und Wirkung. Darum ist auch die Hierarchie ein organisatorisches Auslaufmodell. Organisationen entwickeln ihre eigene nicht lineare Dynamik, bei der Ursachen zwar Wirkung erzeugen, diese aber auf die eigentlichen Ursachen zurückwirken und so gänzlich andere Neuwirkungen auslösen. Das erklärt sich unter anderem daraus, dass menschliche Handlungen gesellschaftlich nicht geplant sind. Infolgedessen entstehen Wirkungen, die nicht vorhersehbar sind. Nur selten geschieht das Gewollte. Viele gut durchdachte Zwecke durchkreuzen sich oder widerstreiten einander. Gewiss ist auch, dass sich das innovativ Neue partiell gegen uns Menschen wenden lässt. Denken Sie an Sprengstoff und Munition, an die Atomenergie und Atombomben, an Pkw und Verkehrstote u. a. m. Die nachstehende Geschichte des Philosophen Peter Sloterdijk veranschaulicht dieses.

„Zu berichten ist von einem Vorfall, der sich in einer westdeutschen Mittelstadt zu Beginn der 80er Jahre wirklich zugetragen hat. Die Akteure der Geschichte sind einige tagsüber seriöse Herren, der Schauplatz ist ein nächtlicher Rummelplatz.

Die Herren, unter denen man sich lokale Honoratioren wie Stadträte, Firmenchefs, Manager und Verwaltungsdirektoren vorstellen darf – insgesamt vielleicht ein halbes Dutzend Personen –, verbringen nach einem gemeinsamen Besuch der Kirmes einen angeheiterten Abend in einem Restaurant in der Nähe des Festplatzes, wo sie sich einem der üblichen steuerbegünstigten Geschäftsessen widmen.

Mitternacht ist lange vorüber, als die inzwischen sehr animierte Gesellschaft das Lokal verlässt und beschließt, noch einmal über den verdunkelten und menschenleeren Rummelplatz zu schlendern. In einer Dunstwolke aus Gelächter und solidarischer Bewusstseinstrübung wandern die Männer zwischen den verschlossenen Buden und den stillgelegten Fahrunternehmen hindurch, die Stimmung könnte nicht besser sein.

Als die kleine Gesellschaft an dem Kettenkarussell vorbeikommt, hat einer der Herren die glänzende Idee, auf das Podium zu klettern und auf einem der Sitze Platz zu nehmen. Die übrigen Teilnehmer der Runde greifen die Idee sofort auf und stürzen sich auf die luftigen Sitze, die in der milden Nacht an ihren Ketten schaukeln. Keiner der Herren schließt sich aus, vielleicht weil Gruppeninstinkt, Alkohol und Geschäftsgeist in dieselbe Richtung wirken und dafür sorgen, dass Initiative belohnt wird.

Inmitten der allgemeinen schaukelnden Fröhlichkeit hat einer von ihnen die glückliche Eingebung, sich an den Hebeln zu schaffen zu machen, die das Karussell in Bewegung setzen, und bevor sich einer recht besinnen kann, beginnt sich das Kettenkarussell wirklich zu drehen, fast lautlos, wenn man das Summen des Elektromotors und das Klirren der Ketten im Fahrtwind überhört. Die Sitze schwingen hoch nach außen, vor vergnügtem Schrecken schreien die Herren auf, so etwas hat man schon lange nicht mehr erlebt.

Der Jubel dauert zehn Sekunden, zwanzig Sekunden, dreißig Sekunden vielleicht, je nach der Vergnügungswilligkeit der einzelnen und nach der Fähigkeit der Fahrgäste, die Situation zu analysieren. Spätestens nach einer Minute, darf man annehmen, hat sich bei den Teilnehmern der fröhlichen Fahrt das eingestellt, was man eine gemeinsame Beschreibung der Lage nennt. Während das Karussell sich schwungvoll dreht und die Sitze herumwirbeln, begreifen die munteren Herrschaften nach und nach, dass dieses Unternehmen kostspielig werden könnte.

Die vergnügten Schreie verwandeln sich in Hilferufe. Das Karussell reagiert aber auf Zurufe nicht und dreht sich unerbittlich weiter. Passanten gibt es zu dieser Stunde in dieser Gegend keine mehr, so dass die hilflosen Passagiere mit steigendem Entsetzen anfangen zu begreifen, dass sie mit ihrem Problem allein sind. Das Karussell ließ sich wohl von seinen Fahrgästen aus der Ruheposition starten, es lässt sich jedoch, einmal in Fahrt, von denselben Gästen nicht mehr anhalten. – Aus diesen Bedingungen, die den Beteiligten zu spät deutlich wurden, ergibt sich mit unerbittlicher Konsequenz das, was nun folgt – jedoch wollen wir den Blick solange abwenden, bis das grausame Spiel vorüber ist.

Am folgenden Morgen taucht ein Schausteller auf dem leeren Festplatz auf und nimmt zufällig das gespenstisch kreisende Karussell mit seiner Besatzung wahr. Durch eine Intervention von Polizei und Rettungsdienst werden die längst ohnmächtigen Karussellastronauten aus ihrer Lage befreit. Eine Reihe von ihnen waren längere Zeit in psychotherapeutischer Behandlung, einer gab sein Geschäft auf und schloss sich einer tibetischen Sekte an, was aus den übrigen wurde, ist nicht bekannt.“

SLOTERDIJK, 1990, S. 41 F

Sloterdijks Botschaft ist klar: Bewege nur die Dinge, deren Bewegung du beherrschst. Oder mit Goethes *Zauberlehrling* gesprochen: Rufe keine Geister, wenn du die Formel noch nicht weißt, wie du sie auch wieder loswirst.

Zur Zukunftskompetenz

Die Relevanz dieser Gedanken für unsere Zeit ist offensichtlich. Sie besteht nicht darin, dass wir die noch mehr auf uns zukommenden Globalisierungs-, Rationalisierungs-, Individualisierungs- und Flexibilisierungsprozesse aufhalten oder gar rückgängig machen sollten. Das wäre der Weg in die

Selbstlähmung. Wir sollten aber Goethes Botschaft so verstehen, dass wir uns um Zukunftskompetenz bemühen. Das bedeutet, mit den Menschen, der Natur und den Dingen so pfleglich als möglich und bewusst umzugehen.

Konzernbeispiel

Wenn Manager nicht einmal in der Lage sind, ihre Zeit zu beherrschen, dann sind sie noch weniger fähig, die Komplexität einer Firma, eines großen Vereins oder einer öffentlichen Verwaltung in den Griff zu bekommen. Niemand kann die vielfältig vernetzten Beschaffungs- und Vertriebswege der 55 000 Produkte von Siemens darstellen, die sich als eigene Subkulturen autonom in über 190 Ländern mit diversen Tochtergesellschaften erstrecken.

Warum Komplexität nicht steuerbar ist

Für die in vielen Unternehmen notwendige Organisationsreform reichen keine noch so filigranen Organigramme, PC-Informationssysteme oder Netzpläne, mit denen die falsche Vorstellung von Widerspruchsfreiheit und Beherrschbarkeit vermittelt wird. Außer der formalen Organisation ist in vielen Unternehmen kaum noch etwas klar und überschaubar. Manager erfahren täglich neu, dass das Verhalten von Organisationen, Märkten, von Systemen und Menschen nur schwer prognostizierbar und noch weniger zentralistisch steuerbar ist. Infolge vieler Wechsel- und Rückwirkungen greifen lineare Konzepte auf der Basis von Ursache und Folge nicht mehr. Auch Unternehmen entwickeln ihre eigene nicht lineare Dynamik, bei der Ursachen zwar Wirkungen erzeugen, aber diese auf die eigentlichen Ursachen zurückwirken und so gänzlich andere Neuwirkungen auslösen.

Paradoxien des Konzernföderalismus

Unternehmen, die dennoch versuchen, die Komplexität in den Griff zu bekommen, bezahlen dafür einen hohen Preis, denn Zentralismus benötigt Strukturen und Organisation. Diese wiederum machen Personal notwendig, das Kosten verursacht. So hat die Einführung der Arbeitsteilung zwar die Komplexität einzelner Aufgaben reduziert, aber den Aufwand für die Koordination dieser einzelnen Aufgaben erhöht. Die Komplexitätsreduzierung auf der einen Seite wurde durch Komplexitätserhöhung auf der anderen erkauft. An anderer Stelle dieses Buches wird dieser Gedanke am Beispiel der Strategietheorie von Fredmund Malik vertieft (Band 2, Kapitel A 1.6).

Charles Handys Vorschlag: „Föderativer Kompromiss"

Je größer ein Unternehmen ist, desto träger wird es. Sobald eine Firma mehr als 500 Mitarbeiter beschäftigt, beginnen die Dinge „merkwürdigerweise schiefzulaufen", so Peters und Waterman (Peters, Waterman, 2004). Die Innovationskraft lässt ebenso wie die Identifikation der Mitarbeiter nach. Fazit: Die Kunst guter Unternehmensführung besteht darin, groß zu werden, sich aber wie ein kleines Unternehmen zu verhalten. Darum wurde mancher unternehmerische Riesentanker zu einem Dutzend dezentral agierender Schnellboote umgewandelt. Der irische Wirtschaftsphilosoph Charles Handy nennt dieses den „föderativen Kompromiss". Er meint, die Macht dürfe auf der einen Seite nicht völlig bei der Zentrale gebündelt werden, auf der anderen Seite müsse aber die Zentrale genügend Macht und Kooperationsvermögen besitzen, um in kritischen Phasen die notwendigen strategischen Entscheidungen zu treffen und Maßnahmen einzuleiten. Das ist eine der Paradoxien des Föderalismus. Die andere ist, dass Organisationen jedweder Art, ob Unternehmen, Behörden oder Verbände, gleichzeitig groß und klein sein müssen. Vorteile großer Unternehmen sind die Wirtschaftlichkeit großer Mengen, Finanzstärke, um sich beispielsweise große Forschungsprojekte leisten zu können, und die Tatsache, dass sie in geringerem Maße von Mitbewerbern abhängig sind. Klein zu sein geht einher mit Autonomie, von der man das Freisetzen großer Energie erwartet und die Innovation wahrscheinlicher sein lässt. Außerdem bedeutet es mehr Flexibilität und Behaglichkeit.

ABB: Beispiel für Dezentralisierung

Der schwedisch-schweizerische ABB-Konzern ist das Paradebeispiel für den Trend der Dezentralisierung. Er besteht aus 330 Tochtergesellschaften, die dezentral und eigenverantwortlich agieren. Im Zürcher Hauptquartier arbeiten 100 Mitarbeiter. Der ehemalige Konzernchef Percy Barnevik nannte seine Company „einen Konzern ohne geografisches Zentrum und ohne Nationalität … Wir schwören auf Dezentralisierung … Wir wollen global, aber auch lokal stark sein; wir wollen riesig, aber auch winzig zugleich sein; und wir wollen ein radikal dezentralisiertes Unternehmen sein, aber auch ein wirksames, zentrales Rapport- und Kontrollsystem besitzen." (zitiert nach Glotz, 2001, S. 102 f.; siehe auch Band 2, Kapitel C 1)

Das Beispiel der Gruppenarbeit

Der Trend der Dezentralisierung oder Molekularisierung in Clustern (Glotz, 2001) ist nicht so offensichtlich wie der der Globalisierung oder der Computerisierung, obwohl er in beiden mittendrin steckt. In der Wirtschaftswelt begegnet man der Dezentralisierung in Form der Gruppenarbeit, indem Arbeitsgruppen teilautonom agieren.

Der notwendige Kompromiss

Schon vor zehn Jahren fanden sich in der Managementliteratur erste Hinweise darauf, dass erfolgreiche Unternehmen bewusst einen Kompromiss eingingen: „Sie setzen auf geradezu radikale Dezentralisierung und Autonomie mit ihren unvermeidlichen Folgen – Überschneidungen, unsauberen Abgrenzungen, Koordinationsmängeln, internem Wettbewerb und einem Anflug von Chaos – , um auf diese Weise Unternehmensgeist aufkommen zu lassen." (Peters, Watermann, 1986, S. 236)

Dezentralisierung mit Teams praktikabel machen

Unternehmen oder sonstige Organisationen, die schlanker werden wollen, müssen dezentralisieren. Dezentralisierung muss bis hin zur Teamgröße heruntergebrochen werden, denn das Team ist der Eckpfeiler der Produktivitätssteigerung. Erst Teams machen Dezentralisation praktikabel.

Individualisierung der Verantwortung durch Dezentralisierung

Die Forscher des Massachusetts Institute of Technology (MIT) schreiben in ihrer berühmten Studie *Die zweite Revolution in der Autoindustrie* (Womack et al., 1992), dass die Erfolge des schlanken Managements unter anderem auf einer sehr spontanen Form der Dezentralisation beruhen. Der Toyota-Werksleiter Taiichi Ohno bildete in den 1950er-Jahren Teams und teilte diesen ein Stück Fließband zu. „Dann wurde ihnen gesagt, sie sollten zusammenarbeiten und den besten Weg finden, die Arbeitsgänge durchzuführen" (ebenda, S. 62), ohne einengende Vorgaben der zentralen Produktionssteuerung. Ohno dezentralisierte die Verantwortung weit nach unten, baute auf den Sachverstand seiner Mitarbeiter und konnte schon nach wenigen Monaten die Früchte dieses Vorgehens in Form höherer Produktivität und Flexibilität sowie stärkerer Kooperation und Motivation ernten.

Kann die Informations- und Kommunikationstechnologie helfen?

Die Informations- und Kommunikationstechnologie (IKT), die Ihnen eigentlich helfen könnte, die aus der Komplexität und Unübersichtlichkeit resultierenden Probleme zu bewältigen, potenziert sie. Warum? In der Informationsgesellschaft werden Sie mit Signalen vielfältigster Art konfrontiert, die Ihnen Aufmerksamkeit abverlangen. Die daraus resultierende Information soll in Kaufhandlungen münden. Infolgedessen prasseln täglich Tausende Informationen auf Sie herab, jedoch zwei bis drei Prozent können Sie nur beachten. Der Rest ist Informationsmüll. Die Quantität von Daten ersetzt Datenqualität. Im Internet haben Chats den gleichen Stellenwert wie wissenschaftliche Forschungsberichte. Informatives steht neben Nichtinformativem. Bei dieser Informationsflut handelt es sich also um eine tägliche Welle an Nichtinformationen, also um Nullinformation. Eine Flut wird normalerweise von der Ebbe abgelöst. Die Informationsflut wird aber dauerhaft sein und immer größer werden. Zudem vermischen sich immer mehr geistig anspruchsvolle und unterhaltsame Elemente, sodass etwas entstehen konnte, was man „Infotainment“ bezeichnet. Die Flut ist also nicht nur größer, sondern auch variantenreicher geworden.

Die Zukunft ist „hyperinformativ“

Dieses Buch besteht aus 572 609 Zeichen, die sich auf 85 762 Wörter verteilen. Das ist die Informationsmenge, für deren Kommunikation die Menschen im Mittelalter mehrere Monate benötigten. Digitale Produkte unterliegen nicht den Einschränkungen, die für Produkte aus der Druckerpresse gelten. Das Internet hält mehr Informationen als alle Bibliotheken weltweit parat. Beim Stöbern im Netz „blättert“ jeder in seinem eigenen „Buch“. Keines gleicht dem anderen.

Das Wissen wird mehr, die Menschen wissen weniger

Wir wissen unendlich mehr als unsere Vorfahren, aber wahrscheinlich weniger gut. Gemessen am gesamt verfügbaren und stets neu hinzukommenden Wissen werden wir von Jahr zu Jahr dümmer. Die Wissenschaftler heute verdoppeln das vorhandene verschriftlichte Wissen alle 15 Jahre (vgl. Band 2, Kapitel A 4). Vor hundert Jahren dauerte diese Verdoppelung noch 50 Jahre. Unsere Welt wird unübersichtlich. Jürgen Habermas spricht von der „neuen Unübersichtlichkeit“. Auch Unternehmen leiden an dieser „neuen Unübersichtlichkeit“.

Steuerrecht als Musterbeispiel für bürokratische Unübersichtlichkeit

Das deutsche Steuerrecht ist das Musterbeispiel für bürokratische Unübersichtlichkeit. Der ehemalige Verfassungsrechtler Paul Kirchhof beklagt immer wieder, dass sich im Steuerrecht Regel und Ausnahme fast umgekehrt hätten. Er macht darauf aufmerksam, dass das Einkommen- und Körperschaftssteuerrecht in ihrer Grundstruktur von Privilegien, Ausweich- und Lenkungstatbeständen völlig überwuchert seien und das Umsatzsteuerrecht gar nicht mehr als solches erkennbar sei wegen der zahlreichen europarechtlichen Eingriffe.

5. Sind wir zukunftsfähig?

„Ein Ruck muss durch Deutschland gehen", mahnte und forderte Altbundespräsident Roman Herzog 1997. Gab es diesen Ruck? Haben sich unser Denken und Handeln verändert? Falls nein, woran lag es?

Die Zukunftsfähigkeit ist ein Prozess

Den meisten Menschen fällt es schwer, die von ihnen mitgestaltete Vergangenheit zu vergessen. Sie fühlen sich ihr gefühlsmäßig verbunden und wollen sie bewahren. Das ist verständlich, aber, wie Albert Einstein schon meinte, können wir unsere heutigen Probleme nicht mit derselben Denkweise lösen, die zu ihrer Entstehung geführt hat. Wir blicken weiterhin voller Stolz in den Rückspiegel unserer Lebens- oder Aufbauleistung und übersehen die Mauer, gegen die wir prallen werden, wenn wir nicht bald mit aufgeblendeten Scheinwerfern den Blick durch die Frontscheibe weit nach vorn richten. Wer zu spät kommt, den bestraft der Wandel. Darum müssen wir uns zukunftsfähig machen. Zukunftsfähigkeit ist, so der Hamburger Zukunftswissenschaftler Horst W. Opaschowski, die Kombination vom Machbaren und Wünschenswerten. Aber noch begleiten wir die wissenschaftlich-technische Entwicklung mit Skepsis oder gar Widerstand statt mit Pragmatismus und Experimentierfreude.

Erst haben wir die Deutsche Mark verloren, jetzt droht auch noch der Verlust von Arbeitsplätzen und Wohlstand. Man sieht förmlich, wie der Sozialstaat kippt. Die USA sind die Blaupause für das, was kommt.

Die Ängste der Deutschen

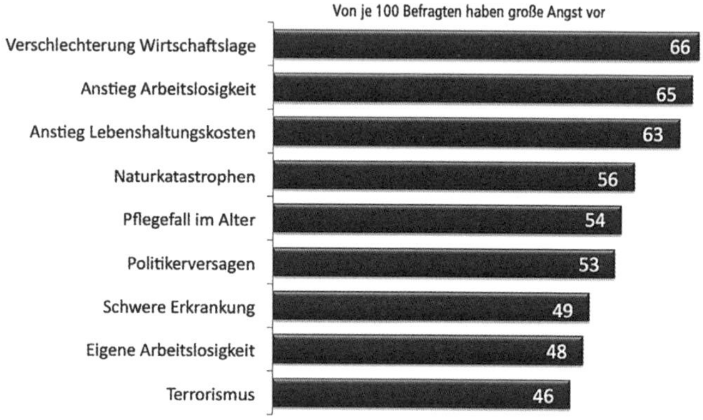

(Quelle: R+V Versicherung, 9/2009)

Die Meinungsumfragen zu den Sorgen und Ängsten fallen unterschiedlich aus. Aber es gibt Antwortschwerpunkte wie die Sorgen um den Arbeitsplatz und die Rentenversicherung und die Angst vor Kriminalität beispielsweise.

Zukunft hat viele Namen.
Für die Schwachen ist sie das Unerreichbare.
Für die Furchtsamen ist sie das Unbekannte.
Für die Tapferen ist sie die Chance.
VICTOR HUGO

Ist die Jugend zukunftsfähig?

Die Frage nach der Zukunftsfähigkeit betrifft insbesondere unsere Jugend, die das größte Interesse an einer guten Zukunft haben müsste. Aber sie leidet unter Zukunftsangst und Rollenunsicherheit. Das Fehlen eines klaren und richtungsweisenden politisch-gesellschaftlichen Zielbildes verstärkt ihre Unsicherheit und Angst. Zum Glück sind die Bewältigungsmechanismen dieser Jugend eher von Harmoniesucht als von Gewaltbereitschaft geprägt. Dahinter aber tickt eine kulturpsychologische Zeitbombe. Das Gefühl, nicht gebraucht und wahrgenommen zu werden, ist in den nächsten Jahren auch nicht mehr durch Harmoniesucht und medial vertickte Superstar-Träume kompensierbar. „Wenn die Jugend keine reelle Chance auf gesellschaftliche Anerkennung und Mitwirkung hat, wird auch jenseits der Hauptschulen die Gewaltbereitschaft steigen.“ (vgl. *Die gesellschaftliche Zeitbombe: Zukunftsangst und Rollenunsicherheit bei der Jugend.* <www.rheingold-online.de/veroeffentlichungen>) Die Unruhen in den Pariser Vorstädten 2005 und die jährlichen Krawalle zum 1. Mai in Berlin stehen hierfür Modell.

5.1 Die Kurve kriegen, aber wie?

Es ist nicht gesagt, daß es besser wird, wenn es anders wird.
Wenn es aber besser werden soll, muß es anders werden.
Georg Christoph Lichtenberg

Der Prozess des Wandels lässt sich sehr gut mittels einer Sigmoidkurve bzw. einer Welle darstellen (nach Handy, 1999). Sie wirft die wichtige Frage auf: Kriegen wir die Kurve?

Sigmoidkurve

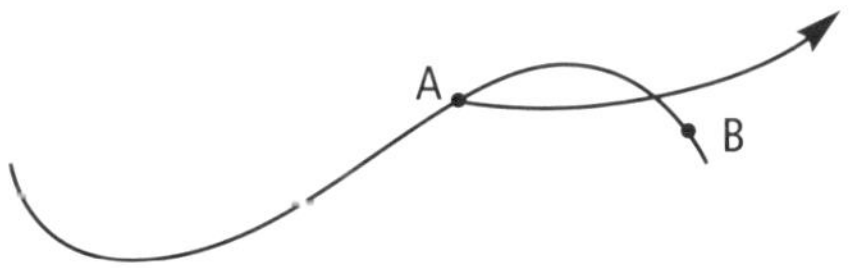

(Quelle: eigene Darstellung nach einer Idee von Charles Handy)

Die Welle als Universalform für Entwicklungsverläufe

Das Leben eines jeden Menschen, einer Firma, einer Mode, einer Nation oder einer ganzen Epoche lässt sich mit dieser Entwicklungswelle darstellen. Alle haben mal klein, langsam, zögerlich, weit unten angefangen, bekamen Schwung, sind groß geworden und entwickelten sich nach oben. Irgendwann änderten sich die Randbedingungen, oder sie wurden schwerfällig und so im Laufe der Zeit Betroffene und Beteiligte ihres eigenen Niederganges. Das sozialistische Weltsystem steht hierfür als Beispiel.

Alles Alte, soweit es Anspruch darauf hat, sollen wir lieben, aber für das Neue sollten wir eigentlich leben.
THEODOR FONTANE

Altes Denken erneuern

Viele Menschen und Unternehmen wollen den bisherigen Weg weitergehen, da dieser in der Vergangenheit richtig war. In der Vergangenheit war vieles richtig, aber ebenso viel falsch. Man liest und hört sehr oft von der großen Vergangenheit deutscher Ingenieurkunst. Manager schwelgen in der Vergangenheit und rühmen die großen Erfindungen deutscher Chemiker, Fahrzeugbauer, Optiker, Elektroniker und Maschinenbauer. Sie verweisen auf das Dauerabonnement des Nobelpreises bis in die 1930er-Jahre. Das alles ist mehr als 80 Jahre her. Der Blick zurück ist nur dann sinnvoll, wenn er hilft, Zukunftspläne zu fundieren. Jetzt aber müssen wird die Zukunft entdecken und zu diesem Zweck das alte Denken erneuern. Zumindest müssen wir die Annahmen, die der vorderen Entwicklungswelle zugrunde liegen, infrage stellen und über Alternativen nachdenken. Die Frage „Wohin gehen wir?" ist wichtiger als die, woher wir kommen. Die Zukunft beginnt im Hier und Jetzt.

Vom Aufschwung zum Abschwung zum Aufschwung

Der Abschwung der Kurve wird von einigen als Endzeit gedeutet, von anderen vielleicht als Neuzeit erkannt. Der Beginn der Zweitwelle und die sich anschließende Anpassungszeit sind mit erhöhten Risiken, Mehrkosten, Existenzsorgen, persönlichen Opfern und viel Unruhe verbunden. Aber diese Turbulenzen sind die notwendige Einleitung zu einer neuen Ordnung, zu neuen sozialen Organisationsformen und zu einer neuen Ökonomie. Die alte Ordnung funktioniert nicht mehr richtig, aber die neue ist noch nicht voll entwickelt. Wir wissen noch nicht, wie das neue Ordnungsgefüge heißen und letztendlich aussehen wird. Aber es wird weder kapitalistisch noch sozialistisch sein, sondern fundamental anders. Bis sich die Vorteile der strukturellen

Anpassung einstellen, wird es noch einige Zeit dauern. Viele Menschen verlangen von Managern und Politikern, endlich die richtigen Maßnahmen zu ergreifen, um die Zukunft aufzubauen. Gleichzeitig wird gefordert, an der ersten Kurve nichts zu ändern, wofür mit der Gesundheits-, Rechtschreib-, Renten- und Hochschulreform Beispiele vorhanden sind. Auch Aufsichtsräte und hauptberufliche Nörgler in Politik und Gesellschaft stellen sich ständig vor, was alles schiefgehen könnte, wenn wir Neuland betreten. Aber es gibt keine risikolosen Risiken. Sonst würden wir uns in einen Zustand der gesellschaftlichen Selbstlähmung begeben.

Wechselspiel von Krise und Wandel

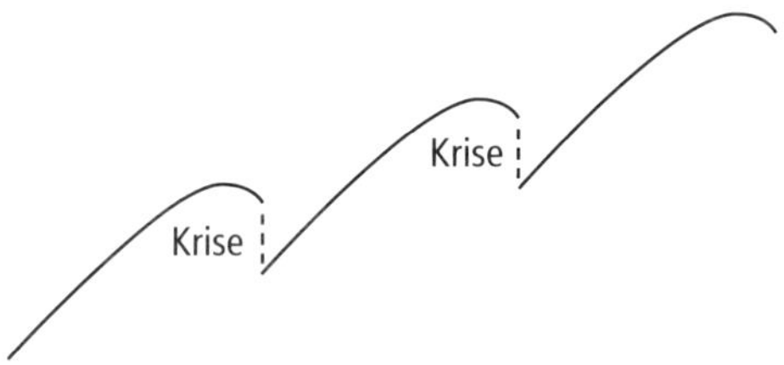

(Quelle: eigene Darstellung)

Eine Welle ist Interpretation

Die Welle erzeugt den falschen Eindruck einer harmonischen Dynamik. Man stelle sich eine DAX-Kurve vor. Diese hat auf- wie abwärts ein Sägeblattprofil. Im generellen Aufwärtsprozess gibt es zeitweilige Abwärtstendenzen, so wie es im Abwärts auch zeitweilige Aufwärtsbewegungen gibt. In der managementtheoretischen Fachdiskussion wird daher oft mit einer modifizierten Kurvenabbildung gearbeitet, in die Brüche eingebaut sind. Diese symbolisieren Probleme und Krisen. Werden sie nicht gelöst, geht der Abwärtstrend weiter. Sie bieten aber auch die Chance zu neuen strategischen Optionen, die das Überleben sichern, vorausgesetzt, sie werden gekonnt gemanagt (vgl. Kruse, 2004).

5.2 Von der „best practice" zur „next practice": Instabilität erfolgreich managen

Der Fortschritt hat den Charakter globaler Instabilität. Krisen gehören heutzutage zum *business as usual.* Ein Jahrzehnt lang glaubte man mit „best practice" solche Krisen umschiffen zu können. Wer aber immer besser, schneller und intelligenter sein muss, stößt irgendwann an seine natürlichen Grenzen. Als Folge zunehmender Kraftanstrengungen vergrößert sich die Schere zwischen Aufwand und Ertrag immer mehr, wenn es nicht irgendwann gelingt, alte Zustände in eine neue Qualität zu transformieren.

Prozessmuster statt Funktionsmuster

Die Notwendigkeit des Übergangs von der „best practice" zur „next practice" leitet der Psychologe Peter Kruse aus der zunehmenden informationstechnischen Vernetzung von Wirtschaft und Gesellschaft ab. Daraus resultieren, und zwar parallel zueinander verlaufend, wachsende Komplexität und rasante Veränderungsgeschwindigkeit. Hierauf müssen Organisationen, insbesondere aber Verwaltung und Unternehmen passende strategische Antworten finden. Es reicht aber nicht mehr, nur die Funktionsmuster zu optimieren, sondern die Prozessmuster sind zu erneuern. Als Beispiel nennt er den Übergang vom Straddle, bei dem sich der Hochspringer vorwärts über die Latte wälzte, zum Fosbury-Flop (nach Richard D. Fosbury, Olympiasieger in dieser Disziplin 1968), der genau umgekehrt verläuft.

Instabilität als notwendige Durchlaufphase

Die Vernetzung und die ihr innewohnende Veränderungsdynamik stellen neue Anforderungen an das Management von Politik und Wirtschaft. Das Zeitalter stabiler Zustände ist für Kruse vorbei. Heute kommt es darauf an, instabile Zustände zu managen. Instabilität ist die unabdingbare Durchlaufphase hin zu stabilen Zuständen, die irgendwann wieder in Instabilität münden. Das zeigt die vorstehende Abbildung.

Als Systemtheoretiker, der es versteht, Erkenntnisse der Chaostheorie nachvollziehbar auf die Unternehmensführung zu übertragen, baut Kruse auf die Fähigkeit sozialer Systeme, sich selbst zu organisieren, vorausgesetzt, die Rahmenbedingungen stimmen. Störung ist der notwendige Zustand beim Übergang von einer Ordnung zur nächsten. Im Gegensatz zu stabilen Systemen, die mittels Anweisung und Befehl steuer- und regelbar sind, basiert das Management von Instabilität auf Versuch und Irrtum in Verbindung mit der evolutionären Selbstorganisation von Systemen. Die mangelnde Voraussagbarkeit instabiler Zustände lässt auch keinen anderen Weg zu.

Neues Denken als Voraussetzung

Ei, bin ich denn darum achtzig Jahre alt geworden,
dass ich immer dasselbe denken soll? Ich strebe vielmehr,
täglich etwas anderes, Neues zu denken, um nicht langweilig
zu werden. Man muss sich immerfort verändern, erneuern,
verjüngen, um nicht zu verstocken.

Johann Wolfgang von Goethe

Der Doppelcharakter von Instabilität

Mancher Politiker oder Manager schüttelt ungläubig den Kopf bei der an ihn gerichteten Empfehlung, Instabilität zu fördern. Das verringert vorübergehend die Handlungsfähigkeit, steigert aber langfristig die kreative Anpassungsfähigkeit von Organisationen.

Wer nun meint, dies sei graue Theorie, möge einmal bei Peters und Waterman nachschauen, die von erfolgreichen Unternehmen berichten, die ein gewisses Maß an Chaos und Unordnung bewusst zulassen, um so Kreativität und Kooperation zu generieren (Peters, Waterman, 2004). Für Kruse führt erfolgreiche Unternehmensentwicklung von der Individual- über die Teamintelligenz hin zur Gestaltung von sich selbst organisierenden Netzwerken.

Wer Regeln bricht, gewinnt

Das bewusste Management von Instabilität fördert Regelbrüche. Diese führen hin zum Neuen. Kruse folgt damit dem Denkansatz von Gary Hamel (2001): *Wer Regeln bricht, gewinnt.* Das beweisen zumindest die Regelbrüche der Brüder Albrecht sowie eines schwedischen Möbelhändlers namens **I**ngvar **K**amprad aus **E**lmtaryd in **A**gunnaryd (IKEA), der als Erster zusammenklappbare Möbel zum Mitnehmen anbot und damit die Regeln des Möbelhandels erneuerte.

Die Rolle des visionären Spinners

Zum Regelbruch passt die Figur des kreativen Spinners. Dies ist eine Erkenntnis, die durch die Historie von Innovationen bestätigt ist. Wenn sich dieser visionäre Spinner mit dem operativen Optimierer zusammentut, grundiert das den Erfolg. Die Förderung dieser einander widersprechenden Kräfte sind die notwendigen Wesensmerkmale einer Kultur des Wandels, in der die Balance von Stabilität und Instabilität immer wieder neu ausgependelt werden muss.

Die Zweitkurve rechtzeitig ansteuern

Wenn Sie auch in Zukunft Erfolg haben wollen, dann sollten Sie mit dem Aufbau einer neuen Entwicklungswelle beginnen, bevor die erste ausgelaufen ist. Jede Situation verlangt irgendwann einmal nach einer zweiten Welle (siehe Abbildung Sigmoidkurve). Der richtige Zeitpunkt für den Beginn einer neuen Welle liegt im Punkt A, also dort, wo es noch aufwärts geht. Hier müssen Sie die Ressourcen für die zweite Welle aufbauen. Aber leider beginnen die meisten Menschen und Organisationen erst beim Punkt B. Dann ist es aber oft zu spät. Dem Gesetz der Evolutionstheorie zufolge können Unternehmen nur dann überleben, wenn ihre Anpassungsgeschwindigkeit mindestens so groß ist wie die Änderungsgeschwindigkeit ihres Umfeldes, in dem sie agieren und existieren. Wer das schafft und als Erster in der Zukunft ankommt, kann Standards vorgeben und die Lizenzgebühren für zukunftsweisende intellektuelle Eigentumsrechte oder Innovationsprofite kassieren.

6. Manager – Zukunftsgestalter oder Vergangenheitsbewahrer?

Das US-amerikanische Magazin *Time* (2/2006) hat von Deutschland keine gute Meinung als Investitionsstandort. Die Zeitschrift sieht die „Zukunftsangst“ als Deutschlands größtes Problem. Im Artikel steht dieses Wort auf Deutsch. Offenbar ist das eine so stark deutsche Erscheinung, dass es kein passendes englisches Wort dafür gibt.

Zur deutschen Zukunftsangst

Zukunftsangst betrifft insbesondere den Mittelstand. Dessen mentale Situation sei am ehesten vergleichbar mit der „Untergangsstimmung der Weimarer Republik“, meint der Historiker Edgar Wolfrum (SPIEGEL Online, 02.06.2008). Die Deutschen seien von einer Zukunftsangst besessen, die von Abstiegs- und Bedrohungsszenarien geprägt sei.

Sind denn wenigstens unsere „Zukunftsgestalter“, die Manager, zukunftsfähig? Gestalten sie unsere Zukunft, oder sind sie egozentrische Karrieregestalter, die ihre Macht und die ihnen unterstellten Mitarbeiter als Vehikel für ihre ganz persönlichen Aufstiegsziele nutzen?

Die Fantasie mancher Manager reicht nicht weiter als bis Liechtenstein.

Ekkehart Mittelberg

Zum deutschen Management

Die Frage nach der Zukunftsfähigkeit muss noch deutlicher gestellt werden. Verfügen unsere Politiker und Manager über die Kraft, der Schwerkraft der Vergangenheit zu entfliehen? Sind sie bereit, ihre eigenen orthodoxen Vorstellungen infrage zu stellen? Der frühere Chef von General Electric, John F. Welch, war hart in seinem Urteil über das deutsche Management: „Das (deutsche) Management ist tief in der Vergangenheit verwurzelt. Es wird viel Wert auf Status gelegt und auf die Rolle, die man in der Gesellschaft spielt.“ (manager magazin, 8/1996). Auch auf die Bezahlung wird viel Wert gelegt. Hier haben die deutschen Politiker und Manager Weltklasseniveau.

Sind wir innovationsmüde?

Die große Vergangenheit der deutschen Industrie und Wissenschaft sollte zum Streben nach gleich großer Zukunft verpflichten. Als Prüfstein hierfür und zugleich als Indikator für die deutsche Kreativitäts- und Innovationsmüdigkeit des deutschen Managements kann die Zahl der Patentanmeldungen herangezogen werden. Deutschland hat 2009 zwar 16 736 Patente angemeldet, aber bei den Zukunftstechnologien ist Deutschland eher ein Anwendermarkt und liegt weit hinter Japan (29 827 Anmeldungen) und den USA (45 790 Anmeldungen) zurück. Die deutschen Patente konzentrieren sich auf die klassischen Industrien und die Mechanik, also auf Sektoren, die heute nicht mehr die Marktchancen bieten wie vor 30 Jahren. Im digitalen Kapitalismus sind Informationsmanagement, Informationsqualität und Informationsübertragungsgeschwindigkeit ebenso wichtig wie Bodenschätze, Fertigungswissen und gut ausgebildete Facharbeiter.

Die Zukunftsgestaltung kommt zu kurz

Die mangelnde Zukunftsfähigkeit unseres Managements zeigt sich unter anderem auch darin, dass es zu wenig Zeit für die Zukunftsgestaltung aufwendet. Gary Hamel und Coimbatore Prahalad schreiben in ihrem Buch *Wettlauf um die*

Zukunft, dass Topmanager durchschnittlich weniger als drei Prozent ihrer Zeit für das Nachdenken zwecks Zukunftsgestaltung aufwenden (Hamel, Prahalad, 1997).

Diese Autoren fragen sich besorgt, an welcher Stelle der Organisationspyramide die Leute sitzen, welche die Hauptverantwortung für die Strategieentwicklung und Zukunftsgestaltung haben. Sind das nicht jene Führungskräfte, die sich der Vergangenheit in ganz besonderer Weise verbunden fühlen? Schlimmer ist aber, dass ausgerechnet jene Leute, die vom Alter her das größte Interesse an der Zukunft haben sollten, am wenigsten in die Zukunftsplanung mit einbezogen werden.

Die Lähmschicht lähmt

Im Zusammenhang mit der unternehmerischen Zukunftsgestaltung hat sich der Begriff *Lähmschicht* eingebürgert. Damit sind jene mittelmäßigen Manager gemeint, die zu einflussreich sind, als dass sich tief greifende Veränderungen an ihnen vorbei durchsetzen ließen. Leider sind diese Vorgesetzten oft nicht eindeutig identifizierbar. Sie halten mit ihrer Meinung hinterm Berg. Besonders in großen Unternehmen ist es für diese Managerspezies leichter, ein windgeschütztes Plätzchen zu finden, als in einem kleineren. Dank einer tiefen Hierarchie wird hier der Marktdruck abgefedert, und unbequeme Maßnahmen können mit dem Hinweis auf „die da oben" begründet werden.

Wenn alles wirklich so wäre, wie wir es wollten,
würden die Leute sich beschweren, dass nichts mehr so ist,
wie es einmal war.
PIERRE DAC

Zukunft erkennen, bevor sie stattfindet

Das ist nachvollziehbar, denn wer in der Vergangenheit Aufbauarbeit leistete, fühlt sich dieser gestalteten Vergangenheit emotional verbunden und ist bemüht, sie zu bewahren.

Darum sind viele Manager nicht besonders begierig, entschlossen dorthin zu marschieren, wo zuvor noch niemand war. Sie wiederholen lieber die Vergangenheit und übersehen so die schon stattfindende Zukunft. Wir müssen aber versuchen, die Zukunft zu erkennen, noch bevor sie stattfindet. Dieser Vorausblick ist jedoch wertlos, wenn es an der Fähigkeit mangelt, ihn in neue Produkte und Dienstleistungen umzusetzen. Ob man als einer der Ersten die Möglichkeiten der Zukunft nutzt, hängt auch davon ab, ob es gelingt, neue Fähigkeiten schneller zu entwickeln als andere. Es genügt also nicht, nur anpassungsfähig zu sein, man muss auch fortschrittsfähig sein. Unternehmen müssen Trends folgen können, aber auch fähig sein, Trends und Märkte mitzugestalten. Längst reicht es nicht mehr, Besitzrechte an vorhandenen Märkten Segment für Segment abzustecken. Auch die weißen Flecken müssen erkannt und erobert werden. Das aber ist nur möglich, wenn man die Zukunft nicht durch die Blende der gegenwärtig bedienten Märkte betrachtet.

7. Zukunft mit Politik oder Politik ohne Zukunft?

Politiker meinen, dass sie kraft ihres Amtes besonders prädestiniert für Zukunftsaussagen seien. Sie erinnern sich an Norbert Blüms Zukunftsversprechen aus den 1990er-Jahren: „Die Renten sind sicher." Das kam gut an, vor allem bei den Rentnern, war aber schon damals glatt gelogen. Auch Parteiprogramme sind Zukunftsversprechen. Ihr Credo lautet: „Wenn du uns wählst, entscheidest du dich für eine gute Zukunft." Zukunft, das war schon immer die Lieblingsvokabel der Politiker.

‚Dann gehe ich eben in die freie Politik', sagte der Manager, nachdem er in der freien Wirtschaft völlig gescheitert war.
Wolfgang Mocker

Die Partei als Plattform für Egostrategen

Für den Beruf des Politikers ist ohnehin nur das Parteibuch zwingend. Es ist die Eintrittskarte ins Parlament. Die Partei selbst ist keine ideologische Heimstätte mehr, sondern die organisatorische Infrastruktur für die berufliche Egostrategie. In Anlehnung an die Politologen Karl-Rudolf Korte und Manuel Fröhlich, die Parteien als „Machterwerbsagenturen" sehen (vgl. Korte, Fröhlich, 2009), könnte man sie als *Egorealisierungsplattformen* charakterisieren. Der Kandidat hat zwar keine genaue Vorstellung von der Zukunft seiner Kommune, Stadt oder seines Wahlkreises, wohl aber von seiner Rolle als Zukunftsgestalter.

Berufspolitiker ohne Berufsausbildung

Der Sozialwissenschaftler Meinhard Miegel meint, dass der Begriff *Berufspolitiker* irreführend sei, denn damit verbinde sich die Vorstellung von beruflichen Qualifikationen (Miegel, 2005). Zwar bringe eine Reihe von Abgeordneten berufliche Qualifikationen mit, vielleicht als Arzt oder Steuerberater, was sie für die Gesundheits- oder Finanzpolitik qualifiziere, aber das sei eine Minderheit in den von Lehrern und Rechtsanwälten dominierten Parlamenten.

Auf den Wechsel in das Berufsleben muss sich ein Mensch mit einer dreijährigen Lehre oder einem vielsemestrigen Studium vorbereiten. CDU- oder SPD-genormter Standardpolitiker wird man durch die Teilnahme an vielen Ortsvereinssitzungen, intensive Liebedienerei gegenüber der Parteiprominenz, häufiges Kopfnicken, Strippenziehen im Hintergrund, die Erwähnung in den Spalten der Lokalpresse und den wirksamen Auftritt in Delegiertenkonferenzen. In der SPD gibt es Bonuspunkte für einen Doktortitel, in der CSU für einen Adelstitel.

7.1 Kombinationskompetenz statt politischer Sachkompetenz

Wer in die Politik geht, muss noch viel lernen, aber eines beherrscht der Parlamentsnovize und spätere Hinterbänkler schon jetzt: Er weiß, wie man nach oben kommt. Voraussetzung ist eine gewisse Kombinationskompetenz von Ellbogeneinsatz und Sozialinstinkt, von Ich-Marketing und Intrigenspiel. Das alles fehlte beispielsweise dem Steuerexperten Paul Kirchhof bei seinem Ausflug in die Bundespolitik. Darum scheiterte er. Was nützt es, ein international geachteter Steuerexperte zu sein, wenn einem schauspielerisches Talent und medienwirksame Tauglichkeit fehlen? Fernseheignung kommt vor der politischen Fachqualifikation. Inszenierung ersetzt Sachverstand.

Reden ist Gold, Arbeit ist Qual

Um als Parlamentarier die Regierung zu kontrollieren, sind jedoch andere Qualifikationen vonnöten. Häufig hört man die Klagen von Abgeordneten, die nicht mehr in der Lage sind, Reformvorhaben in der Finanz- oder Gesundheitspolitik zu durchblicken. Kein Parlament ist heutzutage mehr in der Lage, einen Haushalt ohne die Zuarbeit der Ministerialbürokratie aufzustellen. Und wer sich dennoch monatelang durch einen trockenen Gesetzesentwurf quält, erhält dafür weniger Aufmerksamkeit als jene Kollegen, die durch die Fernsehshows tingeln. Politiker wollen Bühnenwirkung, nicht Zukunftswirkung. Zwar sagen sie, was alles kommen wird, nur um dann zu erklären, warum alles anders kam.

TV-Studio als Ersatzparlament

Politik ist die nationale Schaubühne. Diese steht mitten in den Studios von ARD und ZDF. Politikdebatten finden in den Talk-shows statt und immer weniger im Bundestag. Nicht, was die Medien berichten, sondern dass sie überhaupt berichten, ist wichtig.

Alles ändert sich. Heute nehmen die Leute die Komiker ernst und betrachten die Politiker als Witzfiguren.

William P. A. Rogers

Der Politik fehlen Qualität ...

Besorgt fragt sich der Normalbürger, ob der „bekennende Stoiberianer" Söder zum bayerischen Minister taugt. Ist Claudia Roth zu mehr fähig als nur zur grünen Betroffenheitsikone? Was hat Guido Westerwelle in einer Regierung zu suchen? Halten unsere Minister einem IQ-Test stand? Im Krisenorkan blättert schnell der Glanzlack ab, und das faule Holz wird sichtbar. Sollte Thomas Mann gar recht behalten, als er schon 1918 „den" Politiker als „ein niedriges und korruptes Wesen" beschrieb, „das in geistiger Sphäre eine Rolle zu spielen keineswegs geschaffen ist"? (Mann, 2001, S. 246)

... und Wähler

Ihr Mandat dauert vier Jahre, den Rest besorgt die Vergesslichkeit des Wählers. Für Politiker gibt es keine Eignungsprüfungen oder Qualitätskontrollen. Die Qualitätskontrolleure wandeln sich zu Nichtwählern. Auch das sei eine Art von Stimmabgabe, meinen einige Bundespolitiker, sozusagen das Gute im Schlechten.

7.2 Popularität versus Wahrhaftigkeit

Popularität erheischt man eher mit Pauschalbotschaften als mit Sachinhalten. Auftreten und Gehabe, Gestik und Mimik, Privatleben und Selbstinszenierung dienen als aufwendige Verpackung für die oft sehr dürftigen Inhalte. Diese bestehen zumeist aus mechanisch klingenden Sprachschablonen wie „Politik der Vernunft“, „Freiheit statt Sozialismus“, „Steuergerechtigkeit“, „mehr Netto vom Brutto“, „Beschäftigung“, „Wachstum“ und „Vertrauen in Deutschland“. Das gilt selbst schon für die Kommunalpolitik. Man hat den Eindruck, als würden die Wahlprogramme von Kommunalpolitikern von vorgeformten Wortmatritzen abgeschrieben, in denen es nur so von Begriffen wie *Gemeinwohl*, *Wir-Gefühl*, *Heimatliebe*, *Bürgernähe* und *Gewerbeansiedlung* wimmelt. Der Bürger erwartet Ideen und hört Parolen. Die meisten Reden und Programme sind nur Situationsbeschreibungen ohne konkrete Gestaltungsvorschläge für die Zukunft.

Die Unterschiedslosigkeit der Politik

Um Popularität zu erlangen, bedarf es der visuellen Inszenierung. Viel Geld investieren Bürgermeisterkandidaten schon kleiner Städte, um ihr Konterfei in einem „Politainment-Wahlkampf“ in die Köpfe der Einwohner zu transplantieren. Viel Geld für egomanisches Polittheater! Man weiß, der Wähler belohnt mit seiner Stimme nicht die gewünschte Politik, sondern den besten Blender und Bluffer. Den Wahlen hierzulande fehlt immer mehr die politische Auswahl. Der Unterschied zwischen CDU und SPD ist etwa so groß wie der zwischen zwei Liter Vollmilch in unterschiedlichen 1-Liter-Verpackungen. Hauptsache, es steht drauf: Jetzt länger haltbar.

Für einen Politiker ist es gefährlich, die Wahrheit zu sagen. Die Leute könnten sich daran gewöhnen, die Wahrheit hören zu wollen.
George Bernard Shaw

Medienkanzler statt Bundeskanzler

Am deutlichsten wurde der Versuch der visuellen Beeinflussung in dem Altbundeskanzler Gerhard Schröder zugeordneten Begriff *Medienkanzler*. Er beherrschte die Dramaturgie der „Telepolitik" unserer Zeit. Seine PR-Planer wussten sehr wohl, dass man mit Gesichtern, visuellen Reizwerten und Theatralik mehr Menschen erreicht als mit dem intellektuellen Diskurs über Zukunftsfragen.

Die Politik und ihre Medien

Zum großen Leidwesen der Gebührenzahler unterstützen die Medien diese Art der Eigeninszenierung der Politik, weil es doch der Quote nützt. Aber wer braucht schon eine Einschaltquote? Machen die Medien Politikern die Präsentationshoheit durch kritisches und bohrendes Nachfragen streitig, droht Ärger durch die von den Volksparteien dominierten „Fernsehräte". Die Politik will sich ihre mediengerechte Vermittlung nicht aus der Hand nehmen lassen. Ein Schelm, wer sich dabei etwas denkt! In der Politik kommt es nicht darauf an, Fragen zu beantworten, sondern sich keine Fragen stellen zu lassen, vor allem nicht von kritischen Journalisten. Um sich vermeintlich nicht ganz bloßzustellen, geben zungenfertige Schwätzer große Antworten auf kleine Fragen.

7.3 Karrieren als Schuldenmacher

Kaum war der „Bankenbrand" der Jahre 2008/2009 mit viel Staatsgeld gelöscht, brach eine weitere, weitaus schlimmere Finanzepidemie aus. Der Erreger war bekannt, und die Inkubation hatte einige Jahrzehnte gedauert, bis schließlich Griechenland als erster Patient unter der Schuldenlast ächzte und zusammenbrach. Diagnose: Staatsverschuldung. Dagegen könnte man sich präventiv schützen, und wenn man Schulden aufnimmt, könnte man mit der Anwendung mathematischer Grundkenntnisse und gesundem Menschenverstand sich ihrer entledigen. Aber der Irrsinn ist das Normale: Man bekämpft die Altschulden mit Neuschulden.

Wiederwahl mit Pumpwirtschaft

Die Kehrseite der Bankenkrise kam nun mit der globalen Schuldenkrise zum Vorschein. Bei der Bankenkrise waren die Übeltäter schnell ausgemacht: Spekulanten, Investmentbanker und Hedgefondsmanager. Die Täter der Schuldenkrise sind aber auch bekannt: Kommunal-, Landes- und Bundespolitiker aller politischer Coleur. Sie alle glaubten an ewiges Wachstum, melkten kräftig an den „Krediteutern" der Banken und waren beteiligt an den Buchungstricks, mit denen man den Schuldenstand optisch nach unten kaschiert. Begründet wurde die Pumpwirtschaft mit der Sorge um das Gemeinwohl, einer etwas anderen Ausdrucksweise für das Bedürfnis, wiedergewählt zu werden.

Schulden – Das Einzige, was man ohne Geld machen kann.
KARL PISA

21 000 Euro Schulden pro Kopf

Alle Tätergruppen benutzten die gleiche Entschuldigung: „Ich musste so handeln", „Das habe ich nicht gewusst und gewollt", „Andere haben das auch so gemacht". Statt Zukunft zu gestalten, wurde sie beim politischen Roulette kontinuierlich verspielt. Die Fakten sind erdrückend: Deutschland hat 1,785 Billionen Euro Staatsschulden (Stand Oktober

2010). Die Staatsverschuldung in Prozent des Bruttosozialprodukts betrug 2008 65,9 Prozent, im Jahr 2009 73,1 Prozent und (erwartet) im Jahr 2010 76,7 Prozent. 2010 hat sich Deutschland mit bislang 80,2 Milliarden Euro neu verschuldet. Daraus folgt, dass jeder vierte Euro des Bundeshaushalts (320 Milliarden Euro) nicht durch Einnahmen gedeckt ist. Und neue Schulden dienen dazu, die Zinsen der Altschulden zu begleichen. Allein 11,5 Prozent des Bundeshaushalts werden für Zinszahlungen aufgewendet.

Von der Wirtschaftskrise zur Staatskrise

Die Lage ist dramatisch. Das System der staatlichen Kreditwirtschaft Deutschlands muss sich bis 2015 auf Steuermindereinnahmen bis zu 45 Milliarden Euro einstellen. Gleichzeitig altert die Bevölkerung bei einem Wirtschaftswachstum von durchschnittlich nur 1 Prozent und explodierenden Sozialkosten. Ferner darf man erwarten, dass das Land aus den Bürgschaften für Griechenland und Irland (und Portugal? und Spanien? und Italien? und …) in die Haftung genommen wird. Bürgen heißt würgen, lautet ein Bankersprichwort.

Schuldenstand ausgewählter Industrienationen vor und nach der Banken- und Wirtschaftskrise (2008–2010)

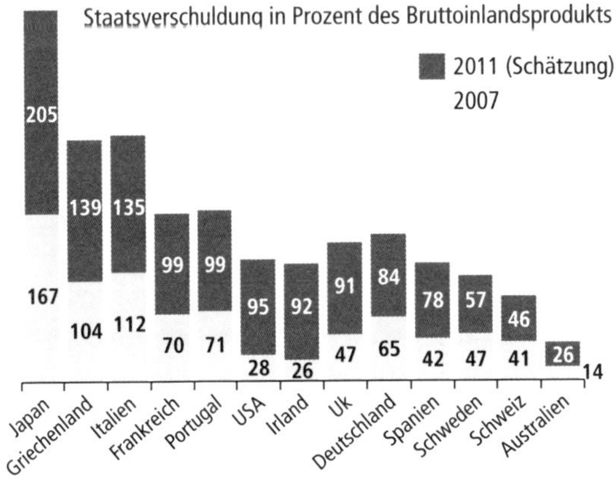

(Quelle: OECD, 2009)

Eine Gesellschaft, die sich mehr leistet, als sie sich leisten kann, nennt man Leistungsgesellschaft.
WERNER MITSCH

Staatsschulden als Gefahrenquelle

Der Knopfdruck an der Gelddruckmaschine könnte Linderung verschaffen. Damit würde das Gespenst einer Inflation jedoch immer sichtbarer werden. Sie wäre eine Chance, um die Staatsverschuldung abzubauen, aber das nur zum Preis instabiler Verhältnisse, möglicher sozialer Unruhen, der Zunahme nationalistischer Tendenzen, vermehrter prekärer Arbeitsverhältnisse und zunehmender Massenarbeitslosigkeit. Das Volk fühlt sich so oder so betrogen! Vor allem jene, die um ihre Ersparnisse und Ansprüche aus Sozialversicherungsleistungen gebracht werden, sind der Politik überdrüssig. Griechenland und Irland vermitteln eine Vorstellung davon, was Deutschland noch bevorstehen könnte. Das Modell der sozialen Marktwirtschaft kann bei leeren Staatskassen und einer stagnierenden Wirtschaftsleistung nicht mehr funktionieren. Anstehende Kürzungen der Budgets für Bildung und Wissenschaft reduzieren den Energiezufluss an Wissen und Können in die Wirtschaft. Die Demokratie wird in ihren Grundfesten erschüttert, denn Vollbeschäftigung ist ihre tragende Säule. Die US-amerikanischen Ökonomen Stephen Mihm und Nouriel Roubini meinen, dass die Banken- und die Schuldenkrise jüngst nur ein Vorgeschmack dessen seien, was der Welt noch bevorsteht. – Die Banker und Spekulanten lechzen schon nach neuer Beute.

Ein Krebsgeschwulst namens Staatsschulden

An der Haushaltsverschuldung entscheidet sich die Zukunft Deutschlands und anderer Industriestaaten. Sie ist bremsender Sand im Getriebe des Fortschritts. Um sie abzubauen, sind sozialpolitische Kürzungen und Verschlechterungen zu erwarten, bei der Rente, dem Kindergeld, dem Renteneintrittsalter, der Wochenarbeitszeit, den Krankenversicherungsbeiträgen, dem Arbeitslosengeld, um nur einige Beispiele zu nennen.

Hierbei handelt es sich nicht nur um ein deutsches Problem. Nationale Alleingänge sind aufgrund der europäischen Verflechtung undenkbar. Eine Politik des „Rette sich wer kann" würde den europäischen Einigungsgedanken unterminieren und den Nationalismus reaktivieren. Aber letztendlich ist jedem Staat das Hemd näher als der Rock. Zwar werden alle Kleidungsstücke benötigt, so wie alle europäischen Staaten für das Gebilde Europäische Union, aber auf den Rock könnte man gegebenenfalls verzichten. Hier drohen Gefahren für das Einigungswerk, die man im Blick haben muss.

Die Public-Choice-Theorie oder das Gesetz ewiger Staatsverschuldung

Im Jahre 1986 erhielt ein gewisser James M. Buchanan den Nobelpreis für Wirtschaft. Von ihm stammt die sogenannte Public-Choice-Theorie. In Bezug auf die Politik meint dieses Ideengebäude, dass ein Politiker ständig Neues vorschlagen muss, um auf seinem „Markt" wettbewerbsfähig zu bleiben. Dieser ständige Neuerungsprozess führt zu der unvermeidlichen Tendenz, die Staatsausgaben zu erhöhen. Auslöser ist der von Eigeninteressen geleitete Politiker, der seinen Nutzen maximieren will und dementsprechende Entscheidungen trifft. Aber diese Entscheidungen sind Nebenprodukte. Ziel der Politiker sei es, damit ihre Wiederwahl zu sichern und ihre eigene Wohlfahrt zu maximieren.

Die Zielgruppen der Politik

Ein Politiker, eine Partei hat Kunden, ebenso wie Unternehmen. Diese „Kunden" sind die Zielgruppe, die es zu befriedigen gilt, das sind Beamte, Banker, Mediziner, Juristen, Hoteliers, Landwirte oder Bergleute. Wichtig ist hierbei, die Kosten möglichst auf die gesamte Bevölkerung zu verteilen. Fast unbemerkt wächst so deren Steuerlast.

Interessengruppen verteidigen die Subventionen

Eine Besonderheit des Politikmarktes ist die Schwierigkeit, eingeführte Maßnahmen wie zum Beispiel Subventionen abzuschaffen. Die Nutznießer solcher Subventionen tun alles Mögliche, um den Angriff auf ihre Vergünstigungen abzuwehren, während die Masse der Steuerzahler passiv bleibt. Die Öffentlichkeit als Ganzes hat wenig Interesse, sich über die Agrarpolitik sachverständig zu machen, um darauf korrigierend einzuwirken. Anders bei den Bauern. Sie betrifft der Milchpreis unmittelbar.

Vielen Wählern sind die Kosten öffentlicher Güter und Dienstleistungen nicht bewusst. Umfragen zeigen immer wieder, dass die Höhe staatlicher Ausgaben für Projekte auf lokaler Ebene in der Regel erheblich unterschätzt wird. Infolgedessen ist die Nachfrage nach öffentlichen Gütern höher, als wenn sie dieser sogenannten „Steuerillusion" nicht aufsäßen. Nun könnte man meinen, dass die Wähler die ungerecht empfundene Steuerlast anprangern und korrigieren würden. Doch leider ist dies ebenfalls eine Illusion.

Staatsbankrott und Kommunalbankrott: Zwei Seiten ein und derselben Medaille

Der Gesellschaft geht die bezahlte Arbeit aus, den Gemeinden das Geld. Nachdem das kommunale Tafelsilber schon verscherbelt worden ist, hat sich in Gemeinden, Kreisen und Städten die Finanzlage dramatisch zugespitzt. Theater, Opern, Museen und Büchereien müssen schließen, in Schwimmbädern wird das Wasser abgelassen, und die kommunalen Abgaben werden steigen. Zwischen 2000 und 2008 stiegen die kommunalen Schulden um etwa 23 Prozent. Die durchschnittliche Gesamtverschuldung aller Kommunen der Flächenländer lag Ende 2008 bei 3300 Euro je Einwohner. Jede dritte Kommune kann schon heute keinen ausgeglichenen Haushalt mehr vorlegen. Das Haushaltsdefizit im Jahre 2009 betrug allein 12 Milliarden Euro. Auf mittlerweile 40 Milliarden Euro sind die Sozialausgaben angewachsen.

Sozialausgaben deutscher Kommunen (in Mrd. Euro)

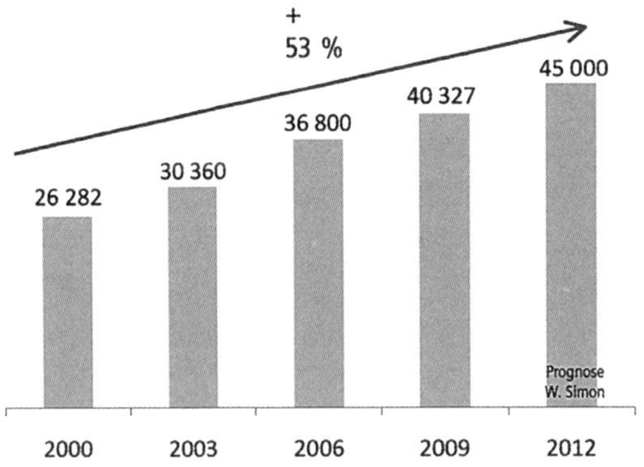

(Quelle: Statistisches Bundesamt)

Sparen bedeutet Wohlstandsverlust

Einige Kommunen stehen vor dem Kollaps und drohen handlungsunfähig zu werden. Hierzu das Fazit der Studie *Kommunen in der Finanzkrise* der Wirtschaftsberatung Ernst & Young aus dem Jahre 2010: „Viele deutsche Städte sind im Grunde bankrott. Sie werden die Schuldenkrise nicht aus eigener Kraft lösen können.“ Das bekommen die Bürger zu spüren:

- 31 Prozent der Kommunen wollen die Straßenbeleuchtung später einschalten
- 29 Prozent wollen die Budgets für Jugend- und Seniorenbetreuung kürzen
- 14 Prozent planen Bäderschließungen
- 11 Prozent wollen den Nahverkehr ausdünnen und die Öffnungszeiten von Kindertagesstätten kappen
- 46 Prozent wollen die Grundsteuern erhöhen
- 44 Prozent wollen die Eintrittspreise kommunaler Einrichtungen erhöhen
- Jede dritte Kommune wird die Kita-Gebühren und die Hundesteuer anheben

Immer mehr nutzen Kommunalpolitiker das Instrument des Kassenkredits. Ähnlich einem privaten Dispokredit sichern Kassenkredite die Zahlungsfähigkeit, auch wenn eigentlich kein Geld mehr vorhanden ist. In vielen Kommunen, insbesondere in kreisfreien Städten und großen kreisangehörigen Städten, ist daraus eine „Dauereinrichtung“ geworden. Das aber gefährdet die Funktionsfähigkeit der Kommunen und mancher Ballungskerne und Wirtschaftszentren.

Die Politik der Auslagerung zwecks Verschleierung

Von ihren Berliner Vorbildern haben unsere Kommunalpolitiker aber gelernt, wie man trickst, verschleiert oder Steuergeschenke als Wachstumsbeschleunigung ausgibt. So wie die Bundespolitik Schulden einfach in ein sogenanntes Sondervermögen auslagern wollte, greifen Bürgermeister und Stadtverordnete gern zum Instrument der Auslagerung in Eigenbetrieben, Zweckverbänden oder kommunalen Unternehmen. Eigentlich wollte man damit die Fesseln der kameralistischen Finanzverwaltung abstreifen, aber ein angenehmer Nebeneffekt war, dass damit auch die Schulden aus dem kommunalen Kassenbuch und dem Blickfeld des Bürgers verschwanden. Während im Haushaltsplan früherer Jahre der Schuldenstand deutlich lesbar war, verteilt er sich nun auf viele städtische GmbHs, die sich der parlamentarischen Kontrolle entziehen. Der Anteil der Schulden dieser Auslagerungen an der kommunalen Gesamtverschuldung lag 2008 bei etwa 55 Prozent. Eine Einschätzung der Risiken ist für Bürger oder Politiker dank der Geheimhaltungspflicht aus dem GmbH-Gesetz kaum noch möglich. Nachfragende Stadtverordnete werden mit dem Hinweis auf § 85 GmbH-Gesetz von den kommunalen Aufsichtsräten, Bürgermeistern und Dezernenten rigoros abgeschmettert.

Opfer und Täter in einer Person

Kommunalpolitiker weisen die Schuld an ihrer Misere gern der übergeordneten Politikebene oder dem Konjunkturverlauf zu. Aber die kommunalen Geldnöte haben nicht nur konjunkturelle, sondern gleichermaßen strukturelle Ursachen. Die „Täter“ sitzen nicht in der Landeshauptstadt, in Berlin oder Brüssel, sondern im örtlichen Rathaus. Sie rechtfertigen ihr Finanzloch mit „Wir können nicht sparen!“, meinen aber „Wir wollen nicht sparen.“. Der Kommunalpolitik fehlt der Mut, Ansprüche abzuwehren. Das kostet Wählerstimmen. Die Staatsverschuldung top-down wird durch eine Bottum-up-Kommunalverschuldung potenziert.

Parteifreunde kritisieren Parteifreunde

Kommunalpolitiker haben eigentlich keinen Grund, die Schuld auf der übergeordneten Politikebene zu suchen. Sie haben sich in Wahlkämpfen für ihre Parteifreunde auf Landes- oder Bundesebene eingesetzt, sie als die denkbar besten Sachwalter des Volkes propagiert und beklagen jetzt deren Finanzpolitik.

Kommunalschulden in Mrd. Euro

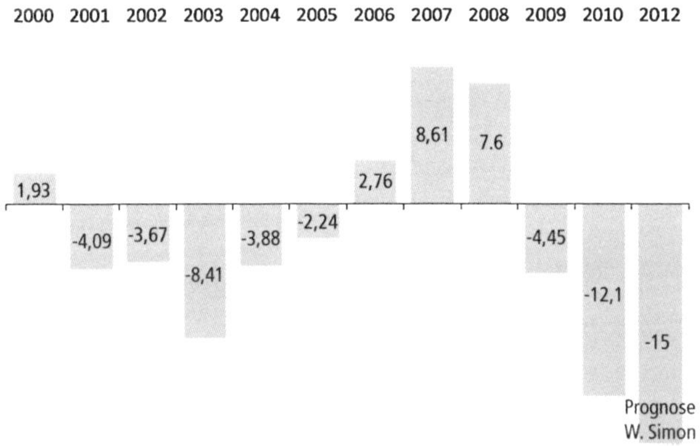

(Quelle: Deutscher Städtetag)

Aktiv beim Geldausgeben, passiv beim Sparen

Die Ursachen für die Finanzmisere waren ausgerechnet die sprudelnden Haushaltsquellen der Jahre des „Wirtschaftswunders“, die den Blick auf die Folgekosten vernebelten. Kurzfristige Einnahmesteigerungen bewirkten Großzügigkeit im Ausgabenverhalten. Die Steigerungsraten wurden gedanklich einfach fortgeschrieben. Als sich dann der Aufschwung der Wiedervereinigung Mitte der 1990er-Jahre abkühlte, blieben die notwendigen und schnellen Reaktionen auf der Ausgabenseite aus. Während man bei Einnahmesteigerungen erstaunlich schnell reagierte, verhielt man sich bei Einnahmeausfällen eher passiv. Hier hätten Reserven gebildet oder Kredite getilgt werden müssen. Stattdessen wurden weiterhin teure Investitionen ohne jede Return-Wirkung getätigt.

Folgekosten aus Einmalzuschüssen

Durch ihr Ausgabenverhalten haben Ortsparlamentarier in der Vergangenheit Fakten geschaffen, die nicht mit der gleichen Geschwindigkeit korrigierbar sind wie die Veränderungen der finanzwirtschaftlichen Rahmendaten. Allzu oft erlag man den Verlockungen von Landeszuschüssen und tätigte Investitionen. Aber Landeszuschüsse sind Einmalzahlungen, aus denen über viele Jahre hinweg örtliche Folgezahlungen resultieren. Wer diese nicht bedenkt, der verlagert erhebliche Finanzbelastungen auf zukünftige Generationen der Bevölkerung.

Hausbesitzer und Wohnungseigentümer als kommunale Melkkühe

Gern erklären Kommunalpolitiker ihr finanzpolitisches Fehlverhalten mit dem Rückgang der Umsatzsteuer. Aber das konjunkturelle Auf und Ab gibt es seit mehr als 200 Jahren und sollte Bestandteil kommunalwirtschaftlicher Überlegungen sein. Schon jetzt ist klar, dass das zunehmende Sterben des Einzelhandels in den Innenstädten das Gewerbesteueraufkommen in den nächsten Jahren schmälern wird.

Gleichzeitig sinken aber nicht nur die Einnahmen aus der Gewerbesteuer, sondern als Folge zunehmender Arbeitslosigkeit auch der den Kommunen zustehende Anteil der Einkommensteuer. Ersatzweise hält man sich an den Grundeignern schadlos und damit indirekt auch bei den Mietern, denn Grundsteuern werden auf die Miete umgelegt.

Lernbedarf deutscher Kommunalpolitiker

Deutsche Kommunalpolitiker werden lernen müssen, zwischen Wichtigem und Notwendigem einerseits, zum Beispiel Straßenerhaltung, und Wünschenswertem andererseits, zum

Beispiel Museen, zu unterscheiden. Sie müssen lernen, Ausgaben für kommunale Infrastrukturmaßnahmen zu flexibilisieren. Natürlich ist ein Kindergarten in einem Neubaugebiet für junge Familien sinnvoll, aber nur bis zum Tage der Einschulung der Kinder. Darum ist bei jedem neuen Angebot genau zu überlegen, wie lange dieses vorzuhalten ist, welche Kosten während des Betriebes anfallen und wie die Rückzugsmöglichkeiten aussehen könnten.

Der neue Kern der Kommunalpolitik

Es reicht nicht, punktuelle Einsparungen vorzunehmen oder Haushaltssperren zu erlassen. Eine nachhaltige Haushaltskonsolidierung kommt nicht darum herum, die Aufgaben einer Kommune zukünftig auf ihren Kern zu beschränken, und der heißt Verwaltung, nicht Verausgabung. Je länger sich Kommunalpolitiker um die Lösung des Haushaltsdefizits drücken und es in die Zukunft schieben, umso schlimmer werden die Folgen sein.

7.4 Kurzfristiger Aktionismus statt langfristige Strategien

Die moderne Zukunftswissenschaft, Klimaforscher oder Rentenmathematiker, Verkehrsplaner oder Weltraumforscher betrachten Zeiträume sehr langfristig, bis zu 50 Jahren und mehr. Parteiprogramme sind kürzer angelegt, Regierungsprogramme nur auf vier Jahre. Gegenwärtiges ist wichtiger als die Zukunft. Zwar nehmen politische Kader gern Begriffe wie Klimakatastrophe, Globalisierung, Armut, Arbeitslosigkeit, Wissensgesellschaft und Nachhaltigkeit in den Mund, geben aber in ihren Programmen keine Antworten auf die drängenden Fragen. Zukunft ist ihre Zentralvokabel. Aber was können sie für die Zukunft tun, wenn sie nicht einmal die Gegenwart in den Griff bekommen, fragt Gabor Steingart, langjähriger Leiter des Berliner SPIEGEL-Büros. Die politischen Macher sind längst nicht mehr Schrittmacher, sondern nur noch Bewegungsmelder. Wer als Politiker überleben will, sollte programmatisch möglichst unscharf bleiben, um nicht festgenagelt werden zu können. Das ist auf der Landes- und Regionalebene nicht anders als auf der Bundesebene. Es scheint, dass Begriffe wie Zukunftsplanung, Wirkungsforschung und Folgeabschätzung für Politiker Fremdwörter geworden sind.

Perspektive für Deutschland: Schuldendienst

Darum wurden die vielen kommunalen Agenda-21-Prozesse abgebrochen und diverse gute Ideen „entsorgt". Wer die von der Bundesregierung 2002 verabschiedete *Nationale Nachhaltigkeitsstrategie* mit dem Untertitel *Perspektiven für Deutschland* hinsichtlich ihrer Umsetzung abhaken will, könnte nur wenige Häkchen bei „erledigt" setzen (siehe folgende Tabelle). Bei Staatsverschuldung, wirtschaftliche Zukunftsvorsorge, Wohlstand und Beschäftigung müssen als Folge der Bankenkrise spätestens seit Februar 2009 die Pfeile nach unten weisen. Darüber hinaus ist anzunehmen, dass die exorbitant gestiegene Staatsverschuldung in den Jahren 2009 und 2010 für einen zusätzlichen Kursschwenk nach unten sorgt. Im Jahre 2010 war Deutschland mit rund 1,785 Billionen Euro verschuldet, pro Bundesbürger etwa 21 000 Euro. Man kann davon ausgehen, dass diese Schulden niemals getilgt werden, so wie der Bund seit seiner Staatsgründung Schulden immer nur anhäufte, statt sie zu reduzieren.

Tatsächlich und normalerweise gelten neun Zehntel der politischen Tätigkeit den wirtschaftlichen Aufgaben des Augenblicks, der Rest den wirtschaftlichen Aufgaben der Zukunft.
Walther Rathenau

In regelmäßigen Abständen, zuletzt 2008, äußert sich die deutsche Bundesregierung zu ihrer Nachhaltigkeitsstrategie. Mit ihr hat sie sich zu einer ökonomischen, ökologischen und in sozialer Hinsicht nachhaltigen Entwicklung bekannt und die Förderung einer nachhaltigen Entwicklung zum Ziel und

Maßstab des Regierungshandelns erklärt. Vier Bereiche bilden das Gerüst der nationalen Nachhaltigkeitsstrategie (vgl. Hanano, Rima: *Nachhaltige Entwicklung in Deutschland.* <www.reset.to/tags/fortschrittsbericht>):

- Generationengerechtigkeit
- Lebensqualität
- Sozialer Zusammenhalt
- Internationale Verantwortung

Diesen vier Bereichen sind die nachstehenden 21 Indikatoren zugeordnet. Sie dienen als Gradmesser für die nachhaltige Entwicklung von Wirtschaft, Umwelt und Gesellschaft und in Kombination mit konkreten Zielvorgaben als politische Handlungsorientierung (Indikatorenbericht 2008 zur nachhaltigen Entwicklung in Deutschland, Zieljahr 2020; veröffentlicht im Oktober 2008; ↑ = Zielwert für das Jahr 2008 wurde erreicht; ↗ = die Richtung stimmt, aber bei unveränderter Fortsetzung verbleibt eine Lücke von 5 bis 20 Prozent bis zur Erreichung des Zielwerts; ↙ = bis zum Zieljahr ergibt sich bei unveränderter Entwicklung eine Unterdeckung von mehr als 80 Prozent des Zielwertes; ↓ = das Ziel wird nicht erreicht; Quelle: Statistisches Bundesamt).

	Nummer	Bereich		Status im Zieljahr 2020	Prognose W. Simon
Generationengerechtigkeit	1	Ressourcen-schonung	Energieproduktivität bis 2020 verdoppeln	↗	↗
		Ressourcen-schonung	Energieproduktivität bis 2020 verdoppeln	↙	↙
	2	Klimaschutz	Treibhausgase bis 2012 um 21 Prozent reduzieren (Basis 1990)	↑	↑
	3	Erneuerbare Energien	Zukunftsfähige Energieversorgung um 10 Prozent bis 2020 ausbauen	↑	↑
	4	Flächeninanspruch-nahme	Reduzierung des täglichen Zuwachses auf 30 Hektar bis 2020	↙	↙

	Nummer	Bereich		Status im Zieljahr 2020	Prognose W. Simon
Generationengerechtigkeit	5	Artenvielfalt	Anstieg auf den Indexwert 100 bis 2015	↙	↙
	6	Abbau Staatsverschuldung	Haushaltsausgleich, ab 2011 ohne Nettokreditaufnahme	↑	↓
	7	Wirtschaftliche Zukunftsvorsorge	Wohlstand sichern, Investitionsbedingungen sichern	↑	↙
	8	Steigerung Innovation	Ausgaben für Forschung und Entwicklung auf 3 Prozent des BIP bis 2010 steigern	↙	↓
	9	Bildung	Verringerung des Anteils an Schulabgängern ohne Abschluss und Erhöhung der Studienanfängerquote	↓	↓
Lebensqualität	10	Wirtschaftlicher Wohlstand	BIP je Einwohner steigern	↑	↙
	11	Mobilität	Gütertransporte bis 2020 gegenüber 1999 um 5 Prozent absenken	↓	↓
		Mobilität	Schienenverkehr bis 2015 auf 25 Prozent am Gütergesamtverkehr steigern	↙	↓
		Mobilität	Personentransportintensität um 20 Prozent bis 2020 absenken (Basis 1999)	↙	↙
	12	Landbewirtschaftung	Umweltverträgliche Produktion	↙	↙
	13	Luftqualität	Verringerung der Schadstoffbelastung bis 2010 auf 30 Prozent (Basis 1990)	↗	↗
	14	Gesundheit und Ernährung	Vorzeitige Sterblichkeit Männer	↑	↑
		Gesundheit und Ernährung	Vorzeitige Sterblichkeit Frauen	↗	↗
		Gesundheit und Ernährung	Raucherquote Jugendliche	↑	↑
		Gesundheit und Ernährung	Raucherquote Erwachsene	↙	↙
		Gesundheit und Ernährung	Fettleibigkeit	↓	↓

	Nummer	Bereich		Status im Zieljahr 2020	Prognose W. Simon
Sozialer Zusammenhalt	15	Kriminalität	Wohnungseinbrüche	↑	↙
	16	Beschäftigung	15 bis 64 Jahre	↗	↙
		Beschäftigung	55 bis 64 Jahre	↑	↙
	17	Familie	Ganztagsbetreuung für Kinder von bis Zweijährige	↗	↗
		Familie	Ganztagsbetreuung für Kinder Drei- bis Fünfjährige	↑	↑
	18	Gleichberechtigung von Mann und Frau	Verringerung des Abstandes auf 10 Prozent bis 2010	↓	↓
Internationale Verantwortung	19	Integration	Anteil ausländischer Schulabgänger mit Schulabschluss entspricht der Quote deutscher Schulabgänger	↙	↓
	20	Entwicklungshilfe	Steigerung auf 0,7 Prozent am deutschen Bruttonationaleinkommen bis 2015	↙	↓
	21	Märkte öffnen	Einfuhren aus Entwicklungsländern nach Deutschland	↑	↑

Große Koalition der Vogel-Strauß-Politik

Seit Beginn der Banken- und Wirtschaftskrise 2008/09 und der Eurokrise 2010 droht ein noch stärkerer Wohlstandsverlust. Darum stoßen auch langfristig angelegte innovative Zukunftskonzepte auf politischen Widerstand. Die Bildung und Ausbildung der Jugend, nachhaltige Umweltkonzepte, die Gesundheit aller und die Kriege Einzelner und anderes mehr kosten Geld. Das könnten viele als Wohlstandsverluste wahrnehmen, wenn sie sich weiter einschränken müssten. Daraus können Stimmenverluste für die Politiker resultieren. Wähler und Politiker interessieren sich für das Heute und weniger für die Zukunft nachfolgender Generationen. Politiker praktizieren darum eine Vogel-Strauß-Politik, für die es immer ein Bündnis mit allen anderen Parteien gibt. Das politische Machtgefüge könnte durch Zukunftsideen in Gefahr geraten. Der österreichische Zukunftsforscher Peter

Zellmann spricht von der „Zukunftsfalle Politik“ und resümiert: „Die Politik hat die Entwicklung der Zukunft nicht im Griff.“ (Zellmann, 2007, S. 67 f.)

Landeslisten statt Wählervotum

Politiker können es kaum wagen, radikale Vorschläge zur Diskussion zu stellen. Die parteiinterne Kommunikation verhindert dies. Da zugleich etwa die Hälfte der Abgeordneten über feste Listen aufgestellt werden, über deren Reihenfolge regionale oder nationale Parteitage entscheiden, ist es wichtiger, den innerparteilichen Interessengruppen zu gefallen, als den Wählern. Listenabgeordnete, die über die Reststimmenverrechnung durch den Hintereingang in ein deutsches „Zwitterparlament“ gelangen, sind der Partei und nicht mehr dem Wähler gegenüber Rechenschaft schuldig.

Der Spitzenkandidt als Held der Partei

Wenn man sich schon immer mehr vom Wähler entfernt, muss man, so Peter Glotz (2001), ein Medium erfinden, das eine Art „telepathischer Beziehung“ zum unbekannten Wesen, dem Wähler, herstellt, den Spitzenmann. Mit ihm wird ein Held kreiert, der die politischen Inhalte der Partei verkörpert. Die Zukunftsaussage für eine Kommune, einen Kreis oder eine Stadt besteht dann nur noch aus dem Namen des Kandidaten auf einem farbigen Wahlplakat mit zukunftsgerichetem Blick und freundlichem Lächeln.

7.5 Die Folgen der Zeitarmut

Diejenigen, die aus ihrer beruflichen Aufgabe heraus das größte Interesse an der Zukunftsgestaltung haben müssten oder die sich moralisch verpflichtet fühlen, sich gesellschaftlich zu betätigen, gehören leider oft zur Gruppe der „Zeitarmen“, wie der Journalist Ulrich Pfeiffer sie nennt. Das politische System geht von der Prämisse aus, dass der politisch interessierte Bürger über ausreichend Zeit verfügt, um sich über die aktuellen politischen Belange umfassend zu informieren und sich gegebenenfalls in die Arbeit einer Partei einzubringen. „Der Zeitfraß der Parteiarbeit kann nur von denen verkraftet werden, die über viel Zeit verfügen." (Pfeiffer, 1999, S. 66) Es dauert viele Jahre, bis das karriereambitionierte Mitglied so viel Vertrauenskapital angesammelt hat, dass man ihm ein lukratives Mandat überträgt. Man engagiert sich nicht in der Partei wegen des Programms. Die beruflichen und bemerkenswert breiten Kontaktmöglichkeiten sind oft Grund der Mitgliedschaft. Zum Beispiel Abgeordnete mit eigener Anwaltskanzlei, das ist eines der lukrativsten Geschäftsmodelle in unserer Gesellschaft.

Design statt Qualifikation

Während Willy Brandt und Carlo Schmid noch die Erfahrung der Emigration und des Widerstandes gegen Hitlerdeutschland in die Politik einbrachten, haben sich die Westerwelles, Söders, Pofallas im Windkanal stromlinienförmig designen lassen. Mit welcher Reputation bieten sie sich als Politiker und Zukunftsgestalter an? Als wirtschaftliche Elite sind sie nicht geeignet, also drängen sie in die Politik. Sie gelangten dort an die Spitze, „weil die meisten von ihnen keine Fähigkeiten besitzen, wegen derer man sie unten festhalten möchte". (Peter Ustinov)

Karrieristen statt Idealisten

Was folgt hieraus? Erstens, Idealisten werden durch Karrieristen ersetzt. Sogenannte „Zeitreiche" nehmen jene Plätze ein, auf denen eigentlich „Zeitarme" sitzen sollten. Ihre Qualifikation geht der Politik verloren, kommunal, regional, föderal und national. Und zweitens, die Zeitreichen bleiben unter sich, zumeist Lehrer, freiberufliche Anwälte, Kommunalbeamte und Rentner. Das Wissen und die Erfahrung von normalen Berufstätigen, von nicht pädagogischen Akademikern, von Leuten vom Handwerk, von alleinerziehenden Müttern und Migranten bleiben ausgeblendet. Deren Erwartungen an Politik und Zukunft werden nur selten in den parteipolitischen Kommunikationsprozess eingespeist. Peter Glotz nennt dies „Erfahrungsverdünnung". Infolgedessen genügen die Themen, die Personalauswahl und die Kommunikationsformen der Parteien der Realität moderner Gesellschaften schon lange nicht mehr. Aufgrund der Verkapselung ihrer Binnenkommunikation sind sie kaum fähig, auf die neuen Entwicklungen zu reagieren.

7.6 Die Selbstverödung der Demokratie

Deutschlands Nachkriegsdemokratie war eng mit dem Wohlstandskapitalismus bis 2005 verknüpft. Wachstum, Vollbeschäftigung und soziale Absicherung gaben dem politischen System Legitimation. Die soziale Marktwirtschaft konnte und musste sozial sein. Sie *konnte* es, weil mit dem Marshallplan ein zerbombtes Deutschland einen Wachstumsautomatismus bewirkte. In die Sozialkassen floss jahrzehntelang reichlich Geld. Der „Sabelturm“ steht hierfür als Sinnbild. Während der Amtszeit des Präsidenten der Bundesanstalt für Arbeitsvermittlung und Arbeitslosenversicherung Anton Sabel wurden Rücklagen in Höhe von 6,6 Milliarden D-Mark (Wert von 1965) gebildet.

Der soziale Nachkriegskapitalismus

Der Nachkriegskapitalismus *musste* sozial sein, weil sich das konkurrierende Weltwirtschaftssystem als sozialistisch bezeichnete und zumindest von seiner sozialen Rundumversorgung her diesen Anspruch einzulösen versuchte. Darum wurden die bundesdeutschen Sozialvitrinen reichlich gefüllt und gut beleuchtet. So sendete die Deutsche Welle unablässig in die Gebiete der Russlanddeutschen und lud sie ein, sich am reich gedeckten Gabentisch ihres „eigentlichen“ Vaterlandes zu laben.

Das deutsche Wirtschaftswunder ist heute kaum mehr als eine Fußnote der Geschichte. Arbeitslose, Zeitarbeiter, Niedriglöhner und Dauerpraktikanten wundern sich, dass der Wirtschaftswunderfilm plötzlich rückwärts läuft.

Blaues Wunder statt Wirtschaftswunder. Statt ihrer Väter sind sie die Darsteller. Die Regisseure hießen früher Ludwig Erhard und Karl Schiller, heute Michael Kloos und Reiner Brüderle.

Die 1968er-Jahre und die „schlimmen" Folgen ...

Der Niedergang unserer Wirtschaft wird vom Verblassen demokratischer Werte begleitet. Die von der außerparlamentarischen Opposition angestoßene demokratische Hochkonjunktur zwischen 1968 und 1980 ist lange vorbei. 1972 fanden mehr als 91 Prozent der Wähler den Weg an die Wahlurne. Mehr als eine Million Menschen waren 1976 Mitglied der SPD (2009: 513 000). 1969 hatte Willy Brandt in seiner Regierungserklärung die Menschen mit dem Satz „Mehr Demokratie wagen!" elektrisiert und Hoffnungen geweckt. Die Mächtigen jener Zeit waren meinungs- und diskussionsfreudiger als die heutigen. Gustav Heinemann, Hildegard Hamm-Brücher, Willy Brandt, Erhard Eppler, Karl Hermann Flach waren Politiker mit programmatischer Legitimation. Sie waren die Change-Manager ihrer Zeit. Politische Frischluft durchzog das Land. Doch dann begann eine bis heute anhaltende Rezession, nur unterbrochen von Perestroika und Glasnost im Osten sowie Montagsdemonstrationen in der DDR, die in die Wiedervereinigung führten. Diese Entwicklung diente den Westparteien als Rechtfertigung für das eigene System. „Seht her, wie sehr sich diese Menschen nach der Freiheit sehnen", wurde den Gegnern des Vietnamkrieges und der Notstandsgesetze entgegengehalten, obwohl das eine mit dem anderen gar nichts zu tun hatte.

Konsumismus statt Kommunismus

Ging es den Bürgern der DDR wirklich um das Ende des Kommunismus oder um den Einstieg in den Konsumismus?, wie der Publizist Gabor Steingart in seinem Buch *Die gestohlene Demokratie* kritisch hinterfragt. Aldi und Penny statt HO und Konsum? Mallorca statt Balaton? Das waren die Alternativen. Ach so, und dann gab es da noch die Wahl zwischen „Freiheit“ und „Sozialismus“. Man entschied sich freimütig für die kapitalistische Freiheit.

Die offene Systemfrage

Aber wo ist der politische Wille? Warum haben die Volksparteien in den neuen Bundesländern kaum Mitglieder? In Mecklenburg-Vorpommern kommt die SPD auf gerade mal 2800 Genossen. Warum gehen diese Menschen, die so leidenschaftlich für freie und geheime Wahlen gekämpft haben, kaum noch zur Wahl? Warum sind die Wähleranteile für die NPD in Mecklenburg-Vorpommern und Sachsen so hoch? Warum meinen 61 Prozent der Ostdeutschen, die Demokratie funktioniere nicht gut? Ein namentlich nicht genannter ostdeutscher Bundesminister resümiert: „In Ostdeutschland ist die Systemfrage offen.“ (DER SPIEGEL, 37/2010)

Die Ursachen der Verödung

Die Antworten auf diese fünf Fragen enthalten die Begriffe *Arbeitslosigkeit*, *Niedriglöhne* und *Zeitarbeit*. Man war vom „Wohlfahrtsviereck“ Arbeit, D-Mark, Reisefreiheit und Parteiendemokratie ausgegangen. Diese Rechnung ging aber nicht auf. Die Metatrends Globalisierung und Digitalisierung machten den Ostdeutschen einen Strich durch die Rechnung, vor allem bei der Position Arbeit. Frankreichs ehemaliger Staatschef François Mitterrand machte seine Zustimmung zur deutschen Einheit vom Ende der D-Mark und der Einführung des Euro abhängig. Damit erfuhr das Thema Reisefreiheit seine Einschränkungen. Übrig blieb die Parteiendemokratie. Aber für die konnte man sich nichts kaufen. Die von Helmut Kohl versprochenen blühenden Landschaften durfte man nur auf den Bundesgartenschauen in Magdeburg, Cottbus und Schwerin besichtigen. Versprechen wurden gebrochen, Erwartungen enttäuscht. Wie meinte doch Franz Müntefering 2006 hierzu treffend: „Ich finde es unfair, an Wahlaussagen gemessen zu werden.“ (Sächsische Zeitung vom 19. August 2005)

Folgen der fehlenden Systemkonkurrenz

Der Antriebsstoff und die Triebkraft des Kapitalismus, Konkurrenz und Wettbewerb, waren nach dem Niedergang des sozialistischen Weltsystems verschwunden. Daran erlahmte auch die Politik. Sie musste keine Schaufenster mehr in Richtung Osten füllen. Die DDR war nicht mehr in der Lage, mit ihrer Existenz indirekt die bundesdeutsche Politik zu beeinflussen. Schon 1859 mahnte der britische Philosoph John Stuart Mill: „Sowohl Lehrer wie Jünger schlafen auf ihrem Posten ein, sobald kein Feind in Sicht ist.“ (Mill, John Stuart: Über die Freiheit, zitiert nach Precht, Richard D.: *Die entfremdete Republik*, DER SPIEGEL 26/2010)

Die Folgen

In den neuen Bundesländern verlor das demokratische Angebot an Attraktivität. Und in den alten Bundesländern war längst die Patina am demokratischen Strukturgebilde erkennbar. In manchen Bereichen gar entstanden politische Ödlandschaften, weil sich niemand mehr für die Pflege demokratischer Kulturlandschaften interessierte. Und die Parteien haben keine Vorstellung mehr davon, wie man die demokratische Pflanze wieder zum Wachsen und Gedeihen bringt.

Nach der Kanzlerschaft Gerhard Schröders fragten sich viele Sozialdemokraten, ob sie noch in der richtigen Partei seien. Eine halbe Million Genossen verließen sie nämlich. Die Mitgliederanzahl der CDU schmolz von 1984 bis 2010 von 730 000 auf 529 000.

Als Oskar Lafontaine die SPD verließ, taten es ihm Zehntausende gleich und flohen zumeist in die politische Emigration. Lafontaine ersparte der SPD den Bruderkrieg zwischen ihm und Schröder, der ohne Gewinner ausgegangen wäre. Sigmar Gabriel nennt das „Flucht vor der Verantwortung“ und flüchtet selbst vor dem ernsthaften Nachdenken über den Weg seiner Partei. Lafontaine hat zwar die Partei gewechselt, aber nicht seine Gesinnung. Das ehrt ihn, wie man auch ansonsten immer über seine Politik denken mag.

Siechende SPD

Die intellektuellen SPD-Sympathisanten meiden die Nähe zu Gabriel und Steinmeier. Die Ortsvereine sind zu Kaffeekränzchen verkommen. Nach einer internen Studie haben von derzeit noch 9300 Ortsvereinen mehr als 1600 seit mindestens fünf Jahren kein einziges Neumitglied aufgenommen. Die Partei siecht dahin und ist mit sich selbst am meisten beschäftigt.

Sarkasmus statt politisches Interesse

In Nordrhein-Westfalen kürte man zumindest vorübergehend einen neuen „Arbeiterführer", diesmal von der CDU. Der alte war nach einem Intermezzo als Wirtschaftsminister und einem Streit um die Energiepolitik mit der hessischen SPD-Ministerpräsidentenkandidatin zur FDP gewechselt. Der Brandt-Bonus war verbraucht. Die SPD-Wähler der abstiegsbedrohten Mitte, die prekär lebende Alleinerziehende, die diplomierte Dauerpraktikantin, der arbeitslose Familienvater, sie alle haben andere Sorgen, als die Kandidaten der überfraktionellen „Diäten-Versorgungsgemeinschaften auf Gegenseitigkeit" zu bemuttern. Man stelle sich vor: „Alle Staatsgewalt geht vom Volke aus" (Artikel 20 GG), aber das Volk will sie nicht mehr. Es hat längst begriffen, dass ein einmaliges Ankreuzen auf einem Wahlzettel im Vierjahresrhythmus kein Gewaltakt ist. Also lässt es das gleich ganz sein. Wenn es dann noch als „Souverän" tituliert wird – „Der Souverän hat entschieden" –, kann es nur noch gequält lachen.

Demokratie demokratisieren

Unsere Demokratie hat ihren Zenit längst überschritten und muss sich neu erfinden. Sie geht in das Endstadium ihrer Evolution. Das demokratische Modell ist in seiner heutigen Form etwa 250 Jahre alt und verbraucht. Es war das Herrschaftsmodell des aufkommenden Bürgertums und des kapitalistischen Wirtschaftssystems. Bürgertum und Kapitalismus befinden sich aber im Prozess der Transformation. Also muss auch die Demokratie in eine moderne Daseinsform transformiert werden. Natürlich sollte der Grundgedanke der Volksherrschaft erhalten bleiben. Aber warum dürfen die Wähler beim Eurovision Song Contest abstimmen, jedoch nicht bei der Wahl des Bundespräsidenten?

Gebt dem Volk mehr Demokratie!

Die heutige Zeit bietet technisch und gesellschaftlich vielfältigere und bessere Möglichkeiten der demokratischen Teilhabe der Bürger, der parlamentarischen Willensbildung und der Kontrolle des Parlaments. Solche verbale Einmischung von Bloggern, Basisdemokraten, Mitgliedern der Piratenpartei, von Amnesty, WWF und all denen, die irgendwo für einen kleinen Teil einer besseren Zukunft streiten, gehören in den öffentlichen Raum und die Diskussionen der Parteitage.

Gefahren aus der Verödung der demokratischen Kulturlandschaft

In den oben beschriebenen Mängeln stecken große Gefahren für unsere Demokratie. Sie befindet sich im dreifachen Zangengriff zunehmender Arbeitslosigkeit, steigenden politischen Desinteresses und abnehmender demokratischer Wachsamkeit. Sie selbst verwandelt sich in eine Brachlandschaft, die keine Ernteerträge mehr ermöglicht. Es fehlt an allem: an politischem Dünger, Willen, Helfern, Ideen und Visionen.

Gebrochene Wahlversprechen und Klientelpolitik

Natürlich wissen unsere Politiker um die Probleme, um das, was man Krise der Demokratie nennt. An jedem Wahlabend wird die steigende Zahl der Nichtwähler beklagt und Abhilfe beschworen. Immer wieder wird der Neuanfang verkündet. „Wir haben die Lektion verstanden", hört man dann aus dem Munde der ansonsten eher tauben Politiker. Man wird alles besser machen … vorausgesetzt, die Opposition (oder Regierung) nimmt jetzt endlich Vernunft an. Man benennt zwar die Probleme, aber dann beginnt der nicht mehr endende Streit um den besseren Lösungsweg.

Noch nie in der deutschen Nachkriegsgeschichte stieß die politische Klasse auf so viel Ablehnung wie heute, und das nicht nur hierzulande. Sie hat das Ansehen von Gebrauchtwagenhändlern. Statt Autos „verkauft" sie Mogelpackungen. Das *Wachstumsbeschleunigungsgesetz*, sprich Klientelgeschenk, war eine solche potemkinsche Geschenkkartonage. Im Frühjahr 2010 legitimierte FDP-Generalsekretär Lindner die diesem Gesetz entsprungene Mehrwertsteuersenkung für Hotels damit, dass Hunderttausende neuer Arbeitsplätze entstanden seien, da Hotels im großen Stil renovieren und sanieren. Im Juni sprach er bereits davon, dass der „ordnungspolitische Kompass der Koalition hier nicht richtig funktioniert" habe (SPIEGEL Online, 29.06.2010). Hatte man Nord- und Südpol miteinander verwechselt?

Statt mehr Netto von Brutto wird Jahr für Jahr immer weniger Netto. Das Volk murrt: „Da kann man halt nichts machen." „So isses … ", knurrt die Volksseele. „Die da oben machen ja doch, was sie wollen." Solche Aussagen belegen zweifelsfrei, dass Meinungsfreiheit herrscht. Aber ändern wird sich nichts. Der politische Apparat kann sich freuen. Und das Volk? Die Untertanen akzeptieren die ihnen zugedachte Rolle als Duckmann-Michel.

Die neue Dagegen-Bewegung

Doch nicht alle Bürger akzeptieren die ihnen zugedachte Rolle. Viele benötigen ein Ventil, um Druck abzulassen. Sie engagieren sich in der „Dagegen-Bewegung". Irgendwann musste das Fass überlaufen. DER SPIEGEL sieht die Entstehung einer „Dagegen-Republik". Man engagiert sich gegen regionale und lokale Ärgernisse wie Hauptbahnhöfe, Umgehungsstraßen, Müllverbrennungsanlagen, Hochspannungsmasten, Gefängnisse, Fluglärm und Gebührenerhöhungen.

Hier engagiert sich nicht mehr der deutsche Staatsbürger, sondern der Bewohner einer Kommune, Stadt oder Region. Die Frontlinie verläuft nicht mehr zwischen Bürger und Politik, sondern zwischen jenen Bürgern, die dafür, und jenen, die dagegen sind. Man tritt sich gegenseitig auf die Füße und leitet unmerklich den technologischen und ökonomischen Stillstand ein. Der Transrapid steht hierfür beispielhaft Pate.

Wortführer der Dagegen-Bewegung sind nicht mehr die Gewerkschafter, nicht mehr die Studenten, sondern gut situierte Bürger der sogenannten Mittelschicht. Wie das Beispiel der Volksabstimmung zur Schulreform in Hamburg zeigt, verfügen sie geistig und materiell über die nötigen Mittel, wirksamen Protest zu organisieren. Sie haben die Kontakte zu Parteien und Verwaltungen. Ihre Konfliktfähigkeit ist umgekehrt proportional zu der der sogenannten Unterschichten.

Die Standardausrüstung der Politik

Im Interesse des Landes sind Zumutungen unumgänglich, und die müssen von der Berufspolitik „verkauft" werden. Das aber setzt Kommunikation, Partizipation und Mediation voraus, drei Arbeitsinstrumente, die eigentlich zur Standardausrüstung der Politik gehören. Doch ihr Einsatz bedeutet Machtverlust und hinterlässt Kratzer am elitären Politikverständnis.

Die „Vetokratie" ist unumkehrbar

Die Berufspolitik muss Antworten auf die Herausforderungen der neuen „Vetokratie" geben. Der vetokratische Trend ist nicht mehr umkehrbar. Das zeigt die starke Zunahme von Volksentscheiden in den letzten zwei Jahrzehnten. Politik benötigt Legitimität, nicht nur alle vier Jahre durch ein Kreuzchen auf dem Stimmzettel. Der Berliner Geschichtsprofessor Paul Nolte prognostiziert: „Die Demokratie fächert sich auf: Es wird immer noch die repräsentative Demokratie geben, daneben aber auch andere Formen." Er nennt das eine „multiple Demokratie" (DER SPIEGEL 35/2010).

Die wahren Verfassungsschützer

Eine „kleine radikale Minderheit“, unverbesserliche „Querulanten“, engagiert sich für den Erhalt und den Ausbau demokratischer Grundprinzipien: Professoren vom Schlage eines Hans-Herbert von Arnim, Bundestagsabgeordnete wie Peter Gauweiler, ehemalige Spitzenpolitiker à la Geißler, Kabarettisten wie Urban Priol, Publizisten des Typs Rudolf Augstein, um nur einige Namen zu nennen. Aber diese Namen sind nur die Speerspitze eines ganzen Heeres „informeller Mitarbeiter der Demokratie“. Es gibt sie noch, die Kritiker, Querdenker, die Oppositionellen, Engagierten und Nonkonformisten.

Die Titulierungen belegen eine vorgefasste Art der Wahrnehmung. Doch die kritisch angesprochenen Entscheidungsträger in Wirtschaft und Politik nehmen anders wahr. Für sie handelt es sich um Nörgler, Mäkler, Besserwisser, Querulanten, Krakeeler, Stänkerer und Linksradikale. Auf das Argument des Kritikers folgt die Beschuldigung und Denunziation durch den Kritisierten. Im Zweifelsfalle ist er „nicht ganz klar im Kopf“, oder im „Ernstfalle“ muss der Verfassungsschutz aktiv werden. „Geh doch rüber!“ Dieser Beschimpfungsimperativ hat sich mit dem Ende der DDR überlebt.

Durch Ruhe und Ordnung kann die Demokratie
ebenso gefährdet werden wie durch Unruhe und Unordnung.
HILDEGARD HAMM-BRÜCHER

Die demokratisch engagierten „Kritikokraten“ haben sich nicht von der Gesellschaft verabschiedet. Sie lehnen die Demokratie nicht ab, wie man ihnen zuweilen unterstellt. Man sollte sie auch nicht mit den „Egokraten“ verwechseln. Diese werden nur aktiv, um persönliche Nachteile abzuwehren, wenn es beispielsweise um den Bau einer Umgehungsstraße am eigenen Grundstück vorbei geht. Bemüht er dann auch noch in Gemeinschaft mit anderen die Gerichte, wird er zum „Vetokraten“. Deren Engagement ist partikular und endet, wenn das Ziel erreicht wurde oder sich als unerreichbar erweist.

Querdenker und Kritiker als die wahren Verfassungsschützer

Der Demokrat im hier angesprochenen Sinne engagiert sich allgemein und grundsätzlich. Ihm geht es nicht einmalig um eine Schulreform oder die Kita-Gebühren, sondern um den Erhalt der demokratischen Fundamente, einschließlich der durch das Grundgesetz festgeschriebenen Architektur unserer Gesellschaft. Er sorgt für Pluralität und Vitalität der Demokratie. „Wer widerspricht, ist nicht gefährlich. Gefährlich ist, wer zu feige ist, zu widersprechen“, meinte Napoleon Bonaparte. Insofern sind unsere Querdenker und Kritiker die wahren Verfassungsschützer.

8. Ist die Zukunft vorhersehbar?

Nichts ist so gewiss wie die Ungewissheit der Zukunft.
NIKLAS LUHMANN

Da sich nur die Zukunft für die Vorhersage eignet, bleibt es nicht aus, dass davon Gebrauch gemacht wird. Nachdenklich stimmen sollte es jedoch, wenn solchen Vorhersagen gedankenlos hinterhergelaufen wird – und so mancher Verstand dabei auf der Strecke bleibt.

Daimlers Irrtum

Gottlieb Daimler wird der Ausspruch zugeschrieben: „Die weltweite Nachfrage nach Kraftfahrzeugen wird 1 Million nicht überschreiten." Die Begründung ist gleichfalls ökonomischer Art, denn „allein schon aus Mangel an verfügbaren Chauffeuren" wird die Nachfrage dann enden, meinte er 1901. Nun, heute müsste es etwa 600 Millionen Chauffeure geben, die alle Karossen auf dem Erdball durch die Gegend fahren.

Einsteins Irrtum

Auch Albert Einstein irrte, als er 1932 meinte, es gebe „nicht das geringste Anzeichen, daß wir jemals Atomenergie entwickeln können". Sein Kollege Ernest Rutherford glaubte 1933 auch, dass „die Energie, die durch Atomzertrümmerung produziert wird, eine armselige Sache" sei. Leider wurden ein paar Jahre später Hiroshima und Nagasaki zu stumm gewordenen Wahrzeichen einer ganz anderen Entwicklung.

Watsons Irrtum

Den ehemaligen Chef von IBM, Thomas J. Watson, hatte 1943 auch der Optimismus gepackt, als er fünf Computer für den Weltmarkt prognostizierte. „Mehr nicht." IBM hat dennoch die Kurve gekriegt und verkauft, zusammen mit den anderen, heute mehr Computer als die Autobranche Autos.

Carters Irrtum

In der zweiten Hälfte des 20. Jahrhunderts hörte die Vorhersehbarkeit keineswegs auf. Selbst der ehemalige US-Präsident Jimmy Carter mischte mit, als er 1988 Michael Gorbatschow „noch eine Reihe von Jahren, vielleicht sogar bis zur Jahrtausendwende“ als Generalsekretär der KPdSU wähnte. Wer zu spät die politische Bühne verlässt, verpasst auch das Leben, sinnierte der Angesprochene und wurde 1991 Privatier.

Beckenbauers Irrtum

Franz Beckenbauer hatte 1990 weltmeisterlich vorausgeschaut, dass es ihm leidtue „für den Rest der Welt, aber diese Mannschaft wird auf Jahre hinaus nicht zu schlagen sein“. Mit Otto Rehhagel haben wir jedoch gelernt, wenn Beckenbauer „erklärt, daß der Ball eckig ist, dann glauben ihm das alle“.

Gute Zukunftswünsche als Strafe für schlechte Ergebnisse

Die verflixte Ungewissheit der Zukunft kostete schon manchem Narr bei Hofe seinen Kopf, wenn seine Prognose anders ausfiel als das Säbelrasseln auf dem Acker. Von Unternehmen liest man auch gelegentlich, dass ihren Managern wegen der Differenz von Zielgespräch und Ergebnissen alles Gute für die Zukunft gewünscht wird. Und in der Politik spielt sich die „Bestrafung“ auf dem boulevardesken Titelblatt ab, und die besten Vorhersagen schaffen es sogar ins Feuilleton.

8.1 Das 20. Jahrhundert: Die Prognose von 1910

Kaiser Wilhelm II. wollte es genau wissen. Bekannte Wissenschaftler und prominente Zeitzeugen erhielten den Auftrag, die Welt nach der Jahrtausendwende zu beschreiben. 1910 erschien der Bericht in Buchform unter dem Titel *Die Welt in 100 Jahren*. Das Buch beweist die Schwierigkeit bzw. Unmöglichkeit präziser Zukunftsschau und die Abhängigkeit des Bewusstseins selbst von akademischen Kopfarbeitern vom gesellschaftlichen Sein, denn alle Autoren bleiben mit einem Bein im Bestehenden stehen und schreiben die Gegenwart fort (vgl. Brehmer, 1910).

Die „Herrschaft" der Arbeiterklasse

So verkündete der Chefideologe des sozialdemokratischen Reformismus, Eduard Bernstein, dass das Maschinenzeitalter zum Wachstum der Arbeiterklasse und damit zu deren politischen Herrschaft führe. „So gehen wir einem Zeitalter entgegen, in dem eine weit durchgeführte Demokratie dem sozialen Leben einen starken genossenschaftlichen Charakter verleihen wird." (ebenda, S. 197)

Die „Segnungen" des Radiums

Für den Naturwissenschaftler Everard Hustler ist das 21. Jahrhundert das Zeitalter des Radiums. Dank dieses aus der Pechblende gewonnenen Elements würden Medizin, Kriegsführung und Lebensweise revolutionär verändert werden. Im Radium habe man „den Wunderstein gefunden ... durch welchen selbst die Unmöglichkeiten möglich gemacht werden" (ebenda, S. 256). Mit diesem Element gehen wir in ein „Zeitalter völliger Kranklosigkeit" und „ewiger Jugend" (ebenda, S. 258, 263).

Die Auswirkungen des Elektromagnetismus

Die Entdeckung der elektromagnetischen Wellen inspirierte den Physiker Robert Sloss, die vielseitigen Möglichkeiten der drahtlosen Telegrafie aufzuzeigen. Da Verbrecherfotos weltweit telegrafiert werden können, wird „das drahtlose Jahrhundert sehr vielen ... Verbrechen ein Ende machen" (ebenda, S. 43). Seuchen würden dadurch beseitigt werden, indem ein Arzt eine Zyklonwelle drahtloser Energie über eine ganze Stadt fluten lasse. Der Winter werde durch elektrische Wärmewellen vertrieben (ebenda, S. 48).

Das Handy von 1910

Dicht an der Wirklichkeit war seine Prognose vom Telefon im Westentaschenformat. Der dazugehörende Empfänger könnte im Hut untergebracht werden. Sende- bzw. Verstärkerstationen befänden sich überall: in der Straßen- oder Eisenbahn, auf Passagierschiffen, in Gaststätten, auf Bahnhöfen, also dort, wo sich Menschen konzentrieren (ebenda, S. 27 ff.).

Die europäische Luftschiffflotte

Regierungsrat Rudolf Martin aus dem Kriegsministerium sinnierte über den Krieg in hundert Jahren. Er erkannte richtig, dass sich Europa vereinigen würde, und prophezeite einen Weltkrieg zwischen Europa und China/Japan. Dank seiner gewaltigen Luftschiffflotte von etwa 15 000 Zeppelinen würde Europa diesen Krieg gewinnen. ABC-Waffen und durch unbemannte Drohnen geführte konventionelle Enthauptungsschläge konnte er sich noch nicht vorstellen (ebenda, S. 63 ff.).

Der Traum vom Frieden

Im Gegensatz dazu träumte Bertha von Suttner, die Trägerin des Friedensnobelpreises 1905, von einem Friedensregime. Sie prognostizierte die Unmöglichkeit, Kriege zu führen, da diese in Anbetracht der modernen Waffentechnik einem Doppelselbstmord gleichkämen. Die Welt des Jahres 2010 sei reich an Wettkämpfen auf industriellem und geistigem Gebiet, aber verschlossen für Waffenkämpfe (ebenda, S. 79 ff.). Was für eine, nie Realität gewordene, wundervolle Vision!

Erstens kommt es anders, zweitens als man denkt

Es ist reizvoll, die heutige reale Welt mit jener zu vergleichen, die von den Autoren angenommen und skizziert wurde. Die Autoren erkannten Trends und waren reich an Vorstellungsvermögen, um daraus ein Szenario des Jahres 2010 zu entwickeln. Aber bei keinem reichte die Fantasie an die Wirklichkeit gewordene Realität heran: die Atomspaltung, den Computer, die Gentechnik, das Raketen- und Satellitenzeitalter, den Laser, das Penizillin, die Entkolonialisierung, zwei Weltkriege, den Holocaust, die multimediale Informationsgesellschaft, den globalen Weltmarkt u.a.m. In allen Fällen wurde die Zukunft im Sinne von noch mehr, schneller und größer aus der Gegenwart heraus fortgeschrieben.

Realität widerlegt Prognose

Der Vergleich der Prognose von damals mit dem tatsächlichen Verlauf der Geschichte zeigt, dass Wissenschaft und Technik offensichtlich eine größere Entwicklungsdynamik hatten als Sozialgebilde. Während sich die Informationstechnologie im High-Speed-Tempo bewegt, kriecht das Rechtssystem im Schneckentempo dahin. So benötigt die Justiz im statistischen Schnitt etwa sechs Wochen, um eine einzige DIN-A4-Seite zu schreiben. Zukunftsgesellschaften, wie der von Eduard Bernstein prognostizierte Sozialismus, erwiesen sich als Vergangenheitsgesellschaften und verschwanden per Implosion von der Weltbühne. Ehemalige Schlüsselindustrien fristen heute ihr Gnadenbrot und haben die wirtschaftsgeschichtliche Initiative an die Computerbauer und Softwareschreiber abgegeben.

Das große Beharrungsvermögen bestehender Institutionen

Das Buch *Die Welt in 100 Jahren* ist aber zugleich ein Beispiel für das Beharrungsvermögen bestehender Institutionen und Strukturen. Die Zukunftsblicker, die der Ehe, der Schule und dem Rechtssystem einen Weitsprung in paradiesische Verhältnisse prognostizierten, wären enttäuscht, wenn sie eine Studienreise aus der Vergangenheit in die Gegenwart unternehmen könnten. So prophezeit Jehan van der Straaten, dass die Schule des Jahres 2010 „ein Werk der Befreiung sein (wird), befreit von allen Fesseln des Geistes, in die er jetzt gleich einem Frontsklaven geschlagen wird“ (ebenda, S. 168). Ellen Key prophezeit maskulinfreie Männer und femininfreie Frauen, die von allen „niederen“ Bedürfnissen befreit sind und nur noch zum „Austausch sozial-allgemein-menschlicher“ Gedanken zusammenkommen (ebenda, S. 119).

8.2 Kluge Köpfe, falsche Schlüsse

Auch ernst zu nehmende Wissenschaftler unserer Epoche hatten Probleme mit der Zukunftsschau. Einhundert von ihnen wirkten 1964 an dem Werk *Unsere Welt 1985* mit. Eine wunderbare Zukunft wurde prophezeit. Alle Forscher kamen zu dem Ergebnis, dass es für die Menschheit genug zu essen gäbe, „wenn wir es versuchen". Mittlerweile revoltieren hungernde Menschen gegen steigende Lebensmittelpreise, die sie nicht mehr bezahlen können, da Nutzpflanzen zu Biogas und Kraftstoffen verarbeitet werden.

Die nie stattgefundene Besiedelung des Meeresbodens

Herman Kahn, der wohl berühmteste US-Futurologe, spekulierte 1967 in seinem mit Anthony J. Wiener geschriebenen Buch *Ihr werdet es erleben* auf eine Besiedelung des Meeresbodens und eine ständige Marsstation im Jahre 1982.

Auch die Zukunftsprognosen von Olaf Helmer (1967), basierend auf einer Befragung von 82 Experten nach der Delphi-Methode, trafen auf eine andere Wirklichkeit. Für das Jahr 2010 prognostizierte er die Symbiose Mensch-Maschine, für 2015 intelligenzsteigernde Medikamente und für 2030 das permanente Koma, das Zukunftsreisen ermöglichen solle.

Die nicht realisierte Herrschaft der US-Konzerne

In seinem Buch *Die amerikanische Herausforderung* sagt Jean-Jacques Servan-Schreiber voraus, dass um 1990 herum vier Fünftel der globalen Produktion von höchstens 15 multinationalen US-Konzernen abgedeckt werde.

Der Irrtum zur Zukunft der sozialistischen Länder

Der Jurist, Politologe und Mitbegründer der Futurologie Ossip K. Flechtheim schreibt 1973 im ManagerMagazin (8/1973): „Eine Rückkehr der kommunistischen Länder zum Kapitalismus ist so unvorstellbar wie etwa nach der Französischen Revolution eine Rückkehr zur feudal-agrarischen Gesellschaft."

Der nicht stattgefundene Atomkrieg

Joseph Weizbaum, ein renommierter Computerexperte am MIT, prophezeite 1980 in der gleichen Zeitschrift (7/1980): „Ich sehe das Ende der Welt. Wir werden mit höchster Wahrscheinlichkeit die nächsten 20 Jahre nicht überleben."

Die nicht vorhanden „Volksroboter"

Der Physiker Michio Kaku sagte schon für 2000 bis 2010 sogenannte „Volksroboter" voraus. Dieser Typ Maschinensklave würde dann in der Zeit von 2010 bis 2020 aus seinen Fehlern lernen und im darauffolgenden Jahrzehnt seine Handlungen bereits planen können. Ab 2050 verfügten sie dann sogar über „einfache Gefühle und gesunden Menschenverstand" (vgl. Kaku, 1997).

Man stelle sich vor, die Wirtschaft und Politik hätten diese Prognosen zur Grundlage ihrer Langfristplanung gemacht. In welcher Sackgasse wären wir gelandet?

Wir können prinzipiell nicht wissen, was wir künftig wissen werden, denn sonst wüssten wir es schon.
KARL POPPER

Die Zukunft des Menschen ist der Mensch in seinem Umfeld

Es scheint, als würden sich technisch orientierte Zukunftswissenschaftler zu oft auf das technisch Machbare fixieren. Sie machen die Rechnung ohne die Menschen. Darum ist nur jene Technik möglich, die der Mensch will. Erinnert sei an den Nacktscanner auf Flughäfen, der am geballten Widerstand der Öffentlichkeit (vorerst) scheiterte. Technischer Fortschritt muss sozialverträglich sein. Die Frage „Was ist technisch möglich?" muss ergänzt werden durch „Was akzeptiert der Mensch?". Horst W. Opaschowski definiert das Zielgebiet der Zukunftswissenschaft klar und eindeutig: „Die Zukunft des Menschen ist nicht die Technik, sondern der Mensch in seinem sozialen Umfeld." Folgenabschätzung, Nachhaltigkeitsdenken und soziale Verantwortung seien die Leitplanken der Zukunftsforschung (Opaschowski, 2008, S. 726).

Das Ende der Geschichte oder das Ende der Vorhersagen?

Nach dem Zerfall des sozialistischen Weltsystems und dem Verschwinden der alten Systemgegensätze rief der US-amerikanische Politologe Francis Fukuyama *Das Ende der Geschichte* aus (Fukuyama, 1992). Das ewige Zeitalter der liberalen Demokratie würde beginnen. Den aufkommenden chinesischen „Kapkommitalismus“ hat er nicht vorhergesehen. Vielleicht gewinnt der Kommunismus ja doch noch die „Schlacht der Systeme“, mit List und Tücke, Produktkopien, geistigem Diebstahl und gewaltigen Dollarreserven. Was dann, Herr Fukuyama?

Die neue Systemkonkurrenz, den Islamismus, ignorierte er ebenfalls. Dieser ist an die Stelle des Sozialismus getreten. *Die Verdammten dieser Erde*, so Frantz Fanon, sehen in ihm die „Theologie der Befreiung“. Wer nichts zu verlieren hat, kann wenigstens aus dem Glauben gewinnen. Wer will ihnen das verdenken?

Wer übernimmt die Verantwortung für Fehlprognosen?

Sie sehen, die Zukunftsanalytiker hatten wenig Treffer beim Future-Bowling. Einige von ihnen hatten aber eine richtige Erkenntnis, nämlich, dass die Zukunft nicht vorhersagbar ist. Obwohl sich die meisten Prognosen als falsch erwiesen, ist kein Fall bekannt geworden, in dem ein Futurist die Verantwortung für die üblen Folgen seiner falschen Prognosen übernommen hätte.

Der Zukunftsgewissheitsschwund

Viele Prognosen mussten deshalb scheitern, weil sie einseitig technologisch basiert und orientiert waren. Hermann Lübbe umschreibt diesen Sachverhalt mit dem Begriff „Zukunftsgewissheitsschwund“.

8.3 Es kommt immer etwas dazwischen

Die Zukunft lässt sich nicht voraussagen und folglich nicht planen, insbesondere nicht die langfristige. Wie die vorherigen Beispiele zeigen, bleibt die Realität oft hinter den Prognosen zurück oder eilt diesen weit voraus.

Kleine Wirkung große Folgen

Die Chaosforschung erklärt dies damit, dass Systeme zwar mathematischen Regeln gehorchen, sich aber deren zukünftiges Verhalten nicht eindeutig berechnen lässt. Die Erklärung dafür ist simpel. Selbst kleinste Wirkungen können große Ursachen haben, ja sogar lawinenartig verstärken. Das wird gern am Beispiel des sogenannten Schmetterlingseffekts erklärt. Modellrechnungen zeigen, dass der Flügelschlag eines Schmetterlings in Brasilien einen Wirbelsturm in Texas auslösen könnte, wenn alle Bedingungen erfüllt sind. Durch das Auftreten von Wechsel-, Neben-, Fern- oder Rückwirkungen führen allerkleinste Veränderungen der Ausgangsbedingungen zu einer (selbst mit Computern nicht mehr errechenbaren) Vielzahl von möglichen Systemzuständen.

Irrte oder log Gerhard Schröder

Der Teufel steckt im Detail und der Zufall in der Zukunft. Der ehemalige Bundeskanzler Gerhard Schröder erklärte das Nichterreichen seines Wahlversprechens, die Arbeitslosigkeit von knapp vier Millionen Arbeitslosen auf zwei Millionen zu senken, mit den „Verwerfungen" der Weltwirtschaft, die für ihn nicht vorhersehbar waren. Was für ein Zufall!

Angela Merkel – von der Krise eingeholt

Seine Amtsnachfolgerin, Angela Merkel, propagierte im August 2008 den Schuldenabbau als wichtigstes Ziel ihrer Politik. Nur acht Wochen später hatte sich der Staat als Folge der Bankenkrise und eingegangener Bürgschaften so stark verschuldet, dass fast der Staatsbankrott gedroht hatte.

Die Rolle des Zufalls

Das, wobei unsere Berechnungen versagen, nennen wir Zufall.
ALBERT EINSTEIN

Zufälle geben der Zukunft Richtung

Zufälle durchkreuzen die klare Linienführung in die Zukunft und zerstören sorgfältig durchdachte Zukunftspläne. Zufälle sind jedoch nichts Mystisches. Sie haben eine Ursache. Die universelle Gültigkeit des Kausalitätsprinzips gilt auch für

Zufälle. Wenn Ihnen ausgerechnet am Tage Ihrer kirchlichen Trauung ein Dachziegel des Kirchturmes auf den Kopf fällt, dann waren die Nägel verrostet oder der Zement verrottet. Das Ereignis war gesetzmäßig determiniert, es hatte eine evolutionäre Vorgeschichte.

Wenn ein Sachverhalt auf einen anderen einwirkt, so hängt es von den äußeren Umständen und den inneren Bedingungen der Sachverhalte ab, welche Wirkungen entstehen. Außerdem sind an der Entstehung eines Sachverhaltes subjektive Faktoren vielfältiger Art beteiligt: Menschen, Gruppen und Organisationen. Spielen diese, so wie prognostiziert, mit? Eindeutig nein!

Geschichte verläuft ungeplant und unkontrolliert

Wir Menschen haben zwar unsere Geschichte „geschrieben", aber sie verlief ungeplant. Es gab auch nie einen Entwurf für die heutige Gesellschaft oder Technologie. Beide sind eher Produkte des Wildwuchses aus den Ambitionen und Erfordernissen des tagtäglichen Überlebens heraus. Die nicht beabsichtigte Interdependenz von 6,7 Milliarden Menschen dieser Erde wird auch weiterhin für einen blinden und unkontrollierten Verlauf der Weltgesellschaft sorgen (Goudsblom, 1979). Der Versuch, diesen zu bewältigen, ist wie ein nie endender Prozess, denn jede Lösung schafft neue Probleme. In dem Maße, in dem sich der Mensch von den Naturgewalten weniger abhängig machte, wuchs seine Abhängigkeit von anderen Menschen. Damit wuchs auch die Komplexität, worauf Sie bereits im Kapitel A 4.3 hingewiesen wurden.

8.4 Wild Cards oder die Bedeutung gravierender Störereignisse

Wer hatte 2010 den Ausbruch des Vulkans Eyjafjallajökull vorhergesehen? Die Folgen waren weitreichend: Fluggesellschaften und Flughäfen verloren im Stundentakt Millionenbeträge; Zehntausende Passagiere campierten in den Transithallen. Ex- und Importeure warteten vergeblich auf die bestellte Ware. Produktionsbänder wurden wegen fehlender Montageteile abgestellt.

Ein Störereignis ist ein Zufall

Kaum hatte sich der Weltflugverkehr normalisiert, kam mit Griechenland das nächste Großproblem auf die Tagesordnung. Der Euro drohte vom Sockel zu stürzen. Hier schien es sich um die Fortsetzung der Banken- und Wirtschaftskrise der Jahre 2008/09 zu handeln. Weil die Politik dies großspurig verneinte, zockten die Banken mit irischen Anleihen weiter, bis auch die grüne Insel ins bilanzielle Bewusstsein vom Internationalen Währungsfonds und der EU rückte. Als nächster Schauplatz ist Portugal auserkoren worden. Und so dreht sich das Karussell immer schneller, und die Kräfte wirken von den Rändern auf die Mitte …

Das „mögliche Unwahrscheinliche"

Meist kommt es anders als gedacht und geplant. Für diesen Fall haben die professionellen „Frühaufklärer", Angela und Karlheinz Steinmüller, vorsorglich den Begriff *Wild Card* (engl. = Joker), das „mögliche Unwahrscheinliche" als eine Art Notausgang, in ihr Begriffsrepertoire eingefügt. Mögliche Störereignisse sollen bei der Frühaufklärung mit bedacht werden. Warum hatte beispielsweise die Kreditanstalt für Wiederaufbau nicht schon längst die „unwahrscheinliche Wahrscheinlichkeit" von Fehlüberweisungen, besonders freitagnachmittags, antizipiert, also zu einem Zeitpunkt, wenn die Mitarbeiter gedanklich schon im Wochenende sind? Mit einer Fehlermöglichkeiten- und Einflussanalyse wäre es vielleicht nicht zur Überweisung von 350 Millionen Euro an die bereits insolvente Bank Lehman Brothers gekommen. „Das konnte man nicht wissen", heißt es anschließend zur Rechtfertigung. Und tatsächlich konnte man es auch nicht wissen, weil dieser Fall zuvor noch nicht eingetreten war.

Unmöglichkeit der Voraussage am Beispiel der Sandlawine

Die Chaostheorie erklärt mit einem anschaulichen Beispiel, warum es anders kommt als geplant. Man stelle sich einen Sandhaufen vor, auf dessen Spitze alle zehn Sekunden ein einziges Sandkorn herabfällt. Der Sandhaufen wächst kontinuierlich in die Höhe. Selbst wenn alle Sandkörner immer gleich groß sind und exakt unter denselben Bedingungen herunterrieseln, bilden sich Lawinen, die unterschiedlich groß ausfallen und mal in die eine, dann in die andere Richtung rutschen. Es ist unmöglich vorherzusagen, ob das nächste Sandkorn eine große oder kleine Flanke des Haufens nach links oder rechts in Bewegung bringt. Das Beispiel bestätigt das Sprichwort: Alle Prognosen sind auf Sand gebaut.

Der Joker aus dem Ärmel

In vielen Zukunftsstudien fehlt das Moment des Zufalls und der Überraschung. Man hofft darauf, dass sich die Zukunft entlang der existierenden Trendlinie entwickelt. Und plötzlich passiert etwas, mit dem niemand gerechnet hat, ein Vulkanausbruch in der Eifel oder ein den Zellverfall stoppendes Medikament. Das ist eine Wild Card. Die Zukunft zieht sie aus dem Ärmel und bringt unsere Zukunftsstrategien durcheinander. Das Besondere an Wild Cards liegt darin, dass sie eine völlig unerwartete Situation schaffen, die sich erheblich vom gewohnten Alltag unterscheidet. Kontinuierlich gewachsene Trends werden durch sozioökonomische Ereignisse oder wissenschaftlich-technische Weitsprünge über Nacht gebrochen. Darum beziehen immer mehr Zukunftsforscher gravierende Ereignisse in die Analyse möglicher Zukünfte ein. Möglicherweise ist das ein Reflex auf die Risikodiskussionen jüngster Zeit und das Gefühl allgemeiner

Unsicherheit im Zeitalter der Turboinnovationen. Die Zunft der Zukunftsforscher definiert den Joker so: „Wild Cards sind zukünftige Entwicklungen oder Ereignisse, die sich durch eine relativ geringe Eintrittswahrscheinlichkeit und potenziell weit reichende Wirkungen auf den Verlauf der Geschichte auszeichnen." (Steinmüller, Steinmüller, 2004, S. 19). Sie werden im Folgenden *gravierendes Fundamentalereignis* genannt.

Katastrophen sind nicht vorhersehbar

Solche Fundamentalereignisse kommen ständig vor: ein Unfall, eine Überschwemmung, ein Erdrutsch, ein Gewittereinschlag oder die ganz großen Katastrophen wie das Seebeben im Indischen Ozean vor der Insel Sumatra zu Weihnachten 2004. Es klingt unwirklich, aber wir Menschen sind es gewohnt, mit diesen Katastrophen zu leben und mit ihnen umzugehen.

Fortschritt als Rückschritt

Selbst der Fortschritt kann zum Rückschritt bzw. zum Störereignis werden. Eigentlich wollten wir die Natur beherrschen und damit Fortschritt erreichen, aber dieser zeigte uns seine Kehrseite, und aus Fortschritt wurde ein gefährlicher Rückschritt. Ehemals äußerst innovative Produkte wie Asbest, DDT und die Kernenergie sind zu einer Belastung geworden.

Gesellschaftliche Umwälzungen als Störereignis

Staatsverträge, Glasnost und Perestroika, Revolutionen und politische Morde beweisen, dass auch gesellschaftliche Umwälzungen zum Störereignis werden können, fragt sich nur, für wen. Sogar der amtierende US-Präsident Barack Obama könnte sich im Nachhinein als so etwas wie ein gravierendes – positives oder negatives – Fundamentalereignis herausstellen.

Im deutschsprachigen Raum machten erstmals Angela und Karlheinz Steinmüller auf den Aspekt unwahrscheinlicher Ereignisse in der Zukunfts- bzw. Langfristplanung aufmerksam. Von ihnen stammt das bisher einzige Buch *Wild Cards. Wenn das Unwahrscheinliche eintritt* zu diesem Thema. Damit führten sie den Begriff in den deutschsprachigen Raum ein. Die nachfolgenden Ausführungen orientieren sich an ihrem Schriftgut.

Was charakterisiert unerwartete Störereignisse?

Wild Cards sind Ereignisse, die unerwartet, plötzlich oder auch zufällig eintreten. Eigentlich sind sie gravierende Einzelereignisse. Jedoch ist man sich bei dieser Bezeichnung nicht einig, denn häufig wird auch von Ereignisketten gesprochen. Häufig sind sie der Kulminationspunkt, an dem Entwicklungsprozesse zusammenlaufen und sich letztlich in Form von Ereignisketten wieder auflösen. Wie Zufälle haben überraschende Störereignisse auch einen evolutionären Vorlauf. Darum ist es schwer, eine klare Trennlinie zwischen Ereignis und Prozess zu ziehen.

Die Wahrscheinlichkeit von Unwahrscheinlichkeiten

Die Wahrscheinlichkeit für das Eintreten eines Störereignisses ist sehr gering, muss aber bei der Zukunftsplanung berücksichtigt werden. „Wild Cards sind wenig wahrscheinlich, aber wir wissen nicht, wie unwahrscheinlich sie sind", schreiben die Steinmüllers (ebenda, S. 22). Was wäre heute anders, wenn man im Jahre 2000 gefragt hätte: „Welche Folgen hätte ein terroristischer Selbstmordanschlag auf das World Trade Center in New York?" Man hat leider nicht gefragt. Tritt das Ereignis aber ein, hat es gravierende und in diesem Falle weltweit spürbare Folgen. Das ist die zwangläufige Folge globaler Vernetzung, bei der das eine auf das andere wirkt.

Wild Cards überraschen uns. Normalerweise sollte ein Experte nur von wenigen Dingen aus seinen Bereichen überrascht sein. Doch gravierende Fundamentalereignisse lassen fast kein Vorwissen zu, sonst wären es keine Wild Cards. Daher ist es fast unmöglich, eine Bewertung solcher Wahrscheinlichkeiten vorzunehmen. Unterschiedliche Meinungen, durch welche Ursachen ein Störereignis verursacht wird, erschweren dies. Mathematische Formeln helfen auch nicht weiter, denn bei der Abschätzung gravierender Wahrscheinlichkeiten versagen alle Regeln.

Kontext oder Sichtweise als Wahrnehmungsraster

Wild Cards treffen uns wie der Blitz aus heiterem Himmel. Sie sind zumeist unerwünschte Neuigkeiten bzw. Sachverhalte. Wir sind unvorbereitet und daher überrascht. Ob man ein Ereignis als eine Information oder als eine Überraschung wahrnimmt, entscheiden situative und subjektive Momente wie beispielsweise die Neuigkeit an sich, der Zeitpunkt oder auch der Kontext und die eigene Sichtweise. Ein Wissenschaftler vom Hamburger Max-Planck-Institut für Meteorologie wird weniger erstaunt über die Folgen des Klimawandels sein und diese auch anders beurteilen als ein Bewohner der Arktis.

Spätestens dann, wenn uns das Störereignis nicht mehr fremd ist bzw. wir uns an das „neue Thema" gewöhnt haben oder erste Analysen uns von der Unsicherheit befreien und zeigen, in welchem Ausmaß was passiert ist, verschwindet das Überraschungsmoment. Dann sickert die Erkentnis durch, dass man es doch *eigentlich* hätte wissen können …

Die weitreichende Wirkung bis hin zum Zukunftsbeben

Plötzliche und unerwartete Ereignisse werden unterschiedlich bewertet. Für eine Ehefrau ist der Treuebruch des Ehemannes ein gravierendes Störereignis, für die Mitarbeiter eines Unternehmens dessen Insolvenz und für den Finanzminister die Bankenkrise. Die Folgenskala reicht von „individuell" über „lokal" und „regional" bis hin zu „global".

Die Folgen der Banken- und Wirtschaftskrise

Weitreichende Ereignisse wirken global und fundamental. Das jüngste Beispiel war die Banken- und Wirtschaftskrise 2008/09. Dieses Störereignis zog eine lange Kette von Wirkungen mit immer größer werdenden Dimensionen und

Rückkopplungen nach sich. Man denke an die staatlichen Eingriffe in das Bankenwesen und die Automobilwirtschaft bis hin zur Insolvenz von Unternehmen infolge ausgesetzter Kreditgewährungen, Staatsbankrott in Island mit dem Totalverlust der Geldeinlagen in diesem Land, Vertrauensverlust in den US-Dollar mit gewaltigen Umschichtungen in den Euro, Herabsetzung von Managergehältern, die Diskussion um die Rolle der USA in der Welt. Ja, selbst die Wahl des neuen US-Präsidenten Barack Obama war eine Folge dieser Krise. Die angenommene Zukunft musste umgeschrieben werden.

Wie entwickeln sich und verlaufen unerwartete Störereignisse?

Ein unvorhergesehenes Ereignis durchläuft mehrere Phasen, von der Infektion über die Inkubation bis hin zum Ausbruch, und übrig bleiben die Nachwirkungen. Man unterscheidet üblicherweise diese drei:

- **Latenzphase:** Dies ist die Phase, in der die Wild Cards weitgehend unbeachtet heranreifen. Das war lange der Fall bei den großen ökologischen Problemen unserer Epoche. Plötzlich saßen die Grünen auf Parlamentarierstühlen. Eventuell deuten schwache Signale auf das kommende Ereignis hin. Die Gefahr liegt darin, dass sich die Öffentlichkeit normalerweise nicht mit dem Unwahrscheinlichen, mit Eventualitäten oder dem Absurden befasst. Daher werden oft auch die ersten, etwas deutlicheren Hinweise in der Regel übersehen.
- **Manifeste Phase:** Dies ist die Phase, in der die Wild Cards schockartig und überraschend auftreten, zum Beispiel die Enttarnung von Schwarzgeldkonten in Liechtenstein. Nun überschlagen sich die Ereignisse. Die Polizei wird aufgerüstet. Drei neue Gesetze werden aus der Schublade geholt. Der Horch-und Lausch-Zentralcomputer wird auf online geschaltet. Bundesnachrichtendienst, Verfassungsschutz und Finanzämter schieben Überstunden. Alle infrage kommenden Medien laufen zur Höchstform

auf. Deren Schlagzeilen werden immer dicker, die Schlagworte immer aggressiver und prägnanter. Staatsanwälten und Richtern droht Arbeit. Die Stunde der Experten hat geschlagen. Sie präsentieren sich in TV-Interviews. Reporter drangsalieren Politiker mit unangenehmen Fragen. Die Politik verfällt in operative Hektik, um so ihre jahrelange Untätigkeit zu kaschieren.

- **Nachwirkungsphase:** In dieser Phase normalisiert sich die Situation langsam wieder. Das öffentliche Interesse erlahmt. Neue Themen rücken in den Fokus. Spezialisten arbeiten das Geschehene auf, in dem sie Ursachen und Folgen analysieren. Der politische Apparat arbeitet an Verordnungsentwürfen zu den neuen Gesetzen. Und auch wenn das eine oder andere Ereignis auf das Ende der Wirkungsphase hinweist, hinterlässt die Wild Card auf Dauer doch ihre Spuren und wird zum Teil des kollektiven Gedächtnisses.

Nach Angela und Karlheinz Steinmüller lässt sich der Lebenszyklus einer Wild Card folgendermaßen darstellen (vgl. Steinmüller, Steinmüller, 2004):

Latenzphase	**Manifeste Phase**	**Postmanifeste Phase**
Konvergierende Kausalketten „Schwache" Signale unterhalb der Wahrnehmungsschwelle (allenfalls erfasst von der Wissenschaft)	Sichtbare, überraschende Wirkungen (Wild Card im engeren Sinne) Unüberhörbar „starke" Signale Überreaktion: Panik bzw. Hype Divergierende Interpretation	Ausbreitung der Wirkungen (Folgen zweiter und höherer Ordnung) Gewöhnung Festlegung auf Standardinterpretation mit eventuellem Paradigmenwechsel

Vorbeugen ist besser als heilen

Bei Wild Cards geht es letztlich darum, Risiken berechenbar zu machen bzw. die Eintrittswahrscheinlichkeit gering zu halten. Was aber wahrscheinlich ist, kann keine Wild Card sein. Die Steinmüllers schreiben: „Das, wogegen man sich versichern lassen kann, stellt nur bedingt eine Wild Card dar." (ebenda, S. 37)

Ein Störereignis naht unbemerkt

Wie will man aber Risiken, die man noch gar nicht kennt, geschweige denn erahnt, abschätzen? Wer erkennt, dass ein fundamentales Einflussereignis naht? Die „schwachen" Signale sind noch gar nicht wahrnehmbar oder werden von besser klingenden Hintergrundgeräuschen absorbiert. Warnende Stimmen vor den Folgen des Hedgefondskapitalismus drangen nicht durch. Die Geräusche der Börsenhausse waren lauter. Außerdem erkannte noch niemand das komplexe Wirkungsgefüge von faulen Hypothekenkrediten und Collateralized Debt Obligations, die die Auslöser der Banken- und Wirtschaftskrise 2008/09 waren.

Kann man Prognosen wagen? Selbst wenn man sie wagt, reicht die Vorwarnzeit aus bei Wirkungen, die sich so rasant ausbreiten?

Erinnern Sie sich an das Beispiel mit dem Sandhaufen? Es zeigt, dass allein auf das Chaos Verlass ist. Das kann aber nicht bedeuten, die Hände in den Schoß zu legen und auf Gott zu vertrauen.

Die traditionelle Risikoforschung als Methodenkoffer

Da Wild Cards präzedenzlos sind, existiert keine Systematik für ihr Handling. Daher ist es zweckmäßig, sich an die traditionelle Risikoforschung zu halten. Hier steht ein breites Spektrum an Methoden und Werkzeugen zur Verfügung, das im Kapitel *Zur Wissenschaftlichkeit der Futurologie* (Kapitel C 1.6) und im zweiten Band (Kapitel B) ausführlich diskutiert wird.

8.5 Fazit und Konsequenzen zur Zukunftsprognose

Man darf die Erwartungen an die Zukunftsforschung nicht zu hoch ansetzen. Auftraggeber und Interessenten müssen akzeptieren, dass es in der Zukunftswissenschaft keine naturwissenschaftlichen Gewissheiten und allgemein gültige Methoden gibt. „Man kann die Zukunft nicht voraussagen“, meint Deutschlands Cheffuturologe Rolf Kreibich. Immer wieder wirken Störereignisse, die fest etablierte Basistrends über Nacht zum Einsturz bringen und den Mainstream ändern. Beispiele: Tschernobyl 1986, der Zusammenbruch des sozialistischen Weltsystems Ende der 1980er-Jahre, der 11. September 2001, die Finanz- und Wirtschaftskrise 2008/09. Zukunftswissenschaftler agieren also von einem begrenzten und unsicheren Wissensstand aus.

Der Zukunftsforscher Kreibich bringt seine Zunft aus der Schusslinie der Kritik, indem er fragt, ob die Erfüllung von Prognosen überhaupt das Ziel der Zukunftsforschung sei. Zum Zeitpunkt der Prognose bestand eine hohe Eintrittswahrscheinlichkeit, aber die sich verändernden Umfeldbedingungen wirken auf den Zukunftsprozess und damit auf das Zukunftsergebnis. Selbst wenn sich Zukunftsprognosen als falsch erwiesen, so z.B. die zum Energieverbrauch aus den 1960er- und 1979er-Jahren, so wirkten sie als Warnsignal und halfen, den Energieverbrauch zu senken. Deshalb sind Fehlprognosen nicht unbedingt ein Misserfolg, sondern können das Ergebnis erzielter Umsteuerung sein. Man kann „das wissenschaftliche Zukunftswissen nutzen, um mögliche, wahrscheinliche sowie wünschbare Zukünfte zu erfassen und … darauf hinarbeiten, dass … Katastrophen verhindert und beste Lösungen realisiert werden.“ (Kreibich, 2005, S. 20) Die Zukunftswissenschaft wandelt sich hier zum Frühwarnsystem mit Alarmfunktion (Opaschowski, 2008). Statt für Prognosen interessiert man sich für mögliche

Optionen, die sich aus der Folgenabschätzung und -bewertung ergeben.

Vom Elend der Prognosen

Der Begriff vom *Elend der Prognosen* drückt das Prognoseproblem aus. Zukunftseinschätzung ist also eher die Artikulation von Vermutungen als das Verkünden von Gewissheiten und eher das präzise Beobachten von gesellschaftlichen oder technologischen Prozessen, um notwendige Handlungen zu benennen. Zukunftsforscher wandeln sich vom Diagnostiker zum Therapeuten, vom Wissenschaftler zum Fürsorger, vom Forscher zum Coach.

Voraussagen soll man unbedingt vermeiden,
besonders solche über die Zukunft.
Mark Twain

Als Folge des Prognoseelends arbeitet die Zukunftsforschung heute weniger mit linearen Prognosen. An ihre Stelle sind Prognosekorridore getreten. Vielleicht sollte man statt von einer *Science of the future* von einer *Science of Proability* sprechen, wie es manche klugen Köpfe vorschlagen.

B

Ursachen und Kräfte des Wandels

Es ist nichts beständig als die Unbeständigkeit.
Immanuel Kant

Viele große Gelehrte dachten über die Ursachen des Wandels nach. Sie wollten wissen, was Veränderungen auslöst? Welches sind die Triebkräfte? Wo befinden sich die Stellhebel, und wie werden sie betätigt?

Wer Antwort erwartet oder geben will, muss unterscheiden zwischen kleinen, mittleren und großen Veränderungen sowie zwischen technischem und sozialem Wandel. Je nach Bereich oder Ausmaß fallen die Antworten unterschiedlich aus. Bei kleinen Veränderungen im eigenen Umfeld gibt es gegebenenfalls eine eindeutig identifizierbare Folge von Ursache und Wirkung. Schwieriger wird es, die Triebkräfte der großen gesellschaftlichen Veränderungsprozesse zu bestimmen. Dennoch gab es immer wieder Versuche, den sozialen Wandel plausibel zu erklären. Der Begriff *sozialer Wandel* war dabei nur einer von vielen. Manche Soziologen sprachen von „Modernisierung", von „Revolution", „Umwälzung" oder gar von „gesellschaftlichen Katastrophen", bis sich dann aber der vom US-amerikanischen Sozialwissenschaftler William F. Ogburn eingeführte Terminus *sozialer Wandel* durchgesetzt hat.

1. Gesellschaftlich-ökonomischer Wandel

Manche Denker, die sogenannten Evolutionisten, meinten, in der Logik der biologischen Evolution die Auslöser für den sozialen Wandel zu erkennen. Sie gingen davon aus, dass menschliche Gesellschaften wie biologische Arten einem Evolutionsprozess unterliegen. Die am besten Angepassten im „Kampf ums Dasein" nutzen das „Gesetz des Stärkeren" und bestimmen so den Verlauf der Geschichte.

Paretos Sichtweise

Elitetheoretiker wie der Italiener Vilfredo F. Pareto sahen in den Eliten die grundlegende Triebkraft gesellschaftlicher Veränderungen. Sie drehen am Rad der Geschichte, aber nur zeitweilig, dann werden sie durch die auf ihre Chance wartende Reserveelite verdrängt. Ein Satz wie „Alle Staatsgewalt geht vom Volke aus" ist für ihn eine triviale Aussage.

Theorie der kulturellen Phasenverschiebung

William F. Ogburn sah in Erfindungen und der neuen Technologie die Energiequelle für die gewaltigen gesellschaftlichen Veränderungen des 20. Jahrhunderts. Er schuf die Theorie der kulturellen Phasenverschiebung (*cultural lag*). Sie besagt, dass die Gesellschaft mit dem technischen Fortschritt nicht mithält. Daraus resultiert eine Asymmetrie zwischen den technologischen Möglichkeiten und den gesellschaftlichen Gegebenheiten, die zur Ursache von sozialen Konflikten und Änderungen in der Sozialstruktur und damit zum Impulsgeber für den sozialen Wandel wird.

1.1 Religion aus Auslöser für den Wandel

Der Soziologe Max Weber richtete seinen Blick in die Ideenwelt und erkannte hier die Ursachen für den Wandel. Er meinte, das Bewusstsein prägt das Sein und verursacht so den Wandel. Am Beispiel religiöser Bewusstseinsfaktoren wollte er das aufzeigen. Weber sah die Ursachen für den rasanten Aufstieg des Kapitalismus im protestantischen Glauben, hier besonders in der Bewertung der Rolle der Arbeit durch die Calvinisten. Demnach bewertet Gott die Erfüllung innerweltlicher Pflichten höher als Frömmigkeit und mönchische Askese. Um Gottes Gnade zu erlangen, sind gute Werke zwar begrüßenswert, aber fleißige Berufsarbeit ist wichtiger. Geschäftserfolg ist ein Zeichen göttlichen Wohlwollens. Der Beruf darf darum nicht nur Mittel zum Zweck, sondern muss Selbstzweck sein. Er garantiert den ökonomischen Erwerb, den stärksten Motor bei der Herausbildung des Kapitalismus. Nur dank des wirtschaftlichen Erfolges konnten die notwendigen Kapitalien als Grundlage kapitalistischen Wirtschaftens angesammelt werden. Eine solche Geldakkumulation war wiederum notwendig, weil das kleine und mittlere Gewerbe, der Träger des „modernen kapitalistischen Geistes", nur selten über große Finanzmittel verfügte.

Diese und andere monokausalen Erklärungsansätze des sozialen Wandels erwiesen sich als wenig geeignet, die gesellschaftlichen Veränderungen zu erklären. Die Sozialwissenschaft orientierte sich darum an mehrdimensionalen bzw. multikomplexen Theorieversuchen, solche, bei denen die Interdependenzen der sozialen Handlungsfelder wie zum Beispiel zwischen Ökonomie und Rechtssystem, zwischen Wissenschaft und Politik, zwischen Arbeit und Kapital mit einbezogen wurden.

1.2 Der dialektisch-materialistische Erklärungsansatz

Die größte Wirkung und sozialwissenschaftliche Akzeptanz unter diesen mehrdimensionalen Theorien hatte und hat noch immer der dialektisch-materialistische Erklärungsansatz des sozialen Wandels. Man nennt ihn *dialektisch*, weil er in den gesellschaftlichen Widersprüchen und Konflikten, im Miteinander und Gegeneinander von These und Antithese die entscheidende Ursache für den Sprung auf die Ebene der Synthese sieht. Der Begriff *materialistisch* hat nichts mit Geld zu tun, sondern besagt, dass sich die Ursachen für den Wandel aus den gesellschaftlich-materiellen Verhältnissen selbst ergeben. Ideelle Faktoren, Werte, Glauben, Utopien spielen zwar eine gewisse Rolle, aber sie haben letztendlich einen materiellen Nährboden. Dieser ist der Humus, in dem neue Ideen gedeihen.

Arbeit ist die Grundbedingung menschlichen Lebens

Dieses Theoriemodell basiert auf den Grundgedanken, wonach die Produktion der für die menschliche Existenz notwendigen Mittel als „eine Grundbedingung" erfüllt werden muss. Das war vor tausend Jahren schon so und ist heute und morgen nicht anders. Waren früher Tonkrüge, Holzpflüge und Schwerter die notwendigen Mittel, sind es heute Autos, Fernseher und Designermöbel beispielsweise.

Arbeit ist sozusagen die Grundbedingung für die menschliche Existenz, und das in einem Maße, dass man sagen kann, sie hat den Menschen selbst erschaffen. Mit der Hand entwickelte sich der Kopf. Mit beider Hilfe veränderte der Mensch seine Umwelt und damit sich selbst.

Die Bedeutung des Wirtschaftssystems

Der Arbeitsprozess oder, anders ausgedrückt, die Güterproduktion und -verteilung geschieht im Rahmen von gesellschaftlichen Verhältnissen, die begünstigend oder behindernd wirken. Dazu gehören Eigentums-, Arbeits-, Distributions-, Konsumtions- und Zirkulationsverhältnisse. Und die Gesamtheit dieser Produktionsverhältnisse bildet die wirtschaftliche Struktur einer Gesellschaft bzw. das, was man heute das Wirtschaftssystem nennt.

Der Wandel der Produktionsverhältnisse

Im Geschichtsverlauf wechselten die Wirtschaftssysteme bzw. Produktionsverhältnisse. So waren die Zünfte ein Produkt des Mittelalters und Gewerkschaften eines des entwickelten Kapitalismus. Die Produktionsverhältnisse der schlesischen Manufakturweber waren andere als die des industriellen Englands hundert Jahre später. Die Handmühle ergibt eine Gesellschaft mit Feudalherren, die Dampfmühle eine mit Industriekapitalisten, der Finanzkapitalismus eine mit Bankvorständen.

Der Wandel der Eigentumsverhältnisse

Ein wichtiges Merkmal hierbei waren und sind die Eigentumsverhältnisse, also die faktische Verfügungsgewalt über die Produktionsmittel, die mit der Entwicklung vom Handwerk zur Industrie immer mehr ihren individuellen Charakter verlor und in Form von Genossenschaften und Aktiengesellschaften eine gesellschaftliche Eigentumsform bekam. Wer über die industriellen Produktionsmittel verfügte, konnte damit über die Bedingungen der Produktion bestimmen und war Teilhaber der wirtschaftlichen und folglich der politischen Macht.

Der Staat als ideeller Gesamtunternehmer

Für das Überleben waren die Zusammenarbeit in der Werkstatt oder auf dem Acker, das Zusammenwirken von Leibeigenen und Leibherren, von Proletariern und Kapitalisten, von Arbeitgebern und Arbeitnehmern, waren Führung und Organisation sowie der Austausch von Gütern auf Märkten notwendig. Hinzu kamen gesetzliche Regelungsmechanismen für den Fall von Konflikten. Spezielle Einrichtungen, zunächst Zünfte, dann Handelskammern, Arbeitsgerichte,

Gewerbeaufsichtsämter, Gewerkschaften und Arbeitsgeberverbände, wachten und wachen auch heute noch darüber, dass die geltenden Regeln für das produktive Zusammenspiel eingehalten werden. Diese Regeln wurden natürlich von der jeweils herrschenden Klasse, von den Burgherren, Adligen, Grundbesitzern und Kapitalisten diktiert. Später ging das Definitionsmonopol an den Nationalstaat über, der, je nach den gegebenen Machtverhältnissen, Recht und Gesetz erließ. Der Staat fungierte nunmehr als ideeller Gesamtunternehmer.

Der generationsübergreifende Zusammenhang der Geschichte

Die Art und Weise, wie wir Menschen über viele Generationen hinweg die materiellen Voraussetzungen für unseren Lebenserhalt erarbeiteten, konnten wir nicht frei wählen. Wir mussten uns den vorgefundenen, das heißt von vorherigen Generationen geschaffenen Umständen, Sachverhalten, dem gegebenen Produktionsniveau zunächst einmal fügen. Es ist uns Menschen unmöglich, einen absolut neuen Anfang zu setzen, insbesondere nicht hinsichtlich unserer materiellen Lebensbedingungen. Indem jede Generation die von der alten Generation erworbenen und verbesserten Produktivkräfte, also Werkzeuge und Materialien, vorfand und diese als „Rohmaterial“ für den weiteren Produktionsfortschritt nutzte, entstand ein Zusammenhang in der Geschichte der Menschen, sozusagen die Geschichte der Menschheit.

Ökonomisches Fundament und gesellschaftliches Dach

Jedes Wirtschaftssystem, also Feudalismus, Sozialismus, Kapitalismus, soziale Marktwirtschaft, Monopolkapitalismus oder vielleicht später einmal die zivilgesellschaftliche Sozialwirtschaft, ist das Fundament einer jeden Sozietät. Darüber sind wichtige soziale Systemelemente wie Wertevorstellungen, das Rechtswesen, Politik, Erziehungswesen, Militär, Philosophie und Wissenschaft angesiedelt. Diese Elemente, auch Überbau genannt, bilden mit dem Fundament eine strukturelle Einheit. Als das wichtigste Produktionsmittel noch ein Faustkeil war, war der Überbau ein anderer als im

Atom- und Computerzeitalter. In hundert Jahren werden sich die Menschen über unsere „primitiven" Werkzeuge, Denk-, Arbeits- und Lebensweisen wundern. Anders ausgedrückt: Die Produktionsweise des materiellen Lebens bedingt elementar unseren sozialen, politischen und geistigen Lebensprozess. Die komplexe Wirklichkeit prägt unser Denken.

Soziale Widersprüche als Ursache des Wandels

Auf einer bestimmten Stufe ihrer Entwicklung passen die Produktivkräfte einer Gesellschaft und die Produktionsverhältnisse nicht mehr zueinander. Sie geraten in einen Widerspruch. Die Produktions- und insbesondere die Eigentumsverhältnisse werden zu Fesseln der weiteren Entwicklung. Die jungen Industrieunternehmen an Rhein und Ruhr brauchten Lohnarbeiter, die aber in der Leibeigenschaft ostelbischer Junker und anderer Großgrundbesitzer steckten. Die erstarkte Unternehmerklasse sah auch nicht länger ein, dass Feudalaristokraten die Macht im Staate innehatten und mit den Steuern der Industrie alimentiert wurden. Dann meldete sich die ebenfalls kräftig gewachsene Arbeiterklasse zu Wort und setzte die politische Revolution auf die Tagesordnung. Nun verdampfte alles, was man bis dato als gottgewollt in die Köpfe der Menschen transplantiert hatte. Von der Reichsgründung 1871 bis zum Ende des Ersten Weltkrieges wälzte sich der ganze deutsche Überbau mal langsam, mal schneller um. In Russland verlief dieser Prozess brachialer. Nun saßen plötzlich Arbeiterführer auf Bankiers- und Ministerstühlen. Mit Ablauf der Gründerjahre waren die neuen Produktionsverhältnisse im Schoße der alten Gesellschaft endgültig ausgebrütet worden.

Der Wandel der Planwirtschaft

Im Verlauf der deutschen Nachkriegsgeschichte bestätigte sich am Beispiel des Niedergangs der DDR die dialektisch-materialistische Theorie des Wandels. Es gehört zu den Treppenwitzen der Geschichte, dass ausgerechnet dort, wo diese Theorie nachhaltig propagiert wurde, der Widerspruch zwischen hoch entwickelten Produktivkräften und unterentwickelten Produktionsverhältnissen am deutlichsten ausbrach. Das System der Planwirtschaft und der Überwachungsstaat passten nicht zu den neuen wissenschaftlich-technischen Gegebenheiten und dem hohen Bildungsgrad der Bürger. Kapitalistische Produktionsverhältnisse kehrten zurück und traten an die Stelle der sozialistischen.

Vom Konkurrenz- über den Monopol- hin zum Staatskapitalismus

Seit es kapitalistische Produktionsverhältnisse gibt, befinden sich diese in der Entwicklung und im Wandel. Die Statik wird dabei brüchig. Der Staat muss in das Geschehen eingreifen. Er sichert das Risiko von Großinvestitionen oder bezuschusst diese. Er greift ein, wenn die Dinge nicht so laufen, wie sie sollen, wenn beispielsweise Kartelle versuchen, den Marktmechanismus auszuhebeln. Er gewährt sozial Schwächeren Schutz oder ergreift Partei mal für diese oder mal für jene Seite. Seine Rolle ist die eines „ideellen Gesamtkapitalisten". Das wurde in der Finanz- und Wirtschaftskrise der Jahre 2008/09 mit den Geldgarantien zugunsten der Pleitebanken deutlich. Selbst in den USA wurden die Produktionsverhältnisse mit staatssozialistischer Tönfarbe versehen.

Gesellschaftliche Folgen

Der Feudalismus war die adäquate Hülle für die Agrargesellschaft, der Kapitalismus die für die Industriegesellschaft. Wenn nun aber Kopfarbeit immer mehr die Handarbeit ersetzt, wenn die Wissensgesellschaft an die Stelle der Industriegesellschaft tritt, wenn persönliches Einzelkapital durch Gesellschaftskapital ersetzt wird, dann wird das weitreichende Folgen für die ganze Gesellschaft haben, das Verhältnis von Arbeit und Beschäftigungsverhältnis wird neu definiert werden, Bildung, Ausbildung und womöglich die Eigentumsverhältnisse und folglich die Sozialstruktur werden davon betroffen sein.

2. Technologisch-ökonomischer Wandel

Wenn die Entwicklung der technischen Produktivkräfte, insbesondere in Form des Wissens, so wichtig für den sozialen Wandel ist, dann stellen sich die Fragen: Woher kommt der technische Wandel? Wohin geht er? Was sind seine Ursachen?

Der Entwicklungsprozess der Arbeitsmittel

Diese Frage könnte man weit ausholend beantworten, beginnend bei dem Gebrauch von Faustkeil und Keule, dann Hammer und Meißel, heute Computer und Roboter. Im Verlauf der gesellschaftlichen Entwicklung reduzierte sich der Zeitaufwand für die Sicherstellung des nackten Überlebens. Die Menschen gewannen Zeit, um über Verbesserungen ihrer Arbeitsmittel und Arbeitsweise nachzudenken und auch über die Befriedigung neuer Bedürfnisse, die sich einstellten.

Der Entwicklungsprozess der Arbeitsmittel verlief keinesfalls kontinuierlich und harmonisch. Es gab lange Zeiträume ohne große Veränderungen. Erst mit dem Übergang zur maschinellen Produktion und großen Industriekomplexen begann eine Periode fortgesetzter und schneller Veränderungen bei den Produktivkräften. Erst im Industriezeitalter veränderte sich die Stellung des Menschen im technischen System und damit der Charakter der Arbeit. Die Technik wirkte fortan als Transformator und Verstärker der Tätigkeit des Menschen, die dieser als Subjekt des produktiven Gesamtprozesses gegenüber dem Arbeitsgegenstand durchführte.

Durch die Automatisierung und Computerisierung trat der Mensch als Einrichter und Überwacher aus dem unmittelbaren in den nebengelagerten Produktionsprozess. Arbeit bekam immer mehr einen ingenieurtechnischen Charakter oder verlagerte sich von der Fertigung weg hin zur Konstruktion, Forschung, Programmierung oder zum Service. Im weiteren Verlauf vollzieht sie sich unter Nutzung künstlicher Intelligenz total automatisiert und computerisiert. Die sozialen Folgen dieser Prognose werden im Kapitel *Arbeit der Zukunft* erläutert (Kapitel E 4.1).

2.1 Das Prognosedilemma

Mit der vorstehend formulierten Prognose beginnen aber auch gleich die Probleme, denn es mangelt an metatheoretischen Erklärungsmodellen, so wie es sie beim sozialen Wandel gibt. Die vorliegenden Theorien sind entweder monokausal soziologisch, psychologisch oder betriebswirtschaftlich. Risikokapitalgeber, Forschungsmanager, Wissenschaftspolitiker, Religionsethiker und Zukunftspropheten wollen aber Gewissheit über den Verlauf der weiteren technischen Entwicklung und seine Folgen. Besonders jene Unternehmen, die zum technologischen Fortschritt durch eigene Forschung und Entwicklung beitragen, würden gerne wissen, was die Auslöser für die technische Evolution sind. Aber auch hier fallen die Antworten ernüchternd aus. Technischer Fortschritt entzieht sich einer technikimmanenten Erklärung und langfristigen Planung, da er sich oft zufallsbedingt und spontan vollzieht wie beispielsweise beim Röntgenapparat, beim Faxgerät oder beim Airbag.

Entwicklung verläuft pfadabhängig

Andererseits verläuft der technische Fortschritt kumulativ und graduell, sozusagen im Fahrwasser einmal eingeschlagener Richtungen. Der Erfindung der Dampfmaschine folgten Fabrikhallen mit Webstühlen, Lokomotiven, Dampfschiffe,

Dampfdrescher und viele andere dampfbetriebene Antriebsmaschinen. Dem Mikrochip folgten Quarzuhren, Taschenrechner, Computer und das ganze technische Inventar moderner Arbeitsplätze. Man spricht auch von einer „pfadabhängigen Entwicklung“. Das drückt sich in Begriffen wie *Basisinnovation*, *Folgeinnovation*, *Anpassungsinnovation* und *Scheininnovation* aus.

2.2 Die Determiniertheit und Interdisziplinarität der technischen Entwicklung

Die pfadabhängige Entwicklung zeigt, dass die Entwicklungsrichtung des technischen Wandels nicht frei wählbar ist. Der heutige Stand der Technik ist das Produkt früherer Arbeit. Die Arbeitsmittel verbinden die Aktivitäten vergangener Generationen mit der heutigen. Damit ist auch die Technik der kommenden Generation determiniert. Jules Verne konnte zwar von der Mondfahrt auf einer Kanonenkugel träumen, aber das Feld technischer Möglichkeiten für ein solches Abenteuer war zu seiner Zeit noch gar nicht abgesteckt.

Die Bedeutung sozialer Faktoren für den technischen Wandel

Hinzu kommt, dass der technische Wandel nicht allein von den gegebenen technischen Möglichkeiten abhängt. Darauf wies schon William F. Ogburn hin, indem er auf die Bedeutung sozialer Faktoren für die technische Entwicklung aufmerksam machte. Ob und inwieweit zum Beispiel Genforschung und -nutzung betrieben wird, hängt maßgeblich von der gesellschaftlichen Diskussion darüber ab.

Soziale Faktoren spielen sowohl auf der makroökonomischen wie auf der mikroökonomischen Ebene eine ausschlaggebende Rolle. Das zeigt die frühere technische und wirtschaftliche Aufwärtsentwicklung des weitgehend ungeregelten US-Kapitalismus. Auf der mikroökonomischen Ebene werden soziale Aspekte an der positiven Korrelation von positiver Unternehmenskultur und Innovationsausstoß sichtbar. Über diesen Zusammenhang zwischen Unternehmenskultur und Innovationsfreude erfahren Sie mehr im Kapitel *Innovationsmanagement* (Band 2, Kapitel A 5).

Die Bedeutung sozialer Kompetenz

Selbst dort, wo leidenschaftliche Erfinder oder hoch motivierte Ingenieure Innovationen angestoßen haben, gibt es einen sozialen Kontext, durch unterstützende Vorgesetzte, vorhandene Budgets, Marktnachfrage und Kompatibilität zur Unternehmensstrategie. Zur erfolgreichen Umsetzung einer neuen Technologie bedarf es neben der ingenieurwissenschaftlichen Intelligenz in erheblichem Maße auch des sozialwissenschaftlichen Sachverstandes oder – ganz schlicht – der sozialen Kompetenz. Man nehme nur das Beispiel von Erfindungen, die oft ein langer und mühevoller Hindernislauf vom Erstgedanken über das Patentamt und diverse Kreditgespräche bis hin zum ersten Kundenkontakt sind.

Diese Hinweise zeigen, dass es keine monokausalen Faktoren für den technischen Fortschritt gibt. Inhalt und Richtung ergeben sich aus dem Zusammenwirken sehr vieler Faktoren. Interessante Erklärungsansätze, die der komplexen Wirklichkeit mehr Bedeutung beimessen und deren Resonanz ungebrochen ist, bieten Nikolai D. Kondratjew und Joseph Schumpeter.

3. Die kondratjewschen Zyklen

Im Jahre 1926 veröffentlichte der sowjetische Ökonom namens Nikolai Dmitrijewitsch Kondratjew in der Zeitschrift *Archiv für Sozialwissenschaft und Sozialpolitik* einen Aufsatz mit dem Titel *Die langen Wellen der Konjunktur.*

Konjunkturwellen überlagern Konjunkturzyklen

Darin beschreibt er, dass sich die wirtschaftliche Entwicklung in sehr langen Konjunkturwellen vollzieht. Diese überlagern die kurzen Konjunkturzyklen. Es handelt sich hierbei um 40 bis 60 Jahre dauernde Wellen, deren Talsohle nach 52 Jahren durchschritten wird. Die Aufstiegsphase dauert länger, der Abstieg vollzieht sich mit etwa sieben Jahren sehr schnell. In der Aufschwungperiode überwiegen die Jahre mit robuster Konjunktur. In den Jahren des Abschwungs werden wichtige Entdeckungen und Erfindungen gemacht.

Produktivitätssteigerungen als Folge von Konjunkturwellen

Die Ursache liegt darin, dass Produktivitätssteigerungen den Güterbedarf nicht mehr decken können. Das erklärt er am Beispiel der Entwicklung der Eisenbahn. Die im 19. Jahrhundert vorhandenen Transportmöglichkeiten, Pferdegespanne und Flusskähne, reichten nicht mehr, um die in großer Menge industriell hergestellten Waren auf die Märkte zu bringen. Neue Techniken sind somit nicht die Ursache langer Wellen, sondern deren Folge. Anders ausgedrückt: Kondratjew war der Meinung, dass die Wirtschaft langfristig nicht wegen niedriger Zinsen oder Löhne, wegen hoher Staatsausgaben oder der Geldmenge wächst, sondern weil eine Volkswirtschaft insgesamt produktiver wird. Der wirtschaftliche Aufschwung wird nicht durch die Basisinnovation selbst getragen, sondern von den damit verbundenen Produktivitätsfortschritten. Die Basisinnovation ist nur ein Mittel zum Zweck, das der Befriedigung eines umfassenden gesellschaftlichen Bedürfnisses dient.

Lange Wellen nach Kondratjew

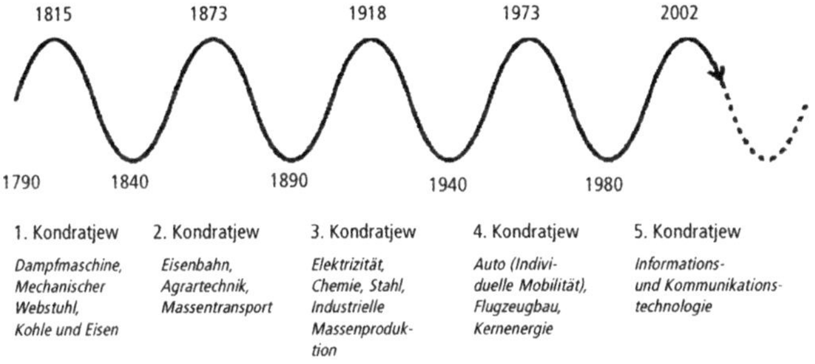

(Quelle: eigene Darstellung)

Fünf Kondratjew-Zyklen

Zwischen dem Ende des 18. und der Mitte des 19. Jahrhunderts fanden vier solcher Zyklen statt. Sie wurden durch die Dampfmaschine, die Eisenbahn, den elektrischen Strom, die Pkw-Industrie, die Petrochemie und die Informationstechnologie ausgelöst. Diese Entwicklungsstimulatoren lösten Wachstumsschübe aus, die irgendwann wieder abflauten, bis neue Basisinnovationen einen weiteren Zyklus auslösten. Die ersten vier Zyklen wurden durch „harte“ Technologien wie Dampfmaschine, Eisenbahn, Petrochemie und Automobil getragen, der fünfte jedoch durch den Mikrochip in Kombination mit Software.

Ein Zyklus beginnt mit einer *Basisinnovation*, ein Begriff, den später Joseph Schumpeter einführte. Diese löst Folgeinnovationen aus. Auf der Basis des Verbrennungsmotors entstanden beispielsweise Motorräder, Motorboote und Motorsägen. Dabei hatte jede Basisinnovation ihre geografische Heimat. Die Dampfmaschine wurde in England gebaut, während Deutschland dank bester Feinchemie lange als die Apotheke der Welt galt. Die nachfolgende Übersicht informiert über die wichtigsten Aspekte der jeweiligen Zyklen.

Zyklus	Schlüssel-innovationen	Schlüssel-industrien	Industrielle Organisation	Geografische Formen	Geografische Schwerpunkte
I. 1787–1845	Dampfmaschine, Mechanischer Spinn- und Webstuhl	Textilindustrie, Eisenindustrie	Kleinunter-nehmer	Kleine Städte	Großbritannien
II. 1846–1895	Bessemerstahl, Eisenbahn, Dampfschiff	Stahlindustrie, Schiffbau, Eisenbahnbau	Mittelgroße Unternehmen	Industrie-reviere	Großbritannien, Deutschland
III. 1896–1947	Elektrizität, Elektromotor, Automobil	Maschinenbau, Elektro-, Auto- und Chemie-industrie	Großbetriebe, Konzerne	Ballungs-räume	Deutschland, Großbritannien, USA
IV. 1948–1980er	Transistor, Computer, Kunststoffe	Elektronik-, Auto- und Chemieindustrie	Multinationale Konzerne	Metropolen und Industrie-distrikte	USA, Japan, Deutschland
V. 1980er– ?	Mikrochip	Informations- und Kommu-nikations-industrie	Diverse Mischformen	Globales Netzwerk	EU, Nordamerika, Ostasien

Eine Konjunkturwelle verändert die Gesellschaft

Über den zeitlichen Ablauf der Zyklen besteht weitgehend Einigkeit. Der fünfte Zyklus vollzieht sich gegenwärtig. Lediglich über den sechsten sind sich die Ökonomen uneinig. Eine lange Konjunkturwelle ist nicht allein ein wirtschaftlicher Vorgang. Sie ist auch gesellschaftlicher Natur, denn sie verändert Arbeit und Leben in der jeweiligen Epoche. Es entstehen neue Infrastrukturen (z. B. Datenautobahnen), neue Bildungsinhalte (z. B. Medienkompetenz), neue Forschungsschwerpunkte (z. B. Datenträger) und neue Organisationskonzepte in Unternehmen (z. B. flache Hierarchien infolge von Informations- und Kommunikationstechnologien).

Berechtigte Zweifel an den Langen Wellen

Es gibt Wirtschaftswissenschaftler, welche die Existenz der Langen Wellen bejahen, und viele, die sie bestreiten oder zumindest relativieren. Sie machen darauf aufmerksam, dass es im 19. Jahrhundert eine eher dürftige Wirtschaftsstatistik gegeben habe, und bemängeln, dass die Eckdaten der Zyklen willkürlich ausgesucht worden seien. Infolge dieser beliebigen Auswahl könne man jede gewünschte „Gesetzmäßigkeit" entwerfen. Somit sei die grafische Darstellung als Lange Welle lediglich ein konstruiertes Ergebnis. Der empirische Nachweis fehle. Bei kritischer Betrachtung fallen in der Tat diese Merkwürdigkeiten auf:

- Als X-Achse dient der Zeitstrahl ab 1780.
- Die Y-Achse aber wird durch keinerlei Maßeinheit definiert.
- Daraus folgt, dass die Auf- und Abwärtsbewegung der Langen Wellen keinen Rückschluss auf Kennzahlen wie Bruttoinlandsprodukt, Weltwirtschaftsindex u. Ä. zulassen.

Folgt Wirtschaftswachstum einer Zufallsbewegung?

Letzteres ist kein Versehen von Kondratjew, sondern der Tatsache geschuldet, dass es keine langen Reihen, zum Beispiel zur Entwicklung des Bruttoinlandsprodukts, gibt, die eine derartige Wellenform aufweisen. Außerdem ist nicht definitiv erwiesen, dass ein Kondratjew-Aufschwung von einer Basisinnovation verursacht wurde. Für das 19. Jahrhundert ist zu bedenken, dass die Landwirtschaft den Hauptanteil an der Wertschöpfung hatte und nicht die Industrie. Auch kann aus der Beschreibung historischer Wachstumsphasen, die sich mit evolutionär aufeinander aufbauenden Schlüsseltechnologien in Verbindung bringen lassen, nicht zwingend auf einen regelmäßigen Zyklus geschlossen werden. Nach der Meinung zahlreicher Makroökonomen folgt das Wirtschaftswachstum eher einer Zufallsbewegung.

Zustandsbeschreibung oder Zukunftsforschung?

Diese Zweifel konnten Erik Händeler nicht davon abhalten, in seinem Buch *Die Geschichte der Zukunft* den sechsten kondratjewschen Zyklus zu propagieren (Händeler, 2004). Dabei beruft er sich auf die Prädestinationslehre von Max Weber (vgl. Kapitel B 1.1). Weber hatte in dieser Theorie einen Zusammenhang zwischen der protestantischen Ethik bzw. calvinistischen Askese und dem Auskommen des Kapitalismus hergestellt. Für den Katholiken Händeler bedeutet dies, dass die „Leistungsfähigkeit einer Gesellschaft von ihrer vorherrschenden Religion bestimmt wird“ (ebenda, S. 382). In letzter Konsequenz kommen also die wirtschaftlich entscheidenden Impulse aus dem vorhandenen Wertesystem der Menschen. Das sich daraus ergebende Verhalten ist nach Händeler der entscheidende *Transmissionsmechanismus.* Seine These lautet: „Die Qualität der zwischenmenschlichen Beziehungen wird zur wichtigsten Quelle der Wertschöpfung.“ (ebenda, S. 221) Sie ist das Antriebsaggregat des sechsten Zyklus.

Das Klagelied der Berater

Diese These versucht er zu begründen, er bleibt aber in der Beschreibung der hinlänglich bekannten Probleme unserer Arbeitswelt wie Stress, Alkohol, Informations- und Motivationsdefizite, Mängel in der Kundenorientierung etc. stecken. Dieser Buchabschnitt enthält alle Strophen des Klageliedes, das Führungstrainer und -berater des Human-Resources-Business immer wieder anstimmen, um ihr Geschäft zu befeuern. Gleichzeitig werden Führungs-, Verhaltens- und Persönlichkeitstrainings als Rezepte und Therapie angeboten.

Nach seiner Problembeschreibung folgt dann in einem Satz die Prognose: „Kurz: Im nächsten Strukturzyklus werden diejenigen Firmen und Regionen produktiver sein, die ein kooperatives Klima haben. Damit werden sie auch über ausreichend Ressourcen verfügen, Probleme zu lösen … Firmen mit unkooperativem Betriebsklima werden mit der Zeit vom Markt verdrängt werden, der Wohlstand wird zurückfallen." (ebenda, S. 242)

Kritik an Webers Prädestinationslehre

Niemand will und wird die Segnungen eines guten Betriebsklimas in Abrede stellen. Aber daraus gleich eine ganze Kondratjew-Welle ableiten zu wollen, ist mehr als fraglich. Bereits in den 1930er-Jahren wurde empirisch nachgewiesen, dass das webersche Zentralaxiom, wonach die Glaubensinhalte der Prädestinationslehre den Kapitalismus stimulierten, hinterfragt werden muss, denn:

- Zwei Jahrhunderte vor dem Calvinismus entwickelten sich in Italien kapitalistische Strukturen ohne jeden religiösen Ideenzufluss.
- Die calvinistische Disziplin beruhte eher auf Zwang als auf Religion. Aber genau diesen Zwang sieht Händeler im Falle des Erziehungswesens in Japan als hinderlich für die ökonomische Entwicklung eines Landes an.
- Die Rolle der Technik und des Konsums umgeht Weber bei seiner Analyse der Herausbildung des Kapitalismus.

Händeler reduziert die Probleme der Zusammenarbeit auf zwischenmenschliches Verhalten und sieht im interpersonellen Verhalten den Treibstoff für eine Art neues Wirtschaftswunder. Aber wenn er sich den Transfererfolg der Zehn Gebote ansieht, dann müsste er zu anderen Schlussfolgerungen kommen. Fest steht jedoch, dass ökonomischer Langfristerfolg nicht nur auf psychischen, sondern vielmehr auf sozioökonomischen Ursachen beruht.

Wirtschaftlicher Erfolg als Resultat wechselwirkender Kräfte

Erfolg und Versagen haben für Händeler individuelle Ursachen. Bei seiner Fixierung auf das einzelne Individuum wird die Dynamik und Komplexität des Erfolgsgeschehens dem Blickfeld entzogen. Denn wirtschaftlicher Erfolg ist das Resultat wechselwirkender Kräfte und nicht allein das Resultat willentlicher Schöpfung auf der Grundlage von „Seid nett zueinander!". Was ist, wenn die Bank den Kredit verweigert oder der beste Kunde insolvent ist? Das gute Betriebsklima nützt dann auch nichts mehr.

Was prägt den sechsten Kondratjew-Zyklus?

Der zweite Antrieb des sechsten Kondratjew-Zyklus sind nach Händeler die Innovationen im Gesundheitsbereich und seine Strukturen. Doch statt analytisch basierte Zukunftsreflexionen vorzustellen, betrachtet er, wie es nicht weitergehen darf. Seine Themen sind dabei die Sozialversicherung, Bewegungsmangel, Krankenkosten, Übergewicht, Seelenheil und vor allem Gott. Händeler schreibt: „Wer im Alter an Gott und die göttliche Liebe im Menschen glauben kann, lebt insgesamt sehr viel gesünder und glücklicher." (ebenda, S. 324) Nun, das sind düstere Aussichten für all jene, die nicht auf Gott vertrauen. Doch weitaus interessanter wäre es gewesen, wenn er plausibel gemacht hätte, wieso Reformen oder gar Innovationen im Gesundheitsbereich eine Lange Welle auslösen. Aber dazu weiß Händeler nichts zu schreiben.

Modernen Technologien räumt Händeler kaum Platz ein und misst ihnen folglich wenig Bedeutung bei. Hingegen sehen Deutschlands Ingenieure in der wissenschaftlich-technischen Entwicklung die entscheidenden Wachstumsimpulse für die Zukunft. Bei ihnen rangiert die Nanotechnologie auf Platz 1 gefolgt von der Biotechnologie und Informations- und Kommunikationstechnologie.

Händelers „Missionsbuch" erweist sich als eine moralisch intendierte Gegenwartsbeschreibung. Der Vorsatz, den Finger auf manche gesellschaftliche Wunde zu legen, ist sicher gut, aber *Geschichte der Zukunft* ist die Geschichte eines Buches, das seinen Titelanspruch nicht einlöst.

Was kommt jetzt?

Die dem Modell Kondratjews zugeneigten Experten sind sich bei den ersten fünf Zyklen einig. Die gegenwärtige Schlüsseltechnologie ist die Mikroelektronik. Sie durchdringt viele

VDI-Innovationsindex: In welchen Zukunftstechnologien wird es Ihrer Meinung nach die meisten marktfähigen Innovationen geben? (n = 1000 Ingenieure)

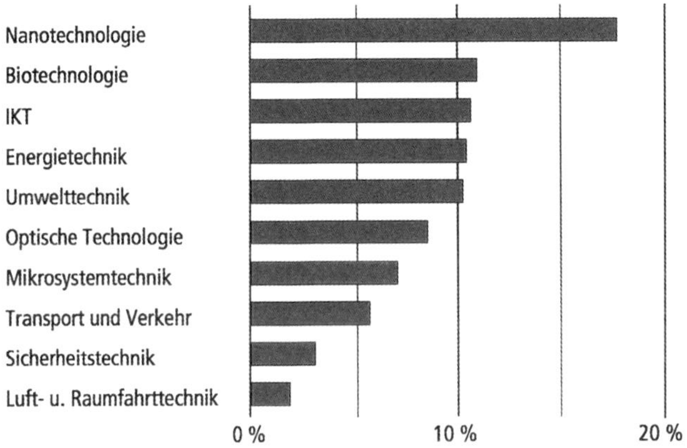

(Quelle: VDI-Nachrichten 01/07)

Branchen um die Kommunikations- und Computertechnologien herum. Ursprünglich getrennte Technologien werden verknüpft wie die Optik, Elektronik und Chemie zur Digitaltechnik. Die Hardware verlor im Laufe des Zyklus ihre führende Rolle und gab sie an die Software ab.

Gesundheit als Leitthema des sechsten Kondratjew-Zyklus

Nachdem offenbar die Informationstechnik als Triebkraft der wirtschaftlichen Entwicklung nicht mehr wirkt, fragen viele nach der neuen Basisinnovation, die den sechsten Kondratjew-Zyklus auslöst. Diese ist aber noch nicht erkennbar. Der deutsche Ökonom Leo A. Nefiodow, der erste, der die kondratjewschen Zyklen zu Prognosezwecken nutzt, sieht sie im Bereich Ökologie und Gesundheit. Neo-Schumpeterianer sehen zusätzlich die Nanotechnologie und die Kernfusionsenergie als Zykluskandidaten. Aber wie sicher sind die nächste Basisinnovation und das Auftreten von neuen Pionierunternehmen? Warum sollen sich die Zyklen wiederholen wie Ebbe und Flut? Die kondratjewschen Wellen waren allesamt Produkte der Industriegesellschaft. Gelten sie auch für immaterielle Wirtschaftsgüter der kommenden Wissensepoche? Laut Kondratjew leiteten sich die Langen Wellen aus der Gesetzmäßigkeit der Vergangenheit ab. Garantiert das Gestern und Heute zukünftige Langzeitzyklen der Weltwirtschaft, mal abgesehen vom üblichen Auf und Ab?

Kondratjew selbst erlebte zweieinhalb dieser Langzeitwellen. Im Gegensatz zu marxistischen Ökonomen sah Kondratjew im wirtschaftlichen Abschwung nach 1918 nicht den Untergang des Kapitalismus, sondern das Ende einer Langen Welle der Konjunktur, damals durch Stahl, Elektrotechnik und Chemie geprägt. Diese Sicht der Dinge wurde ihm zum Verhängnis. Stalins Henker erschossen ihn 1938 im Gulag. Hätte nicht Joseph Schumpeter 1939 den Begriff *Kondratjew-Zyklen* geprägt, wäre Nikolai Kondratjew wahrscheinlich in Vergessenheit geraten.

4. Schumpeter und die kreative Zerstörung des Alten

Auf der Suche nach den Ursachen des technischen Wandels stößt man immer wieder auf den Volkswirt Joseph A. Schumpeter. Als Ökonom des Industriezeitalters gab er eine wirtschaftsimmanente Erklärung für den technisch-ökonomischen Fortschritt, eine von nachhaltiger Wirkung, wie noch zu zeigen sein wird. Unter Entwicklung verstand er nur solche Veränderungen des Wirtschaftskreislaufes, welche die Wirtschaft aus sich selbst heraus erzeugen.

Wie entsteht wirtschaftlicher Fortschritt?

Schumpeter kritisierte an den Ökonomen seiner Zeit, dass diese wirtschaftlichen Abläufe zwar beschrieben bzw. theoretisch abbildeten, aber das Phänomen des wirtschaftlichen Fortschritts nicht erklärten. Er bemängelte, dass die klassische Nationalökonomie mit ihrer Vorstellung von dem sich immer wieder durch Angebot und Nachfrage auspendelnden Gleichgewichtszustand nur die Reaktion der Wirtschaftsteilnehmer beschreibe. So wie die Wirtschaft als Kreislaufprozess dargestellt werde, erscheine sie stationär bzw. statisch. In einem solchen System könne sich nichts wirklich Neues herausbilden.

Zwei Ökonomien

Anfang des 20. Jahrhunderts hatte sich die Wirtschaft enorm dynamisiert. Gleichgewichtszustände existierten nur noch temporär. Vor diesem Hintergrund modellierte Schumpeter zwei getrennte Wirtschaftswelten:

- Die Welt des Statischen, getragen von einer trägen Menschenmasse
- Die Welt der Dynamik, vermittelt durch die Grundgestalt des engagierten Unternehmers

Im Gegensatz zur hedonistischen Masse nimmt dieser engagierte Unternehmer die gegebenen Verhältnisse nicht passiv hin, sondern versucht sie zu seinem Vorteil zu verändern.

Mithilfe dieser Typologie brachte Schumpeter zwei Sujets in Verbindung: die Ökonomie und das Neue.

4.1 „Echter" Unternehmer oder nur Kapitalist?

Die Welt besteht aus denen, die etwas in Gang setzen, denen, die zusehen, wie etwas geschieht, und denen, die fragen, was geschehen ist. (Fragen wir heute, was geschehen ist …)

NORMAN R. AUGUSTINE

Wer sich in der managementtheoretischen Diskussion auskennt, fragt sich, wo er die Idee des Pionierunternehmers schon mal gelesen hat. Ach ja, bei Peters und Waterman. Die haben tatsächlich als wichtigste Managementregel das „Primat des Handelns", sprich „Tu was", herausgefunden. Sie betonen die wichtige Rolle von Champions für Unternehmensinnovationen (vgl. Peters, Waterman, 2004). Ob sie das Werk von Schumpeter kannten? Die gleiche Frage geht an die Propagandisten solcher Themen wie Entrepreneur- und Intrapreneurship oder Empowerment. Wer Schumpeter aufmerksam gelesen hat, kommt zu dem Resultat: im Westen nichts Neues, selbst 60 Jahre nach Schumpeter nicht.

Initiative als Innovationsmotor

Nicht das Eigentum am Produktivkapital, sondern die Initiative desjenigen, der etwas unternimmt, schafft neue Kombinationen von Kräften und Dingen, wie Schumpeter es nannte. Das Wort *Neukombination* ist nur ein anderer Ausdruck für Innovation. Diese haben in einem zugleich eine *schöpferische* und eine *zerstörerische* Wirkung. Dabei lassen sich Entwicklungsprozesse charakterisieren durch eine Abfolge von Basisinnovationen. Solche technischen Neuerungen treten zumeist gehäuft auf und bilden dann ein ganz neues technologisches System beziehungsweise eine ganze Branche, so wie die chemische Industrie, die pharmazeutische Industrie und aktuell die Gen- und Biotechnologie.

4.2 Die schöpferische Zerstörung des Alten

Für Schumpeter existieren diese Möglichkeiten von Neukombinationen von Produktionsmitteln:

- Neue Güter (z. B. Elektrogeräte, Lampen)
- Neue Verfahren (z. B. Einsatz von Elektromotoren)
- Neue gesellschaftliche Formen (z.B. elektrische Straßenbahn, Pendlerverkehr)

Dadurch werden alte Güter und Verfahren obsolet. Schumpeter spricht von „schöpferischer Zerstörung" und nennt als Beispiel die Substitution der Dampfkraft durch die Elektrizität.

Der Kredit macht den Weg frei

Voraussetzung für Innovationen ist der Innovationskredit durch den „dynamischen Financier", denn der Unternehmer ist nicht unbedingt ein klassischer Kapitalist. Dieses Darlehen wird zur Vorfinanzierung von Innovationen benötigt. Das war schon damals so und scheint es heute noch zu sein, wenn man an das Wirken von Risikokapitalgesellschaften oder an die Werbung der Volksbankengruppe – „Wir machen den Weg frei" – denkt.

Vom Kapitalismus zum Sozialismus

Zunächst realisiert der Innovator den ihm zustehenden Pioniergewinn. Dann aber wird das Neue immer wieder durch die reale wirtschaftliche Entwicklung eingeholt bzw. nachgebaut. Außerdem werden Bürokraten und Technokraten der sich immer mehr herausbildenden Industriekonglomerate dem Idealtypus des „unternehmenden Unternehmers" den Garaus machen. Letztendlich werde auch der Kapitalismus als Folge seines technologischen Fortschritts schöpferisch zerstört und im Sozialismus aufgehen. „Da die kapitalistische Unternehmung durch ihre eigenen Leistungen den Fortschritt zu automatisieren tendiert, so schließen wir daraus, dass sie sich selbst überflüssig zu machen, – unter dem Druck ihrer eigenen Erfolge zusammenzubrechen tendiert." (Schumpeter, 1987, S. 218)

C

Zukunftsforschung ohne Zukunft

Es gibt in Deutschland wohl gut an die 2300 Institutionen, die sich wissenschaftlich mit der Historie beschäftigen. Dazu gehören Universitätsinstitute, Archive, Museen, historische Kommissionen, lokale Geschichtsvereine und Hunderte Heimatmuseen, in denen die örtliche Vergangenheit aufbewahrt wird. Aber es existieren kaum Einrichtungen, die Zukunftsforschung betreiben. Die vielen Heimatforscher sind in ihren Wohnorten sehr beliebte Mitbürger. Im Gegensatz dazu erscheinen die wenigen Zukunftsforscher sehr suspekt, vor allem dann, wenn ihre Prognosen unangenehme Aussagen enthalten. Dennoch wird verstärkt nach der Zukunft gefragt, denn wir wollen in gewohnter Manier planen können. Dynamik und Komplexität führen zu einer Notlage des Erkennens und Handelns. Infolgedessen steigt das Interesse an der Zukunft. Aber niemand weiß, wie die Zukunft aussieht.

1. Zukunftsforschung im Spektrum der Wissenschaft

Zukunftsforschung ist Kratzen, bevor es einen juckt.
PETER SELLERS

Der Begriff *Zukunftsforschung* bzw. *Futurologie* (lat. futurum = die Zukunft) wurde 1943 in dem Artikel *Teaching the future* von Ossip K. Flechtheim eingeführt. Dieses lateinisch-griechische Wortungetüm vermittelt die Illusion, dass es möglich sei, die Zukunft mit Sicherheit vorauszusagen. Ist der Begriff *Science of Probability* nicht passender als *Science of the future* oder *futuribles*, wie es schon vor zwei Jahrzehnten verschiedentlich vorgeschlagen wurde? Wohl darum definiert Rolf Kreibich sein Metier vorsichtiger, ohne das Wort Futurologie zu verwenden. Unter Zukunftsforschung versteht er die wissenschaftliche Beschäftigung mit möglichen, wünschbaren und wahrscheinlichen Zukunftsentwicklungen und Gestaltungsmöglichkeiten sowie deren Voraussetzungen in Vergangenheit und Gegenwart (Kreibich, 2006b). Dieser Definitionsvorschlag passt zu den heute mehr und mehr verwendeten Begriffen *future(s) research* und *futures studies*, die im Plural von Zukünften sprechen und überwiegend themen- und projektbezogene Forschung betreiben.

Zukunftsforscher als Prozessgestalter

Flechtheim ging es vor dem Hintergrund von Orwells düsterem Zukunftsroman *1984* und den Erfahrungen des Faschismus darum, systematisch und mit wissenschaftlichen Mitteln „wünschenswerte Zukünfte" zu entwickeln. Auf die Implikationen des Begriffes *wünschenswert* soll hier nicht weiter eingegangen werden. Die utopischen Philosophen der Aufklärung wie Francis Bacon oder Thomas Morus beschrieben solche wünschenswerten Zukünfte. Zeitgenössische Zukunftsforscher wie Hans-Peter Dürr und Kreibich fühlen sich diesem Anliegen in Anbetracht der vielen und großen Weltprobleme verbunden. „Es wäre daher angesichts unseres Wissens über die Folgen der anthropologisch verursachten Konfliktwelten und der Eingriffe in die Biosphäre nicht nur töricht, sondern selbstmörderisch, den Dingen einfach ihren Lauf zu lassen." (Kreibich, 2005, S. 3f.) Das erklärt, warum sich die Zukunftsforschung immer mehr in den Dialog mit Bürgerinitiativen, Ökologieaktivisten, Abrüstungsinitiativen, Frauen- und Ausländergruppen begibt. Zukunftsforscher liefern nicht nur die Blaupausen der Zukunftsarchitektur, sondern wirken an den Gestaltungsprozessen mit. Sie agieren nicht mehr nur über Disziplinen hinweg, sondern mehr und mehr auch milieuübergreifend (Kreibich, 2006b).

Zukunft interpretieren oder mitgestalten, normativ oder prospektiv?

Milieuübergreifende und mitgestaltende Zukunftsforschung wirft die Frage nach der Wertfreiheit von Wissenschaft auf. Soll die Zukunftsforschung normativ oder prospektiv arbeiten? Der normative Teil, vertreten durch Flechtheim und Jungk, hat ihr den Ruf einer exotischen Disziplin eingebracht. Wer an wünschenswerten Zukünften arbeitet, benötigt normative Wegweiser. Soll die Zukunftswissenschaft gar Partei ergreifen? Ja, lautet die Antwort des Autors dieses Buches. Wir brauchen die Einheit von Wissenschaftlichkeit und humanistischer Parteilichkeit. Es gibt keinen Grund, die Analyse von der Anklage zu trennen. Zukunftsforscher sind in der moralischen Pflicht, sich auf die Seite jener zu stellen, die schuldlos Verlierer oder Opfer der Zukunft sind, besonders in einer Zeit, in der Zukunft leider kein Synonym mehr für Hoffnung ist. Aber selbst wenn die Zukunftswissenschaft nur eine rechnerische Wahrscheinlichkeit von 50 Prozent hat, lohnt es sich, für die verbleibenden 50 Prozent Hoffnung zu kämpfen. Horst W. Opaschowski schreibt: „Ich hoffe – also bin ich.“ (Opaschowski, 2008, S. 721)

Zu den Gewinnern und Verlierern der Welt

Diese Aussage gilt umso mehr, als dass sich die eher optimistischen Zukunftswissenschaftler, allen voran die Trendforscher, mit den „Gewinnern“ der Welt befassen, während sich die Pessimisten um die „Verlierer“ kümmern. Der Historiker Paul Kennedy schlussfolgert hieraus: Wenn die Prognosen beider Richtungsschwerpunkte zutreffen, wird die Kluft zwischen Arm und Reich stetig größer werden (Kennedy, 1993).

1.1 Die Futurologie und die Geschichtswissenschaft

Die Gegenwart existiert nur dadurch, dass Vergangenheit und Zukunft existieren. Darum kann man die Zukunft nur im Zusammenhang mit der Vergangenheit und Gegenwart erforschen. Besonders die Geschichtswissenschaft spielt auch bei der Futurologie eine Rolle. Die historische Perspektive ist unabdingbar, da sich Zukunftsforschung immer in der Auseinandersetzung zwischen Gegenwart und Vergangenheit abspielt. Horst W. Opaschowski meint, dass die Zukunftswissenschaft mit der Geschichtswissenschaft beginnt – ganz im Sinne von Winston Churchill: „Je weiter man zurückblickt, desto weiter kann man nach vorne sehen.“ Anders ausgedrückt: Je weniger wir über die Vergangenheit wissen, desto unsicherer ist unser Urteil über die Zukunft.

Die Vergangenheit determiniert die Zukunft

Um die Zukunft einschätzen zu können, bedient man sich gern verfügbarer Vergangenheitsdaten. Der Grund ist einleuchtend, denn jede gesellschaftliche Situation, an der wir teilhaben, wird nicht nur von den sozialen Mitakteuren bestimmt, sondern auch von unseren Vorfahren. Karl Marx drückte das so aus: Die harte Hand der Vergangenheit schränkt unsere Entscheidungsfreiheit ein. „Die Menschen machen ihre eigene Geschichte, aber sie machen sie nicht aus freien Stücken, nicht unter selbstgewählten, sondern unter unmittelbar vorgefundenen, gegebenen und überlieferten Umständen.“ (MEW, 8, S. 115) So war die Geschichte Deutschlands in den letzten 60 Jahren von den zwölf Jahren faschistischer Schreckensherrschaft und Weltmachtsträumen geprägt. Darum verknotet sich die Zunge auch sofort, wenn man berechtigte Kritik an der israelischen Politik äußern möchte.

Zukunftsforscher irren sich vorwärts

Historiker sind in einer angenehmeren Situation als Futurologen. Sie klären die Vergangenheit, Zukunftsforscher irren sich vorwärts. Zukunftsforscher landen vereinzelte Treffer, ziehen einige gute Lose, aber auch viele Nieten. Erst Jahre später erhält der Futurologe die Schulnote für seine Arbeit. Der Historiker produziert Ex-post-Erkenntnisse, der Zukunftsforscher Ex-ante-Vermutungen. Wie Leopold von Ranke es einmal ausdrückte: Der Historiker erzählt einfach nur, „wie es eigentlich gewesen ist“.

1.2 Von der Philosophie zur Futurologie

Ursprünglich war die Zukunftsschau bei den Philosophen angesiedelt, die sie mit ihren großartigen Weltentwürfen verknüpften. Das galt bis in das 19. Jahrhundert hinein. Dann kamen die Soziologen hinzu. Vom 20. Jahrhundert an mischten die Ökonomen mit. Aber erst von den 1950er-Jahren an betrat die Zunft der „reinen“ Futurologen, aus dem technischen oder politikwissenschaftlichen Raum kommend, die Bühne. Der Begriff *Futurologie* war geboren. Vorher forschte man einfach nur an der Zukunft, ohne sich als Zukunftsforscher zu betiteln.

Der Fächer der philosophischen Zukunftsforscher

Wie überall im geisteswissenschaftlichen Streit kristallisierten sich auch im Metier der Zukunftsschau „wissenschaftsideologische" Hauptrichtungen heraus. Bei den philosophisch orientierten Zukunftsdenkern gab es ausgesprochene Pessimisten wie Martin Heidegger und vorwärts orientierte Optimisten wie Ernst Bloch mit seinem „Prinzip Hoffnung". Unter den sozialwissenschaftlich ausgerichteten Futurologen wurden eine kritisch-humanistische und eine pragmatisch-technokratische Richtung erkennbar. Robert Jungk und Ossip K. Flechtheim sind eher der kritisch-humanistischen Fraktion zuzuordnen. Sie sahen die Aufgabe der Zukunftswissenschaft darin, die Probleme der Menschheit durch Planung und Prognostik kalkulier- und lösbar zu machen, vor allem aber, den drohenden Atomkrieg zu vermeiden.

1.3 Zukunftswissenschaft als Rechendisziplin

Diesen Krieg gekonnt zu führen, darin sah der pragmatisch-technokratisch orientierte Herman Kahn seine Aufgabe. Er simulierte mithilfe von Röhrencomputern und Hollerithmaschinen den Atomkrieg und seine Überlebenschancen.

Am Beginn des Kalten Krieges: Zukunftsforschung für den Atomkrieg

Die Wissenschaft entwickelte sich in den 1950er Jahren in den USA. Hier war der Blick über die eigene wissenschaftliche Disziplin eher möglich und die interdisziplinäre Zusammenarbeit mit Politik, Wirtschaft und Militär selbstverständlich. Auf diesem Nährboden konnten Konzepte wie Spieltheorie, Kybernetik, Projektmanagement, Systemtheorie und Szenariotechnik gedeihen.

Mit Mathematik die Zukunft berechnen

Über Jahre hinweg schien es sich bei der Futurologie um eine US-Domäne zu handeln, denn immer wieder schimmerte das Bild US-amerikanischer Zukunftsvorstellungen durch die futurologische Diskussion und Literatur. Der österreichische Zukunftsforscher Robert Jungk meinte, dass es den Amerikanern darum ginge, mit der Zukunft etwas zu tun, ihr Richtung und Marschtritt vorzugeben (Jungk, 1965). Mit Wahrscheinlichkeitsberechnungen, Zukunftsparabeln, Beschleunigungskurven, Strömungsplänen und Wiederholungszyklen würden die US-Amerikaner technokratisch die Zukunft „errechnen" wollen. Alles sei nur eine Frage der verfügbaren Daten, brauchbarer Methoden und der Rechenkunst.

Mitte der 1960er-Jahre hatte die Zukunftsforschung dann in Europa ihre Hochkonjunktur. Die durch die Studenten-, Frauen-, Ökologie- und Friedensbewegung entfachte Aufbruchstimmung führte zu einem kollektiven Denkprozess über die Risiken der modernen Großtechnik.

Der Gipfelpunkt der Zukunftsforschung 1972

Ihren Gipfelpunkt erlebte die Zukunftswissenschaft 1972 mit der Publikation *Die Grenzen des Wachstums* des Club of Rome (vgl. Meadows et al., 1972). Wertvolle Beiträge lieferte auch Horst W. Opaschowski vom BAT-Forschungsinstitut (BAT = British American Tobacco) mit diversen Zukunftsstudien. Aber schon Mitte der 1980er-Jahre wurde es wieder ruhig um die Futurologie. Zukunftsforschung wurde in Deutschland nur noch im Rahmen privater Institute und Initiativen betrieben. Andere Staaten hingegen leisten sich zumindest ein zentrales Zukunftsinstitut.

1.4 Die Futurologie und die Einzelwissenschaften

Der Begriff *Zukunftsforschung* ist beliebig. Genau genommen gibt es keine Futurologie als solche. Zukunftsforschung ist keine klassische Wissenschaft wie Jura, Physik oder Medizin. Nirgendwo werden Bachelor-Futurologen ausgebildet, es gibt keine Lehrstühle, und auch Lehrbücher der Futurologie sucht man vergeblich. Es gibt keinen Kernbestand gereiften futurologischen Wissens, also keine zusammengefassten Grundsätze der Zukunftsforschung, so wie man es von exakten Wissenschaften her kennt. Letztere sind auch in Spezialdisziplinen gegliedert. Man denke nur an die vielen Disziplinen der Medizin oder die zahlreichen Fächer der Ökonomie. Wenn die Futurologie helfen will, unsere Welt zu verstehen, muss sie zunächst einiges tun, sich selbst zu verstehen, indem sie sich ordnet und gliedert.

Zukunftswissenschaft ist ein interdisziplinärer Ansatz …

Zukünfte entwickeln sich nicht im einzelwissenschaftlichen Konzept. Schon in den Frühzeiten der Zukunftsforschung erkannte man, dass die Futurologie Disziplingrenzen überschreiten muss, denn an den Hightechprodukten von morgen sind viele Disziplinen beteiligt. In ein Auto geht heutzutage das Wissen und Können von unzähligen Beteiligten ein, von Elektronikern, Aerodynamikern, Chemikern, Physikern, Metallurgen, Designern und vielen mehr. Wer heute eine Aussage über das Auto des Jahres 2020 macht, muss alle notwendigen Fachdisziplinen beteiligen, um eine Vorstellung seiner Aussage zu bekommen. Zukunftsforschung muss quer durch alle relevanten Disziplinen hindurch verlaufen, um einigermaßen verlässliche Aussagen treffen zu können.

… mit Universalitätsanspruch

Es wäre also falsch, der Zukunftsforschung Grenzen zu anderen wissenschaftlichen Bereichen zu ziehen, etwa zur Geschichte, Ökonomie oder Soziologie. Sie muss Verbindungen, gegenseitige Wirkungen und Abhängigkeiten erklären können. Hier ist die Zukunftswissenschaft als interdisziplinäre „Synopsis" gefordert, ihren systemtheoretischen Universalitätsanspruch in Bezug auf die Zukunft einzulösen. Inwieweit das gelingt, hängt vom thematischen Einzelfall ab. Gleichwohl spielen die wissenschaftlichen Einzeldisziplinen die Hauptrolle. Ohne die Wissenschaften wäre Zukunftsforschung inhaltsleer und auf dem besten Wege hin zur Science-Fiction.

1.5 Die Interdisziplinarität der Zukunftswissenschaft

Das obige Autobeispiel zeigt, dass es unendlich viele Zukünfte gibt, so viele, wie Dinge oder Sachverhalte existieren. Die Zukunft ist etwas höchst Komplexes, das nicht aus einer oder einigen Möglichkeiten besteht. Zukunftsforschung aggregiert die Zukünfte verschiedener Einzeldisziplinen, um so zu einer Prognose zu kommen. Sie ist also mit einem breiten Spektrum komplexer Themen befasst. „Die Zukunftsforschung muss demzufolge hohe Leistungen der Komplexitätsreduktion, der Explikation zentraler Funktionsbeziehungen und der Operationalisierung von Zukunftsbildern und Handlungsstrategien aufbringen." (Kreibich, 2006b, S. 10)

Der Zukunftswissenschaftler als Generalist

Dank Spezialisierung ist das menschliche Wissen enorm gewachsen. Aber der Erkenntnisgewinn drohte auch die Einheit des Wissens und das Verständnis der Praktiker zu zerstören. Darum trat eine weitere Spezialprofession auf den Plan, die Generalisten. Sie erklärten sich zuständig für das Studium der Beziehungen und Verflechtungen der Einzelwissenschaften. Genau hier liegt das Arbeitsfeld der Futurologen. Sie sind Generalisten par excellence, denn nur so können sie einzelwissenschaftliches Wissen vernetzen und daraus Orientierungs- und Handlungswissen ableiten.

Um Beziehungen und Verflechtungen zu erkennen, sind großräumige bzw. globale Betrachtungen und Analysen der Zusammenhänge, Wirkungen und Folgen von Ereignissen und Trends notwendig. Das, was an einem Ort geschieht, erklärt sich nur mit den Geschehnissen andernorts. Die Menschheit ist ein voneinander abhängiges und aufeinander wirkendes Gesamtsystem, in dem Informationen, Energie, Ressourcen und Produkte ständig ausgetauscht werden. Daraus folgt, dass die Zukunft kein isolierter Sachverhalt ist, sondern das Ensemble vieler Zukünfte. Durch menschliches

Handeln werden Zukünfte bzw. Folgen von langer Dauer und weltweiter Wirkung geschaffen, teilweise bis zu tausend Jahren und mehr, wenn man beispielsweise an die Strahlungsintensität von Plutoniummüll denkt.

Das menschliche Gehirn als Vorbild

Die Zukunftsforschung beruht auf der Verpflichtung, das Ganze zu sehen, am besten, indem sie sich vom Gesamtsystem zu den Systemelementen bewegt und umgekehrt. Um aber aus der Fülle verfügbarer Daten Orientierungs- und Handlungswissen abzuleiten, muss die Forschung die wirklich wichtigen Informationen selektieren und reduzieren. Zu diesem Zweck orientiert sich die Zukunftsforschung an den Fähigkeiten des menschlichen Gehirns, das ständig solche Selektionen und Reduktionen vornimmt, etwa im Straßenverkehr. Hier werden aus Tausenden Details einige wenige – Verkehrszeichen, vordere Fahrzeuge und Fahrradfahrer – benötigt, um sicher durch die Rushhour zu kommen. Auch Politiker und Manager sind gezwungen, nebensächliche Details auszublenden, um die strategisch relevanten Sachverhalte zu erkennen. Wir alle müssen lernen, den Wald zu sehen und nicht nur die Bäume.

1.6 Zur Wissenschaftlichkeit der Futurologie

Zukunftsforschung ist keine monodisziplinäre Wissenschaft, sondern ein wissenschaftliches Puzzlesystem. Zu einer Wissenschaft gehört stets ein System von Erkenntnissen, das in Begriffen, Kategorien, Gesetzen, Theorien und Hypothesen vorliegt. Das aber fehlt bei der Futurologie. Damit ist aber nicht gesagt, dass die Zukunftsforscher keine Wissenschaft betreiben. Sie können den Begriff *Forschung* insoweit für sich in Anspruch nehmen, indem sie methodisch nach neuen Erkenntnissen suchen, systematisch ihre Arbeit dokumentieren und ihre Erkenntnisse publizieren.

Die Zukunftsdenker des 19. Jahrhunderts, Philosophen und Ökonomen, setzten sich an ihren Schreibtisch, dachten nach und schrieben ihre Denkergebnisse nieder. Ihre theoretischen Abhandlungen waren die leichteste Art, Futurologie zu betreiben. Sie mussten keine Strategien fundieren, Planungen und Entscheidungen vorbereiten. Ihre philosophischen Globalmodelle waren nicht grundlegend falsch, aber für konkrete Fragestellungen wenig brauchbar.

Wissenschaftlichkeit der Zukunftsforschung

Heutige Zukunftsforscher – nicht Trendforscher – müssen ihren Anspruch der Wissenschaftlichkeit einlösen. Wissenschaftliche Zukunftsforschung – nicht Trendforschung – ist kein spekulatives Gebäude, sondern basiert auf gründlicher Gelehrsamkeit und wissenschaftlichen Methoden. Das bedeutet im Einzelnen:

- Sie ist empirisch und beruht nicht auf Spekulationen.
- Sie bemüht sich um theoretische Fundierung, das heißt, sie fasst ihre Beobachtungen in logischen Sätzen zusammen und erklärt kausale Beziehungen.
- Sie ist kumulativ, baut also auf anderen Theorien auf, diskutiert neue Theorien, erweitert diese oder verwirft sie.
- Ihre Ergebnisse sind für andere nachvollziehbar.
- Die Reichweite der Aussagen wird benannt.
- Die Prämissen und Grundbedingungen werden erklärt.
- Die Informationsquellen liegen offen.

Ein wichtiges Erfordernis für eine brauchbare Zukunftsforschung ist die Flexibilität ihrer Begriffe, passend zu den vielen Arten von Zukünften. Darum ist ein gewisses Maß an Standardisierung angebracht, damit man weiß, dass man sich in der Futurologie bewegt, wenngleich verschiedene Zukünfte verschiedene Begriffe und Methoden benötigen.

Empirie als zentraler Bezugspunkt

Die empirisch-analytische Arbeitsweise bleibt trotz der Hinwendung zu idealistischen Zukunftsbildern der zentrale wissenschaftliche Bezugspunkt. Davon ist die Science-Fiction befreit. In der Literatur und im Kino dürfen Autoren, Filmregisseure und auch bildende Künstler ihre Zukunftsideen ausleben, ohne sich um wissenschaftliche Plausibilität kümmern zu müssen.

1.7 Aktuelle Themen der Zukunftswissenschaft

Die zukunftsrelevanten Themen werden täglich in Zeitungen beschrieben und im Fernsehen besprochen. Es sind Themen, die jeden betreffen, über die sich Menschen sorgen und deshalb auf der Agenda aller Politiker, Parteien und Regierungen stehen. Es geht um Krieg und Frieden, um Umweltverschmutzung, Bevölkerungswachstum, neue Energien, Migration, um Hunger und um Geld. Auf der Themenpalette der Zukunftsforschung befinden sich alle Risikothemen der Menschheit. Damit grenzt sich die Zukunftswissenschaft deutlich von der ihrer Meinung nach pseudowissenschaftlichen Trendforschung ab, die bestenfalls kleine Wellenbewegungen der soziokulturellen Entwicklung beschreibt.

Trendgewichtung in der zukunftswissenschaftlichen Fachliteratur

Die folgende Tabelle illustriert eine Auswahl an Trends entsprechend der Häufigkeit ihrer Nennung in der zukunftsforschenden Fachliteratur, basierend auf den Erkenntnissen des Berliner Instituts für Zukunftsstudien und Technologiebewertung (IZT) (vgl. Kreibich, 2005). Die Bewertung erfolgte nach den Kriterien Trendstärke (stark = 3; mittel = 2; schwach = 1), globale Wirkungen/Folgen (stark = 3; mittel = 2; schwach = 1) und zeitliche Folgen (stark = 3; mittel = 2; schwach = 1). Den Trends werden mittel- (5–20 Jahre) bis langfristige (20–50 Jahre) globale Wirkungen und Folgen zugesprochen. Die Punkte in der rechten Spalte ergeben sich aus der Gewichtung der drei Kriterien.

Rang	Basistrend	Punkte
1	Wissenschaftliche und technologische Innovationen (technischer Fortschritt)	9
2	Umweltbelastungen/Raubbau an der Natur	9
3	Bevölkerungsentwicklung	8
4	Disparitäten zwischen „Erster" und Dritter Welt	8
5	Ökonomischer Wettbewerb, Produktivitätssteigerung	8
6	Tertiarisierung und Quartarisierung der Wirtschaft	8
7	Migrationsströme (ökonomisch, ökologisch, sozial)	8
8	Zunahme der weltweiten Personen und Güterströme	8
9	Globalisierung von Wirtschaft, Beschäftigung und Mobilität	7
10	Wachstum von Weltproduktion und Welthandel	7
11	Verschlechterung der Gesundheit	7
12	Individualisierung der Lebens- und Arbeitswelt	6
13	Anwachsen der globalen Finanzströme	6
14	Verringerung der Lebensqualität	5
15	Arbeitslosigkeit	5
16	Alterung der Industriegesellschaften (ein Drittel der Weltbevölkerung über 60 Jahre)	5

Die Berliner Wissenschaftler sehen die größten Herausforderungen im Bereich der ersten acht Basistrends.

2. Die Methoden der Zukunftsforschung

Wie betreibt man Zukunftsforschung? Prinzipiell so, wie man auch in anderen Bereichen forscht. Man formuliert Hypothesen, sammelt Informationen, erhebt Daten, denkt gründlich nach, sucht nach Ursachen, stellt Beziehungen her, beschreibt Folgen und kommt zu Schlussfolgerungen. Hierzu benutzt man Werkzeuge und Methoden, einzeln oder im Mix.

Werkzeuge

Werkzeuge dienen der Anwendung oder Unterstützung von Methoden und Verfahren. Sie dienen in Kombination unter anderem der Automatisierung von Verfahren und Techniken. Dazu gehören Computer und Softwareprogramme.

Methoden

Bei Methoden handelt es sich um planmäßig bzw. folgerichtig anzuwendende Vorgehensweisen, um Probleme zu lösen oder Ziele zu erreichen. Zu nennen wären als Beispiele die Szenariomethode oder die Cross-Impact-Analyse.

Verfahren

Verfahren sind Vorschriften oder Anweisungen zum gezielten Einsatz von Methoden bzw. Beschreibungen, um Probleme zu lösen. Eine Methode kann durch mehrere Alternativen oder durch mehrere zusammengesetzte Verfahren realisiert werden. Das Projektmanagement ist der entsprechende Idealtypus hierfür.

Die Vielfalt der Methoden und Instrumente

Prinzipiell stehen dem Zukunftswissenschaftler alle Arbeitstechniken und Managementmethoden zur Verfügung, insbesondere das Projektmanagement, denn normalerweise münden Zukunftsplanungen in Projekte. Aber auch Wissensmanagement, Risikomanagement, strategisches Management und alle nur denkbaren Kreativitäts- und Entscheidungstechniken eignen sich als Hilfswerkzeuge der Prognose. Dabei wäre nochmals das Methodenset des strategischen Managements hervorzuheben, hier insbesondere die Umfeldanalyse, die wertvolle Dienste beim Zukunftsblick bietet (Band 2, Kapitel A 3). Man kommt auf mindestens 200 Methoden, die sich wegen ihrer Wesensverwandtschaft aber auf gut zwei Dutzend reduzieren. So bilden zum Beispiel Brainstorming, Brainwriting, 6-3-5-Methode und Brainpool einen Methodencluster, den man mit assoziativ-intuitiven Methoden umschreiben könnte. Wenn Systeme und Methoden nicht mehr weiterhelfen, dürfen Fantasie und Intuition genutzt werden.

Methoden Zukunftsforschung

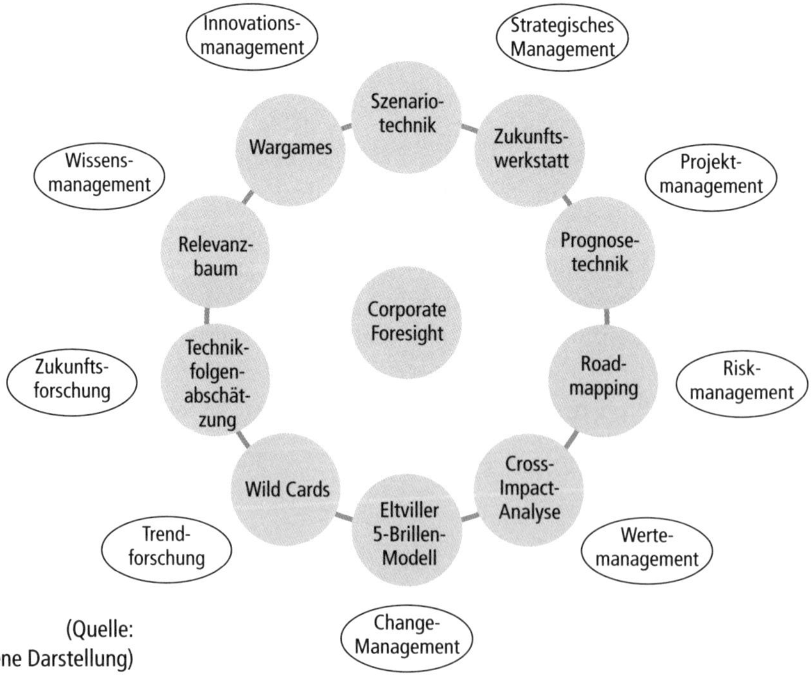

(Quelle: eigene Darstellung)

Der Methodenkanon

Trotz der Vielzahl möglicher Methoden existiert ein Kanon an Methoden, der von der Zukunftsforschung entwickelt wurde oder von dieser bevorzugt eingesetzt wird wie die Zukunftswerkstatt, Wild Cards, Szenariotechnik und Roadmapping. Die nachstehende Abbildung benennt im inneren Kreis jene Methoden, die als „reine" Verfahren der Zukunftsforschung gelten. Beim äußeren Kreis handelt es sich um adaptierte Verfahren. Welches Instrument für welche Zwecke eingesetzt wird, hängt von der konkreten Fragestellung, von der Art des Unternehmens oder der Branche ab. Jeder muss seine Zukunftsschau auf der Grundlage seines Erkenntnisinteresses selbst gestalten.

3. Zukunft als Fantasieprodukt: Utopie und Science-Fiction

Neben der methodisch und empirisch fundierten Art der Zukunftswissenschaft existieren „ferne Verwandte“ der Zukunftsforschung, die Utopie und Science-Fiction. Gemeinsam ist ihnen nur das Thema Zukunft, ansonsten trennen sie Welten. Fantasie und Wissenschaft können sich zwar gegenseitig befruchten, aber sie sind wesensverschieden. Außerdem ist Zukunftswissenschaft trocken, Science-Fiction unterhaltsam.

Utopien sind die Negation unbefriedigender Zustände in der Gegenwart und gleichzeitige Projektion idealer Verhältnisse in die ferne Zukunft. Je weiter aber die Zukunft in die Geschichte hineinreicht, umso größer ist die Gefahr von Fehlprognosen.

Utopie als Möglichkeitsmodell

Es gab zwar Utopien, die Wirklichkeit wurden, wie etwa Theodor Herzls *Judenstaat*. Hier könnte sich Max Webers Feststellung bewahrheiten, wonach alle geschichtliche Erfahrung es bestätigt, „... dass man das Mögliche nicht erreicht, wenn nicht immer wieder in der Welt nach dem Unmöglichen gegriffen worden wäre“. (Weber, 1921, S. 450) Insofern ist die Utopie ein Möglichkeitsmodell, das prognostische Orientierung anbietet. Oscar Wilde meinte einmal treffend: „Fortschritt ist die Verwirklichung von Utopie.“ Meistens bleibt es aber beim fiktionalen Denken mit noch nicht realisierbaren Zukunftsvorstellungen.

Science-Fiction als Konsumgut

Die moderne Technik gab dem technischen Pendant der Utopie, der Science-Fiction, neue Impulse. Science-Fiction ist die seit 1926 gebräuchliche Bezeichnung für technisch getönte Darstellungen in der Literatur und im Film. Ausgehend von den USA, erreichten die Fantasieprodukte in den 1930er-Jahren Europa. U-Boote, neue Flugzeuge, technische Rekorde und der schillernde Begriff *Atomphysik* sorgten ständig für neuen Stoff und folglich für eine rasante Verbreitung dieses Genres in alle Welt.

Sein oder Bewusstsein? Strukturelle Extrapolation oder Brüche?

Jules Verne kannte den Begriff Science-Fiction noch nicht, als er 1863 seinen Roman *Paris im 20. Jahrhundert* veröffentlichte. Darin schrieb er von automatischen Stadtbahnen und „photographischer Telegraphie", das, was wir heute Fax nennen. Waren das wissenschaftlich basierte Prognosen oder mit Klugheit gepaarte Fantasie? Letzteres stimulierte sein Bewusstsein offenbar mehr, war sie doch an die Erfahrungen und technischen Möglichkeiten seiner Zeit gebunden. Es muss einfacher sein, Fantasie auf technische Dinge zu übertragen, als beispielsweise neue Gesellschaftsformen zu erfinden. So ging Verne davon aus, dass Frankreich auch 1960 noch immer ein Kaiserreich sein würde (vgl. Verne, 1998). Zukunft als lineare Verlängerung der Gegenwart. Das gilt auch für das folgende Beispiel, wonach Mitte des 19. Jahrhunderts US-amerikanische Hochrechnungen belegten, dass die Straßen von New York spätestens 1910 meterhoch mit Pferdemist bedeckt und damit unpassierbar sein würden. Dies klingt etwas seltsam für unsere Ohren, aber es entsprach der Wahrscheinlichkeitsrechnung – und es war nach damaligen wissenschaftlichen Erkenntnissen durchaus glaubwürdig.

Das Denken ist gegenwartsbezogen

In den Gestalten der Science-Fiction- und der Fantasieliteratur wird der Mechanismus der linearen Strukturextrapolation deutlich. Betrachtet man Illustrationen zu dieser Literaturgattung oder Filme aus diesem Bereich, erkennt man, dass die Autoren die zukünftigen oder fantastischen Welten gemäß dem Modell der Gegenwart konstruierten. Leonardo da Vinci orientierte sich bei seinen Fluggeräten an der Anatomie des Vogels. Jules Vernes Transportmittel auf den Mond war eine Kanonenkugel. Marsmenschen und andere Außerirdische werden als menschenähnliche Wesen dargestellt. Und die ersten Autos waren Pferdewagen ohne Pferde.

Diese Art der Strukturfortschreibung bietet ein Beispiel für die geringe menschliche Fähigkeit, sich eine Zukunft mit strukturellen „Brüchen“ vorzustellen. Mit Goudsblom können wir sagen: „Die Gesellschaft kontrolliert nicht nur unseren Bewegungsraum, sie formt auch unsere Identität, unser Denken, unser Gefühl. Ihre Strukturen werden zu Strukturen unseres Bewusstseins.“ (Goudsblom, 1979, S. 129) Fazit: Unser Denken ist gegenwartsbezogen.

4. Futurologie ohne future

Das im Kapitel *Zukunftsforschung ohne Zukunft* beschriebene Prognoseelend der Zukunftsforschung trug dazu bei, dass sie bald ihren Glanz verlor. Es bleibt der historischen Analyse überlassen, das abnehmende Interesse an der Futurologie genau zu klären. Drei Hypothesen wären dabei zu prüfen:

- Es fehlte an wirtschaftlich und politisch relevanten Erkenntnissen und Angeboten. Die philosophisch und politologisch ausgerichtete Futurologie verblieb im akademischen Niemandsland. Futurologen schrieben über die Futurologie, aber nicht über konkrete Zukünfte.
- Mit dem Ende der Studentenbewegung (nach 1968) und einige Jahre später der Friedensbewegung (etwa 1977–1985) fehlte der sozialkritisch-humanistischen Futurologie die soziale Basis.
- Die futurologische Ausbeute war selbst bei den technokratisch ausgerichteten Futurologen zu gering. Es war der Futurologie nicht möglich, deren Erkenntnisse in eine Art Zukunftsgesamtschau zu integrieren. Man erkannte, dass die mittel- bis langfristige Zukunft nicht vorhersehbar ist. Darum kehrte die Zukunftsprognose wieder zurück zu den Einzelwissenschaften.

Fragen der Zukunft werden heute aus der einzelwissenschaftlichen Perspektive von Ökonomen, Naturwissenschaftlern, insbesondere Klimaforschern, beantwortet. Das impliziert aber keine Einigkeit. Der futurologische Gegensatz von positiver und negativer Zukunftssicht besteht fort.

Die Konkurrenz der Trendforschung

In die von der Futurologie hinterlassene Lücke schlüpfte die Trendforschung. Die Vorlage lieferten die US-Amerikaner John Naisbitt und Faith Popcorn. In Deutschland wurde sie von Gerd Gerken, Matthias Horx und Peter Wippermann übernommen.

Zukunftswissenschaft ist nicht Trendforschung

Trendforschung ist aber nicht Zukunftsforschung. Sie dient anderen Zwecken. Im Gegensatz zur europäischen Futurologie, die, sozial oder technisch intendiert, nach alternativen oder gar positiven Zukünften fragt, interessiert sich die auftragsbezogene Trendforschung für Trends und Moden, die für die Werbung und das Marketing relevant sein könnten.

Trendforschung ist einflussreicher als Zukunftswissenschaft

Es liegt auf der Hand, dass in unserer Gesellschaft, in der die Warenproduktion der wirtschaftliche Daseinszweck ist und sich selbst TV-Programme den Erfordernissen der Werbewirtschaft unterordnen, das, was den Absatz von Waren fördert, einen größeren Stellenwert hat als das kritische Nachdenken über die Zukunft. Das erklärt, warum die Trendforschung hierzulande einflussreicher als die Zukunftsforschung werden konnte.

D

Ist die Trendforschung noch im Trend?

Die klassische Zukunftsforschung war lange der Meinung, dass sich die weitere Entwicklung der Wachstumsgesellschaft linear vollziehe. Sie musste sich aber von der Komplexitäts- und Chaostheorie spätestens ab den 1990er-Jahren eines Besseren belehren lassen. Es mehrten sich die Zweifel an der Aussagekraft von Langfristprognosen. Das war die Stunde einer neuen Disziplin, die keine Zukunftsprognosen, sondern eher soziokulturelle Gegenwartsdiagnosen anbot. Die Trendforschung verdrängte die Zukunftsforschung von der Future-Bühne.

Das Aufkommen der Trendforschung

An dieser Entwicklung war die traditionelle Betriebswirtschaftslehre nicht ganz unbeteiligt. Nach einer recht intensiven Diskussion um die Bedeutung der sogenannten „schwachen Signale" im Rahmen des strategischen Managements wurde es nach 1975 ruhig um die Themen Umfeldanalyse und Frühaufklärung. In diese Lücke stieß die Trendforschung. Sie bot den verunsicherten Akteuren in der Wirtschaft Prognosen für die digitalisierte und globalisierte Ökonomie.

1. Die thematische Heimstatt und der Gegenstand der Trendforschung

Der Begriff *Trendforschung* ist schillernd und unscharf. Das liegt unter anderem daran, dass sich jeder Möchtegernprophet Trendforscher nennen und Beliebiges als Trend propagiert werden kann.

Wir haben in der Trendforschung – wie bei Tchibo – jede Woche eine neue Welt.
MARTIN OETTING

Trendforschung als Konsumforschung

Wer genau hinsieht, erblickt die Trendforschung eingezwängt zwischen der Marktforschung einerseits und der Zukunftsforschung andererseits. Die Trendforscher bewegen sich überwiegend im klassischen Consulting-Milieu und die Zukunftsforscher eher in außeruniversitären Forschungsinstituten. Die Zielgruppen der Trendforschung sitzen in Werbeagenturen, Marktforschungsinstituten und Designabteilungen von Lifestyle-Produzenten. Hier interessiert man sich nicht primär für die gesellschaftliche Entwicklung, Technik, Wissenschaft und Wirtschaft, sondern eher für konsumrelevante Faktoren wie Mode, Werte, Freizeit und Lebensstil. Man spricht auch von ephemeren Faktoren. Die Marktforscher beispielsweise bieten auch Trendforschung an, ebenso wie Trendforscher ihre Leistung als Marktforschung anbieten. Doch die Trendforschung versteht sich nicht als Alternative zur Marktforschung. Im Gegensatz dazu sitzt die Zielgruppe der Zukunftsforschung in Verbänden,

Ministerien und Parlamenten. Zukunftsforscher grenzen sich sehr wohl von Trendforschern ab: Während sich die Futurologen als Politikberater sehen, charakterisieren sie die „Trendologen" abschätzig eher als bessere Verkaufsberater.

Dankenswerterweise haben alle Trendforscher diverse publizistische Duftmarken gesetzt und so Einblicke in ihr Selbstverständnis und in ihre Arbeitsweise gegeben. In der Trendforschung gibt es keine einheitliche Meinung über den Charakter von Trends und deren Auswirkungen. Entsprechend unterschiedlich fallen die Definitionen ihrer Arbeit aus.

Gegenwartsdiagnose oder Zukunftsprognose?

Deutschlands „Chef-Trendologe", Matthias Horx, beschreibt sein Metier als die Lehre von den Veränderungen unserer Kultur. Für ihn ist Trendforschung die „Ethnologie der Gegenwart". Sie interessiere sich zwar für die Zukunft, aber ihre Neugier sei auf die Gegenwart gerichtet (Horx, 1993). Gegenwartsdiagnose statt Zukunftsprognose. In der Gegenwart entscheidet sich, welche Strömungen bedeutend sind und welche nicht. Horx fokussiert hierbei auf die Lebensverhältnisse, auf die soziokulturelle Oberfläche und weniger auf psychologische Tiefenphänomene wie Werte, Motive und Einstellungen. Darin liegt ihre Praktikabilität für trendhungrige Produktmanager, die den Konsumenten mit trendkonformen Angeboten beglücken möchten.

Die Charakterisierung als gegenwartsdiagnostische Ethnologie steht jedoch im Widerspruch zu vielen Veröffentlichungen von Horx – und auch Naisbitt, die zumindest vom Titel her ein gewaltiges Stück Zukunftsprognose verheißen: *Wie wir leben werden: Die Zukunft beginnt jetzt* (Horx) oder *Mindset – Wie wir die Zukunft entschlüsseln* (Naisbitt). Aus den Texten selbst wird nicht erkennbar, dass sich die Autoren noch in der Gegenwart bewegen. Die kennt der Leser. Außerdem bewegt sich Horx weg von der soziokulturellen Sphäre hin zu einer sozio-totalen Betrachtung.

2. Born in the USA …

Die Trendforschung begann in den USA, als Alvin Toffler mit seinem 1970 erschienenen Buch *Future Shock* der US-amerikanischen Wirtschaft einen Schock aufsetzte. Dieses Buch schrieb er als methodische Antithese zum mathematischen Ansatz von Herman Kahn, dessen Zukunftsbilder ja aus kruden Berechnungen bestanden. Im Gegensatz dazu bevorzugte Toffler einen anekdotisch-feuilletonistischen Stil, basierend auf vielen Einzelbeobachtungen. Seine Beispiele bezeichnet er als „arbiträr" (lat. arbitrarius = willkürlich, nach Belieben, freies Ermessen) und „Zukunftsmarkierungen".

Tofflers publizistischer Erfolg begründete eine „Trendresearch-Nebenlinie", deren bedeutendster Vertreter John Naisbitt wurde. Mit seinem Buch *Megatrends* eroberte er sich eine Hauptrolle auf der Trendbühne und diente fortan als Idol für seine deutschen Nachahmer.

2.1 Der Megatrendsetter Naisbitt

Im Buch *Megatrends der Arbeitswelt* prognostizieren Naisbitt und Patricia Aburdene zehn entscheidende Entwicklungen (Naisbitt, Aburdene, 1986). Angesichts dessen, was seitdem jedoch tatsächlich passiert ist, sind Zweifel an seinen Trends angebracht. Andere wiederum eignen sich nach wie vor für eine Schlagzeile:

Megatrends der Arbeitswelt (Naisbitt, Aburdene, 1986)	**Megatrends 2000 (Naisbitt, Aburdene, 1991)**
Industriegesellschaft wandelt sich zur Informationsgesellschaft	Blühende Weltwirtschaft in den 1990er-Jahren
Technologisches Wachstum führt zu einem erhöhten Kontaktbedürfnis der Menschen	Renaissance der schönen Künste
Nationalökonomie geht in der Weltwirtschaft auf	Vormarsch des marktwirtschaftlichen Sozialismus
Kurzfristigkeit wird durch Langfristigkeit ersetzt	Internationaler Lebensstil und Rückbesinnung auf nationale Traditionen
Zentralisation wird durch Dezentralisation ersetzt	Ende des Wohlfahrtsstaates
Institutionalisierte Amtshilfe verschwindet zugunsten der Selbsthilfe	Die Zukunft gehört dem pazifischen Raum
Wandlung der repräsentativen Demokratie hin zur partizipatorischen	Frauen erobern die Führungsetagen
Umwandlung der Hierarchien zu Netzwerken	Zeitalter der Biologie
Verlagerung der Bedeutung des Nordens (der USA) in den Süden	Wiederaufleben der Religionen
Abschied des Entweder-oders hin zu multiplen Optionen	Triumph des Individuums

Was von den Trends übrig blieb

Hinterher ist man immer schlauer. Was wurde aus der repräsentativen Demokratie? Hat Kultur den Sport in der Publikumsgunst geschlagen? Eroberten die Frauen die Führungsetagen? Wer oder was hat sich in den USA vom Norden in den Süden verlagert? Woran erkannte Naisbitt das verstärkte Kontaktbedürfnis? Warum blieb der Megatrend der 1990er-Jahre, der Untergang des sozialistischen Weltsystems, bei ihm im Dunkeln?

Naisbitt und Aburdene (1991) schrieben, dass das Humankapital in der Informationsgesellschaft die strategische Rolle der Produktionsfaktoren übernehme und das Finanzkapital auf Platz 2 der Rangliste verdränge. Das sagten sie, bevor Alfred Rappaport den Shareholder Value erfand, und noch vor dem Entstehen erster Hedgefonds, vor der Merger- und Aquisitions-Welle und vor der Finanz- und Wirtschaftskrise

2008/09, für deren Kosten die in der Fabrik oder hinter der Ladentheke stehenden „Humankapitalisten" mit Entlassungen und Kurzarbeit aufkommen mussten.

Fehlprognose Vollbeschäftigung

„Frohe Botschaft" hatten Naisbitt und Aburdene für die Arbeit suchenden Menschen: „Wir gehen in das Zeitalter phänomenaler Vollbeschäftigung." Aber können wir in Deutschland in Anbetracht von ca. drei Millionen Arbeitslosen (Stand November 2010) von einem Verkäufer-Arbeitsmarkt sprechen? Millionen Geringverdiener halten sich mit Zweitjobs über Wasser. Wo ist der Megatrend Vollbeschäftigung? Sind wir nicht eher Zeugen des Megatrends Arbeitslosigkeit?

Fehlprognose Mitarbeiter = Mitunternehmer

Der Politologe Naisbitt und seine Koautorin Aburdene meinten, eine tief greifende Wandlung des Unternehmerbegriffes zu erkennen. Aus Mitarbeitern würden Miteigentümer. Diese Prognose mag zwar für Unternehmen wie Google zutreffen, aber in Deutschland wird man auch im Jahre 2012 noch über die Mitarbeiterbeteiligung am Produktivvermögen diskutieren. Ein Riester-Vertrag macht aus einem Sparer noch keinen Miteigentümer. Die Globalisierung wirkt ihrer Analyse entgegen. Chinesische, indische oder brasilianische Arbeitsverhältnisse zwingen zum Überdenken aller Kosten, die aus der betrieblichen Sozialpolitik resultieren.

Unternehmenskulturen wandeln sich, meinen Naisbitt und Aburdene. Das mag zwar für den Typ des wissensbasierten Unternehmens zutreffen, aber die videoüberwachten Verkäuferinnen bei Schlecker und Lidl und die abgehörten und gescannten Mitarbeiter bei der Bundesbahn und der Telekom berichten das Gegenteil.

Die Verdichtung des Selbstverständlichen

Für den Soziologen Holger Rust sind Naisbitts Megatrends nichts anderes als eine Verdichtung des Selbstverständlichen, des Offensichtlichen oder einer Reihe wissenschaftlich längst erkannter Entwicklungen (Rust, 2009).

2.2 Popcorn für Zukunftshungrige

An Naisbitts Fersen heftete sich Faith Plotkin, die sich den Künstlernamen Faith Popcorn gab. Das sollte ihren Trendstudien, den *Popcorn-Reports*, wohl einen angenehm-süßlichen Jahrmarktsgeschmack verleihen.

Popcorns Trendprognosen 1990–2000

Popcorns Gesellschaftstrends für den Zeitraum von 1990 bis 2000 könnten auch einem Protokoll eines Meetings sogenannter Marketingexperten entstammen (vgl. Popcorn, 1992):

- **Leben im Kokon:** Rückzug in seine eigenen vier Wände und die damit verbundene Sicherheit
- **Fantasy-Abenteuer:** der zeitweilige Ausbruch aus der eigenen sicheren Welt in fremde, exotische, luxuriöse oder gefährliche Erfahrungen mit der Gewissheit der Rückkehr zum Abendessen
- **Kleine Genüsse:** das Sich-verwöhnen-Wollen nach dem Motto „Ich habe ein Recht darauf"; das Ego wird aufgepäppelt, ohne sich über die Kosten sorgen zu müssen
- **Egonomics (Ichbezogene Wirtschaft):** persönliche Ansprache des Kunden; Nischenmarketing bezogen auf sehr kleine Zielgruppen; Customizing (PC, Möbel, Auto ect. nach Kundenwunsch montiert oder beispielsweise Maßanzüge)
- **Aussteigen:** statt Revolte Rückzug in die eigene Privatheit; Landleben; Wiederentdeckung der Volkstümlichkeit; alternatives Arbeiten und Leben
- **Länger jung bleiben:** Anti-Aging; Korrektur der Altersvorstellung (40 ist heute wie früher 30 usw.); nochmals Kind sein wollen
- **Möglichst lange leben:** Pharmalebensmittel; gesunde Ernährung; gesunde Alkoholika; Pharmakosmetika; alternative Medizin

- **Wehrhafte Verbraucher:** Verbraucher wehren sich gegen verseuchte oder chemisch angereicherte Lebensmittel und gehen in den Kaufboykott
- **S.O.S. – Rettet unsere Wirtschaft:** „Das Bewusstsein für die Notwendigkeit, unsere Gesellschaft zu retten, war noch nie so stark wie heute …
- **99 Leben auf einmal:** multitaskingbasierte Lebensweise mit vielen gleichzeitigen Rollen (zwei Jobs, Vater/Mutter, Kollege) und Aufgaben (Selbstverwirklichung, jung bleiben, Freunde gewinnen, reich werden u. Ä.)

Ihr größter Coup war die Kreation der Begriffe *Cocooning* und *Clanning*. Hier wurden schon lange vorliegende Erkenntnisse aus den Sozialwissenschaften zur Wohnweise differenter Sozialschichten und zum Schutz gegen Eigentumskriminalität mit wohlklingenden und zugleich erklärungsbedürftigen Begriffsschöpfungen etikettiert.

Clanning und Cocooning

„Clanning" bezeichnet, ausgehend vom Begriff *Clan*, das (zunehmende?) Bedürfnis von Menschen, sich in Gruppen Gleichgesinnter zusammenzuschließen. Ähnlich ist es beim „Cocooning". Menschen, insbesondere wenn sie älter werden, haben das Bedürfnis, sich vor unerfreulichen, gefährlichen Ereignissen in fremden Gegenden oder nachts zu schützen. Statt auszugehen, bleibt man lieber zu Hause, guckt auf einen Bildschirm und lässt sich die Pizza liefern. Der Homeservice erledigt die Einkäufe und Dienstleistungen, die man bisher draußen nachfragte. Die eigene Haustür ist die entscheidende Schnittstelle zur Außenwelt. Indoor statt outdoor.

Wer so im Kokon lebt, gibt mehr Geld für die Unterhaltungselektronik, bequeme Sessel, stilvolle Möbel oder den Garten aus. Das war die für die Werbung und Industrie wichtige Botschaft.

Das Bedürfnis nach Sicherheit hatte auch schon der US-amerikanische Psychologe Abraham Maslow mit seiner Theorie der motivationsauslösenden Bedürfnisse beschrieben. Wenn ein Bedürfnis gestillt ist, so sei es charakteristisch für die Menschen, dass sie etwas Neues begehren (vgl. Maslow, 1984).

Für den Fall, dass sich der Trend nicht bewahrheitet, hat Popcorn noch einen Untertrend entdeckt, das *Mobile Cocooning*. Wer beispielsweise das Bedürfnis nach einer Kneipengesellschaft hat, bevorzugt seine Stammkneipe. So gesehen sind viele Kneipengänger „Mobile Cocooner".

Gated Community

Der Mensch ist selbst in seinem Kokon nicht mehr sicher. Darum folgt er seinem Trieb zur Herde und Meute, um sich vor Gefahren und Verbrechen zu schützen. Maslow erkannte schon in den 1950er-Jahren diese Kombination von Sicherheits- und Gemeinschaftsbedürfnis. Mit dem nötigen Kleingeld kann man sich heute in eine „Gated Community" einkaufen, um sich vor Berührungen mit höheren und niederen sozialen Schichten zu schützen.

Verbalakrobatik mit Neologismen

Popcorn gehört zu den eifrigsten Produzenten sprachlicher Neuschöpfungen, sogenannter Neologismen. Hier eine Kostprobe ihrer Verbalakrobatik: AltarEgo (neue Religiosität), EVAolution (die neue Macht des Weiblichen), Mancipation (Emanzipation von Männern), Anchoring (die spirituelle Wende zum Jahrtausendwechsel), Restoration (Schlafbars), Belly Babies (natürlich gezeugte Kinder im Gegensatz zu nicht natürlich gezeugten Kindern, die einen niedrigen gesellschaftlichen Status haben werden), Fantasy (das Bedürfnis nach Abenteuern im Alltag). Alle Begriffe sind natürlich mit einem Trademark-Zeichen geschützt!

Clicking

Ihre bedeutendste Wortschöpfung war „Clicking". Mit dem richtigen Klick habe jeder die Chance, das US-amerikanische

Märchen, erst mal Tellerwäscher zu sein, um dann als Millionär zu enden, neu zu inszenieren, denn die Welt sei voll von noch unbekannten Berufen und Dienstleistungen, Bedürfnissen und den Möglichkeiten, diese neuen Bedürfnisse gegen Entgelt zu stillen.

3. Trendforschung Made in Germany

Das von Toffler, Naisbitt und Popcorn geschaffene Geschäftsmodell besteht aus diesen Kernelementen (Rust, 2006):

- Einzelfälle, die durch weitere Einzelbeispiele für gültig erklärt werden
- Neologismen, mit denen der Anschein sensationeller Neuigkeiten erweckt werden soll
- Offensive Selbstvermarktung basierend auf aktiver Schreibarbeit

Dieses Modell ist überall leicht anwendbar. Also machte es sich auf den Weg und kam von New York über London hierher.

Die Trendforschung als Supervision der Supervisionäre

Gerken, Wippermann und Horx importierten die Trendforschung nach Deutschland. Sie handelten werbetechnisch völlig richtig, zunächst mit einem Rundumschlag gegen die Sozialwissenschaft zu beginnen, indem sie die Trendforschung zur Metainstanz der Bewertung sozialer Wandlungsprozesse erklärten: „Trendforschung ist nicht zuletzt die Supervision der Supervisionäre. Profan ausgedrückt: Wir analysieren diejenigen, die Analysen machen. Wir recherchieren diejenigen, die recherchieren. Wir bilden Meinung aus Meinungen.“ (Horx, Wippermann, 1996, S. 89) Dieses Verbalgeläut verschaffte ihnen Aufmerksamkeit. So machte Gerd Gerken aus sich eine Eigenmarke, jedoch eine solche, die eher zum Schaden der neuen Trendbranche geriet.

Mit dem Glockengeläut gegen die etablierte Sozialwissenschaft wurde die Gegnerschaft aus diesem Lager begründet. Insbesondere Holger Rust trat gegen diese Trendforschung auf und verschaffte ihr mit seiner beißenden Kritik in vielen Artikeln und Büchern wissenschaftliche Beachtung.

3.1 Ein Hurraoptimist namens Gerken

Von 1990 an verblüffte Gerken die Deutschen mit Zukunftsoptimismus. Er sah eine Chanceninflation auf die deutsche Gesellschaft zukommen. Jedoch für 2015 verkündete er die Rückkehr ins Paradies. Die Deutschen würden nur noch 25 Stunden die Woche arbeiten und in einer harmonischen Freizeitgesellschaft leben. Alle Aggressionen würden im Cyberspace ausgetragen werden. Machtkämpfe und Revolten gehörten der Vergangenheit an.

Gerken redet viel und sagt wenig

Als „Mind-Agent", „Space-Praktiker" und Begründer der „transversalen Vernunft" sowie Experte für „Management-Oszillationen" – und das ist nur eine kleine Auswahl seiner Berufsausübungsbezeichnungen – profilierte er sich zum Meister der nichtssagenden Mehrdeutigkeit und Unverständlichkeit. Nur wenige Menschen verfügen über diese Gabe, Ideen in Wortblitze zu verpacken, die wie Silvesterraketen hell erstrahlen, aber ebenso schnell erlöschen. Wie lautet doch ein sehr treffendes Sprichwort? „Consultants talk funny and make money." Wenn Nostradamus oder der Baron von Münchhausen heute noch lebten, würden sie es schwer haben, mit Gerd Gerken mitzuhalten. Gerken ist Deutschlands bedeutendster „Fantasologe".

Inzwischen ist es ruhig um den Hurrazukunftsoptimisten geworden. Als Vollesoteriker verkauft er neuerdings Produkte der Alchemie samt einer zugehörigen „Vielosophie". Man komme zukünftig ohne Medizin und Arznei in der Prävention aus mithilfe der „Lehre von der Verbesserung des Lebens durch die Nutzung desjenigen Geistes, der das Werden verursacht", und so weiter und so fort.

3.2 Matthias Horx: Das feuilletonistische Pendant zu Gerken

Zur Zunft der deutschsprachigen Trendforschung gehören einige Dutzend „Weitblicker", darunter publizistisch schillernde Trendfantasten wie der „Trendkomödiant" Gerken. Zwar wird die Trendforschung in Deutschland zumeist mit dem Namen Matthias Horx verbunden, aber es wäre ungerecht, ihn in einen Topf mit Gerken und anderen dubiosen Trendpredigern zu werfen. Gerken witzelt, und Horx bekommt die Prügel. Man sollte die Kritik an der Trendforschung nicht auf Horx reduzieren. Horx ist ein anderes Kaliber als das bunte und wenig fundierte Allerlei von Trendverkündern aus Marketing und Verkauf, die sich um einen Platz an der medialen Sonne abmühen. Horx benötigte ein Jahrzehnt für sein personal-branding. Da er viel publiziert, referiert und sich präsentiert, wird er kommentiert und kritisiert, von Konkurrenten oft auch kopiert. Als führender Kopf der deutschen Trendforschung, sozusagen als trendologischer Chefideologe, ist er die Zielscheibe der Rüffel und Klagen, der Kritik und Angriffe gegen diese Disziplin. Viel Feind, viel Ehr. Horx polarisiert. Er bekommt Zustimmung und erfährt Ablehnung. Pro und Kontra.

Er ist ein außerordentlich produktiver Buchautor und gefragter Kongressredner. Man muss kritisch fragen: Wann eigentlich forscht der Mann? Oder lässt er forschen? Jedenfalls hat er eines begriffen: Autor sein verleiht Autorität.

Seine Veröffentlichungen entstammen im Wesentlichen drei thematisch und zeitlich getrennten Perioden.

- Die erste Phase, bis etwa Mitte/Ende der 1980er-Jahre, umfasst Feuilletonartikel in verschiedenen Szene- und Lifestyle-Magazinen.
- Die zweite Phase von etwa 1985 bis etwa 1995 dient der Kritik an seinen bisherigen Weggenossen und beschreibt die von ihm festgestellten „linken Irrwege".
- Die dritte und aktuelle Phase umfasst das Thema Trends.

Horx als kreativer Wortkomponist

Man muss anerkennen, dass Horx ein feuilletonistischer Wortkomponist ist. Angelesenes, Viertel- und Halbwissen werden flott formuliert und mit kreativen Wortschöpfungen wie Ökolozismus und Revivalismus garniert. Man kann sich über diese Begriffsschöpfungen ärgern oder sie als wortexotische Textwürze betrachten, je nach Belieben und Geschmack. Die Trendbeschreibungen sind jedoch prägnant, flüssig formuliert und gut lesbar, aber eigentlich ein „analytisches Delirium", wie der österreichische Journalist Stefan Brocza meint.

Ein horxsches Beispiel

Als interessierter Leser mögen Sie sich selbst davon überzeugen, welchen Wert Sie den horxschen Trendprognosen beimessen. Nachstehend sind ein paar Beispiele aus den 1990er-Jahren dargestellt. Da man sie als „Haupttrends" auswies, kann man von einem zehnjährigen Gültigkeits- bzw. Wirkungszeitraum ausgehen. Sie können diese Szenarien ja mal mit Ihren Erinnerungen an die „gute alte Zeit" abgleichen (vgl. Horx, 1993).

Trend	Definition	Indikatoren
Ökolozismus	Eine Wortkombination aus Ökologie und Katholizismus. „Ökolozismus bedeutet ein Handlungssystem, das uns ... ein ‚Set' aus Ritualen bietet, von denen wir im Grunde ganz genau wissen, dass sie unnütz sind, die wir aber dennoch freudig zelebrieren, um uns von der ‚ökologischen' Schuld reinzuwaschen."	Man ist zwar ökogläubig, beteiligt sich an den öko-religiösen Ritualen (getrenntes Abfallsammeln), aber ist im Denken und Handeln doch ein Zweifler und „Sünder".
Postemanzipation	„Die vielbesungene Emanzipation ist eigentlich schon seit Jahren kein wirkliches Thema mehr ... Frauen sind emanzipationsmüde."	Rückbesinnung auf Familie und Partnerschaft; Erziehung ist wieder „in"; Renaissance tradierter Rollenmuster; Familienmanagement statt Hausfrau; Selbstwertkrise unter Männern; zunehmendes Anlehnungsbedürfnis der Männer; Andersartigkeit von Mann und Frau sowie die Rollendifferenz von Vater und Mutter werden wieder akzeptiert.
Rückkehr der Spießer	„Neue Spießigkeit drückt sich nicht in einer Wiederkehr der Konventionen und Autoritäten aus, sondern eher in einer allumfassenden Halt- und Wertelosigkeit, gepaart mit marodierendem, narzisstischem Wunschdenken."	Reprovinzialisierung; unpolitische Ohne-Michel-Studenten; ordentliche Kleidung; Boom der Volksmusik; Wolfgangsee-Serien im Fernsehen; opportunistischer Optimismus (ich werde es schon irgendwie schaffen)
Voyeurismus	„Die Sensationen, die das Leben schreibt, werden immer weniger am eigenen Leib erlebt ... Voyeurismus bedeutet Erfahrung aus zweiter Hand. Voyeurismus heißt: Distanz zum Lustobjekt, das daraufhin nur umso begehrenswerter wird."	Pornografisierung, Darstellung nackter Männer, voyeuristische Nachbarschaft im Fernsehen; Lindenstraße und Unfallvoyeurismus bei Autobahnunfällen; voyeuristischer Neid gegenüber den Reichen und Schönen
Fin de siècle	„Eine Stimmung der Resignation hat sich ausgebreitet. Ganz eindeutig wächst die Zahl derer, die die Menschheit oder den Planeten auf dem Weg in den Abgrund sehen, wächst das Gefühl der Vergeblichkeit beim Engagement für die Umwelt, für den Frieden, für soziale Verhältnisse, für mehr Menschlichkeit."	Renaissance des Wunderglaubens (Astrologie, Wunderheiler, Uri Geller etc.); Schwarz als Trendfarbe; Bedürfnis nach riskanten Gefahren (Bungee-Jumping, Fallschirmspringen u. Ä.); Hang zum Ornament und Schnörkel; Adel und Elite als wichtige Themen; Intellektuelle als Untergangsverkünder
Urdeutscher Katzenjammer	„Unter Katzenjammer verstehen wir ... jenen unentwirrbaren Wust aus Klage, Zukunftsangst und Pessimismus, aus Hysterie und Übersteigerung, Depression und Angst, der hierzulande jeden Diskurs bestimmt."	Betonung kultureller Ewigkeitswerte; Überhang des Schwärmerisch-Utopischen (Weltmodelle, Utopien u. Ä.); Vergangenheitsorientierung und Zukunftsverweigerung; kollektiver Glaube an den Staat; Realitätsschock

Trends oder Belanglosigkeiten

Es stellt sich nun die Frage, ob das wirklich die grundlegenden Kulturtrends der 1990er-Jahre waren, die sich dann zur Jahrtausendwende hin voll entfalteten. Oder waren es nur Beobachtungen von Erscheinungen oder Belanglosigkeiten ohne Trendcharakter? Zu dieser Frage mehr unter der Überschrift *Zur Kritik an der Trendforschung* (Kapitel D 6).

Bei Horx fällt auf, dass er um die Ökonomie und die Technik, die elementaren gesellschaftlichen Triebkräfte, einen weiten Bogen macht. Er verbleibt in der ethnologischen Marktnische, in der sich – von der Marktforschung abgesehen – nur wenige Mitbewerber tummeln.

Horx – Münchhausen unserer Zeit?

Der Schreibfleiß der Anti-Horxisten bezeugt, wie sehr sie den Trendessayisten ernst nehmen. Sie begegnen ihm auf wissenschaftlicher Augenhöhe. Das wird Horx amüsieren. Er allein weiß, welche Rolle er spielt, nämlich die des Herrn Horx von Münchhausen. Dieser Baron aus Bodenwerder war ein mutiger Offizier, kreativer Geschichtenerzähler und guter Literat. Er versetzte die Menschen in Erstaunen. Man hörte ihm gern zu. Nicht anders ergeht es Herrn Horx. Er ist kein Lügenbaron. Bei ihm wird rudimentär Vorhandenes sprachlich einfach neu aufbereitet. Inwieweit seine Prognosen Ergebnis seiner beschriebenen wissenschaftlichen Forschungsmethoden sind, bleibt sein Geheimnis.

Lieber ein erstklassiger Horx!

Dennoch, Matthias Horx gebührt Respekt, wie gekonnt er seine Rolle als „Metawissenschaftler“ spielt. Er hätte das Zeug zum Lehrstuhlinhaber. Darauf sitzen viele zweitklassige Rollenspieler, die sich Professoren nennen. Lieber ein erstklassiger Horx als ein drittklassiger Lehrbeamter!

Wer genau hinsieht, erkennt in Horx einen Wissenschaftskabarettisten. Ein Satz wie: „Im Hintergrund unserer prognostischen Aussagen steht die Arbeit an einer neuen ‚Metatheorie des Wandels‘“, persifliert die Auguren der Sozialwissenschaft. Wer ist der Metatheoretiker: Horx, Gerken oder Popcorn? Wann endlich kommt die neue Metatheorie?

Wer seinen Bericht *Wissenschaft des Wandels* richtig liest, erkennt den wohl nicht ganz ernst gemeinten Anspruch, der jetzt wirklich letzte große Wissenschaftsuniversalist zu sein, obwohl Gottfried Wilhelm Leibniz (1646–1716) es schon im 17. Jahrhundert war. Der Laie ist beeindruckt, doch der Fachmann mit Sinn für Humor schmunzelt über diese Art des „Herumhorxens". Da die neue Wissenschaft narrativ sein soll, können wir uns auf unterhaltsame Geschichten freuen.

Horx' Kritiker als seine Werbeagentur

Kritiker müssen wissen, dass sie Horx auf dankenswerte Art und Weise unterstützen, denn jeder Kontraartikel steigert seinen Markt- bzw. Honorarwert. Sie übernehmen gratis die Leistung einer Werbeagentur, ohne dass sie sich dessen oftmals bewusst sind. Für Horx ist dabei nicht wichtig, was geschrieben wird, sondern dass berichtet wird.

Aber die Kritiker sollten außer auf Horx auch einen Blick auf jene Marketingprofessoren werfen, die von ihren (budgetierten) Lehrstühlen aus der Trendforschung nachgehen. Diesen bleibt die Kollegenschelte erspart. Warum? Weil sie mit einem Bein in der Alma Mater stehen? Weil eine Krähe der anderen kein Auge auspickt?

4. Meta- und Megatrends, Konsumtrends und Moden

Unter einem Trend versteht man die abschätzbare Grundentwicklung einer Zeitreihe bzw. eine allgemeine Bewegungsrichtung, die den Einzelmenschen bzw. Teile des öffentlichen Lebens oder die gesamte Öffentlichkeit längerfristig nachhaltig berühren. Die gesellschaftlichen Parameter verschieben sich, die Alltagskultur passt sich den veränderten Gegebenheiten an. „Trends erzählen etwas von der neuen, komplexen Dynamik unserer gesellschaftlichen Welt", schreiben Horx und Wippermann (Horx, Wippermann, 1995, S. 7). Anders formuliert: Trends sind statistisch beobachtbare und erfassbare Grundtendenzen oder Grundrichtungen, die Entwicklungen anzeigen. Dieser Prozess geht oft mit einer Trendwende einher. Im gängigen Sprachgebrauch ist ein Trend das, was gerade „in" ist. Das, was „in" ist, signalisiert ein neues Bedürfnis.

Der Trendverlauf als S-Kurve

Jeder Trend unterliegt Entwicklungsstufen, die man als Kindheit, Wachstum, Reife und Sättigung bezeichnen kann. Diese Entwicklung verläuft in Form einer S-Kurve, zunächst langsam, dann stark ansteigend, um nach dem Zenit wieder abzufallen. Neue Trends kommen und ehemalige verabschieden sich wieder. Das Problem liegt darin, zu bestimmen, an welchem Punkt der S-Kurve sich ein Wert gerade befindet, ob noch auf dem Wege nach oben oder schon auf dem Höhepunkt.

4.1 Grundmuster von Trends und Trendarten

Trendursachen lassen sich, so ein Denkansatz in der modeorientierten Marktforschung, auf diese Grundmuster reduzieren:

- Das Manipulationsmodell, bei dem eine einflussreiche Instanz, ein Designer, Hersteller oder Schauspieler, einen Trend diktiert, so wie beim Walkman oder dem Nordic Walking
- Das Pendelmodell, bei dem eine Mode unberührt von übergeordneten soziokulturellen Faktoren von einem Extrem zum anderen pendelt, also von runden Brillen zu eckig-schmalen und wieder zurück
- Das soziale Modell, bei dem bestimmte Sozialgruppen wie Sportler, Schauspieler oder Sänger ein neues Verhalten auslösen, dem andere folgen

Trends ziehen von Westen gen Osten

Außerhalb der Mode existiert noch ein Denkansatz, den man mit zeitverzögerter Entwicklung umschreiben könnte. Demnach haben Entwicklungen in den Industriegesellschaften unterschiedliche Inkubationszeiten. Die USA sind die Keimzelle von Trends. Mit einer Verzögerung von einigen Jahren erreicht der Trend London und zieht weiter Richtung Osten.

Auch innerhalb von Gesellschaften gibt es diese Zeitverzögerung. Der neue Trend wird oft von den Yuppies übernommen, geht weiter an die Mittelklasse, um irgendwann Massenware zu werden.

Die Trendhierarchie

Je nach Trendtiefe, -breite und -wirkung wurden die Begriffe *Metatrend*, *Megatrend*, *Trend*, *Modetrend* und ähnliche Begriffsvarianten in diese Diskussion eingebracht. Man kann sich die Abstufung von Trends als Pyramide vorstellen, was dann das folgende Bild ergibt. Die Pyramidenform bringt zum Ausdruck, dass die einzelnen Ebenen aufeinander aufbauen und abgeleitet werden können.

Trendpyramide

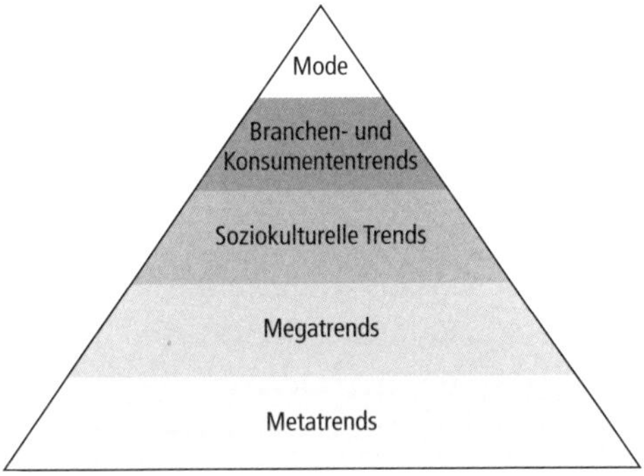

(Quelle: eigene Darstellung)

Metatrends

Unter *Metatrends* versteht man tief greifende Trends mit Ewigkeitscharakter, die zu gesellschaftlichen und wirtschaftlichen Umwälzungen führen. Als Über-Übertrends beschreiben sie ein grundsätzliches Klima, in das sich alles andere integriert, unterordnet und organisiert. Als Beispiele können gelten das römische Weltreich, die Verbreitung des Christentums, die Renaissance mitsamt Aufklärung, die Kolonialisierung der außereuropäischen Welt und der Aufstieg des Kapitalismus. Auch solche übergeordneten Sachverhalte wie Dezentralisierung, Komplexitätsverdichtung und Geschwindigkeitszunahme kann man dazuzählen. Da über die Zuordnung kein wissenschaftlicher Konsens besteht, herrscht die Beliebigkeit der Sichtweisen. So könnte man die Globalisierung sowohl den Metatrends als auch den Megatrends zuordnen. Viele Autoren ignorieren den Unterschied zwischen „meta" und „mega" und bedienen sich irgendeines Begriffes.

Megatrends

Megatrends, von manchen auch als Makro- oder Basistrends bezeichnet, wirken langfristig. Ihre Halbwertszeit liegt bei etwa 20 bis 25 Jahren (Kreibich, 2006b, S. 18). Im sozialwissenschaftlichen Kontext werden häufig auch 15 Jahre genannt. Ein Basistrend ist für die Zukunftsforschung gegeben, wenn diese drei Voraussetzungen erfüllt sind:

- Er ist fundamental in dem Sinne, dass er nachhaltige Veränderungen bewirkt.
- Er wirkt mittel- bis langfristig.
- Er hat starke globale Wirkungen und Folgen.

Der Wandelzyklus dauert mit Auf- und Abstieg gut ein halbes Jahrhundert. Megatrends sind in sämtlichen Bereichen des Lebens spürbar, sind tief greifend, interdisziplinär, global und wirken auf vielen Ebenen unserer Existenz: Familie, Konsum, Werte, Technologie, Lebensstil, Arbeitsweise.

Soziokulturelle Trends

Bei den soziokulturellen Trends handelt es sich um „mittelfristige Veränderungen, die von den Lebensgefühlen der Menschen im sozialen Wandel geprägt werden, sich aber auch stark in den Konsum- und Produktwelten bemerkbar machen. Die größeren von ihnen haben eine Halbwertszeit von 5–8 Jahren“, zum Beispiel das angebliche „deutsche Katzengejammer“, so Horx, oder die „Wellness-Welle“ (vgl. <www.zukunftsinstitut.de/presse_faq.php>). Es geht hier also nicht um die Zukunft Deutschlands, Europas, um ökologisches Sein oder Nichtsein, sondern um Geschmäcker, um Lifestyle und Design, Essen und Wohnen.

Konsumenten-, Branchentrends und Moden

Aus den Trends resultieren Konsumenten- und Branchentrends, gefolgt von Moden. Diese sind heute aktuell, morgen schon nicht mehr. Moden können zwar Indikatoren für Trends sein, aber ihnen fehlt der „tiefe“ Kern, der für Trends typisch ist. Sie zielen auf die variable Befriedigung eines immer gleichen Bedürfnisses, zum Beispiel sich kleiden. Im Wesentlichen befriedigen sie das Bedürfnis nach modischer Abwechslung, also lange Röcke, kurze Röcke oder runde Brillen, eckige Brillen, Cabriolets oder SUVs. Um für die Trendforschung relevant zu sein, fordert Horx eine Dauer von mindestens fünf Jahren, für Haupttrends zehn.

4.2 Manager, hört die Signale …

Trends kündigen sich mit schwachen Signalen an. Anfangs sind sie kaum zu bemerken, verstärken sich jedoch mit fortschreitender Entwicklung. Diese Signale können Teile eines neuen Trendpuzzles sein, das der Trendforscher nun erkennt und zusammenlegt.

Die Bedeutung von Trendsignalen

Solche *weak signals* finden sich vor allem bei Personengruppen, die sich im Spannungsfeld traditioneller Wertvorstellungen – erst die Arbeit, dann das Vergnügen – und neuer gesellschaftlicher Stilerwartungen bewegen, also einem hohen Flexibilitäts- und Mobilitätsdruck ausgesetzt sind. Typisch hierfür waren die Achtundsechziger, die Punks, Ökos und die Yuppies zum Beispiel. Deren Lebensstil repräsentieren neue Bedürfnisse und Stilrichtungen. Die davon ausgehenden Trendsignale werden von den Medien, Modepäpsten, Designern und Werbefachleuten in die Gesellschaft transportiert, hier von Trendforschern erspürt, beschrieben, betitelt und an marktnahe Interessenten weitergegeben. Diese nutzen dann die Trends, um sich Status zu verleihen.

Die Bedeutung von *magic words*

Das bisher Unsichtbare soll durch Begriffsbildung für alle bewusst und nutzbar gemacht werden. Die Schwierigkeit besteht jedoch darin, die sich in Ansätzen entwickelnden Gesellschaftsphänomene frühzeitig zu erkennen und mit – häufig ungewohnt klingenden – Worten auszustatten. „Der Trendforscher ist eine Art Wort-Magier, der für die Formeln sorgen muss, die die Welt wieder beschreib- und damit erfahrbar machen“, so Horx und Wippermann (Horx, Wippermann, 1996, S. 22).

Zur Wort-Magie gehört auch eine weiche und diffuse Sprache. Ein Begriff wie *digitaler Lifestyle* ermöglicht mehrere Interpretationsmöglichkeiten zu dieser oder zu jener Seite, so wie die Auslegung der Bibel oder die Interpretation von

Statistiken. In Worthülsen kann jeder sein eigenes Bild projizieren.

Trendforschung ist Marktforschung

Die Themen der Trendforschung führen zur Fokussierung auf marktnah arbeitende Zielgruppen wie Designer, Textilhersteller, Werbefachleute, Lifestyle-Produzenten und Marketingmanager. „Trendforschung arbeitet, das ist Fakt, nicht nur für die Medien, sondern auch für die Industrie", meint Horx (Horx, 1993, S. 21). Man beachte die sprachliche Kombination von „nicht nur, sondern auch". Trendforschung sei Marktforschung, schreibt Horx. Es geht also nicht um die Zukunft, nicht um den Menschen, sondern um den Konsumenten. Genau genommen geht es auch nicht um mögliche Zukünfte, sondern um „zukünftige Gegenwarten" (Opaschowski, 2008). Horx nennt denn auch seine Profession „Ethnologie der Gegenwart".

5. Die Quellen und die Methoden der Trendforschung

Quellen der Trendforschung

Der Trendforscher schöpft aus vielen Quellen, hauptsächlich Zeitungen und Zeitschriften. Alles, was sich eignet, die Trendforschung „in Form“ zu bringen, dient als Information. Da sie sich als „horizontale Sozialwissenschaft“ versteht, so jedenfalls Horx und Wippermann, nutzt sie Methoden aus der Meinungs- und Marktforschung, Systemtheorie, Anthropologie, Soziologie und Psychologie. Insbesondere setzt sie, so die Autoren, den Instrumentenkoffer der Soziologie und Psychologie ein (vgl. Horx, Wippermann, 1996, S. 69 ff.)

Weiche Forschungsmethoden für den unklaren Forschungsbereich

Die Arbeitsgebiete „Lebensweise“, „Konsum“, „Moden“ u. Ä. bedingen den Einsatz von sogenannten weichen Forschungsmethoden und intuitiven Analyseverfahren. Trendforscher begründen dies damit, dass sich die Bedürfnisse der Konsumenten nicht immer im klaren Bewusstseinsbereich befinden. Das könnte auch das Übergewicht nicht standardisierter Forschungsmethoden erklären. Die Soziologin Michaela Pfadenhauer schlussfolgert hintergründig und doppeldeutig formuliert: „Je mehr Standardisierung, desto weniger Trendforschung.“ (Pfadenhauer, 2004)

Die relevanten Instrumente und Methoden sind nachfolgend aufgeführt. Einige davon gehören zu den klassischen Methoden der Sozialforschung, andere sind „Spezialwerkzeuge“ der Trendforschung.

5.1 Die klassischen Wissenschaftsmethoden

Die Trendforschung bedient sich nach Eigenaussagen um eine Reihe klassischer Wissenschaftsmethoden, überwiegend der nachstehend beschriebenen. Diese werden einzeln oder kombiniert eingesetzt.

Gruppendiskussion und Tiefeninterviews (Psycho-Explorationen)

Mit ihnen will man herausfinden, welche Motive Menschen bewegen, welche Wahrnehmungen ihr Denk- und Fühlvermögen manipulieren und welche Werte ihrem Verhalten zugrunde liegen. Man will wissen, welche Assoziationen und Bilder bestimmte Begriffe auslösen, um die Erkenntnisse für die Werbung fruchtbar zu machen.

Teilnehmende (ethnografische) Beobachtung

Mittels Videoaufzeichnung wird hier versucht, das Lebensgefühl ausgesuchter Zielgruppen festzuhalten, sodass ein ausdrucksstarkes, gegenwärtiges Bild dieser Gruppe entsteht. Die Videos dienen dazu, Trends zu visualisieren. Das soll mehr überzeugen als statistische Gerippe.

Auf die rechtlichen Aspekte dieses Personen-Scannings findet sich in der Trendliteratur kein Hinweis. Eine differenzierte Methodenbeschreibung oder Darstellung einer Fallstudie fehlt ebenfalls.

Studienlektüre und Metaanalysen

Trendforscher lesen die Analysen und Studien anderer Personen, recherchieren die Recherchen von Journalisten und bilden ihre eigene Meinung aus den Meinungen anderer Menschen. So will man Ereignisse und Veränderungen einmal aus einer anderen Perspektive betrachten. Die Erkenntnisse werden in Metastudien zusammengefasst.

Szenarioprognosen

Trendforschung bedient sich der Szenariotechnik. Der Anwender durchdenkt hier verschiedene Trendverläufe, zumeist einen positiven, einen negativen und den wahrscheinlichsten (vgl. Band 2, Kapitel B 2).

Spezialistendiskussionen (Delphi-Studien)

Hier werden Spezialisten zu ausgesuchten Themen mit Thesen konfrontiert und um Stellungnahme gebeten. Die Antworten werden ausgewertet, interpretiert, gelegentlich moderiert und verdichtet. Der Extrakt geht an die Spezialisten zurück, die wiederum dazu Stellung nehmen (vgl. Band 2, Kapitel B 3).

5.2 Die „Spezialwerkzeuge" der Trendforschung

Während es sich bei den vorstehenden „Werkzeugen" um klassische Methoden der Sozialforschung handelt, verstehen sich die nachstehend beschriebenen als Spezialwerkzeuge der Trendforschung. Diese aber müssen kritisch hinterfragt werden.

Abtasten und verdichten (Scanning)

Angeblich verdichtet die Trendforschung die Informationen der nachstehend beschriebenen semiotischen Analyse, um daraus Trends zu extrahieren. Hierzu bedient sie sich eines Verfahrens, das sich technizistisch aufgeblasen „Scanning" nennt. Es hat die Aufgabe, aus allen vorliegenden Informationen Veränderungen im Denken und im Geschmack festzustellen, diese verständlich zu interpretieren und den „Weltgeist" herauszufiltern. Einige Trendforscher sprechen von der „Content-Analyse", andere von „medialer Inhaltsanalyse". Allerdings hat dieses Verfahren eher etwas mit einem oberflächlichen Abtasten als mit einer fundierten Textanalyse zu tun.

Medien als Spiegel der Kultur

Praktisch bedeutet dies, dass sehr viele Printmedien, insbesondere in den Bereichen Mode, Design, Architektur und Computerelektronik, „abgescannt“ werden, um neue Begriffe, Sichtweisen, Produkte, Dienstleistungen, Geschmäcker u. a. m. zu „schürfen“, weil Medien der Spiegel einer Kultur sind. Sie sind, so Horx und Wippermann, „Informationsverdichter, ja gewissermaßen ‚Vordenker‘ und ‚Vorverdichter‘ der öffentlichen Meinung“ (Horx, Wippermann, 1996, S. 78). Journalistischer Spürsinn empfängt selbst kleinste Zeichen der Veränderung. Die Trendforschung stellt die Beziehungen zwischen diesen Zeichen her. TV, Radio und Internet spielen eine eher untergeordnete Rolle beim Scanning.

Ein solches Verfahren setzt einen breiten Suchkegel und „intellektuelles Fingerspitzengefühl“ des Scanners voraus.

Die Rolle der trendigen Typen

Horx und Wippermann orientieren sich bei ihrer Scanning-Recherche primär an Szeneerscheinungen und an der Avantgardebewegung im Mainstream-Bereich, wer oder was auch immer das gerade sein mag. Sie sind der Meinung, dass sich neue Trends zuallererst in Gruppen zeigen, die zum Bruch mit dem Gewohnten bereit sind, also bei den „trendigen Typen“.

Zum Scanning

Scanning ist kein exotisches Verfahren, sondern eine Alltagstechnik bei der Lektüre von Zeitungen, Zeitschriften und Büchern. Ingenieure scannen die *VDI-Nachrichten* nach Stichworten zu ihrem Fachgebiet, Zeitungsleser lesen quer, um das zu finden, was sie interessiert. Vermutlich werden alle Zeitungen und Zeitschriften vom Leser „gescannt“, weil es wohl kaum noch jemanden gibt, der ein Presseerzeugnis von vorne bis hinten liest. Der Fachmann schaut gezielter hin und erkennt Trends seines Fachgebietes. Jeder betreibt also vor dem Hintergrund seines Interesses eine Art Mikroscanning. Die Trendforscher kümmern sich um das Makroscanning.

Zeichen- (semiotische) Analyse

Bei semiotischen Analysen (griech. semeion = Zeichen) werden sogenannte Zeichensysteme, die im alltäglichen Leben eine Rolle spielen, aufgenommen, gruppiert und interpretiert. Solche Zeichensysteme sind Wörter, Bilder oder alles, was einen Sinn ausdrückt. Im Grunde handelt es sich hierbei um „schwache Signale". Ein Zeichen ist im weitesten Sinne etwas, das auf etwas anderes zeigt und dem man so eine Bedeutung zusprechen kann. An sprachlichen Zeichen, Redewendungen, an Gesten, Gebärden, an der Lautstärke, an bestimmten Begriffen, der Ausdrucksweise von subkulturellen Gruppen wird das besonders deutlich. Ebenso am Piercing, an Tätowierungen, lila Irokesenfrisuren, Verpackungen, Ladeneinrichtungen, Klamotten, Musikrichtungen, Che-Guevara-T-Shirts u. Ä. Diese „Zeichen" werden nun entschlüsselt. Der Trendforscher versucht festzustellen, ob eine „wiederkehrende Melodie" erkennbar ist. Falls ja, geht er dem vermuteten Trend nach, um bestenfalls zu konsumspezifischen Schlussfolgerungen zu kommen und Empfehlungen abzugeben.

Beobachtung (Monitoring)

„Monitoring ist ein Überbegriff für alle Arten der unmittelbaren systematischen Erfassung, Beobachtung oder Überwachung eines Vorgangs oder Prozesses", zumeist mittels technischer Instrumente oder durch qualifizierte Personen (<http://de.wikipedia.org/wiki/Monitoring>). Die Trendforschung versteht unter Monitoring die kontinuierliche Beobachtung bestimmter gesellschaftlicher Gruppen, wie zum Beispiel Grüne, Singles oder bestimmte Altersgruppen, denen man aufgrund ihrer Vitalität, Aktivität sowie guter finanzieller Ausstattung eine wichtige Stellung als Konsument beimisst. So gesehen ist Trendforschung ein Teil der Konsumforschung.

Zum Monitoring

Der Begriff *Monitoring* trifft nicht ganz das, was man normalerweise darunter versteht. Demnach besteht die Funktion des Monitorings darin, „bei einem beobachteten Ablauf bzw. Prozess steuernd einzugreifen, sofern dieser nicht den gewünschten Verlauf nimmt bzw. bestimmte Schwellwerte unter- bzw. überschritten werden“ (<http://de.wikipedia.org/wiki/Monitoring>). Die Trendforschung begnügt sich mit einem sogenannten „Bewegungsbild“, denn es ist ihr nicht möglich, in den Prozess zu intervenieren.

Begriffsbildung (Naming)

Wurde ein Trend geboren, muss er getauft werden. „Naming“ heißt dieser Vorgang. Denglisch ist die Begriffssprache der „Trend-Researcher“. Und Horx und Wippermann meinen auch, dass „Trendwörter … eine gewisse Poesie, einen Klang haben (müssen), damit sie als ‚Magic words‘ funktionieren können“ (Horx, Wippermann, 1996, S. 54).

Monitoring und Naming sind bei genauer Betrachtung keine expliziten Methoden der Trendforschung. Forscher aller Wissenschaftsgebiete interessieren sich für ausgesuchte Personengruppen und beobachten diese, wie das Soziologen, Mediziner, Archäologen oder Historiker tun. Nur der Fokus ist stets ein anderer als Kaufkraft und Konsumgeschmäcker.

6. Zur Kritik an der Trendforschung

Die meisten Kritiker der Trendforschung sitzen auf Lehrstühlen deutscher Universitäten. Von hier kommt auch die Fachliteratur zum Thema. Dabei fällt auf, dass es sich überwiegend um trendkritische Veröffentlichungen handelt. Man kann diese drei Richtungen bzw. Personen zuordnen.

- Von sozialwissenschaftlicher Seite ist es Holger Rust, der der Trendforschung kräftig in die Suppe spuckt. Er bestreitet die Wissenschaftlichkeit der Trendforschung vehement.
- Die Betriebswirtschaft ist durch Franz Liebl vertreten, der die innovatorischen Effekte aus der Trendforschung kritisch hinterfragt.
- Mark J. Penn, CEO der PR-Agentur Burson Marsteller, sieht eher in den Mikrotrends die zukunftsbestimmenden Faktoren unserer Gesellschaft.

6.1 Kritiker Rust: Trendforschung als die semantische Politur des Selbstverständlichen

Rust charakterisiert die Trendforschung als „semantische Politur des Selbstverständlichen“ und „eine Mischung aus enzyklopädischen Zukunftsprognosen, trendigen Soziologismen und Beratungsangeboten für Absatzstrategien beliebiger Geschäfte“ (Rust, 2009). Trendforscher nutzen die Wissenschaften wie einen „Steinbruch“, aus dem sie Bruch- und Versatzstücke herausschlagen, um daraus Erfolgsrezepte zu kreieren.

Horx und die Grundregeln des wissenschaftlichen Arbeitens

Rust wirft Horx geistigen Diebstahl und die Nichtüberprüfbarkeit von Trendbehauptungen vor. Er beruft sich dabei auf eine der Grundregeln wissenschaftlichen Arbeitens, der zufolge das in einer Publikation verarbeitete Wissen und die Meinung anderer Wissenschaftler auf einer nachprüfbaren Zitation beruhen müssen. Die aber sucht man vergeblich in den Büchern von Horx, Gerken und Co.

Zur Verantwortung der Trendforschung

Zukunftsforscher Opaschowski ist nicht weniger hart in seinem Urteil über die Trendforschung. Er meint, die „Trendologen" analysieren die vollendete Gegenwart, ohne dass Sorge um die Zukunft und soziale Verantwortung dabei sichtbar würden. Die jedoch äußert sich bei Horx anders als bei jenen, die er „Alarmisten" nennt. In seinem Buch *Zukunfts-Optimismus* meint er, dass Katastrophenmeldungen zu Klima, Demografie, wachsender Gewalt oder Globalisierung lediglich „Märchen" seien. Seine These lautet: Die Welt wird nicht schlechter, sie wird nur so dargestellt. Horrorgeschichten verkauften sich besser als die heile Welt. Mit Karl Marx könnte man sagen: „Die Philosophen haben die Welt negativ interpretiert, es kommt aber darauf an, sie positiv zu sehen." Diese Empfehlung mögen sich die „Alarmisten" von Greenpeace, von der Global-Marshallplan-Initiative, die Organisation Ärzte ohne Grenzen, UNICEF und all die anderen hinter den Spiegel stecken. Denn „Alles wird gut" lautet das Credo von Horx.

Ulrich Beck muss die Schamesröte ins Gesicht steigen. In seinem Buch *Weltrisikogesellschaft* weist er auf die Globalgefahren hin und interpretiert sie. Erzählt er etwa Märchen, so wie Horx es behauptet? Auch dieser Alarmist sollte sich für die von Gerken, Popcorn und Horx begründete „Optimistik" interessieren. Sie könnte die theoretische Fundierung der „therapeutischen" Funktion von Prophetien werden. Von dort ist es nicht mehr weit zur „Denke-positiv-Bewegung" der Murphys und Höllers.

6.2 Kritiker Liebl: Nicht der Trend, sondern die Konstellationen sind wichtig

Franz Liebl bemängelt, dass die Trendforschung von ihrem Anspruch der zukunftsweisenden Gegenwartsdiagnose tendenziell abgerückt ist und immer stärker Zukünfte beschreibt. Das führt er auf den Erwartungsdruck der Unternehmen zurück, die Prognosen statt Diagnosen wünschen. Doch die Frage „Wohin geht der Trend?" sei falsch gestellt, weil Trends keinen bestimmbaren Verlauf nehmen. Sie verlaufen ungerichtet in weitgespannten Möglichkeitsräumen. Diese gilt es kreativ und intuitiv abzutasten, um Richtungen und Innovationsmöglichkeiten zu erkennen. Nicht der Trend sei das eigentlich Wichtige, sondern die Konstellation des Neuen, denn eine Innovation entsteht im Schnittpunkt mehrerer Kontexte. Unter Trends sind demnach Entwicklungen der kulturellen und sozialen Sphäre zu verstehen, „die das Neue zu schaffen vermögen" (Liebl, 2000, S. 16).

Trends verlaufen nicht linear

Trends verlaufen nicht entlang von Disziplingrenzen, ebenso wenig, wie Innovationen im Rahmen von Branchengrenzen, sondern interdisziplinär entstehen. So fließt in die LED-Technik beispielsweise chemisches und physikalisches Wissen. Unser Wissen interagiert mit all unseren Erkenntnissen und Erfahrungen aus vielen Bereichen. Als Folge von Aggregation, Integration und Kombination bestehender Teile entstehen ermergente Innovationen im Sinne von „Das Ganze ist mehr als die Summe seiner Teile".

6.3 Kritiker Penn: Mikrotrends statt Megatrends

Für Mark J. Penn sind nicht die Megatrends zukunftsbestimmend, sondern die „Mikrotrends". Darunter versteht er ein Zusammenspiel vieler kleiner Strömungen. Dieses Zusammenspiel ergibt sich aus der zunehmenden Individualisierung der Menschen. Im Gefolge von Globalisierung und Technisierung bilden sich neue Identitätsgruppen und Personenkreise heraus, die neue Trends auslösen. Diese Mikrotrends sind die Megatrends von morgen. Dinge müssen nicht mehr riesig sein, um wichtig zu werden. Ein Mikrotrend kann drastische Auswirkungen auf den Gang der Geschichte haben (vgl. Penn, 2008).

Zukunft als plurale Möglichkeitsplattform

Man muss Mister Penn fragen, was neu ist an diesem Gedanken. Auch ein Riese entstammt einem mikroskopisch kleinen Chromosom. Neu ist lediglich, dass in unserer vernetzten Welt der einzelne Mensch mehr Entscheidungsoptionen hat als früher. Er lebt heute nicht nur in einer Welt, sondern in mehreren. Darum ist es schwer, Entwicklungslinien sauber zu isolieren und zu prognostizieren. Fabienne Goux-Baudement von der World Future Studies Federation meint: „Das Zukunftsdenken hat sich vom Bild einer einzigen Zukunft verabschiedet – Komplexität und Konvergenz hindern uns, diese vorherzusehen. Die Zukunft ist nicht nur instabil und unscharf, sondern auch ein Plural. Ein neuer Trend ersetzt nicht den alten, beide koexistieren und verbinden sich zu etwas Neuem." (zitiert nach Theiß, Björn: *Vom Schwarmtrend. Das Trendparadoxum.* <www.innovativ-in.de/c.3573.htm>)

Trends als Produkte einer Schwarmintelligenz

Der Teufel steckt im Begriff, so scheint es in Abwandlung eines Sprichwortes. Wird eine Entwicklung zum Mega-Mainstream, dann ist sie eigentlich schon kein Trend mehr. Handelt es sich andererseits um einen Rinnsaltrend, darf man eigentlich nicht von einem Trend sprechen. Als Lösung schlägt der Journalist Björn Theis den Begriff *Schwarmtrend* vor. Jede neue Idee benötige eine Schar von Anhängern, um sie zu realisieren. So gesehen seien Trends sichtbare und realisierte Produkte einer Schwarmintelligenz. Je nach Attraktivität wachse die Pioniergruppe, ansonsten versiege der

Trend sehr schnell. Man denke an die Love-Parade, die sich binnen eines Jahrzehnts von einem Grüppchen Ravern zum Riesenspektakel entwickelte und 2010 in Duisburg ein jähes und schreckliches Ende fand.

Die 5 : 95-Regel

Ebenso wie Fische und Mücken bilden Menschen eine Formation, welche die Gestalt eines Torus annimmt. Zum Lenken eines solchen Schwarms benötigt man eine Führungscrew von fünf Prozent. Die anderen 95 Prozent folgen willig ohne Diskussion, so die Erkenntnisse der Verhaltensbiologen John Dire und Jens Krause (vgl. Holger Dambeck: *Menschen sind auch nur Fische.* SPIEGEL Online 12.03.2007).

6.4 Die drei hauptsächlichen Kritikpunkte

Das Grundproblem bzw. die Ursache der Kritik ist der Begriff Trend-*Forschung*. Trendforscher wollen Augenhöhe zur Wissenschaft. Würde sich die Profession einfach nur „Trendanalyse" nennen, wären die Gemüter beruhigt. Der Terminus *Forschung* ist aber eine wissenschaftliche Etikettierung, die von der Wissenschaft eingefordert und kritisch abgeprüft wird.

Kritikpunkt 1: Die (pseudo)wissenschaftliche Arbeitsweise

Dieser Kritikpunkt ergibt sich insbesondere aus den Methoden Scanning und Content-Analyse. Es stellt sich die Frage, ob sich ohne eine konkrete Fragestellung oder, anders ausgedrückt, ohne Suchraster in Dutzenden, ja Hunderten von Zeitungen und Zeitschriften „schwache" Signale erkennen lassen. Diese Frage ist wichtig, denn die Auswahl liegt im intuitiven Ermessen des *personal scanners.* Seine Beschreibungen grenzen an Poesie. Doch Intuition und Spekulation sind nicht nachvollziehbar bzw. überprüfbar. Horx verlässt sich bei der Medienanalyse vor allem auf die Erfahrung und das

Wissen seiner Scanner. Er meint, dass deren Erfahrung und Intuition nötiger sind als die Analyse von Daten. Wobei grundsätzlich heuristische Verfahren legitim sind, um Hypothesen zu generieren und mithilfe einer Datenanalyse zu überprüfen, sofern methodologische Standards eingehalten werden.

Die „Horxologen" aber entziehen die Semiotik und das Scanning dem Bereich der überprüfbaren und logisch-konsistenten Methoden. Das jedoch widerspricht bewährten sozialwissenschaftlichen Standards.

Zur Grundregel des wissenschaftlichen Arbeitens

Die Trendforschung kann nur dann den Anspruch einer objektiven Wissenschaft im üblichen Sinne des Wortes beanspruchen, wenn sie dem wissenschaftlichen Prinzip oder Postulat der Wahrhaftigkeit, Universalität und Objektivität entspricht. Solide Forschungsarbeit beruht auf fundierten Zahlen, Daten und Fakten. Bei Popcorn und Naisbitt sucht man sie vergebens, bei Horx findet man sie vereinzelt als marginales Anhängsel, aber nicht als eigenes Forschungsergebnis.

Scanning und Semiotik sind die entscheidenden Prüfsteine, mit der sich die Wissenschaftlichkeit der Trendforschung legitimieren ließe. Handelt es sich um valide Suchwerkzeuge? Sind die gefundenen Begriffe aussagekräftig? Würden bei einer methodisch identischen Wiederholung der Arbeitsschritte dieselben Resultate erzielt werden?

Trendforschung: Die Verpackung stimmt

Sie als Leser sollten nicht glauben, dass die Trendgurus klüger sind als die Heerscharen von Doktoranden und Sozialwissenschaftlern, die mit der Lupe in der Hand ständig das Terrain ihrer Disziplin abschreiten, um verwertbare Forschungsspuren zu finden. Aber die Zunft der Trendforscher, darunter viele Werbetexter, verpackt und transportiert ihre Geistesblitze wirksamer und auffälliger als Wissenschaftler ihre Forschungstraktate. Horx befriedigt das Bedürfnis nach Zukunftswissen dank seines lockeren und verständlichen Stils, auch wenn manche Inhalte und seine Worthülsen fragwürdig erscheinen.

Sozialwissenschaftler im Elfenbeinturm

Im Gegensatz dazu muss sich die Sozialwissenschaft den Vorwurf gefallen lassen, mit ihren Begriffen im publizistischen Abseits zu stehen. Manche Soziologen sind so sehr von der Logik ihrer Konzepte eingenommen, dass man sie nicht mehr auf die Realität einer Einzeldisziplin oder eines Einzelfalles anwenden oder anderen Menschen vermitteln kann. Man erlebt sie als syntaxtrunkene Lehrstuhltheoretiker. Aber Begriffssysteme strahlen die Aura der Wissenschaft aus und geben den Forschern das Gefühl intellektueller Sicherheit und Überlegenheit.

Kritikpunkt 2: Die Behauptungen zur Trendentwicklung

Ist das wirklich so neu, was Trendforscher so alles herausfinden? Vieles sind einfach nur Verdichtungen, andere Perspektiven und mit „Leuchtworten" ausgestattete Beschreibungen längst ausgebrüteter und erkannter Entwicklungen des gesellschaftlichen Seins. So ist die Rolle der Frau seit mehr als hundert Jahren ein gesellschaftlich mal mehr, mal weniger diskutiertes Thema, und es sieht nicht danach aus, als ob es demnächst in die Vergessenheit geraten würde. Und ebenso lange beklagen Männer die drohende Feminisierung der Gesellschaft.

Sendet der Journalismus Trendsignale?

Horx ermittelte einen Fin-de-siècle-Trend, eine allgemeine Untergangsstimmung zur Jahrtausendwende. Es muss nochmals nachgefragt werden: Verbergen sich im journalistischen Schriftgut tatsächlich solche Trendsignale? Oder geben Presseartikel ohnehin nur das wieder, was sich sowieso schon entwickelt hat? Für die Ortung „schwacher" Signale ist die Journalistik ungeeignet.

US-Trendforschung als Kopiervorlage

Auch diese Frage ist angebracht: Wer hat von wem abgeschrieben? In vielem ähneln sich die Aussagen der „Trendologen“. Kam Horx aufgrund seines Scannings deutscher Presseorgane zu fast gleichen Schlussfolgerungen wie seine Kollegin Popcorn in den USA? Liegen die Kulturen Deutschlands und der USA so eng beieinander, dass tendenziell gleiche Trenderkenntnisse dabei herauskommen? Oder ist es nur so, dass die deutsche Kultur in einem 3-7-Jahres-Rhythmus der US-amerikanischen „nachklappt“, wie Horx es nennt? Wenn das zuträfe, würde sich eine deutsche Trendforschung erübrigen …

Kritikpunkt 3: Die marktschreierische (Selbst-)Vermarktung der „Trendologen“

Das Interesse an der Trendforschung beruht zu einem großen Teil auf der marktschreierischen (Selbst-)Vermarktung der „Trendologen“. Als abschreckendes Beispiel ist Gerd Gerken zu nennen. Die Visionen dieses Begriffscomedians unter Deutschlands Weitblickern ähneln eher Halluzinationen. Das passt zu ihm, dem sich selbst feiernden Schamanen. Dieses „Genie“ ermittelt keine Trends, sondern erfindet sie, um sie so zum Trend zu machen.

Die Gier nach Aufmerksamkeit

Gerken und seine Zunft arbeiten mit „starken“ Zeichen, was ihnen den Vorwurf der Marktschreierei einbringt. Allerdings – und das trifft für uns alle zu – ist mittlerweile das laute Geblöke die einzige Chance, um im Zeitalter der Reiz- und Informationsüberflutung wahrgenommen zu werden. Alles giert nach Aufmerksamkeit, weshalb auch die Lautstärke, in der das geschieht, unerträglich geworden ist.

Dennoch ist kein Manager seinem Aufruf zur schamaistischen Revolution und zu „nagualistischen“ Schwitzbädern gefolgt. „Nagual“ ist auch wieder irgend so ein Schutzgeist, dieses Mal aus Mittelamerika. Aber eigentlich ist es ja ohnehin überflüssig, so Gerken, sich mit Trends zu beschäftigen, weil Trends nach 1995 unwichtig geworden sind, weil die Zukunft selbst zum Trend geworden ist.

Die Lust am Banalen

Auch bei Horx ist das Aufstellen einer These ein probates Mittel ist, um mediale Aufmerksamkeit zu erheischen, vor allem, wenn diese der gefühlten Wirklichkeit widerspricht oder so unglaublich banal ist, dass man darüber sprechen muss. Wenn er verkündet, dass sich ein neuer Trend herausbildet, nämlich offline zu leben, fragt man sich, ob wir alle bei secondlife.com leben? Er will inzwischen 2,6 Millionen „Offliner" ausfindig gemacht haben. Aber wie, das verrät er uns leider nicht.

Die Kritik der Kritisierten an den Kritikern

Die Kritisierten kritisieren ihrerseits ihre Kritiker. Ihnen wirft Horx (1993, S. 16 f.) eine „Verachtung der Moderne" vor. In der Kritik steckt die Angst von Intellektuellen vor dem Autoritätsverlust. „In der ‚telematischen' Gesellschaft verlieren die klassisch gebildeten Kasten die Interpretationsgewalt ... vielfernsehende Jugendliche, die kaum mehr als die Hauptschule hinter sich haben, verfügen über mehr Wissen als altgediente Professoren." Er meint wahrscheinlich seine Widersacher, die Herren Rust und Opaschowski. Sie seien „Propheten des Unheils", die verbrannte Erde hinter sich lassen.

Ein schlimmer Vorwurf: Trendnörgelparasiten

Diesen Vorwurf wiederholte Horx nach einem von Rust geschriebenen Artikel in der Zeitschrift *Bild der Wissenschaft*. Darin warf er Rust vor, selber Trendtheorien aufzustellen und sich als Berater zu empfehlen. Auf seiner Homepage bezeichnet Horx seine Kritiker gar als „Trendnörgelparasiten".

Der Anspruch Metawissenschaft zu sein

Horx sieht in der Prognose ein menschliches Grundbedürfnis, da die Frage der Zukunft allgegenwärtig sei. Der Mensch will Gewissheit. In der Vergangenheit gab es immer wieder

Menschen, die Zukünfte richtig antizipierten. Das aber waren selten Wissenschaftler, sondern querdenkende Laien. Er schlussfolgert daraus die Notwendigkeit einer anderen wissenschaftlichen Vorgehensweise. Demnach soll Wissenschaft auf „neue Weise reflexiv und interdisziplinär und in ihrer Außendarstellung narrativ, also erzählend gestaltet werden". Entsprechend tituliert er die Trendforschung als *Metawissenschaft*, ohne jedoch übergeordnete Wissenschaft sein zu wollen. Der Terminus drückt lediglich die Absicht aus, sich keiner klassischen Fachrichtung einordnen zu müssen. Horx hat in diesem Zusammenhang den Begriff *Integrativer Pluralismus der Wissenschaften* geprägt.

6.5 Zukunftsforscher oder Zukunftspublizisten?

Wer oder was sind Trend- und Zukunftsforscher? Wie steht es um die Reichweite ihrer Prognosen? Welche Wissenschaftler sind in der Lage, die Zukünfte gesellschaftlich relevanter Bereiche in Summe zu prognostizieren, wo doch nicht einmal mehr Fachwissenschaftler den Überblick über ihre Disziplin haben? Selbst wenn man das Thema Zukunft auf den Bereich soziokultureller Oberflächenerscheinungen beschränken würde, blieben zahlreiche weiße Flecken auf der „gesellschaftlichen Landkarte".

Werbetexter als „Zukunftsforscher"

Bei genauerem Hinsehen erweisen sich viele der sogenannten Zukunfts- und Trendforscher als Werbetexter oder Journalisten, die das Thema Zukunft lesewirksam aufbereiten. Sie erforschen selber keine Zukünfte, sondern tragen das zusammen, was der gesellschaftliche oder wissenschaftliche Informationsmarkt an Neuem anbietet, oder generieren aus soziokulturellen Erscheinungen Zukunftsprojektionen, die sie als „Future-Frikassee" lesewirksam, sprich lauwarm aufbereiten.

Das kann durchaus auf der Basis einer wissenschaftlichen Arbeitsweise geschehen, doch das allein ist keine Forschung. Reine Marktforscher lösen ihre Berufsbezeichnung eher ein, wenn sie beispielsweise die Wirkung der Farbe Rot auf Zigarettenschachteln untersuchen. Sie forschen, publizieren aber nicht. Mancher selbst ernannte Trendforscher publiziert, forscht aber nicht.

Marketingberater als „Zukunftsforscher"

Diese Entwicklung ist auch die Folge davon, dass das Marketing die Zukunft als Thema entdeckte. Der Blickwinkel der Marktforscher ist jedoch ein anderer als der des Zukunftsforschers. Nunmehr verkünden Werbe- und Vertriebsberater, was die Zukunft bringt, und bieten zugleich ihre Consulting-Leistungen an. Das Signet „Zukunftsforscher" verleiht dem Allerweltsunternehmensberater mehr Aufmerksamkeit bei potenziellen Auftraggebern. Während man die „echten" Zukunftsforscher im deutschsprachigen Raum an einer Hand abzählen kann, wimmelt es inzwischen nur so von selbst ernannten Trendpropheten.

Kreibich bestätigt diesen Sachverhalt indirekt: In der Zukunftsforschung gehe es nicht so sehr um die Prognose, sondern um die Alarmfunktion bei Gefahren und das Coaching in die Zukunft hinein (Kreibich, 2006b, S. 66).

6.6 Zwischenergebnisse

Dieses Buch ist nicht der Ort einer wissenschaftstheoretischen Methodendiskussion, so interessant diese auch wäre (vgl. Pfadenhauer, 2004). Bei allem Wohlwollen gegenüber alternativen Forschungsansätzen, soweit diese tatsächlich forschungsgeeignet sind, bleiben eine Reihe von Fragen, die die Trendforschung nicht schlüssig beantwortet. Da helfen auch keine Schlagworte von der Trendforschung als neue „Ganzheitswissenschaft", als ein „Projekt der dritten Kultur", als die „Metatheorie des Wandels". Die Begriffe machen Eindruck, aber wer und wo sind die Wissenschaftler für solch ambitionierte Themen?

Das Transparenzgebot der Forschung

Nun macht es einen Unterschied, ob Trendforscher im nicht öffentlichen Bereich für ein Unternehmen Ergebnisse liefern oder ob sie ihre Publikationen als Forschungsergebnisse ausweisen. Wenn ein Soziologieprofessor für ein Privatunternehmen einen Sachverhalt erforscht, dann bleibt alles, was damit zusammenhängt, unter Firmenverschluss. Niemand käme auf den Gedanken, Transparenz der Forschungshypothesen, -strategien und -ergebnisse abzufordern. Damit würde man die Arbeit der Anwendungsforschung zur Freude von Mitbewerbern ad absurdum führen. Sobald man aber eine wahre Bücherflut als Forschungserkenntnisse der Öffentlichkeit anbietet, sollte man sich kritische Fragen zur Methodik gefallen lassen und fundierte Antworten geben können.

Zum Vertrauensschwund in die Trendforschung

Das Vertrauen in die Trendforschung wäre heute größer, hätte diese irgendwann schon in den 1990er-Jahren die intradisziplinäre Diskussion ihres Gegenstandes geführt, ähnlich dem Positivismusstreit in der deutschen Sozialforschung nach 1960. Damals ging es um Methoden und Werturteile in den Sozialwissenschaften. Die Trendforschung scheint frei von methodischen Richtungen zu sein. Horx sieht keinen Grund, sich kritisch mit Gerken oder Popcorn auseinanderzusetzen. Das ist kein Zeichen für eine funktionierende Wissenschaftskultur, für die Bereitschaft zur erkenntnisschaffenden Disputation und Falsifikation. Eine solche Diskussion hätte der Glaubwürdigkeit der Trendforschung als selbst ernannte „Metawissenschaft" gutgetan.

Das Problem liegt im Marketing

Wer sich über das feuilletonistische Trendgeplänkel von Horx und Gerken aufregt, möge bedenken, dass nicht diese Autoren das Problem sind, sondern Marketingmanager, welche die Ware „Trend“ nachfragen und diese gut bezahlen, weil sie Inszenierung nicht von Inhalt unterscheiden brauchen und können. Die Trendforschung gibt Marketing ein gutes Gefühl. Außerdem, welcher Schaden entsteht? Illusionen werden gut bezahlt! Die Wirtschaft gibt viel Geld für Illusionen aus: für Motivation, für Gurus, Psychoquacksalber, Motivationsredner, für Persönlichkeitstransformation und Businessspiritualität. Die Trendforscher „verkaufen“ sich blendend, dank ihrer Kompetenz, Marketingmanager mit Begriffen wie *Scanning* und *Semiotik* in Ehrfurcht zu versetzen. Diese quasireligiöse Gläubigkeit des Marketingmanagers, alles, was halbwegs gut formuliert ist, für wahr zu halten, schafft eine feste Bande zwischen denen, die reden können, und denen, die dafür bezahlen, nicht selber denken zu müssen. Und Trendforscher wissen nun mal ihr Publikum zu beeindrucken.

Trendforschung bleibt folgenlos

Und was macht es, wenn die Trendpropheten mit ihren Prognosen danebenliegen? Nichts! Niemand merkt es, denn keiner weiß, welches der wirkliche Trend war, ist oder sein wird. Sein oder Nichtsein eines Trends ist eine Frage des subjektiven Empfindens. Hat man sich für einen entschieden, hat man möglicherweise 45 andere verpasst, aber man weiß nie, ob es die richtige Entscheidung war. Wollte man jeden Trend mitmachen, wäre man nur am Rotieren, und vom Leben mit einem Café Latte bliebe nichts mehr übrig.

Trendforschung ist kaum überprüfbar

In der Werbung sind 50 Prozent der Kosten zum Fenster herausgeworfen. Aber niemand weiß, welche Hälfte es ist. Wenn die Aufwendungen der Markt- und Trendforschung zu den 50 Prozent gehören, die den Weg durch das Fenster gehen, dann muss man die „Trendologen“ mangels Beweisen von allen Anschuldigungen freisprechen. Für den Marketingmanager ist es ein Segen, dass es den strategischen Controller nur in den Lehrbüchern gibt. Der Blick auf die Prognosen der Trendforschung der vergangenen drei Jahrzehnte und die tatsächlichen Aufwendungen für Marketing und Vertrieb würden nämlich jeden ambitionierten Controller verstummen lassen.

6.7 Empfehlungen für Trendinteressenten

Die hier beschriebenen Prognosedefizite der Trend-, aber auch der Zukunftsforschung werfen die Frage nach ihrem Nutzen für interessierte Unternehmen, Verbände, Kommunen oder sonstige Körperschaften auf. Die Trendforschung kann bestehende Zustände extrapolieren, kann Wissen kreativ kombinieren und fantasieren, aber dann ist auch sie mit ihrem Latein am Ende. Nicht nur die Zukunftsbeschreibungen sind ungenau, bereits die exakte Analyse der Gegenwart bereitet den „Trendologen" Schwierigkeiten. Man hat deren Prognosefähigkeit oft überschätzt.

Die Ungewissheit von Prognosen

Wenn Sie exakte Zustandsbeschreibungen für das Jahr 2020 erwarten, weil Sie diese Informationen für Ihre Planungen und Entscheidungen dringend benötigen, werden Sie enttäuscht. Eine 10-Jahres-Prognose ist mit zu vielen Unwägbarkeiten behaftet. Je weiter die Prognose in die Zukunft reicht, umso ungewisser wird sie.

Es sind keine relevanten Zukünfte im „Trendoskop" erkennbar. Trendbücher sind kein zukunftsbezogener Investigativjournalismus. Aber das, was man sieht, ist *nice to know*. Für fachfremde Leser sind die Zukunftsergüsse der Trendforscher nicht wahr oder falsch, sondern einfach neu und folglich interessant.

Trendforschung zum Selbermachen

Als eventueller Auftraggeber müssen Sie Ihre Erwartungen an die Zukunftsbeschreibung bescheiden formulieren. Sie sind gut beraten, Ihre eigene Trendforschung zu betreiben.

Daraus folgt:

- Weltveränderungen wahrnehmen und verstehen
- Sich sein eigenes Bild von bestimmten Situationen machen
- Das relevante Umfeld beobachten
- Permanente Meinungsbildung betreiben

Zukunftsplanung erfordert thematische Einengung

Aber auch das schützt Sie nicht vor Fehleinschätzungen oder Überraschungen. Es ist wie mit der Wettervorhersage. Selbst die besten Computer und ihre Programme liegen oft daneben. Außerdem ist es schier unmöglich, im Rahmen der Strategieentwicklung alle Eventualfälle zu berücksichtigen. Ansonsten würde die strategische Planung die Grenze der Wirtschaftlichkeit sprengen. Sie müssen also notgedrungen Einflussbereiche ausklammern, nicht zuletzt deshalb, weil die Sachkenntnis fehlt. Ihre Zukunftsplanung kann nicht alle Diskontinuitäten erfassen. Sie müssen die weißen Flecken auf der Landkarte akzeptieren. Je schlechter aber Ihre Prämissen- und Durchführungskontrolle ist, umso wichtiger ist ein strategisches Radar, das zu piepen anfängt, wenn sich auf dem Bildschirm etwas bewegt.

Strategisches Radar zur Chancen- und Risikoortung

Sie benötigen also eine kontinuierliche, ungerichtete Beobachtung auf alles, was auf Ihr Unternehmen bzw. Ihre Organisation einwirken könnte. Dieses ist umso wichtiger, je mehr und schneller sich wirtschaftliche und gesellschaftliche Rahmenbedingungen ändern. Insofern gewinnt die strategische Überwachung immer mehr an Bedeutung.

Zur Bedeutung guter Informationsversorgung

Schon der Vordenker des strategischen Managements, Igor Ansoff, empfahl, eine Real-time-Reaktionsfähigkeit zu entwickeln, um Chancen und Risiken möglichst rasch zu erkennen und zu nutzen. Das setzt aber eine gute Informationsversorgung Ihres Unternehmens bzw. Ihrer Organisation voraus, also dass Sie

- Informationen kontinuierlich sammeln und analysieren und
- Signale aus dem Umfeld *real-time* aufgreifen.

Zur richtigen Interpretation der Information

Oft sind es nur „schwache" Signale, die bezüglich Herkunft und Auswirkung nicht einzuordnen und oft auch unbestimmt und unsicher sind. Aber sie deuten eine Diskontinuität an. Im Laufe der Zeit verstärken sich die Signale, bis sie plötzlich zu „harten" Fakten geworden sind. Es ist nun Ihre Aufgabe, darin Chancen oder Risiken zu erkennen und entsprechend zu reagieren.

Da die möglichen Ereignisse nicht vorhersehbar und inhaltlich bestimmbar sind, wären Sie allein mit der Aufgabe der strategischen Beobachtung überfordert. Hier sind alle Aufgabenträger Ihres Unternehmens bzw. Ihrer Organisation gefordert, insbesondere qualifizierte Fach- und Führungskräfte. Diese sollten nicht nur einen Blick für vermeintliche Bedrohungen, sondern auch für eventuelle Chancen haben.

E

Metatrends in die Welt von morgen

Alles in allem wird deutlich, dass die Zukunft große Chancen bereithält – sie enthält aber auch Fallstricke. Der Trick ist, den Fallstricken aus dem Weg zu gehen, die Chancen zu ergreifen und bis sechs Uhr wieder zu Hause zu sein.
WOODY ALLEN

Welche Trends führen in die Welt von morgen? Es gibt unendlich viele Strömungen. Welche entwickeln sich zu Trends oder gar zu Megatrends? Viele Einflüsse, diverse Mikrotrends, wirken auf diese Strömungen. Niemand kann voraussagen, ob sie sich wirklich als Megatrend durchsetzen. Das hängt auch von den Trendbewegungen untereinander ab. Zwischen vielen Trends bestehen Wirkungszusammenhänge. Globalisierung und Computerisierung hängen vielfach zusammen. Neue Technologien verändern die Arbeitswelt. Die Digitalisierung ist ein Megatrend, der in letzter Konsequenz andere Trends ausgelöst oder zumindest befördert hat und weitere initiieren wird. Solche Abhängigkeiten und Wechselwirkungen führen zu einer Veränderungsdynamik, die niemand voraussehen kann.

Meta- oder Megatrend?

Unter den Zukunftstrends gibt es solche, die sehr stark und langfristig wirken. Sie verdienen ein besonderes Etikett. Welcher Begriff passt besser, die gewaltigen Wandlungskräfte zu bezeichnen: *Megatrend* (griech. mégas = groß) oder *Makrotrend* (griech. makrós = lang, groß, hoch)? *Basistrend* (griech. básis = Sockel, Grundlage) oder *Gigatrend* (griech. gígas = Riese)? *Alphatrend* (griech. álpha = [eigtl.] Ochse) oder *Führungstrend*? Welcher genutzt wird, ist eine Frage der semantischen Vorlieben. Der Autor dieses Buches plädiert für den Begriff *Metatrend* (metá = inmitten). Metatrends bezeichnen hier Trends über den Megatrends. Die notwendigen Erklärungen und Beispiele hierzu finden Sie im Kapitel *Trendforschung* (Kapitel D).

Der Trend als semantisches Problem, weil …

Was Autoren als Meta- oder Megatrend deklarieren, bringt unterschiedliche Prioritäten und Präferenzen zum Ausdruck. Zudem ist die Abgrenzung zwischen Meta- und Megatrend diffus. Man weiß schließlich nicht, was der Trend alles bewirkt und ob er sich zum Mega- oder Metatrend hin entwickeln wird. Das Trendangebot reicht von den Moden über die Megatrends bis hin zu den Metatrends. Die exakte Zuordnung eines einzelnen Sachverhalts erweist sich allzu oft als semantisches Problem.

… die Sachverhalte nicht eindeutig sind

Darum muss man genau hinsehen, was alles als Meta- oder Megatrend ausgegeben wird. Es gibt eindeutige Begriffe für eindeutige Sachverhalte. *Globalisierung* ist ein solcher Begriff. Schwieriger wird es bei Trends, die mit „Kultureller Vielfalt", „Globale Sicherheit" oder „Neue Weltordnung" betitelt werden. Man könnte sie als Teilaspekte der Globalisierung betrachten und entsprechend zuordnen oder als eigene Trends klassifizieren.

Die Auswahl bzw. Beschränkung auf die folgenden acht Metatrends erfolgte aufgrund der zugrunde liegenden Wirkungseinflüsse der Subtrends auf den Metatrend. In letzter Konsequenz basiert die Auswahl aber auf dem subjektiven Urteil des Autors.

Kommt der Sechste Kondratjew?

Von großem Interesse ist in diesem Zusammenhang die Frage nach der zukünftigen Leittechnologie, also dem, was manche den „Sechsten Kondratjew" nennen (Kapitel B 3). Es gibt einige Kandidaten dafür, so die Nanotechnologie, die Biotechnologie oder die Energiegewinnungstechnik.

Psychosoziale Gesundheit als Kern des Sechsten Kondratjew

Der in diesem Themenbereich führende Vordenker, Leo A. Nefiodow, stellt diesen Langzeitzyklus in eine Reihe mit den Leitindustrien vergangener Jahrzehnte wie die Chemie, den Automobilbau und die Elektrotechnik. Er meint, dass keine der großen Basisinnovationen der letzten Jahre stark genug gewesen sei, die wirtschaftliche Entwicklung zu dominieren, weder die Umwelttechnologie noch die Biotechnologie oder die Lasertechnologie. Keine dieser Basisinnovationen würde für sich allein stark genug sein, eine neue wirtschaftliche Langzeitwelle auszulösen. Sie seien aber beteiligt an der Herausbildung einer neuen Wirtschaftsepoche, in der die Gesundheit die Hauptrolle spiele. Nach Meinung von Nefiodow wird sich ein gewaltiger Gesundheitsmarkt entwickeln, aus dem andere Wirtschaftsbereiche starke Wachstumsimpulse empfangen. Aber dieser Gesundheitsmarkt sei nicht durch Pharmazie und Chemie, sondern durch Angebote der psychosozialen Gesundheit geprägt. Nefiodow hierzu: „Im sechsten Kondratjew-Zyklus wird der gesellschaftliche Bedarf nach Gesundheit im Vordergrund stehen. Nicht nur rein körperliche Gesundheit, wie wir sie heute verstehen, sondern in einem ganzheitlichen Sinne: auch seelische, ökologische und soziale Gesundheit." (zitiert in *Magazin für Wissenschaft und Kultur,* 6/1999)

Die Seele als Zielpunkt der Gesundheitspolitik

Ebenso geht Erik Händeler davon aus, dass von der Medizin- und Biotechnik ein großer Produktivitätsschub zu erwarten sei. Er fordert implizit eine Art Vernunftsinstanz, die unser Gesundheitswesen auf den sechsten Kondratjew-Zyklus hin ausrichten solle. Aber die eigentlichen Probleme lägen in der Seele. Hier müsse die Gesundheitspolitik ansetzen, fordert er. Ein möglicher Weg dahin sei die Beichte. Sie befreie von Schuldgefühlen und stärke so das Immunsystem (Händeler, 2004, S. 321).

Der katholische „Zukunftsmissionar" Händeler spricht viel von neuen Lebens- und Arbeitsformen, von einem größeren Gesundheitsbewusstsein und von der Eigenverantwortung in Form einer Do-it-yourself-Vorbeugung gegen Krankheiten, aus der sich letztlich der sechste Kondratjew-Zyklus speise. Er übersieht aber den Zusammenhang zwischen Wohlstand respektive Armut und Gesundheit. Seiner Meinung nach liegt der Schlüssel für mehr Gesundheit im Kopf der Menschen, nicht aber in den realen gesellschaftlichen Verhältnissen. Dem ist zu entgegnen, dass Arbeitslosigkeit und prekäre Arbeitsverhältnisse, Leistungsverdichtung und die Angst vor dem Verlust des Arbeitsplatzes kein Kopfproblem sind, sondern sozioökonomische Realität. Der Zusammenhang von Arbeitslosigkeit, Krankheit und Sterblichkeit gilt als ausreichend gesichert. Da nützt es auch nichts, „sein Schicksal in die Hände Gottes" zu legen, um so „von der gesundheitsfördernden Kraft des Glaubens" zu profitieren (Händeler, 2004, S. 324).

Der Gesundheitsvorsorge helfen keine Gebete

Für mehr Gesundheitsvorsorge reicht für viele Menschen oft das Geld nicht, für gesundes Essen, Sport, erholsamen Urlaub und die Angebote, aktiv am gesellschaftlichen Leben teilzunehmen. Arbeitslosigkeit und die häufig damit verbundene Perspektivlosigkeit machen krank, Psychologie hin oder her. Da helfen auch keine Gebete, die Händeler als Therapeutikum empfehlen würde. Was wird aus dem „Sechsten Kondratjew", wenn die 20 : 80-Gesellschaft mit all ihren sozialen Folgen Wirklichkeit wird?

Wie logisch ist der Sechste Kondratjew?

Die logische Stringenz der kondratjewschen Theorie ist, wie wir vorn gesehen haben, brüchig (Kapitel B 3). Es ist zu bedenken, dass die langen Phasen des wirtschaftlichen Aufschwungs bisher auf „harten" Technologien wie Dampfmaschine, Eisenbahn, Automobil, Informationstechnik basierten. Außerdem wurde der wirtschaftliche Aufschwung der vergangenen Kondratjew-Zyklen nicht von den Basisinnovationen selbst, sondern von dem durch sie ausgelösten Produktivitätsfortschritt getragen. Darüber hinaus waren diese Basisinnovationen in gewisser Weise auch immer nur ein Mittel zum Zweck, welcher der Befriedigung eines umfassenden gesellschaftlichen Bedürfnisses diente.

Die Frage ist nicht abwegig, aber warum soll eine singuläre Dienstleistungsform wie die Gesundheitswirtschaft, sosehr diese auch von technologischen Fortschritten profitiert, den sechsten kondratjewschen Zyklus anstoßen? Vielleicht wirkt ein ganzes Bündel an Technologien und resultierenden Bedürfnissen zusammen. Vielleicht bleibt der sechste Zyklus auch ganz aus.

1. Metatrend: Gesundheitswirtschaft

Was die Zahlen, Daten und Fakten angeht, scheinen Nefiodow und Händeler zunächst recht zu haben. Mit zunehmendem Wohlstand eines Staates wächst die Bedeutung des Gesundheitsmarktes. Aber für die große psychosoziale Welle als Haupttriebkraft der neuen Leitwirtschaft fehlen bislang die empirischen Belege.

Die Gesundheitswirtschaft als Jobmotor

Im Jahre 2008 waren rund 4,6 Millionen und unter Einbeziehung von Fitness, Wellness etc. sogar 5,4 Millionen Menschen hierzulande in der Gesundheitswirtschaft tätig, mithin also jeder siebte Erwerbstätige. Kein anderer Wirtschaftszweig Deutschlands bietet ähnlich viele Arbeitsplätze. Zwischen 2000 und 2008 hat die Zahl der hier Beschäftigten um rund 500 000 zugenommen. Dies entspricht einem Anstieg von 12,2 Prozent. Das Bundeswirtschaftsministerium prognostiziert als Folge der hohen Personalintensität von Gesundheitsberufen, dass im Jahr 2030 über 20 Prozent aller Berufstätigen, und damit jeder Fünfte, in der Gesundheitswirtschaft arbeiten werden.

Von 1992 bis heute haben sich die Gesundheitsausgaben der privaten Haushalte mehr als verdoppelt. Ihr Anteil an den Haushaltsausgaben ist von 10,5 auf 13,4 Prozent gestiegen. Die Deutschen geben jährlich rund 263 Milliarden Euro (2008) für die Gesundheit im weitesten Sinne aus. Das entspricht einem Anteil von etwa 10,5 Prozent am Bruttoinlandsprodukt. Damit liegt die Gesundheitswirtschaft deutlich vor der Automobilindustrie mit einem Anteil von 9,7 Prozent und 1,1 Millionen Arbeitsplätzen (inklusive Zulieferer).

Gesundheitswirtschaft in Zahlen

- Umsatz nach Branchen
  Medizintechnik: 18,85 Milliarden Euro (2008)
  Pharmazeutische Industrie: 31,8 Milliarden Euro (2008)
  Biotechnologie: 1,07 Milliarden Euro (2008)
- Unternehmen gesamt: 229 644 Firmen und Betriebe
- Unternehmen nach Branchen/Sektoren
  2083 Krankenhäuser (2008)
  166 gesetzliche Krankenkassen (April 2010)
  46 private Krankenversicherungen (2009)
  90 414 Arztpraxen (2008)
  21 602 Apotheken (2008)
  22 558 Pflegeeinrichtungen (stationär: 11 029; ambulant: 11 529)
  rund 500 Biotechunternehmen
  11 000 Medizintechnikunternehmen
  1250 Betriebe (mit mehr als 20 Beschäftigten pro Betrieb)
  10 000 Kleinunternehmen
  rund 975 pharmazeutische Unternehmen

1.1 Was ist Gesundheitswirtschaft?

Der Begriff *Gesundheitswirtschaft* hat den Terminus Gesundheitswesen weitgehend verdrängt. Daran zeigt sich eine grundlegende Neuorientierung des Verhältnisses von Gesundheit und Wirtschaft. Das Thema Gesundheit verlässt das Schutz- bzw. Versorgungssystem und expandiert in das soziale und wirtschaftliche Leben. Die Begriffe *Work-Life-Balance* oder *Lebensstil* stehen als Beispiele, denn Lebensstile werden nur noch als Gesundheitsstile verstanden.

Gesundheit als Prozess

In diesem Zusammenhang sprechen manche Autoren auch von der dritten Gesundheitsrevolution. Die erste sicherte das Überleben, die zweite den Zugang zur medizinischen Versorgung, und die dritte besteht in der Salutogenese, also der Gesundheitsentwicklung. Salutogenese ist ein Präventionskonzept, das sich auf Fakten bezieht, die zur Entstehung (Genese) und Erhaltung von Gesundheit führen. Nach diesem Konzept ist Gesundheit nicht als Zustand, sondern als Prozess zu verstehen. Daraus folgt, dass Gesundheit praktisch überall und beeinflussbar ist. Jedes Handeln und Verhalten wirkt auf die Gesundheit. Vielleicht ist das der Grund, warum der Begriff *Gesundheitswirtschaft* mit dem der *Gesundheitsgesellschaft* ergänzt wird.

Das Zwiebelmodell der Gesundheitswirtschaft

Die Gesundheitswirtschaft ist mehr als Krankenhäuser und Arztpraxen, als Apotheken und Sanitätshäuser. Zur Gesundheitswirtschaft gehören alle Akteure, die im engeren oder weiteren Sinne um die Gesundheit herum im ersten oder zweiten Gesundheitsmarkt wirtschaftlich agieren. Dazu gehören auch die pharmazeutische Industrie, die Biomedizin, Thermalbäder, die Rückenschule und selbst der Wunderheiler, soweit er statistisch erfasst ist.

Zwiebelmodell der Gesundheitswirtschaft

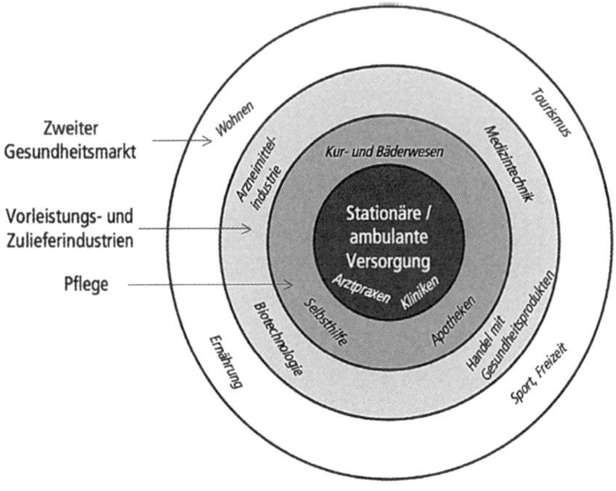

(Quelle: Institut Arbeit und Technik, Gelsenkirchen)

Der erste Gesundheitsmarkt

Zum ersten Gesundheitsmarkt gehören die Bereiche der klassischen Gesundheitsversorgung. Hier werden 70 Prozent der Ausgaben durch die sozialen Sicherungssysteme finanziert. Davon entfielen im Jahre 2009 171 Milliarden Euro auf die gesetzlichen Krankenversicherungen (GKV) und 25 Milliarden Euro auf die privaten Versicherungen. Die Ausgaben der GKV verteilen sich folgendermaßen:

Ausgaben der GKV (2009)

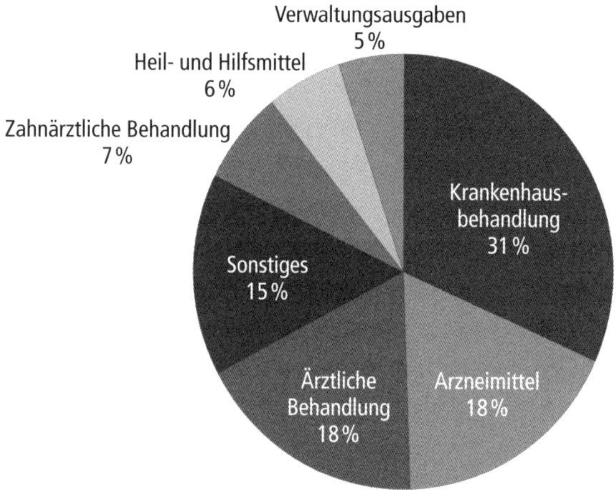

(Quelle: eigene Darstellung)

Der zweite Gesundheitsmarkt

Auf dem zweiten Gesundheitsmarkt werden alle privat finanzierten Produkte und Dienstleistungen rund um die Gesundheit angeboten, zum Beispiel Fitness, Ernährung, freie Kuren, frei verkäufliche Arzneimittel und Medizinprodukte. Die letzte Statistik hierzu stammt aus dem Jahre 2005 und nennt ein Ausgabenvolumen von 55 Milliarden Euro, was etwa 20 Prozent der gesamten Konsumausgaben entspricht. Bei diesen und ähnlichen Zahlen ist aber der Bezug zur Gesundheit nicht immer eindeutig und oft umstritten. Auf dem Wege in die Zukunft entstehen an vielen Stellen des Gesundheitsmarktes neue Strukturen, die nicht eindeutig dem ersten oder zweiten Gesundheitsmarkt zuzuordnen sind.

Der Staat als Regulator

Natürlich gehören auch der Staat und der Patient zu den Akteuren des Gesundheitsmarktes. Der Patient agiert über die gesetzliche oder private Krankenversicherung auf diesem Markt. Der Staat nimmt die Rolle des Regulators ein. Er interveniert, um das Solidarprinzip aufrechtzuerhalten, das auf dem Ausgleichsystem beruht. Es umfasst die Teilsysteme: Risikoausgleich zwischen niedrigen und hohen Gesundheitsrisiken, Ausgleich zwischen niedrigen und höheren Einkommen (Einkommensausgleich), zwischen jungen und alten Versicherten (Generationenausgleich) und dem Familienlastenausgleich zwischen kinderlosen Alleinstehenden und Familien mit Kindern.

Finanzierungsprobleme der gesetzlichen Krankenversicherung

Die Finanzierungsbasis der gesetzlichen Krankenversicherung schwindet als Folge sinkender Beitragszahlungen immer mehr, sodass der Gesundheitsmarkt erhebliche, aber eben auch selbst verschuldete Probleme, insbesondere eine ineffiziente Struktur und Verwaltung, zu verkraften hat. Verstärkt wird diese Entwicklung durch den Wechsel einkommensstarker Versicherter zur privaten Krankenversicherung.

1.2 Was treibt die Gesundheitswirtschaft?

Unsere Gesundheitswirtschaft wird von einem starken Dreigespann mit „eingebauter" Wachstumsdynamik angetrieben. Die Zugpferde sind:

- Eine alternde Bevölkerung
- Der medizinisch-technische Fortschritt
- Das wachsende Gesundheitsbewusstsein der Bevölkerung

Alternde Bevölkerung

Die demografisch bedingte Kostenexplosion

Es liegt auf der Hand, dass eine Gesellschaft mit einem überproportionalen Anteil älterer Menschen zu einem wachsenden Bedarf an Gesundheitsgütern führt. Man kann davon ausgehen, dass die Zahl der über 80-Jährigen schon bis 2030 von derzeit rund 4,7 Millionen auf 7,2 Millionen und bis 2050 auf 11 Millionen ansteigen wird. Die Pro-Kopf-Gesundheitsausgaben nehmen ab der Lebensmitte stetig zu. Bei den über 80-Jährigen sind es im Rahmen der gesetzlichen Krankenversicherung jährlich rund 5000 Euro, dreieinhalb Mal so viel wie bei den 15- bis 64-Jährigen. Unter Einbeziehung der Pflegeversicherung steigen diese Ausgaben auf gut 14 000 Euro.

Medizinisch-technischer Fortschritt

Medizinprodukte und Pharmazeutika sind der Haupttreiber der gesundheitswirtschaftlichen Dynamik. Ihnen verdanken wir in Kombination mit verbesserten hygienischen Bedingungen, einer gesundheitsbewussteren Lebensführung und gesünderen Ernährung eine Lebenserwartung, die seit 1950 um rund 14 Jahre gestiegen ist. Ein heute 80-Jähriger kann sich darüber freuen, dass ebenfalls in diesem Zeitraum seine Chance, 100 Jahre alt zu werden, um das Zwanzigfache anstieg.

Kosten und Fortschritt bilden eine Einheit

Produkte der Medizintechnik sind extrem innovationsfreudig. Mit ihnen kann man in nahezu allen Regionen des Körpers operieren und einzelne biochemische Stoffwechselprozesse sichtbar machen. Biochips und Biosensorentechnik sowie die Verknüpfung von Gentechnologie und Pharmagenomik liefern die Grundlagen für weitere medizinische Durchbrüche. Die Medizintechnik liefert Hightech und erzielt ein Drittel ihres Umsatzes mit Produkten, die kaum älter als drei Jahre sind. Wir erleben zwar einerseits eine Kostenexplosion im Gesundheitswesen, aber auch eine vom medizinisch-technischen Fortschritt ausgelöste Leistungsexplosion. Kosten und Fortschritt bilden eine Einheit, denn die Belastungen stimulieren das Nachdenken über billigere und bessere medizintechnische Geräte und treiben Prozessoptimierungen und Vernetzungen voran.

Der Bedarf an Innovationen ist groß

Dieser Fortschritt basiert auf der Emergenz moderner Innovationen. Daraus resultierende Produkte zeichnen sich durch ihren hochkomplexen Querschnittscharakter aus. Ohne bildgebende Systeme könnte kein minimalinvasiver Chirurg operieren. Organtransplantationen wären ohne unterstützende Medikamente undenkbar. E-Health und die medizinische Biotechnologie warten auf ihren Einsatz. Der Bedarf an Innovationen ist groß, besonders an solchen, mit denen der Kampf gegen die Zivilisationskrankheiten wirksam geführt werden könnte.

Zur Qualität der medizinischen Versorgung

Patienten freuen sich über die neuen medizintechnischen und pharmazeutischen Möglichkeiten, Leistungsträgern und Gesundheitspolitikern sind sie wegen der hohen Kosten ein Dorn im Auge. Krankenkassen und Politiker entscheiden mit über das Innovationstempo dieses Sektors und die Zugangsgerechtigkeit für alle Menschen der Bevölkerung. Im Moment sieht es so aus, dass es zur Herausbildung einer mehrklassigen medizinischen Versorgung kommen wird, in der wieder einmal das Geld Voraussetzung dafür sein wird, welcher Klasse man zugeordnet werden wird.

Steigendes Gesundheitsbewusstsein

Immer mehr Menschen interessieren sich für ihre Gesundheit als Selbstzweck. Sie verhalten sich präventiv, indem sie bewusster essen, weniger Fette, Zucker, Zigaretten und Alkohol konsumieren und sich aktiv entspannen. Eine andere Gruppe versteht Gesundheit als Mittel zum Zweck. Sie pflegen ihre Gesundheit gewissermaßen als Kapitel, das sie vor dem Werteverfall schützen wollen. Zu dem Zweck betreiben sie Selbstmedikation, lassen sich die Gesichtsfalten glätten oder machen Ayurveda-Urlaub in Indien.

Gesundheitsbewusstsein ist ein Trend

Gesundheit ist ein superiores Gut. Darunter versteht man Güter, die bei steigendem Wohlstand verstärkt nachgefragt werden. Bei reduziertem Wohlstand sinkt die Nachfrage überproportional. Steigende Einkommen implizieren also einen Anstieg der Gesundheitswirtschaft am Sozialprodukt. Verstärkt wird dieser Trend durch ein steigendes Bildungsniveau und damit einhergehend ein größeres Gesundheitsbewusstsein. Und dieser Trend ist längst noch nicht abgebrochen, er wird eher zunehmen. Das zeigt sich unter anderem in der Lebensmittelindustrie, die mit *functional food* immer stärker in den Gesundheitsmarkt drängt, dicht gefolgt von den Sportartikelherstellern und Reiseanbietern.

1.3 Wer bezahlt die Gesundheitswirtschaft?

Zwischen dem gesundheitswirtschaftlichen Angebot und der Nachfrage klafft die Lücke der Finanzierbarkeit. Sie spielt in Deutschland wegen des großen Staatsanteils an den Gesundheitsausgaben eine besondere Rolle. Rund drei Viertel der Gesundheitsausgaben laufen hier über die staatliche Buchführung. Davon entfallen 57,5 Prozent der Ausgaben im ersten Gesundheitsbereich auf die gesetzliche Krankenversicherung, 10,3 Prozent auf andere Sozialversicherungsträger und 5 Prozent auf die öffentlichen Haushalte. Deren Finanzierungsprobleme und die Möglichkeit staatlicher Eingriffe schweben als zweischneidiges Damoklesschwert über der Gesundheitswirtschaft.

Wie lange wird der Staat noch zahlen?

Die Gesundheitsausgaben, vor allem die der gesetzlichen Krankenversicherung, sind einkommensgekoppelt, und sie expandieren stärker als das Sozialprodukt. Das erzeugt Spannungen. Einkommen entwickeln sich im globalen Wettbewerb rückwärts oder stagnieren zumindest. Junge Berufstätige wechseln in die billigere private Krankenversicherung. Zeitarbeiter und Niedriglöhner durchdringen den Arbeitsmarkt. Das schwächt die Beitragseinnahmen der gesetzlichen Krankenkassen, die nun ihrerseits an der Beitragsschraube drehen. Von 1980 bis 2011 wurden die Beitragssätze von

11,4 auf 15,5 Prozent angehoben. Zusätzlich lässt der Bund erhebliche Finanzmittel in die gesetzliche Krankenversicherung einfließen. Wie lange sich das unsere nicht in der gesetzlichen Krankenversicherung versicherten Politiker noch anschauen, ist angesichts der exorbitanten Haushaltsverschuldung des Landes fraglich. Jedoch das Spannungsfeld zwischen steigendem Bedarf an Gesundheitsleistungen und der Zwang zu weiteren Kosteneinsparungen wird an Intensität zunehmen. Die Politik hat sich bisher nicht als fähig erwiesen, dieses Dilemma zu lösen. Die Koppelung von Arbeitskosten und Gesundheitsausgaben könnte den Wirtschaftsstandort Deutschland schwächen. Ohnehin führt der Gesetzgeber die Krankenkassen an der finanziellen Leine. Das wird daran sichtbar, dass die Ausgaben der gesetzlichen Krankenversicherung in etwa mit dem Bruttoinlandsprodukt Schritt halten (siehe Abbildung).

Ausgaben für Gesundheit in Deutschland

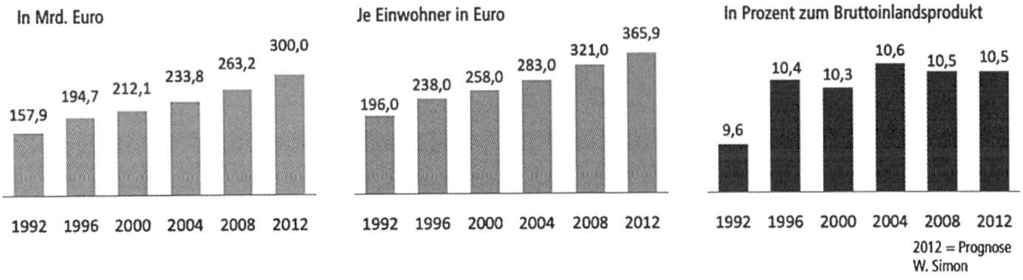

(Quelle: Statistisches Bundesamt)

Die Zeche zahlt das Kassenmitglied

Es wird noch teurer, denn die Ausgaben im Gesundheitswesen wachsen auch künftig schneller als die Einnahmen der Krankenkassen. Die Bürger müssen sich darauf einstellen, auch zukünftig einen immer größer werdenden Anteil ihrer Nachfrage nach Gesundheitsgütern selbst finanzieren zu müssen.

Die Prognose: Es wird noch teurer

Zwischen 2005 und 2010 betrug das jährliche Plus der Ausgaben rund 4 Prozent. Geht man, konservativ gerechnet, von einer zukünftigen Steigerung in Höhe von 3,5 Prozent aus, dann bedeutet dieses GKV-Kosten von 205 Milliarden Euro für das Jahr 2015. Dem ist die Einnahmeseite gegenüberzustellen. Ihr liegt die sogenannte Grundlohnsumme zugrunde (Löhne, Renten, Arbeitslosengeld etc.). Sie stieg in den letzten zehn Jahren um 1,2 Prozent p.a. Das würde für 2015 Einnahmen von 188 Milliarden Euro ausmachen. Es verbleibt ein Defizit von 17 Milliarden Euro. Prognosen gehen davon aus, dass sich dieser Fehlbetrag bis 2020 auf 45 Milliarden Euro erhöhen wird. Das impliziert eine Steigerung des Krankenkassenbeitrages auf 20 Prozent des Bruttolohnes.

Perspektiven in der Gesundheitswirtschaft

Die Politik wird um brachiale Maßnahmen nicht herumkommen. Man kann sich auf diese Veränderungen bis spätestens 2020 einstellen:

- Weitere Reduktion der Anzahl von Krankenhäusern zugunsten von Fachkliniken. Unter Experten gilt der Satz: „A built bed is a filled bed." Die Politik wollte durch Bettenabbau erreichen, dass Kliniken mehr ambulant operieren. Das hat zwar funktioniert, aber mit dem Effekt, dass in Kliniken jetzt doppelt so häufig ambulant operiert wird wie früher.
  Ein Teil der Problemlösung liegt in größeren Fachkliniken, die kostengünstiger arbeiten als regionale Kleinkrankenhäuser. Mit diesen, aber auch mit niedergelassenen Ärzten sind Einzelverträge zu schließen, um zu einer wirksameren Kostenkontrolle zu kommen.
- Auflösung der Kassenärztlichen Vereinigungen, da diese keinen wertschöpfenden Beitrag zum Funktionieren des Gesundheitswesens leisten.
- Nachweis der Wirksamkeit von Medikamenten. Die Kosten für Medikamente sind der zweitgrößte Block im Etat der gesetzlichen Krankenkassen. Als Folge zunehmender

Alterung unserer Gesellschaft liegt hier ein Problem mit enormer Sprengkraft für das Gesundheitssystem. Verschärfend kommt hinzu, dass jedes in Deutschland zugelassene Arzneimittel von den Kassen bezahlt werden muss. Bekannt ist auch, dass die deutschen Ärzte noch immer zu viele und zu teure Medikamente verschreiben.

- Aufhebung des Mehr- und Fremdbesitzverbotes von Apotheken.
  In Deutschland gibt es 21 602 Apotheken, pro 3800 Einwohner eine. Im Vergleich dazu: In Österreich teilen sich 6900 und in Dänemark 18 800 Einwohner eine Apotheke, ohne dass eine Unterversorgung beklagt wird. Noch ist es so, dass der Besitzer eine Apotheke Pharmazeut sein muss und nicht mehr als vier Offizine betreiben darf.
  Zwar hat der Europäische Gerichtshof diese deutsche Besonderheit als rechtmäßig beurteilt, aber die Pharmazieketten werden Mittel und Wege finden, dies zu unterlaufen. Ob das zu einer Preissenkung für Arzneimittel führt, ist nicht sicher, selbst dann nicht, wenn die Ketten mit den Herstellern direkt verhandeln.
- Ausweitung von Rabattverträgen mit Pharmaherstellern.
  Seit Verabschiedung des Beitragssicherungsgesetzes 2003 und des Arzneimittelversorgungs-Wirtschaftlichkeitsgesetzes 2006 besteht für die Krankenkassen die Möglichkeit, von den Pharmaherstellern Preisnachlässe zu fordern. Kassen und Hersteller kommen zu gegensätzlichen Einschätzungen hinsichtlich der Wirksamkeit. Im Juli 2010 wurden die Hersteller per Gesetz gezwungen, die Preise noch weiter zu senken und Wirksamkeitsnachweise vorzulegen.
  Dieser Druck auf die Hersteller, vor allem von Originalpräparaten, wird weiter zunehmen und viel Konfliktpotenzial freilegen. Letzteres betrifft insbesondere die Hersteller von homöopathischen Arzneien.
- Weitere Kostenbeteiligung der Patienten bei Arztbesuchen.

> Täglich nehmen fünf Millionen Bürger Platz in einem Wartezimmer. Der Arztbesuch ist der Türöffner in das Kostenlabyrinth. Es folgen die Apotheke, die Überweisung zum Facharzt oder gar in das Krankenhaus.

Bisher hat sich noch jede Regierung davor gedrückt, diese Maßnahmen auch nur ansatzweise durchzusetzen. Aber die Kosten lassen keinen anderen Weg zu, es sei denn, man strickt das gesamte Gesundheitssystem neu.

1.4 Die Gegenwart und die Zukunft gesundheitswirtschaftlich bedeutsamer Bereiche

Fünf Bereiche der Gesundheitswirtschaft sind für Wirtschaft und Gesellschaft bedeutsam. Hierbei handelt es sich um:
- Die Krankenhäuser
- Die Arztpraxen
- Die Medizintechnik
- Die Pharmabranche
- Den Pflegebereich

Diese repräsentieren die inneren drei Ringe der gesundheitswirtschaftlichen „Zwiebel“. Diese Bereiche sind am nahesten beim Patienten und der erste Ansprechpartner bei Krankheiten. Auch ist ihr wertschöpfender Anteil an der Gesundheitswirtschaft am größten. Für die Urteilsfindung, ob und inwieweit die Gesundheitswirtschaft zur Leitbranche der Gesamtwirtschaft avanciert, reicht daher der nachfolgende Überblick.

Die Krankenhäuser

In den knapp 2100 Kliniken stehen rund 500 000 Betten. Darin wurden 2008 17,7 Millionen Patienten, von denen fast die Hälfte älter als 60 Jahre war, von 1,08 Millionen Beschäftigten versorgt. Fast 25 Prozent der gesamten Gesundheitsausgaben werden in der deutschen Kliniklandschaft getätigt.

Krankenhäuser tragen dazu bei, den medizinisch-technischen Fortschritt zu realisieren. Rund ein Drittel der Ausgaben für Medizintechnik laufen durch Krankenhauskassen. Aus diesen wurden die etwa 10 000 Großgeräte in deutschen Kliniken bezahlt. Tendenz ansteigend.

Anzahl der Krankenhäuser in Deutschland

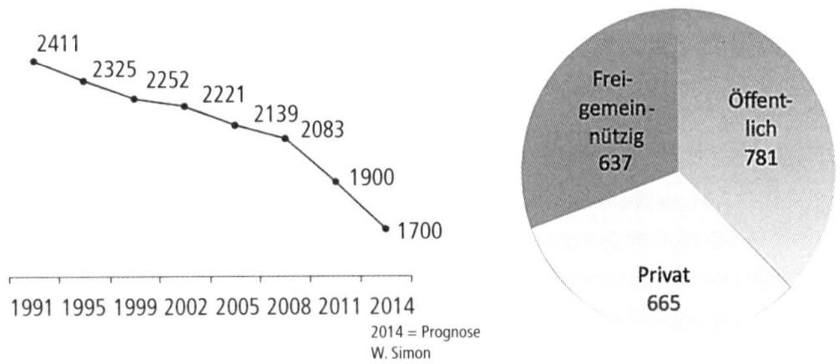

(Quelle: Statistisches Bundesamt)

Steigende Klinikkosten

Dem Bekenntnis zur modernen Medizin stehen infolge ständig steigender Betriebskosten finanzielle Engpässe entgegen. So stiegen die Kosten für den medizinischen Bedarf von 2002 bis 2008 um 31 Prozent, und dieser Posten hat einen Anteil von 47,6 Prozent an den gesamten Klinikkosten.

Leere Kommunalkassen

Von den Kommunen, Kreisen oder Ländern ist kaum Hilfe zu erwarten. Der Zufluss öffentlicher Mittel geht beständig zurück, in den letzten zehn Jahren um etwa 30 Prozent. Dieser Wert wird infolge Verschuldung, Gewerbesteuerrückgang und Haushaltskrise noch mehr zunehmen. Zugleich werden Defizitausgleiche zukünftig durch EG-Vorgaben erschwert werden, denn private Klinikbetreiber erkennen darin eine Wettbewerbsverzerrung.

Defizitäre Krankenhäuser

Über die Defizithöhe an sich gibt es keine verlässlichen statistischen Daten. Das Deutsche Institut für Urbanistik schätzt den Investitionsbedarf kommunaler Krankenhäuser für den Zeitraum von 2005 bis 2020 auf etwa 30 Milliarden Euro. Das wird die öffentliche Hand bezahlen müssen, aber nicht können.

Bettenabbau und Krankenhaussterben

Vor dem Hintergrund dieser Probleme wundert es nicht, dass die Zahl der Krankenhäuser abnimmt, in den letzten 20 Jahren um 15 Prozent. Im gleichen Zeitraum wurde die Zahl der Betten um ein Viertel abgebaut, während zugleich die Menge behandelter Patienten um gut 20 Prozent anstieg. Man kann davon ausgehen, dass die Zahl der Krankenhäuser bis 2020 nochmals um rund 10 Prozent sinkt. Um etwa 20 bis 25 Prozent wird der Bettenabbau zunehmen. Demgegenüber steht der demografische Wandel als Gegenkraft zum Bettenabbau, denn der größer werdende Anteil älterer Menschen führt zwangsläufig zum Patientenanstieg. Für 2030 kann man diesbezüglich von einer 10-prozentigen Steigerungsrate ausgehen.

Spezialisierung und Privatisierung der Krankenhäuser

Laut der Studie *Kommunen in der Finanzkrise* (2010) der Beratungsgesellschaft Ernst & Young wird sich das Krankenhaussterben infolge leerer öffentlicher Kassen beschleunigen. Um dem zu entgehen, werden immer mehr Leistungen ausgelagert oder Kooperationen mit anderen Kliniken und gesundheitswirtschaftlichen Anbietern eingeleitet. Andere Kliniken beschritten den Weg der Spezialisierung. Viele Kliniken in kommunaler Trägerschaft wurden an private Klinikbetreiber veräußert, da die Städte die Defizite nicht mehr ausgleichen konnten, weil die Kosten von 2000 bis 2010 um mehr als 20 Prozent angestiegen sind.

Die Folgen der Fallpauschale

Dieser Prozess wurde durch Veränderungen und Umbrüche im gesundheitspolitischen Umfeld befördert und verstärkt, insbesondere durch die Einführung von Fallpauschalen als

Abrechnungsgrundlage. Dadurch wurde der Trend zu immer kürzeren Verweildauern stationärer Behandlung verstärkt. Dauerte 1991 der Krankenhausaufenthalt noch 14 Tage, so lag er 2010 bei nur noch 8,2 Tagen. Trotz eines seit 1991 um über 15 Prozent gestiegenen Patientenaufkommens liegt die Bettenauslastung nur noch bei etwa 75 Prozent. Man kann davon ausgehen, dass sich Deutschland bald schon der Verweildauer in Frankreich und den USA annähern wird, die dort nur rund fünf Tage beträgt.

Beispiel Marburg und Gießen

Die vielerorts zu beobachtende Privatisierung öffentlicher Leistungen vollzieht sich nunmehr auch im Krankenhausbereich. Von 1992 bis 2008 verdoppelte sich der Marktanteil der privat betriebenen Kliniken. Auf der Basis der Bettenzahl hat er sich sogar verdreifacht. Der Rhön-Klinik AG, Helios und Asklepios bieten sich hervorragende Marktchancen, und sie nehmen sie wahr. Das Paradebeispiel ist die Übernahme der Universitätskliniken Marburg und Gießen durch die Rhön-Klinik AG. Die hoch verschuldeten Gemeinden und Kreise sehen offenbar gar keine andere Möglichkeit, liquide Mittel in ihre leeren Kassen zu bekommen.

Profilbildung durch Konzentration auf Kernkompetenzen

Die Kliniklandschaft streift ihr Tante-Emma-Laden-Image ab. Das Fachgeschäft findet in der Fachklinik ihr medizinisches Pendant. Die Konzentration auf Kernkompetenzen schafft durch ihre klare Profilbildung Ansehen im Gesundheitsmarkt und verschafft Kostenvorteile dank Spezialisierung. Damit einhergehend lösen sich die Grenzen zu den vor- und nachgelagerten Bereichen des Krankenhauses auf. Immer mehr Kliniken gehen Kooperationen mit niedergelassenen Ärzten, medizinischen Versorgungszentren und REHA-Einrichtungen ein. Oft handelt es sich hierbei um Querverbünde innerhalb von Klinikkonzernen, denn viele der medizinischen Versorgungszentren befinden sich im Eigentum privater Klinikbetreiber.

Versorgungslücken in der Fläche könnten durch mobile Ärzteteams gedeckt werden, die in den verbleibenden Kommunalkrankenhäusern die Patienten behandeln. Zugleich bieten sich hier vielfältige Möglichkeiten der aufkommenden Telemedizin.

Die Arztpraxen

Der Häutungsprozess der Gesundheitswirtschaft verändert auch die Landschaft der ambulanten Versorgung. Alte Akteure verschwinden, neue kommen hinzu. Das betrifft insbesondere Arztpraxen und medizinische Versorgungszentren. So zeichnet sich ein Rückgang frei praktizierender Ärzte an. Während früher pro Jahr auf hundert Praxen eine neue hinzukam, ist dieser Wert auf 0,3 Prozent gesunken. Der Anteil der niedergelassenen Ärzte (138 000) an der Gesamtheit deutscher Ärzte (421 000) ist rückläufig und beträgt nur noch etwa 30 Prozent. In bevölkerungsreichen Gebieten kommt es wegen der Praxisdichte kaum noch zu Neugründungen. Im Gegensatz dazu ist das flache Land medizinisch unterversorgt, vor allem in Ostdeutschland. Dennoch ist hervorzuheben, dass Deutschland mit rund 3,4 Ärzten pro 1000 Einwohner einen Spitzenplatz einnimmt.

Die Arztpraxis in der Zwickmühle

Die Veränderungen der Einzelpraxis zeigen sich unter anderem an der Entwicklung der Gemeinschaftspraxen, von denen es 2010 bereits etwa 4500 gab. Dem liegen wirtschaftliche Zwänge zugrunde. Darum denken immer mehr Ärzte über neue Formen der Praxisorganisation nach. Der Praxisarzt befindet sich in einem nahezu unlösbaren Dilemma: Er ist einerseits dem Wohlergehen seiner Patienten verpflichtet und befindet sich andererseits unter enormem Spardruck. Diese Zerrissenheit wird der Patient früher oder später zu spüren bekommen. Die Behandlung wird zukünftig noch zügiger durchgeführt werden, Honorarärzte werden eingesetzt, die dann keine feste Patientenkartei mehr haben. Der Patient wird zur Ware und von einem Arzt zum nächsten, billiger arbeitenden weitergereicht. In der Praxis wird die Basisversorgung mit dem Rezeptblock in der Hand nur noch auf niedrigstem Niveau erfolgen.

Schon 1300 medizinische Versorgungszentren

Eine Sonderform ärztlicher Gemeinschaftspraxen sind die medizinischen Versorgungszentren (MVZ), die durch das Gesundheitsmodernisierungsgesetz 2004 möglich wurden. Hier wird medizinische Kompetenz unter einem Dach gebündelt. In Deutschland existieren bereits 1300 solcher Versorgungszentren, in denen 6300 Ärzte praktizieren. Tendenz ansteigend. Man kann davon ausgehen, dass die gute alte „Tante Emma-Praxis“ durch die neuen integrierten Großpraxen verdrängt werden. Besonders Krankenhäuser, private wie öffentliche, beteiligen sich an diesem Verdrängungsprozess, denn diese schlüpfen immer mehr in die Rolle des MVZ-Gründers. Viele der neuen Zentren entstehen gleich neben dem Krankenhaus oder auf dessen Gelände. Das ermöglicht ihnen, die eigene Medizintechnik besser auszulasten, fachärztliche Leistungen wirtschaftlicher über ein solches Zentrum abzuwickeln oder, umgekehrt, Patienten an das angegliederte Krankenhaus zu überweisen.

Verzahnung ambulanter und stationärer Behandlung

Der Anteil der Krankenhäuser an den MVZ liegt mittlerweile bei 40 Prozent. Man kann davon ausgehen, dass jedes zweite Krankenhaus ein solches MVZ errichten wird. Das passt genau in das strategische Konzept des Rhön-Klinikkonzerns. Dieser plant nach eigenen Worten „den Wandel vom Klinikbetreiber zum integrierten Gesundheitsversorger“ und spricht von der „Verzahnung ambulanter und stationärer Behandlung zur medizinischen Einheit“. Hierzu Rhön-Klinik-Vorstandschef Wolfgang Pföhler in der F.A.Z. vom 05.07.2009: „Wir wollen zusammen mit niedergelassenen Ärzten Versorgungszentren aufbauen.“ Bei komplexen Krankheitsbildern überweisen diese ihre Patienten in die Spezialkliniken der Rhön-Gruppe (F.A.Z. 05.10.2008).

Die Medizintechnik

Als Schnittstelle zwischen Mensch, Medizin und Technik vereinigt die Medizintechnik Fachgebiete wie Elektronik, Chemie, Informations- und Kommunikationstechnologie, Messtechnik und Mechanik unter ihrem Dach. Man unterscheidet in der Medizintechnik diese beiden Hauptklassen:

- Klassische Medizintechnik mit 70 Prozent des Branchenumsatzes (Praxis- und Krankenhauseinrichtungen nebst Zubehör, Implantate, Hilfsmittel bei Behinderungen, optische Hilfsmittel und chirurgische oder zahnmedizinische Instrumente)
- Elektromedizin mit 30 Prozent des Branchenumsatzes

Ein Paradebeispiel für emergente Innovationen

Die Medizintechnik ist ein Paradebeispiel für emergente Innovationen. Bildgebende Systeme, Katheder mit Minisonden oder Implantate vom Gelenkersatz bis hin zum künstlichen Herzen sind die bekannteren Beispiele. Schnelle, genaue und schonende Verfahren, die mit miniaturisierten Instrumenten eingesetzt werden, revolutionieren Diagnose und Therapie. Minimalinvasive Operationsmethoden schonen den Patienten und verkürzen die Liegezeiten im Krankenhaus.

Die Medizintechnik in Zahlen

In den vergangenen Jahren expandierte das verarbeitende Gewerbe in Deutschland um jährlich etwa 3 Prozent, doch die Medizintechnik lag mit 5 Prozent deutlich darüber. Der Branchenumsatz liegt bei etwa 20 Milliarden Euro. Besonders stark entwickeln sich die Umsatzraten der elektronisch basierten Medizintechnik.

Rund 100 000 Menschen sind im medizintechnischen Sektor in über 1200 Unternehmen tätig. Rund 90 Prozent der Unternehmen mit einem Anteil von circa 50 Prozent an der Gesamtbeschäftigung haben weniger als 20 Beschäftigte. Bei Einbeziehung der Betriebe mit unter 20 Beschäftigten dürfte die Zahl bei schätzungsweise 150 000 liegen.

Globale Perspektiven

Deutschland ist mit 15 Prozent Weltmarktanteil – geschätzter Umsatz 200 Milliarden US-Dollar – der zweitgrößte medizintechnische Lieferant nach den USA (31 Prozent). Für die Jahre bis 2020 wird eine Verdoppelung des Weltmarktumsatzes prognostiziert (Prognos, IKB, 2007).

Apparatemedizin als interessante Wachstumsbranche

Hinter dem Begriff der *Apparatemedizin*, von vielen als Schreckenswort genutzt, verbirgt sich eine interessante Wachstumsbranche, die Arbeitsplätze schafft und den Heilungsprozess bei Patienten mit Innovationen fördert. Allein der Exportanteil dieser Branche beläuft sich auf 66 Prozent und liegt damit ein Drittel über der Gesamtindustrie. In vielen Ländern der Welt steigen die Gesundheitsausgaben, insbesondere in China und Indien. In Osteuropa warten viele marode Krankenhäuser auf ihre Modernisierung. Allerdings werfen auch zahlreiche Wettbewerber einen begehrlichen Blick auf die neuen Gesundheitsmärkte dieser Welt und versuchen, deutsche Unternehmen zu verdrängen.

Das Exportgeschäft hat für die Medizintechnik einen großen Stellenwert, da der Inlandsabsatz infolge leerer Kommunalkassen schwach bleiben wird. Hier müssen Bund, Länder und Kommunen sowie die Krankenkassen neue Wege finden, um eine medizinische Optimalversorgung der Bürger sicherzustellen.

Die Stärken und die Treiber

Deutschlands medizintechnische Stärke zeigt sich an der Innovationskraft. Nur die USA melden mehr Patente an. Acht Prozent des Umsatzes investieren deutsche Unternehmen in die Forschung und Entwicklung. Ein Drittel der Umsätze werden mit Produkten generiert, die jünger als drei Jahre alt sind.

Deutschland ist im Bereich der bildgebenden Verfahren wie Röntgentechnik, Computertomografie und Magnet-Resonanz-Tomografie Innovationsführer. Weitere Domänen sind die Endoskopie, der Bereich Ultraschall und die Nuklearmedizin.

Zukunft der Telemedizin

Zu den zukunftsträchtigsten Bereichen der Medizintechnik dürfte die Telemedizin gehören, die neue Wege der Diagnose und Therapie via Medien verspricht. Besonders bei chronischen Krankheiten bietet sie enorme Effizienzvorteile, da Arztbesuche und Krankenhausaufenthalte entfallen. Auch infolge der Zunahme an Diabeteserkrankungen wird sich der Absatz entsprechender Gerätschaften vervielfachen.

Das Voranschreiten der Miniaturisierung

Von der technischen Seite her schreitet der Prozess der Miniaturisierung fort. Das bietet den Herstellern von kleinen tragbaren Ultraschallgeräten gute Absatzchancen, vor allem dort, wo es auf Mobilität ankommt, so beim ärztlichen Hausbesuch oder Sanitätseinsatz.

Die Pharmabranche

Der Pharmamarkt legt weltweit jährlich um mehr als 10 Prozent zu. In den kommenden Jahren wird das Wachstum weiterhin hoch sein, bei etwa 8 Prozent. Wachstumsauslöser sind Arzneimittel zur Behandlung von Herz-Kreislauf-Erkrankungen, Leiden des zentralen Nervensystems sowie des Stoffwechsel- und Verdauungssystems. Für Marktvolumen und -wachstum spielen noch Krebstherapeutika und Arzneimittel zur Behandlung von Immun- und Infektionskrankheiten eine besondere Rolle.

Interessante Wachstumsperspektive

Die deutsche Pharmabranche entwickelt sich mit 4 Prozent jährlichem Wachstum über dem Durchschnitt des verarbeitenden Gewerbes mit 3 Prozent. Diese Dynamik wird anhalten, jedoch mit ständigen Bremseffekten infolge zunehmender staatlicher Regulierung. Hier wäre vor allem das Arzneimittelversorgungs-Wirtschaftlichkeitsgesetz zu nennen. Dennoch bietet der deutsche Markt als größter europäischer allen Akteuren interessante Wachstumsperspektiven.

Bei den Aufwendungen für Forschung und Entwicklung liegen die deutschen Pharmaunternehmen mit 13 Prozent weit über dem industriellen Durchschnitt mit 4 Prozent. Hierbei sind die forschenden Unternehmen von den patentverwertenden Generikaproduzenten zu unterscheiden.

Zur medizinischen Biotechnologie

Als zukunftsträchtig gilt die medizinische Biotechnologie. Sie wurde durch die Entschlüsselung des menschlichen Genoms im Jahr 2000 angestoßen. Im Jahre 2008 gab es schon 175 biomedizinische Wirkstoffe gegenüber 115 acht Jahre zuvor. Damit erlangte dieser Wirkstoffbereich einen Anteil von 30 Prozent an allen Neuzulassungen der letzten zehn Jahre. Wichtigstes Anwendungsgebiet sind Stoffwechselerkrankungen mit einem Umsatzanteil von 40 Prozent. Der Umsatzanteil am deutschen Gesamtpharmamarkt (28 Milliarden Euro) beläuft sich auf 4,4 Milliarden Euro Umsatz bei 16 Prozent (2000: 8 Prozent). Gegenwärtig hat das biologische Marktsegment einen Anteil von 12 Prozent am weltweiten Pharmamarkt. Voraussichtlich im Jahre 2014 wird etwa die Hälfte aller neuen Zulassungen auf Biopharmazeutika entfallen. Als Folge hiervon kann man bis etwa 2015 von einem jährlichen Umsatzwachstum von 12,5 Prozent ausgehen.

Zur Biomedizin

Die Biomedizin beschreitet andere Wege als die traditionelle Pharmazie. Während Letztere Wirkstoffe zur Krankheitsbekämpfung einsetzen, zielt die Biomedizin auf die zellulären oder genetischen Ursachen. Schwerpunkte bilden therapeutische Proteine und Impfstoffe. Während Biopharmazeutika gegenwärtig noch in der Behandlung von Stoffwechselerkrankungen eingesetzt werden, geht der Trend in Richtung Krebs-, Infektions- und Immunkrankheiten. Hieraus ergeben sich gewaltige Entwicklungspotenziale. Um die Zukunft dieses Pharmasegments ist es bestens bestellt.

Der demografische Faktor

Der demografische Faktor spielt der Pharmabranche direkt in die Hände. Mit zunehmendem Alter steigt der Medikamentenverbrauch. Diese Zahlen sprechen für sich: Menschen der Altersgruppe 80 bis 84 bekommen 18-mal so viele Medikamente verschrieben wie die Altersgruppe 20 bis 24. Das führt ebenso zu Umsatzsteigerungen wie der steigende Exportanteil deutscher Pharmaprodukte (2000: 48 Prozent; 2008: 56 Prozent). Allein für den chinesischen Pharmamarkt wird für die Jahre 2008 bis 2013 ein Umsatzwachstum von 40 Milliarden US-Dollar erwartet. Ganz allgemein wird Ostasien eine wichtige Rolle in den Absatzstrategien der Pharmabranche spielen, denn zwischen 2000 und 2030 wird sich dort der Anteil der Mittelschicht am Welteinkommen verdreifachen.

Der Siegeszug der Generikaprodukte

Aufgrund steigender Gesundheitskosten steigt der Marktanteil preiswerter, sogenannter Generikaprodukte unaufhörlich. Sie konnten 70 Prozent des Marktes in Deutschland für sich erobern. Die deutsche Aufwärtsentwicklung des Generikamarktes wird infolge vielfältiger Sparzwänge, insbesondere durch das Arzneimittelversorgungs-Wirtschaftlichkeitsgesetz, staatlich gefördert. Gebremst wird diese Entwicklung jedoch durch die staatliche „Verordnung" von Zwangsrabatten zugunsten der Krankenkassen. Als Folge hiervon liegen die deutschen Generikapreise inzwischen bei vielen Präparaten unter dem Durchschnitt der fünf bedeutendsten Arzneimittelmärkte.

Deutschland ist, global gesehen, der zweitgrößte Generikamarkt hinter den USA, die 40 Prozent dieses Marktes repräsentieren. Weltweit ist im Zeitraum von 2010 bis 2020 mit einem Wachstum von rund 12 Prozent zu rechnen. Auslaufende Patente der Originalpräparate befördern diesen Prozess.

Zu Biotechmedikamenten

Letzteres gilt auch für Biotechmedikamente. Die Generikahersteller stehen hier allerdings vor gewaltigen Herausforderungen, da es sich bei den biotechnologischen Wirkstoffen nicht um chemische Verbindungen, sondern um komplexe biologische Moleküle handelt. Viele Biotechpatente schützen nicht nur die Wirkstoffe, sondern auch den Herstellungsprozess. Oft sind auch die Produktionsstätten Teil des Zulassungsverfahrens. Ein perfektes Generikum ist somit fast unmöglich. Biotechnologische Generika sind den originären Wirkstoffen lediglich „sehr ähnlich". Darum nennt man sie „Biosimilars". Dennoch stehen alle großen Generikahersteller in den Startlöchern, um preisgünstigere Biotechpräparate anbieten zu können. Der Biosimilar-Trend wird nicht aufzuhalten sein.

Medikamentenkosten (in Mrd. Euro)

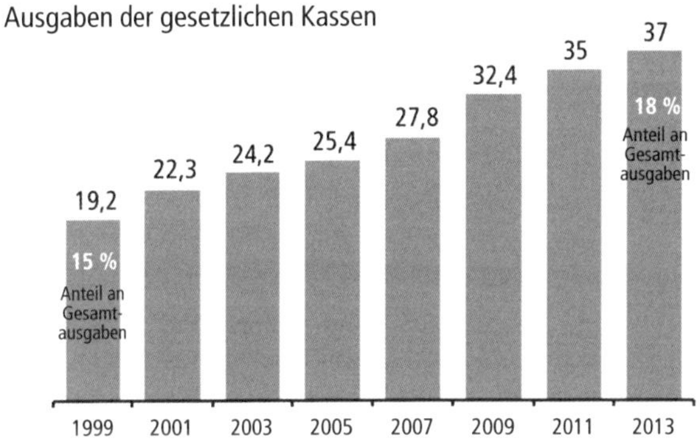

(Quelle: Bundesministerium für Gesundheit)

Das Problem der Unternehmensgröße

Potenzielle „Krankheitserreger" drohen der deutschen Pharmabranche von der Unternehmensgröße her. 70 Prozent der Unternehmen haben weniger als 100 Mitarbeiter. Diese stehen den Niederlassungen global agierender Pharmakonzerne mit starken Vertriebsorganisationen gegenüber. Zu beachten ist ferner, dass sich die Pharmamärkte in Großbritannien, Frankreich und den USA stärker entwickelt haben als hierzulande. Diese Länder konnten ihre Anteile an der Weltpharmaproduktion steigern, während der deutsche Anteil fiel. Der Entwicklungsaufwand für neue Medikamente ist gewaltig, etwa für klinische Studien mit Tausenden von

Testpatienten. Der Gesamtprozess dauert nicht selten mehr als zehn Jahre und verschlingt Summen im siebenstelligen Bereich. Hier können nur noch international agierende Pharmariesen wie Novartis, Roche oder Bayer mithalten.

Die zunehmende Selbstmedikation

Um den Zwängen des staatlich regulierten Marktes zu entgehen, wenden sich immer mehr Pharmahersteller direkt an den Verbraucher. Selbstmedikation lautet das Schlagwort. Für kleine Wehwehchen erübrigt sich der zeitaufwendige Arztbesuch dank Aspirin oder Franzbranntwein. Mit 11 Prozent war die Selbstmedikation am Arzneimittelabsatz des Jahres 2008 beteiligt. Das klingt zwar gut, aber dieses Segment ist kein Wachstumstreiber. Das leisten eher schon Lifestyle-Präparate, also Medikamente, die nicht der Bekämpfung einer Erkrankung, sondern der Verbesserung der körperlichen Leistungsfähigkeit oder des allgemeinen Wohlbefindens dienen, wie man das der Viagrapille oder dem Nikotinpflaster zumutet. Deren Umsatzanteile steigen beständig. Betrug er 2002 noch 2,4 Milliarden Euro, so werden für 2011 etwa 4 Milliarden Euro erwartet. Auch an dieser Zahl wird nochmals deutlich, dass der zweite Gesundheitsmarkt gute Zukunftsaussichten bietet, während die Prognosen für den ersten mit vielen Fragezeichen zu versehen sind.

Der Pflegemarkt

Die steigende Lebenserwartung der Menschen impliziert einen wachsenden Pflegemarkt. Ambulante Pflege und Pflegeheime sind die Gewinner dieser Entwicklung. Aber auch für den Städtebau und für Wohnungsgesellschaften werden die demografischen Veränderungen zum Thema.

2,25 Millionen Pflegebedürftige

2,25 Millionen Menschen sind in Deutschland pflegebedürftig. Davon waren nach der letzten Pflegestatistik (2007) 83 Prozent älter als 65 Jahre. Mehr als zwei Drittel aller Pflegebedürftigen werden häuslich versorgt und ein Drittel in Pflegeheimen. Bei den häuslich versorgten Alten geht der

Trend hin zu ambulanten Pflegediensten. Hier bieten 11 500 Unternehmen mit 236 000 Beschäftigten ihre Dienste an. Rund 7000 dieser Pflegedienste befinden sich in privater Trägerschaft. Freigemeinnützige Träger wie Caritas und Diakonie betreiben 38 Prozent und öffentliche Träger 2 Prozent aller Pflegedienste.

Starken Zulauf verspüren auch die mehr als 11 000 zugelassenen Pflegeheime in Deutschland, in denen 574 000 Kräfte die Pflegebedürftigen betreuen. Die Mehrzahl dieser Heime (6100 = 55 Prozent) befand sich in freigemeinnütziger Trägerschaft. Privatunternehmen sind mit 39 Prozent und öffentliche Träger mit 6 Prozent auf diesem Markt engagiert.

Wachstum der Pflegebedürftigen

Damit hat dieser Markt eine Größenordnung von etwa 20 Milliarden Euro Umsatz erreicht, und er wächst weiter. In den nächsten 20 Jahren werden rund 200 000 zusätzliche Betten benötigt. Das ergibt sich aus zunehmenden Scheidungsraten und Einpersonenhaushalten, dem Mangel an altersgerechtem Wohnraum, der steigenden Erwerbstätigkeit der Frauen

Deutschlands Pflegemarkt

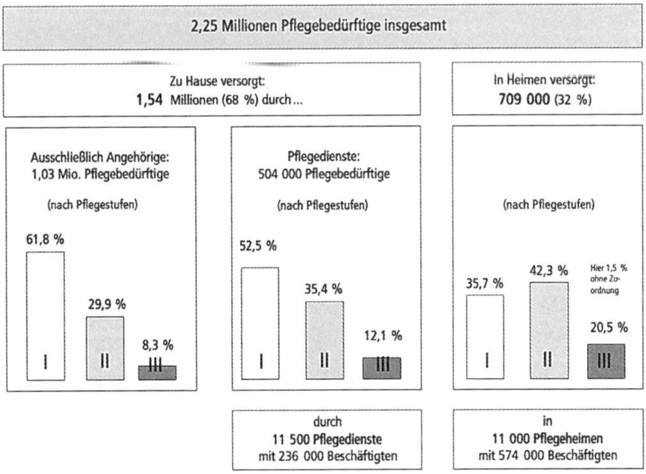

(Quelle: Statistisches Bundesamt)

und der kürzeren Verweildauer in Krankenhäusern. Bis 2030 ist mit knapp drei Millionen Pflegebedürftigen zu rechnen. Alle mit dem Pflegemarkt zusammenhängenden Daten weisen nach oben.

Harter Wettbewerb mit vielen Pleiten

In den nächsten Jahren ist mit steigendem Qualitäts-, Preis- und Kostendruck zu rechnen. Viele Anbieter werden dieser Situation nicht standhalten können. Private und finanziell starke Pflegeheimketten werden kleine Heimbetreiber aus dem Markt drängen. Der bestehende Sanierungs- und Modernisierungsbedarf mit einem geschätzten Kostenvolumen von ca. 3 Milliarden Euro, vor allem bei kommunalen Heimen, wird diesen Trend noch beschleunigen.

2. Metatrend: Globalisierung

Die planetare Vernetzung der Welt wurde durch den ungeheuren Technologieschub der letzten 20 Jahre, vor allem im Bereich der Informations- und Kommunikationstechnologie, angestoßen. Parallel vollzogen sich der weltweite Niedergang des Sozialismus und der Siegeszug des Neoliberalismus, die den Abbau von Handelshemmnissen, insbesondere von Zöllen, sowie die Ausweitung des weltweiten Handels begünstigten. Ein relativ niedriger Erdölpreis in den Jahren von 1980 bis 1998 stimulierte die Wirtschaft, insbesondere den Warenhandel und die Wachstumsraten. In den letzten 80 Jahren sanken die Seefrachtkosten um 70 Prozent, die Luftfrachttarife sogar um 90 Prozent.

Sinkende Transport- und Kommunikationskosten

Die Kommunikationskosten fielen rapide. Ein dreiminütiges Telefonat von New York nach London, das 1930 noch 250 US-Dollar kostete, kann heutzutage fast zum Nulltarif geführt werden. Als Folge hiervon verlieren geografische Distanzen zunehmend ihre trennende Wirkung. Erst die relativ sinkenden Kosten für Transport und Kommunikation bei gleichzeitiger Verbreitung der Kommunikationsnetze haben neue Produktions- und Vermarktungsstrategien und einen allgemeinen globalen Austausch ermöglicht.

Die Welt als Shoppingzentrum

Der Wirtschaftsraum reicht nicht mehr nur von Usedom bis ins Allgäu, sondern von Feuerland bis Tasmanien, vom Nordkap bis Kapstadt. Globalisierung ist das Stichwort für einen schrankenlosen Kapitalismus, der die Welt zum grenzenlosen Shoppingzentrum umwandelt. Dank grenzüberschreitender Mobilität können die Kunden in diesem globalen Supermarkt einkaufen. Jedes Produkt wird zukünftig an jedem Ort, für jedermann, der es bezahlen kann, verfügbar sein.

Globalisierung ist mehr als nur weltweites Wirtschaften

Aber Globalisierung ist mehr als nur die Handelsverflechtung. Auch die Kommunikation und die Kulturen verflechten sich. Die auf lokale, regionale oder nationale Räume begrenzte Kommunikation wurde durch den PC und das Internet entgrenzt. Es wäre also falsch, den Begriff *Globalisierung* nur wirtschaftlich füllen zu wollen. Viele Aspekte in Politik, Kultur und Umwelt wirken global aufeinander und hängen voneinander ab:

- **Politik:** Um global zu wirtschaften, bedurfte es weltweit agierender Institutionen und verbindlicher Regelungen. Die Summe internationaler Verträge nähert sich der Zahl 30 000. Internationale Organisationen, staatliche wie nicht staatliche, erleben ein rapides Wachstum. Die identitätsstiftende Wirkung des Nationalstaates und der Nationalökonomie wird hingegen immer schwächer. Ulrich Beck spricht darum von „Transnationalstaaten".
- **Kultur und Lebensformen:** Harry-Potter-Manie, Manga, MTV, H&M, fernöstliche Meditationspraktiken und Beglückungslehren entgrenzen Kulturen und vereinheitlichen die evolutionär gewachsenen Ausdrucksformen des Lebens. Vielleicht entsteht eine globale Hyperkultur oder hybride Kulturformen. Ob es den von Samuel Huntington prophezeiten *Clash of civilizations* geben wird, den Zusammenprall zwischen der christlichen und der muslimischen Welt, bleibt abzuwarten.

  Der erste Schub der kulturellen Globalisierung setzte mit dem American Way of Life nach 1945 ein. Broadway und Hollywood, Jazz und Rock, Coke und Cheeseburger wurden zu Leitbildern einer neuen Lebensweise und Lässigkeit zum Gegenbild „deutscher Disziplin". Begünstigt durch Radio und TV, Film und später durch das Internet, wurde

die Welt kulturell US-amerikanisiert und unter Zuhilfenahme des Militärs politisch und wirtschaftlich kolonialisiert.
Eine weltweit akzeptierte Sprache begünstigte die Globalisierung. Englisch ist Alltags- und Weltsprache für Handel und Verkehr, Politik und Wissenschaft geworden. Etwa 1,55 Milliarden Menschen sprechen englisch. In mehr als 50 Staaten fungiert Englisch als eine Amtssprache. Englisch ist die Verkehrssprache zahlreicher internationaler Organisationen, Kongresse und bei der Verbreitung von Informationen. Rund 80 Prozent der Internetinhalte sind englischsprachig, und 40 Prozent der Internetnutzer sprechen englisch.

- **Umwelt:** Die Globalisierung erzeugt neue und verstärkt die bekannten Umweltbelastungen. Themen wie Klimaveränderung, Treibhauseffekt und Erwärmung der Weltmeere betreffen den Planeten insgesamt. Wollte man die Probleme lösen, wäre die Zusammenarbeit aller Staaten notwendig.

Globalisierung ist für unsere Volkswirtschaften das, was für die Physik die Schwerkraft ist. Man kann nicht für oder gegen das Gesetz der Schwerkraft sein – man muss damit leben.

ALAIN MINC

Die Totalität der Globalisierung

Viele weitere Bereiche sind global aktiv oder wirksam. Grippewellen breiten sich via Flugverkehr weltweit aus, Informationen via Internet, viele mafiöse Organisationen agieren mit Drogen- und Menschenhandel und Kinderpornografie und diesem ganzen Mist, die Rosen zum Valentinstag kommen höchstwahrscheinlich aus Ecuador, und die TV-Satelliten bringen uns die amerikanische und die asiatische Kultur näher, wir können Nachrichten aus unbekannten Orten sehen, ohne ein Wort zu verstehen. Mit Schnäppchenkäufen bei den Discountern bekennen wir uns zum globalen Konsumangebot. Obwohl selbst Opfer der globalen Konkurrenz zwischen billigen und teuren Arbeitskräften, werden die Schnäppchenjäger zu ungewollten Mittätern dieses Wettlaufes.

2.1 Die Indikatoren der wirtschaftlichen Globalisierung

Ökonomische Sachverhalte sind die stärkste Triebkraft der Globalisierung. Das war schon 1848 so, als Karl Marx und Friedrich Engels im *Kommunistischen Manifest* diagnostizierten: „Das Bedürfnis nach einem stets ausgedehnteren Absatz für ihre Produkte jagt die Bourgeoisie über die ganze Erdkugel. Überall muss sie sich einnisten, überall anbauen, überall Verbindungen herstellen … (Sie) hat durch die Exploitation des Weltmarkts die Produktion und Konsumtion aller Länder kosmopolitisch gestaltet." (MEW, 4, S. 465 f.)

Kosmopolitisch – ein anderes Wort für Globalisierung schon 1848? Die beiden Autoren scheinen wieder aktuell zu werden. Einen Weltbürger nannte man einst Kosmopolit.

Globalisierungsgegner wie -befürworter sind sich bezüglich der Indikatoren einig, aber interpretieren diese unterschiedlich. Wie auch immer diese Indikatoren gedeutet werden, sie machen das Ausmaß der weltweiten Wirtschaftsverflechtungen sichtbar.

Wachstum des Welthandels

Der statistisch nachweisbare Welthandel verläuft wesentlich schneller als das Wachstum der Weltwirtschaft insgesamt. Von 1950 bis 2005 wuchs der Handel auf über das 30-Fache. Im Vergleich dazu vergrößerte sich die Produktion nur achtfach.

Zu Im- und Export

Waren im Wert von über 13 833 Milliarden US-Dollar (zum besseren Verständnis: Das sind 13,8 Billionen US-Dollar) wurden im Jahre 2007 weltweit importiert. Zur Jahrtausendwende waren das noch 6500 und 1991 nur 3500 Milliarden US-Dollar. Knapp 43 Prozent des Warenimports wurden von Europa eingeführt, 25 Prozent von Asien und 19 Prozent von Nordamerika.

Im- und Export konzentrieren sich zu gut 75 Prozent auf Nordamerika, Westeuropa und Ostasien. Der Handel zwischen den Regionen – der interregionale Handel – nimmt zu. Zunehmend stoßen auch bisherige Entwicklungsländer bzw. Schwellenländer in die Riege der Global Player. Die Weltwirtschaft verschmilzt zu einem globalen Gesamtsystem.

Für offene Märkte

Die Triebkräfte dieser Entwicklung ergeben sich aus der modernen Massenproduktion. Nationale Märkte verfügen nicht über ausreichende Nachfrage, um die Angebotsmenge aufnehmen zu können. Das erklärt zugleich, warum sich die Unternehmen der Industriestaaten für offene Märkte einsetzen.

Die führenden Exportnationen

Warenausfuhr (in Mrd. US-Dollar, 2009)

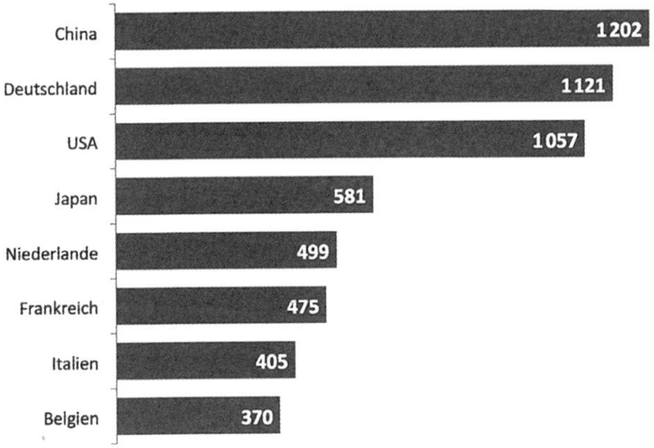

(Quelle: WTO, 2010)

Die führenden Importnationen

Wareneinfuhr (in Mrd. US-Dollar, 2009)

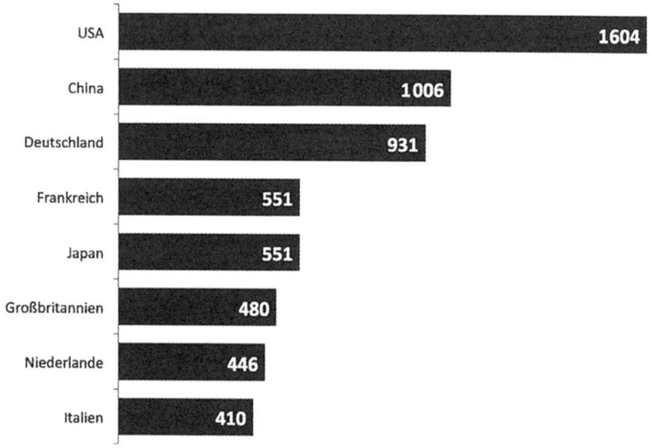

(Quelle: WTO, 2010)

Die Rolle transnationaler Konzerne

Kundenbeziehungen, Wettbewerb und Chancen nehmen globale Dimensionen an. Selbst Reinigungsfirmen wie die Dussmann-Gruppe stellen sich heute dem globalen Wettbewerb. Globalisierung wird sich unabhängig von der Größe und Branche und vor allem an den Nationalstaaten vorbei vollziehen. Das wird daran erkennbar, dass transnationale Konzerne mittlerweile rund zwei Drittel des gesamten Welthandels abwickeln – die Hälfte davon innerhalb der jeweils eigenen Konzernfamilie. Vergleicht man die Umsätze der Firmengruppen mit den Haushalten von Staaten, dann befinden sich auf einer Liste mit 100 Einträgen derzeit 51 Konzerne und 49 Staaten. So sind beispielsweise die Erlöse von General Electric, BP, Walmart oder Daimler größer als die Nationaleinkommen aller Länder zwischen der Sahara und Südafrika zusammen. In diesem „Säurebad des digitalen Kapitalismus", so Peter Glotz, zerfallen die Säulen der Nationalstaatlichkeit.

John Naisbitt schlägt deshalb vor, das Bruttoinlandsprodukt als Entwicklungsindex durch ein Bruttodomainprodukt zu ersetzen. Nicht das, was innerhalb eines Landes produziert werde, sondern innerhalb einer Branche, ergebe ein aussagefähiges Bild. Schließlich globalisieren sich nicht primär die Staaten, sondern die Wirtschaft (Naisbitt, 2007).

Welthandelsgüter

Die Zusammensetzung der Welthandelsgüter hat sich stark verändert. Der Handel mit Halbfertig- und Fertigwaren aus Industrieproduktion wuchs mehr als doppelt so stark wie der mit agrarischen und bergbaulichen Rohstoffen (siehe Abbildung).

Die wichtigsten Handelsgüter

Erdgas und Erdöl bleiben aber die wichtigsten Handelsgüter der Welt. Da das natürliche Rohstoffaufkommen ungleich verteilt ist und die Erzeugerstaaten die Menge geförderten Erdöls und Erdgases nicht selbst verbrauchen, sind viele Staaten über Pipelines und Rohölmärkte miteinander vernetzt. Aufgrund seiner zentralen Lage und reichen Vorkommen spielt der Nahe Osten eine Sonderrolle in der Energieversorgung, besonders für die USA.

Waren des Welthandels

(in Mrd. US-Dollar, 2007)

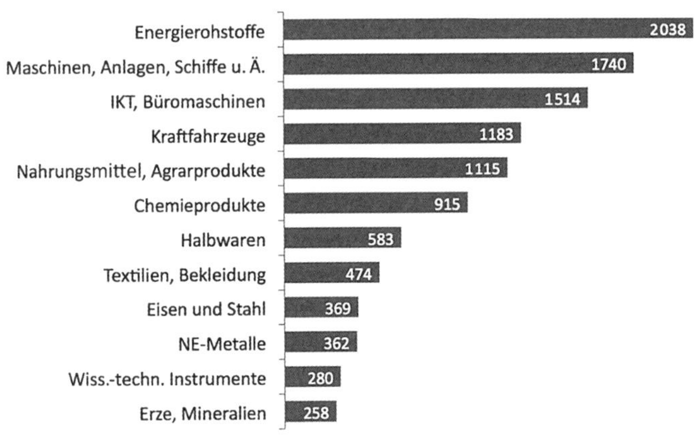

(Quelle: WTO, 2008)

Die Ungleichverteilung globaler Ressourcen

Der Blick auf eine Karte für Bodenschätze zeigt, wie ungleich diese verteilt sind: Fast drei Viertel der Kohlevorkommen der Welt lagern in US-amerikanischer, russischer und chinesischer Erde. Unter dem Wüstensand des Nahen Ostens befinden sich 65 Prozent der Erdölvorräte und 35 Prozent der Erdgasvorkommen dieser Welt. Weitere 45 Prozent Erdgas lagern unter sibirischem Boden. Eisenerz kommt aus Brasilien und Australien und geht nach Westeuropa, Nordamerika, Ostasien und Indien.

Erdöl: Die größten Förderer

(Angaben in Mio. Tonnen, 2008)

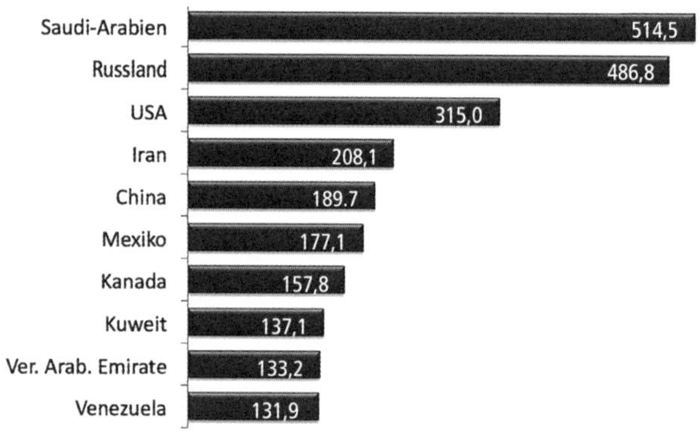

(Quelle: Oeldorado 2009, ExxonMobil)

Erdöl: Die größten Verbraucher

(Angaben in Mio. Tonnen, 2008)

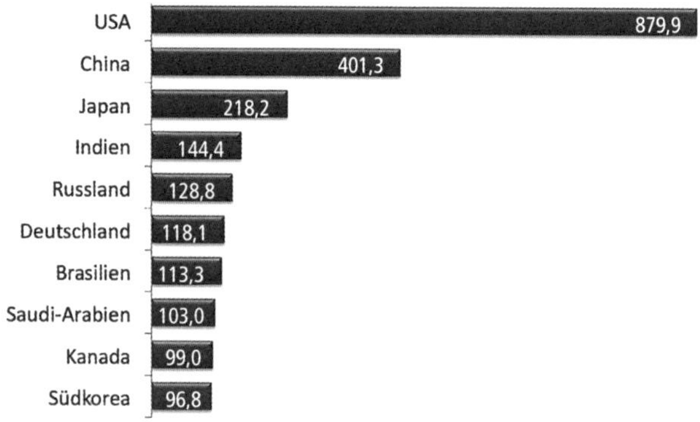

(Quelle: Oeldorado 2009, ExxonMobil)

Diese Ungleichverteilung globaler Ressourcen ist eine der Ursachen des globalen Handels, weil die Rohstoffe der verarbeitenden Industrie zugeführt werden müssen. Das Paradoxe an diesem Handel ist jedoch, dass die entwickelten Industrienationen diese Stoffe nachfragen, die Energie nutzen, Emissionen an die Umwelt freigeben, aber die Rohstofflieferanten darauf hinweisen, ökologische Standards einzuhalten und umweltbewusst zu handeln.

Globalisierung dank Schiffen und Containern

Zu diesem weltweiten Wirtschaftsgefüge gehört das maritime Reservoir. Über 90 Prozent der gehandelten Waren werden über die Weltmeere verschifft, darunter 40 Prozent des Erdöls und Erdgases. Rund 50 000 Schiffe kreuzen die Meere. Ihre Ladekapazität steigt immer mehr. Während das weltgrößte Containerschiff des Jahres 1968 nur 752 Container fasste, werden heute rund 10 000 im Bauch moderner Frachtschiffe gestapelt.

Dienstleistungen als globale Ware

Dienstleistungen sind die neue Ware auf dem Weltmarkt. Der Im- und Export von Serviceangeboten nimmt beständig zu. Er lag 2008 bei etwa 2,3 Milliarden US-Dollar. Zwanzig Jahre zuvor betrug er nur 407 Millionen US-Dollar. Tourismus und Transport haben hiervon einen Anteil von über 50 Prozent. Aber auch die Verbreitung US-amerikanischer Schulen und Universitäten in Europa sind Bausteine auf dem Wege zur globalen Dienstleistungsgesellschaft.

Wachstum der ausländischen Direktinvestitionen

Zwischen 1970 und 2006 wuchs die Zahl der direkten Auslandsinvestitionen von 13,418 Milliarden auf 1,305 Billionen US-Dollar. Während noch vor einigen Jahren nur Konzerne westlicher Industrienationen als Investoren global agierten, treten heute Konzerne aus ehemaligen Entwicklungsländern auf und investieren in Industrienationen, so wie der Stahlproduzent Mittal Steel, ein ehemals indisches Unternehmen.

Direktinvestitionen im Ausland (global)

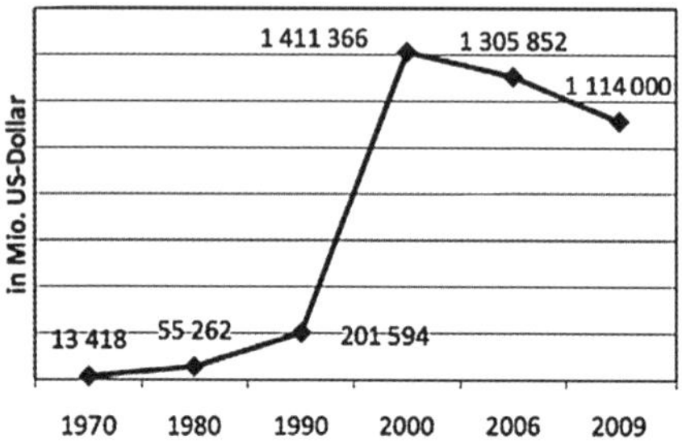

(Quelle: UNCTAD, 2010)

Zunehmende Direktinvestitionen Grenzüberschreitende Direktinvestitionen sind wesentlich für den ökonomischen Prozess der Globalisierung und zugleich ihr Gradmesser. Sie haben in den letzten Jahrzehnten erheblich zugenommen. Rund 80 000 multinationale Unternehmen treiben diese Entwicklung voran, vor allem in Form von grenzüberschreitenden Unternehmensfusionen und -übernahmen.

Ansteigende Auslandsinvestitionen Zwischen 1970 und 2007 wuchs die Zahl der direkten Auslandsinvestitionen nach Informationen der United Nations Conference on Trade and Development (UNCTAD) von knapp 13,5 Milliarden US-Dollar auf 1,54 Billionen US-Dollar. Im Jahr 2008 brachen die Direktinvestitionen, obgleich die Pleite von Lehman Brothers erst im Herbst publik wurde, um 16 Prozent ein und 2009 um weitere 37 Prozent. Seit 2010 ist wieder ein Aufwärtstrend feststellbar, und voraussichtlich 2013 wird der Stand von 2007 wieder erreicht sein.

Im Gegensatz zu reinen Finanzinvestitionen bezwecken die Investoren meist ein längerfristiges Engagement. Sie versprechen sich günstige Produktionsbedingungen, qualifizierte Arbeitskräfte, einen rechtssicheren Standort und einen besseren Zugang zu den Märkten des Landes bzw. der Region. Allerdings fließen nur 30 Prozent in das produzierende Gewerbe. Der weitaus größte Anteil von zwei Dritteln wird im

Dienstleistungssektor (Finanzen, Tourismus, Immobilien, Telekommunikation) investiert.

Wohin die Direktinvestitionen fließen

Solche Zahlenrelationen gelten auch für die Zielländer. Fast 60 Prozent der Direktinvestitionen werden innerhalb der Industriestaaten getätigt. Nach Deutschland beispielsweise kommen über 90 Prozent der Direktinvestitionen aus anderen Industriestaaten. Der Investitionsanteil für die Schwellen- und Entwicklungsländer ist insgesamt bedeutungslos, auch wenn der Anteil ansteigt. Dabei ist festzustellen, dass die Investitionen nur auf wenige Länder beschränkt sind. Andererseits treten Unternehmen aus diesen Ländern zunehmend als weltweit agierende Investoren in Erscheinung und sind mittlerweile mit etwa 20 Prozent am globalen Investitionskapital beteiligt, besonders aus China, Russland, Indien und Brasilien. Deren Fokus liegt vor allem auf anderen Schwellen- und Entwicklungsländern, doch gewinnen sie zunehmend an Einfluss in den Industriestaaten. In Deutschland treten gegenwärtig verstärkt russische und traditionell arabische Investoren auf.

Direktinvestitionen: Woher und wohin?

Grenzüberschreitende Investitionen (in Mrd. US-Dollar, 2009)

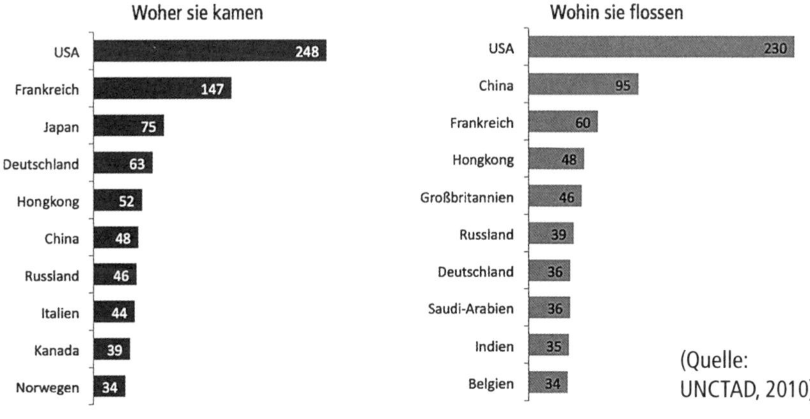

(Quelle: UNCTAD, 2010)

Zunahme globaler Unternehmenskooperationen und transnationaler Konzerne

Globale Unternehmenskooperationen nehmen immer mehr zu, doch fehlen verlässliche statistische Angaben über Menge und Inhalt. Die Formen sind vielfältig: internationale Leasingverträge, internationale technische Hilfsverträge, internationale Beratungsverträge, Lizenzverträge, internationale Kooperationen aufgrund von projektorientierten Verträgen, Verträge über internationale Zusammenarbeit, Verträge über internationales Projektmanagement, internationale strategische Allianzen, Joint-Ventures, internationale Franchising-Verträge und Beteiligungen.

Starkes Wachstum der Konzerne

Im Verlauf der letzten zwei Jahrzehnte hat sich die Zahl transnationaler Konzerne und ihrer Tochterfirmen vervielfacht. Noch vor zehn Jahren notierte der World Investment Report der UNCTAD rund 40 000 länderübergreifende Unternehmen mit rund 250 000 ausländischen Niederlassungen. Heute gibt es bereits schätzungsweise 70 000 transnationale Konzerne mit etwa 900 000 Auslandstöchtern.

Mehr als die Hälfte dieser weltumspannenden Konzerne haben ihren Sitz in den Industriestaaten Europas, weitere 9000 residieren in Nordamerika, Japan oder Australien. Sprunghaft angestiegen ist in den vergangenen Jahren vor allem die Zahl der Tochterfirmen in China. Über 4 Millionen Firmen dort gehören zu ausländischen Unternehmen.

Die Globalisierung der Finanzmärkte

Neben der exorbitanten Zunahme des Warenverkehrs gibt es einen massiven Zuwachs der Kapitaltransaktionen auf den internationalen Kapitalmärkten. Billionen Dollar werden täglich an den Leitbörsen der Welt, fast wie am Spieltisch im Kasino, eingesetzt. Diese Finanzintermediäre, besonders die spekulativ agierenden, sind die Hauptbeschleuniger der Globalisierung oder, wie Giscard d'Estaing es einst ausdrückte, „das Aids der Weltwirtschaft“. Mittels moderner

24 Sc

54889824609

bis 08.11.2016

Steglitz - Zehlendorf: Ingeborg Drewitz B
ibliothek
Ingeborg Drewitz Bibliothek
Bereitstellung

08923664456
BWL 36 Simo
Gabals großer Methodenkoffer Zukunft

Datum: 27.10.2016 Uhrzeit: 09:37
bis

Kommunikationstechnologien lassen sich Milliardenbeträge innerhalb von Sekunden gewinnbringend irgendwo auf der Welt anlegen. Jedoch nicht mehr die Sekunden sind entscheidend, sondern Millisekunden entscheiden über Gewinn oder Verlust. Die Finanzunternehmen stehen dabei als Folge der Globalisierung selbst in einem intensiven Wettbewerb um die rentabelsten Anlagemöglichkeiten. Die schnellen Bewegungen ihres Finanz-Blitzschachs bergen enorme Risiken in sich, insbesondere auf dem Devisen-, dem Aktien- und dem Derivatemarkt. Zwischen 1990 und 2005 ist der weltweite Aktienhandel von 5,7 auf 51,1 Billionen US-Dollar gestiegen. Auch Derivate und Anleihen erlebten einen ähnlichen Höhenflug.

2.2 Die Gewinner der Globalisierung: China und Indien

China

Die Wachstumsraten des Bruttosozialprodukts von China rufen weltweit Erstaunen hervor. Nach einer Studie der Weltbank von 2008 steht China, gemessen an seiner Kaufkraft, mit 9,7 Prozent der Weltwirtschaftsleistung inzwischen auf Platz 2 hinter den USA mit 2,5 Prozent. Beim Pro-Kopf-Einkommen nach Kaufkraft liegt China jedoch nur auf Platz 86.

Zur Bündelung von Wachstumskräften und -politik

Der schrittweise Übergang zu einer immer stärkeren marktwirtschaftlichen Orientierung hat ungeahnte Wachstumskräfte in China freigesetzt. Die konsequente Wachstumspolitik bewirkte eine Aufbruchstimmung und eine daraus resultierende Eigendynamik, die angesichts der Größe Chinas und seines Aufholpotenzials noch lange anhalten dürften. Seit Kurzem kaufen die Chinesen mehr Autos als die US-Bürger. Sollte die Landflucht anhalten, wird das den Konsum weiter beflügeln, zumal viele Provinzen Mindestlöhne eingeführt haben.

Auf dem Weg nach oben

China ist inzwischen die viertgrößte Volkswirtschaft und drittgrößte Handelsnation der Welt. Trotz eines durchschnittlichen Pro-Kopf-Inlandsprodukts von nur 3678 Dollar im Jahre 2009 (USA: 46 381 Dollar) bleibt es jedoch das Schwellenland mit der größten wirtschaftlichen Entwicklung. In der jüngeren Wirtschaftsgeschichte gab es kein vergleichbares Phänomen einer so rasant wachsenden Volkswirtschaft, und vermutlich werden wir in den nächsten zwei Jahrzehnten Zeuge weiteren ungebremsten Wachstums sein, bis China zur größten Wirtschaftsmacht der Welt aufgestiegen sein wird.

Exportweltmeister seit 2010

Chinas Wirtschaft wuchs seit 1990 um 300 Prozent. In dieser Zeit schafften die USA gerade mal etwa 60 und Deutschland nur 27 Prozent. 2010 war es dann so weit: China stieß Deutschland vom Sockel des Exportweltmeisters. Der Vorsprung der Chinesen beträgt etwa 60 Milliarden Euro. Mit Traumzuwachsraten baut China seinen Exportvorsprung vor Deutschland aus. Die Zeit, als China die Rolle der „verlängerten Werkbank" einnahm, ist endgültig vorbei.

Um sich von den Launen des Exportgeschäfts zu lösen, wird in China vermehrt mittels Steuergeschenken an die Büger versucht, einen Binnenmarkt zu installieren, ein Einkaufszentrum für nationale Produkte. Der weltgrößte Binnenmarkt ist im Entstehen.

Note 1 für Sparsamkeit

Die Finanz- und Wirtschaftskrise 2008/09 hat China dank seines Binnenmarktes gut überstanden. Während die Wirtschaft in den Industrienationen schrumpfte, konnte China mit 6,7 Prozent Wachstum zulegen. 2010 vermeldete das nationale Statistikbüro in Peking, dass das chinesische Bruttoinlandsprodukt mitten in der weltweiten Wirtschafts- und Finanzkrise um 9,1 Prozent zugelegt habe. Offenbar sind die Kommunisten bessere Kapitalisten. Da die Chinesen generell keine Schulden mögen, konnte sich der Staat weitgehend aus dem weltweiten Kreditexzess der Jahre 2008/09 heraushalten. Außerdem liegt der Mindestreservesatz der chinesischen Banken bei 17 Prozent (in der EU bei 2 Prozent). Hierfür verdient die chinesische Wirtschaftspolitik die Note 1.

Gezielte Investitionen

Mit seinen gewaltigen Devisenreserven von 2 Billionen US-Dollar verfügt China zudem über viel Spielraum für wirtschafts-, handels- und außenpolitische Manöver und für den Ausbau eines funktionierenden Wissenschaftsapparates, der aktuell mit etwa 1,5 Millionen Wissenschaftlern zumindest personell konkurrenzlos ist. Doch auch auf diesem Gebiet ist es absehbar, dass bei der Verteilung der weltweiten Forschungsgelder (USA 33 Prozent; EU 23 Prozent; China 9 Prozent) China seinen Anteil steigern wird (vgl. UNESCO Science Report, 2010). Gestiegen sind die chinesischen Auslandsinvestitionen. Sie haben sich in den Jahren von 2005 bis 2010 verdreifacht. Rund 150 Milliarden US-Dollar fließen jährlich in ausländische Unternehmen, vor allem in solche, die Bodenschätze fördern. Auf allen Kontinenten wurden strategische Partnerschaften geknüpft, um den chinesischen Ernährungs-, Rohstoff- und Energiebedarf langfristig für die prognostizierten Wachstumsaussichten zu sichern.

Umgekehrt investieren ausländische Unternehmen auf stabil hohem Niveau in China – im Jahre 2008 ca. 92 Milliarden US-Dollar. Die Volksrepublik ist damit neben den USA das weltweit attraktivste Zielland für Direktinvestitionen.

Die Kehrseite guter Ökonomie

Auf der Schattenseite dieses ökonomischen Sonnenbades steht die Umweltzerstörung. Inzwischen wurde sie mit rund 70 Milliarden US-Dollar (2005) als belastende Größe in der volkswirtschaftlichen Gesamtrechnung erkannt. Das daraus abgeleitete Ziel lautet: bis zum Jahre 2010 pro Einheit Bruttoinlandsprodukt 20 Prozent weniger Energie zu verbrauchen. Man kann es den Menschen Chinas nur wärmstens wünschen.

Steigende Militärausgaben

Sorge bereiten auch die gewaltigen Rüstungsausgaben Chinas. Rund zwei Prozent des Bruttoinlandsprodukts – 2009 rund 100 Milliarden US-Dollar – fließen in die Rüstung. Das ist zwar nur ein Bruchteil im Vergleich zu den USA mit vier Prozent des BIP (661 Milliarden US-Dollar), das genügt jedoch für Platz 2 im weltweiten Vergleich (folgend Frankreich, Großbritannien und Russland). Die Liste bei den Steigerungsraten im Zeitraum von 2000 bis 2009 sieht jedoch China vorn (217 Prozent), vor Russland (105 Prozent) und den USA (75,8 Prozent), gefolgt von Indien und Saudi-Arabien (vgl. SIPRI Yearbook, 2010).

Indien

Mit der wachsenden Wirtschaft wächst das Selbstbewusstsein. 2003 verzichtete Indien auf weitere bilaterale Entwicklungshilfe, und fünf Jahre später präsentierte man voller Stolz den Kleinstwagen *Nano* in Neu-Dehli. Die mittel- und langfristigen Wachstumsperspektiven Indiens werden von vielen Seiten als sehr günstig beurteilt. Wirtschaftsexperten rechnen damit, dass Indien künftig sogar stärker als China wachsen wird. Insbesondere die Altersstruktur der Bevölkerung spricht für ein anhaltend starkes Wirtschaftswachstum (seit 1990 plus 130 Prozent). Der Altersdurchschnitt von 25 Jahren wird in den nächsten Jahrzehnten für einen hohen Anteil von Menschen im erwerbsfähigen Alter sorgen. Wachstumsstützen werden auch das schon heute große Angebot an qualifizierten Arbeitskräften und die enger werdende Integration in die Weltwirtschaft sein.

Das global führende Dienstleistungszentrum

Indiens wichtigster „Rohstoff" ist die Bildung seiner relativ jungen Bevölkerung. Es ist die konsequente Ausbildung vor allem in den naturwissenschaftlichen Disziplinen. Derzeit plant Indien den Aufbau weiterer 30 Universitäten. Damit sollen die Studierendenzahlen von 15 Millionen (2007) auf 21 Millionen (2012) steigen (vgl. UNESCO Science Report, 2010). Von den 400 000 Ingenieuren, die jedes Jahr neu den

Arbeitsmarkt betreten, strebt die Hälfte in die Computerindustrie. Indien entwickelt sich zum global führenden Dienstleistungszentrum.

Hohe Währungsreserven + niedrige Auslandsschulden + soziale Stabilität

Verstärkt werden diese Positivtrends durch die hohen Währungsreserven, relativ niedrige Auslandsschulden und eine bemerkenswerte soziale Stabilität. Das insbesondere schätzen ausländische Investoren. Noch waren die ausländischen Direktinvestitionen in Indien im internationalen Vergleich, insbesondere mit China, gering. Aber das dürfte sich recht bald ändern.

Wie sehr Asien vibriert, zeigt eine Prognose der Investmentbanker von Goldman Sachs. Demnach wird Indien im Jahre 2050 hinter China und vor den USA auf Platz 2 der größten Wohlstandsproduzenten liegen.

2.3 Die Folgen der Globalisierung

In dieser Welt zu dieser Zeit, in der die Produktentwicklung und Produktlebenszyklen kürzer und kürzer werden, in der neue Technologien im Stundentakt entstehen, in der Marktgrenzen verschwinden, Branchen verschmelzen und sich Manager mit Samurai-Prinzipien beschäftigen, wird der wirtschaftlich geführte Überlebenskampf härter und feindseliger, selbst in Branchen, die bisher als bieder und beschaulich galten. Die neuen Wettbewerbsbedingungen zwingen die Unternehmen zur Veränderung ihrer Strukturen: „Downsizing", „Just-in-time Production", „Lean Production", „Outsourcing" etc. sind Schlagworte, welche diesen Prozess der radikalen Umwälzung der Unternehmensstrukturen kennzeichnen.

Wir bewegen uns weg vom Wettbewerb hin zum globalen Wirtschaftskrieg. Der Wettbewerb, der früher mit der Stärke

Pro Globalisierung	Kontra Globalisierung
Globalisierung bewirkt Wachstum und erhöht den Wohlstand der beteiligten Produzenten.	Globalisierung konzentriert sich auf Märkte und Geschäftsbeziehungen; Menschenrechte, Arbeitnehmerrechte, ökologische Standards und Demokratie bleiben unberücksichtigt.
Weltweit wachsende Arbeitsmärkte steigern Exporte und verbilligen Importe.	Globalisierung (in seiner neoliberalen Ausprägung) führt zu einer deregulierten Öffnung der Märkte.
Globalisierung beschleunigt den technischen Fortschritt.	Die Privatisierung öffentlicher Dienstleistungen bewirkt die Zunahme der weltweiten sozialen Ungleichheiten.
Globalisierung fördert den Kulturaustausch – die Menschen lernen voneinander (hofft man jedenfalls).	Globalisierung lässt die Löhne in den reicheren Ländern sinken.
	Globalisierung steigert weltweit die Arbeitslosigkeit.

eines Windzuges geführt wurde, ist zum Sturm geworden. Manager müssen sich wetterfest anziehen.

Folgen für die Arbeitsplätze

Mitarbeiter „sehen in der Globalisierung eine Bedrohung, weil sie den Verlust von Arbeitsplätzen, die Abwanderung von Forschung und Produktion, von Kapital und Investitionen befürchten. Globalisierung bedeutet, dass immer mehr Menschen, Unternehmen und Länder in die weltweite Arbeitsteilung einbezogen werden. Das bringt gering entwickelten Ländern Wachstum, Industrieländern neue Märkte. Die Globalisierung beschleunigt die technologische Entwicklung, verbessert die Produktivität, verschärft aber auch den Strukturwandel.“ (Zell, Helmut <www.ibim.de/wigeo/fst-wigo.htm>) Arbeitsplätze fallen weg, ohne dass neue Arbeitsplätze geschaffen werden. Global agierendes Kapital schafft sie in Niedriglohnländer. Aber die Arbeit bleibt lokal, dort, wo die Familie wohnt, die Kinder zur Schule gehen und man zu Hause ist. Mobilität ja, aber zu einem gewissen Maße ist sie eingeschränkt, sei es, weil man ein eigenes Heim gebaut hat oder Fremdsprachenkenntnisse fehlen. Wer ins Ausland geht, muss loslassen können. In diesem Sinne bieten Migranten die Flexibilität, die gern als „Globalkompetenz“ gepriesen wird. Die berufliche Qualifikation der „Wirtschaftsmigranten“ ist ein ganz anderes Thema.

3. Metatrend: Neue Technologien

In der Wirtschaftswelt ist die bedeutende Rolle der Technologie in der Gestaltung von Produktion, Vertrieb und Organisation unstrittig. Die Nutzung moderner Technik ist Voraussetzung für Innovationen und das Überleben eines Unternehmens, ja ganzer Volkswirtschaften. In den neuen Technologien stecken große Potenziale für die Wettbewerbsfähigkeit, sie werden sprichwörtlich zur treibenden Kraft. Der Begriff *digitales Zeitalter* belegt dies.

Innovationszwang mit intelligenten Produkten

Zukunftstechnologien von heute sind die Basis- und Schlüsseltechnologien von morgen. Hat man heute noch eine führende Rolle bei etablierten Technologien wie im Bereich Maschinenbau inne, kann dieser Vorteil im Umfeld globaler Konkurrenz schnell verloren gehen. Auf dem Weltmarkt kommt es auf Nasenlängen des Vorsprungs an. Wer hier mitspielen will, steht unter Innovationszwang. Nur „intelligente" Produkte haben eine Chance. Die Boston Consulting Group kommt in der Studie *Innovationsstandort Deutschland – quo vadis?* (2006) zu dem Schluss, dass jeder zusätzliche Prozentpunkt am Weltmarktanteil in den neuen Technologien ca. 380 000 Arbeitsplätze bringt. Wo sollen die geschaffen werden? In Deutschland? Asien? Oder Amerika?

Die Technik, welche weder gut noch böse ist, ist ohne Bezug zur Moral. Die Moral steckt nicht in dem Hammer, sondern in dem Menschen, der ihn führt. Die Technik bedarf einer moralischen Instanz, welche eine Kontrolle über ihre Anwendung zum Nutzen des Menschen ausübt.

Peter Bamm

Die Rasanz der Entwicklung

Die technologische Entwicklung vollzieht sich in Quantensprüngen. Statt vom Fortschritt sollte man besser vom „Fortsprung" sprechen. Was man hier heute beschreibt, ist morgen schon überholt. Außerdem übersteigt es das Wissen des Autors, die Implikationen moderner Technologien, ihre Anwendungsfelder und möglichen Probleme und Risiken vollumfänglich zu beschreiben. Darum beschränkt sich dieses Kapitel auf eine kursorische Darlegung moderner Technologien zur groben Orientierung technologischer Zukünfte.

3.1 Die Schrittmacher- und Schlüsseltechnologien

Die Abgrenzung neuer Technologien von den alten ist nicht immer leicht, selbst die exakte Zuordnung der neuen Technologien untereinander nicht, weil sie sich vielfältig überschneiden. Wenn man sich an der Wissenschaftssystematik orientiert, kann man zwischen physikalischen, chemischen oder biotechnischen Technologien unterscheiden. Orientiert man sich am Objekt, bietet sich die Unterteilung in Produkt-, Prozess-, System- und Netztechnologie an. Geläufig ist auch die Unterscheidung zwischen Material-, Energie- und Informationstechnologie.

Fließende Grenzen zwischen Technologien

Am ehesten werden Technologien, soweit man insgesamt von ihnen spricht, nach ihrer Neuigkeit in Verbindung mit ihrer Anwendungsbreite überschrieben. Ausgehend von der Innovationswirkung, wird von den „neuen Technologien" gesprochen. Hierbei ist aber zu bedenken, dass diese Technologien einem ständigen Wandel unterzogen sind und schon bald Alltagstechnologien sind. Die Grenze zwischen alten und neuen Technologien ist also fließend.

Präziser sind die Begriffe *Schlüsseltechnologie* und *Schrittmachertechnologie.*

Von der Zukunfts- zur Schlüsseltechnologie

Zukunfts- oder Schrittmachertechnologien sind innovationsträchtige Technologien, die sich noch am Beginn ihrer „Karriere“ befinden, aber viel Entwicklungspotenzial haben. Sie können sich zur Schlüsseltechnologie weiterentwickeln, wenn sie entsprechenden Nutzen bieten. Beispiele: Nanotechnologie, Biotechnologie, Kernfusion, Künstliche Intelligenz, Polytronik (intelligenter Kunststoff), Quantencomputer, Brennstoffzellentechnik und Geothermie (Erdwärme).

Schlüsseltechnologie ist Basisinnovation

Schlüsseltechnologien, auch Basisinnovation genannt, sind bereits bekannte Technologien, welche die Grundlage für die Erschließung neuer Technikbereiche ermöglichen, so wie einst die Dampfmaschine die Lokomotive ermöglichte, die Elektrizität die Glühbirne und die Petrochemie das Auto. So gesehen sind sie die Weiterentwicklung von Schrittmachertechnologien. Aus dem Baby wurde ein Kind.

Von der Schlüsseltechnologie zur Basistechnologie

Aus Schlüsseltechnologien entwickeln sich im Laufe der Zeit Basistechnologien. Aus dem Kind wird ein Erwachsener, denn die neuen Technologien sind erprobt, anerkannt und standardisiert. Beispiele: Flaschenzug, Galvanisierung, Transistor und Generator. Sie bilden die Grundlage vieler Produktions- und Dienstleistungsvorgänge und sind prägend für eine Epoche oder Kultur. Da sie ausgereift sind, haben sie zumeist nur noch wenig Entwicklungspotenzial und spielen als Wachstumsmotor keine große Rolle mehr, obwohl sie im alltäglichen Wirtschaftsleben bedeutsam sind.

Wachstumstechnologien bieten wirtschaftliche Perspektiven

Die nachfolgend beschriebenen Technologien gehören teilweise zu den Schrittmacher- und teilweise zu den Schlüsseltechnologien. Es sind Wachstumstechnologien, die sich durch hohe Investitionen in die Technologieentwicklung, anfängliche funktionale Unsicherheiten, instabile Kostenkalkulationen auszeichnen, aber Imagevorteile und wirtschaftliche Perspektiven bieten.

3.2 Die Informations- und Kommunikationstechnologie

Der Computer prägt die Arbeit, Wirtschaft und Gesellschaft unserer Epoche. Keine Branche ist so schnelllebig wie die der Informations- und Kommunikationstechnologie (IKT). Sie gehört mit rund 800 000 Mitarbeitern zu den wichtigsten Impulsgebern für das Wirtschaftswachstum und die Entstehung neuer Arbeitsplätze. Dies erkannte der Gründer der Intel AG, Gordon Moore, schon 1965, als er die These aufstellte, die Leistungsfähigkeit von CPUs würde sich alle 18 Monate verdoppeln. Das mooresche Gesetz gilt nach wie vor, größtenteils auch für die PC-Peripherie. Infolge ihrer Verbindung mit anderen Branchen fördert die IKT mit ihrem eigenen Wachstum das der anderen Branchen.

Verbindung mit der Nanotechnologie

Diese Schlüsseltechnologie hat eine höhere Wertschöpfung als die Automobilindustrie und der Maschinenbau. Immer kleiner, schneller und billiger werdende Computerchips mit ihren Millionen von Transistoren geben den Taktschlag für die gesamte IKT-Branche vor. Tritt jetzt auch noch die Nanotechnologie auf den Plan, dann ist mit einer Explosion emergenter Innovationen aus der Verschmelzung beider Bereiche zu rechnen (siehe Kapitel E 3.3). Die treibende Kraft ist hierbei die nanotechnische Elektronik, die auf die integrierte Nutzung von physikalischen Gesetzen, biologischen Prozessen und chemischen Eigenschaften zielt und die Grenzen der bisherigen Festkörperphysik weiter hinausschiebt (siehe Kapitel E 3.6).

Das Internet kann zum Pranger des 21. Jahrhunderts werden. Die Entwicklung ist besorgniserregend.

Ilse Aigner

Das erklärt, warum die IKT Impulsgeber für neue Dienste und Geschäftsmöglichkeiten in der Wirtschaft ist. Mehr als die Hälfte der Industrieproduktion und mehr als 80 Prozent der Exporte Deutschlands hängen schon heute vom Einsatz moderner IKT ab. In der Automobilindustrie, Medizintechnik und Logistik basieren über 80 Prozent der Innovationen auf der IKT.

Das Internet als Hauptdarsteller

Das Internet spielt hierbei die Hauptrolle. Es durchdringt alle Lebensbereiche. Im globalen Durchschnitt haben 23 Prozent der Weltbevölkerung Zugang zum Internet. Die Online-Community hat sich innerhalb von fünf Jahren verdoppelt. Gegenwärtig rechnet man mit etwa 1,7 Milliarden Nutzern. Damit sind knapp ein Viertel der Menschheit online. Hinzu kommen Handynutzer, die über ihren Mobilfunkanschluss ins Internet gehen. Nachdem die Märkte in den westlichen Industrienationen weitgehend gesättigt sind, ist es nicht verwunderlich, dass das stärkste Wachstum in anderen Ländern stattfindet.

Internetnutzer in der Welt (2009)

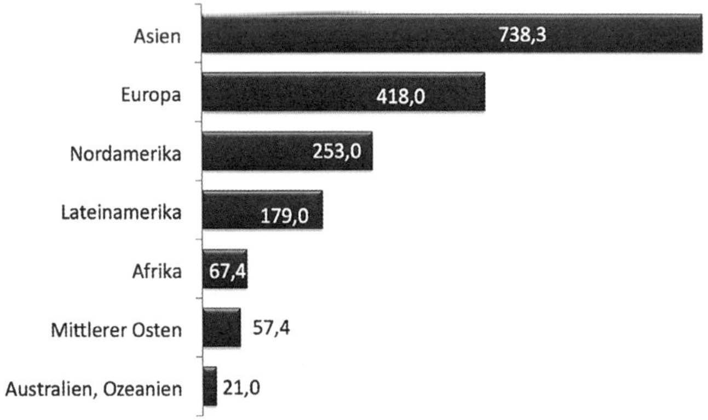

(Quelle: eigene Darstellung)

Das Internet als „Entwicklungshelfer"

Vom Internet gehen Veränderungen aus, die denen der industriellen Revolution vergleichbar sind. Zukunftsentwicklungen wie Globalisierung, Vernetzung von Dienstleistungsangeboten oder globale Kommunikation wären ohne das Internet undenkbar. Es ist das Medium für den Strukturwandel von der industriellen Produktion hin zur immateriellen Erzeugung von Informationen. Die Vorteile dieses Mediums werden jedoch eher durch jüngere als ältere Menschen genutzt. Eine neue Generation von Produkten und Diensten könnte diese Anwenderkluft schließen. Um das zu leisten, wird die IKT in den nächsten Jahren nutzerfreundlicher, besser auf den einzelnen Anwender und sein Profil zugeschnitten sowie für alle zugänglich sein müssen.

Die Trends im Überblick

Relevante Trendaussagen stammen vom Feldafinger Kreis und dem Bundesverband Informationswirtschaft, Telekommunikation und neue Medien (BITKOM). Der Feldafinger Kreis ist eine Art „Sachverständigenrat" von rund 100 deutschen IKT-Weisen, die im 3-Jahres-Rhythmus Trendaussagen zur IKT machen. Für die Jahre ab 2008 wurden diese 15 Trends identifiziert:

- Das Internet wird die globale, zuverlässige Plattform für alle Dienste.
- Peer-to-Peer-Networking ermöglicht den Informationsaustausch ohne zentrale Instanz.
- Software wird zum Bestandteil fast aller Produkte.
- Sicherheit wird zu einer Grundvoraussetzung für die Akzeptanz von Diensten.
- Semantische Technologien verwandeln Informationen zu Wissen.
- Konsequentes Wissensmanagement ist die Basis des Erfolgs von Unternehmen.
- Intelligente Softwareagenten übernehmen Routineaufgaben.
- Service Grids bilden das Internet der Dienste.

- IKT sorgt für Energieeffizienz und Versorgungssicherheit.
- Selbstorganisation reduziert die Komplexität und erhöht die Zuverlässigkeit.
- E-Prozesse erhöhen die Wettbewerbsfähigkeit durch internetbasierte Geschäftsprozesse.
- Das „Internet der Dinge“ sorgt für den Informationsaustausch zwischen Gegenständen.
- Neue Fahrerassistenzsysteme ermöglichen proaktive Sicherheit im Straßenverkehr.
- Vernetzte, digitale Umgebungen unterstützen den Menschen in allen Lebenslagen.
- Intuitive Bedienungsparadigmen werden die Nutzung des Internets für alle erleichtern.

Etwas anders sieht die Trendstrukturierung der Unternehmensberatung Roland Berger Strategy Consultants und des BITKOM aus. Sie gehen von den in der Tabelle dargestellten Trends aus und haben diesen wichtige Subtrends zugeordnet. Einige wurden kursiv gesetzt. Sie werden nachfolgend unter dem jeweiligen IKT-Trend beschrieben (Quelle: Roland Berger Strategy Consultants und BITKOM: Zukunft digitale Wirtschaft, 2007).

IKT-Trend Konvergenz	**IKT-Trend Flexibilität**	**IKT-Trend Ubiquität**	**IKT-Trend Datennutzbarkeit**
Infolge von IKT wachsen Märkte zusammen	IKT fördert die Anpassungsfähigkeit von Organisationen	IKT wird allgegenwärtig	IKT ermöglicht die effektive Nutzung von Informationen und digitalen Inhalten
Subtrends	Subtrends	Subtrends	Subtrends
IP-Fernsehen Digitales	Serviceorientierte Architekturen (SOA)	Eingebettete Systeme	Rechtemanagement
Mobiles Fernsehen	Utility Computing	Biometrie	Semantisches Web
Breitband	Software-as-a-Service	RFID	Wissensmanagement
Mobilfunk	IT-Sicherheit	Telematik	Speichersysteme

IKT-Trend Konvergenz	IKT-Trend Flexibilität	IKT-Trend Ubiquität	IKT-Trend Datennutzbarkeit
Internettelefonie		Mensch-Maschine-Schnittstelle	
Next Generation Network		Optoelektronik	
Online-Gaming		Umgebungsintelligenz	
Mobile Gaming Mikrobezahlsysteme Unlicensed Mobile Access Codec			

IKT-Trend „Konvergenz"

Konvergenz im Kontext der Informations- und Kommunikationstechnologien meint das Loslösen von inhaltsspezifischen, meist historisch begründeten Übermittlungsformen (analoge Telefonleitungen für Sprache; Satelliten-, Kabel- und Rundfunkanlagen für Ton und Video; Teletext und Fax für Schrift usw.) und das Aufgehen dieser Teilbereiche zu einem Ganzen. Internet, Telefonie, Fax und Fernsehen werden auf einer einzigen und einheitlichen Plattform vereinigt. Das setzt die Fähigkeit zur Zusammenarbeit von verschiedenen Systemen, Techniken oder Organisationen voraus, was wiederum die Einhaltung gemeinsamer Standards notwendig macht. Fachsprachlich ausgedrückt, müssen sie „interoperationabel“ sein.

Voice over IP

Die zugrunde liegende Technologie nennt sich „Voice over IP“, kurz „VoIP“. Eine sinngemäße Übersetzung wäre „Übertragen von Stimmen mittels des Internetprotokolls“, wobei der Begriff *Internetprotokoll* für die Vereinbarung bzw. den Standard steht, auf Basis dessen Daten zwischen Computern ausgetauscht werden.

Digitale Inhalte für alle Geräte

Im Bereich der Telekommunikation hat insbesondere die weitgehende Digitalisierung aller Daten (Bild, Ton, Video, Schrift usw.) eine Loslösung von den traditionellen Mediengeräten ermöglicht. Digitale Inhalte können heute auf unterschiedlichen Wegen übermittelt werden. Ausschlaggebend ist nicht mehr die Art der Übermittlung, sondern nur noch die Übermittlungskapazität. Die Zuordnung zu bestimmten Übertragungs- bzw. Endgeräten ist aufgehoben. Damit fallen auch die Grenzen zwischen zuvor klar getrennten Märkten weg, was zugleich wettbewerbsverschärfend wirkt. So bieten Festnetz-, Mobilfunknetz- und Kabelnetzbetreiber ihren Kunden Telefonie, Internet und Fernsehen aus einer Hand an. Der Nutzer kann auf beliebigen Endgeräten die Angebote konsumieren. Das Mobiltelefon ist vorerst das wichtigste Endgerät des digitalen Zeitalters.

IKT-Konvergenz

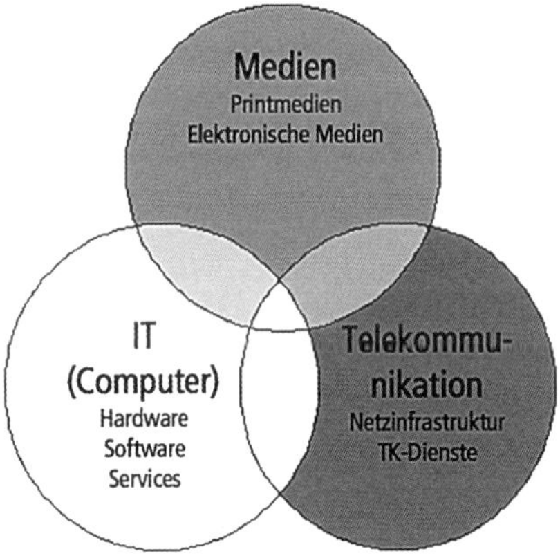

(Quelle: eigene Darstellung)

Zum konsumorientierten Innovationswettlauf

Produzenten von Endgeräten stellen ständig neue Produktinnovationen vor. Hierbei wird ein am Markt arriviertes Produkt (z. B. Mobiltelefon oder Drucker) um weitere Funktionen aus anderen Produktmärkten ergänzt (z. B. Kamera, MP3-Player bzw. drahtlose Datenübertragung). Das Kalkül der Anbieter lässt sich am Markt für Mobiltelefone gut illustrieren: Die Anbieter integrieren eine neue Funktion (z. B. Navigationssoftware), um dem Kunden in einem gesättigten Markt ein Argument für die Anschaffung eines neuen Gerätes zu liefern. Es ist damit zu rechnen, dass dieser Prozess in einem rasant schnellen Innovationswettlauf zügig voranschreiten wird.

Das Wohnzimmer als Schaltzentrale medialen Konsums

Auch die bisherigen Grenzen zwischen den Produzenten und Distributoren von medialen Inhalten verschwimmen. Vodafone oder O_2 erwerben Inhalte oder stellen sie selber her. Medienunternehmen sind auf der Suche nach Möglichkeiten für die Vermarktung ihrer Produkte via fixem oder mobilem Breitband. In der Unterhaltungselektronik verschmelzen PC, Videorekorder, Spielekonsolen und Fernseher. Das Wohnzimmer wird zur Schaltzentrale medialen Konsums.

Subtrend „Next Generation"

Im Laufe der Jahre haben die Festnetzbetreiber für jeden neuen Dienst eine eigene Technik und Infrastruktur aufgebaut, die parallel zu den anderen betrieben wird. Das hat alles viel Geld für Installation und Betrieb verschlungen. Daher bestand seit jeher der Wunsch, alle Dienste in einem einheitlichen Netz zu integrieren und die existierenden „Inseln" aufzulösen. Mit der Entwicklung und Einführung von ISDN war das auch teilweise gelungen. Doch damit konnte der Wunsch nach breitbandigen Internetzugängen nicht befriedigt werden. Die zunehmende Hinwendung zum Computer ließ den Bedarf an Breitbandlösungen sprunghaft in die Höhe schnellen. Schnelle Datenverbindungen sind in der Informationsgesellschaft ebenso wichtig wie vor 150 Jahren das Schienennetz.

Vorteile von Next Generation Network

Next Generation Network (NGN) ist in der Telekommunikation der Titel für ein Netzwerk, welches traditionelle leitungsvermittelnde Telekommunikationsnetze wie Telefonnetze, Kabelfernsehnetze, Mobilfunknetze usw. nunmehr in einer einheitlichen paketvermittelnden Netzinfrastrukur und -architektur integriert, die zu den älteren Telekommunikationsnetzen kompatibel ist. Unterschiedliche Netzfunktionen wie Transport, Dienst und die Kontrollfunktion (z. B. Signalisierung) sind so auf unterschiedlichen (logischen) Netzebenen möglich. Das bringt unter anderem immense Kostenersparnisse. „Durch die Beschränkung auf eine einheitliche Systemtechnik kann man die Standorte und Flächen reduzieren. Es werden weniger verschiedene Ersatzteile gebraucht. Und es ist auch nur ein einziges Managementsystem notwendig, das betrieben und auf das die Mitarbeiter geschult werden müssen.“ (*NGN-Next Generation Network.* <www.elektronik-kompendium.de>)

Subtrend „IP-Fernsehen“ und „Mobiles Fernsehen“

Den Fernseher in der Schrankwand des Wohnzimmers wird es bald nur noch auf alten Aufnahmen von Familienfeiern geben. Fernsehinhalte sind heute per PC oder mobilem Endgerät überall empfangbar. „Internet Protocol Television“ (IPTV) macht das möglich. Die Programme der Fernsehsender sind damit nicht mehr an das Medium Fernseher gebunden. Fernsehbilder werden also mittels Internet digital verpackt und als Datenpaket auf die Reise hin zum Endgerät geschickt, auch auf das Mobiltelefon oder den Taschencomputer, weshalb die Gebührenfinanzierung von ARD und ZDF künftighin nicht mehr an Endgeräte, sondern an Haushalte gekoppelt wird, weil man davon ausgeht, dass irgendein empfangbares Gerät mittlerweile überall zur Verfügung steht.

Zum interaktiven TV-Konsum

Das Neue und Besondere ist hierbei die Interaktivität. Der bisher passive Zuschauer kann sich sein Programm jetzt selbst gestalten. Zusatzangebote wie Onlinewetten oder Video-on-Demand sind nutzbar. On-Demand bedeutet, dass eine nachgefragte Dienstleistung sehr zeitnah erbracht, geliefert oder abgespielt wird. Wurden die Konsumenten bislang vor allem mit Kinofilmen angelockt, werden TV-Inhalte oder Nischenangebote, der sogenannte Long-Tail-Content, zunehmend beliebter. Von daher kann man von einer deutlichen Steigerung der On-Demand-Nutzung ausgehen. Vielleicht wird sie die Nutzung von Broadcast-Sendungen sogar übersteigen.

Der Konsument als Produzent

Der Zuschauer wandelt sich hierbei vom Konsumenten zum Produzenten. Plattformen wie YouTube (Motto: Broadcast yourself) finden immer mehr Zuspruch. Das macht verständlich, warum Suchmaschinencompanies wie Google oder Yahoo in die IPTV-Arena drängen. Denn eine weitere Besonderheit liegt in der Anzahl der zur Verfügung stehenden Kanäle. Ihre Anzahl war früher stark limitiert und entsprechend teuer. Heute stehen unendlich viele Kanäle zur Verfügung. Das ermöglicht Newcomern den Einstieg in den TV-Markt. Nach einer Studie (2009) von Informa Telecoms and Media unter 90 IPTV-Anbietern weltweit nutzten Ende 2008 bereits über 20 Millionen Kunden diese Form der Fernsehübertragung, weitaus mehr, als früher von vielen Experten prognostiziert. Tendenz der Nutzerzahlen: steigend.

Prognose IPTV-Nutzer in Deutschland (in Mio.)

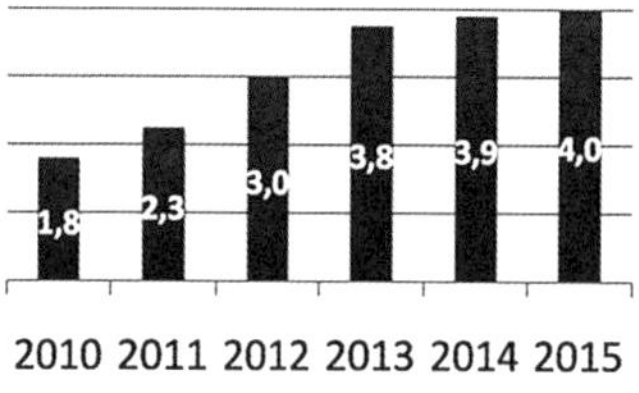

(Quelle: eigene Darstellung)

Der Anteil der IPTV-Nutzer in Deutschland ist noch gering. Doch die Wachstumsraten sind vielversprechend.

IKT-Trend „Flexibilität"

Infolge Globalisierung und Digitalisierung haben sich Organisationen und die darin ablaufenden Prozesse in den letzten zehn Jahren fundamental verändert. Durch den Einsatz von IKT und fallenden Kommunikationskosten wurden neue Organisationsformen und Innovationen in vielen Fällen erst möglich und profitabel, so zum Beispiel die Verlagerung des Rechnungswesens nach Portugal, während die Produktion in Deutschland verbleibt. Die Produktionsdaten aus Deutschland werden im Sekundentakt in Portugal verarbeitet, für das Finanzamt aufbereitet und retourniert.

Die Verzahnung der Wertschöpfungskette durch IKT

Aber nicht nur die Strukturen der Unternehmen selbst haben sich verändert, auch die Verzahnungen der zur Wertschöpfungskette gehörenden Betriebe sind viel enger als noch vor zehn Jahren. Aufgrund dessen ist der reibungslose Ablauf von Prozessen, die zwischen den Unternehmen stattfinden, eine wichtige Voraussetzung für den Unternehmenserfolg. Der Einsatz von IKT ermöglicht diese Verzahnung der Prozessabläufe und Produktentwicklung mit Zulieferern und Kunden. Dadurch wird die Verlagerung von Teilen der Produktion in andere Unternehmen möglich. Diese werden verstärkt in die Wertschöpfungskette des beauftragenden Unternehmens integriert.

Viele neue Anwendungsfelder dank IKT

Die IKT ist der Treiber und Nutznießer dieser Entwicklung, vorausgesetzt, es gelingt ihr weiterhin, neue und flexible Geschäftsmodelle abzubilden und zu unterstützen. Denkbar wäre, dass der Zahlungsverkehr, der früher zu den Kernpro-zessen des Bankgeschäftes gehörte, an andere Spezialinstitute ausgelagert wird, wie das heute teilweise schon der Fall ist. In der Autoindustrie werden Forschung, Entwicklung und Produktionsplanung nicht mehr sequenziell, sondern immer mehr parallel abgewickelt. So kann die spätere Produktion bereits in der digitalen Fabrik simuliert werden.

Subtrend „Serviceorientierte Architekturen" (SOA)

In Unternehmen und Organisationen werden fast alle Aufgaben bzw. Prozesse mithilfe von Softwareprogrammen erledigt. Vielleicht existieren diese Programme als Module in einer serviceorientierten Architektur, so wie bei MS Office. Wenn man von Excel aus eine Anwendung mit einem x-beliebigen anderen Programm kombinieren kann, dann kann man von „intelligenten Softwareagenten" sprechen. Diese „Agenten" arbeiten selbstständig, proaktiv und reagieren auf Veränderungen im Umfeld. Sie sind in der Lage, Wissen mit anderen Agenten auszutauschen, mit ihnen zu interagieren und Aufgaben im Verbund zu erledigen.

Beispiel: Bestellung

An einem Beispiel soll das Grundprinzip verdeutlicht werden. Eine Bestellung ist ein im Geschäftsleben immer wiederkehrender Prozess. Er verläuft etwa in diesen Schritten: Erfassung – Verfügbarkeitsprüfung – Bonitätsprüfung – Bestellung – Kommissionierung – Versand – Rechnungsstellung – Zahlungseingang. Die Abfolge erfolgt in der Regel der Reihe nach. Es droht sonst die Gefahr, dass Geschäftsprozessschritte scheitern. Mangelnder Bestand, fehlende Bonität und ausbleibender Zahlungseingang führen zu Verzweigungen, die abweichende Vorgehensweisen erfordern.

Integration und Parallelität von Prozessen

Unter Nutzung intelligenter Agenten könnten die Schritte bzw. die dazugehörenden Dienste (Services) auf unterschiedlichen Softwaresystemen, sogar in unterschiedlichen Organisationen implementiert sein. So könnte die Zahlungsfähigkeit des Kunden von einem Finanzdienstleister ermittelt werden, oder die diversen Logistikdienste werden von einem Logistikdienstleister erbracht. Auch ist es möglich, mehrere Geschäftsprozessschritte wie Versand und Rechnungsstellung gleichzeitig zu erbringen.

Orchestrierung von IT-Komponenten

„Vereinfacht könnte man SOA als eine Methode ansehen, die vorhandenen EDV-Komponenten wie Datenbanken, Server und Webseiten so in Dienste (Services) zu kapseln und dann zu koordinieren (‚Orchestrierung'), dass ihre Leistungen zu höheren Diensten zusammengefasst und anderen Organisationsabteilungen oder Kunden zur Verfügung gestellt werden können. Entscheidend sind also nicht technische Einzelaufgaben wie Datenbankabfragen, Berechnungen und Datenaufbereitungen, sondern die Zusammenführung dieser IT-Leistungen zu ‚höheren Zwecken'". „Eine besondere Rolle spielt dabei die Orientierung an Geschäftsprozessen, deren Abstraktionsebenen die Grundlage für konkrete Ser-viceimplementierungen sind." Durch „Orchestrierung von Services niedriger Abstraktionsebenen können so Services höherer Abstraktionsebenen flexibel und unter Ermöglichung größtmöglicher Wiederverwendbarkeit geschaffen werden." (<http://de.wikipedia.org/wiki/Serviceorientierte_Architektur>)

Serviceorientierte Architekturen

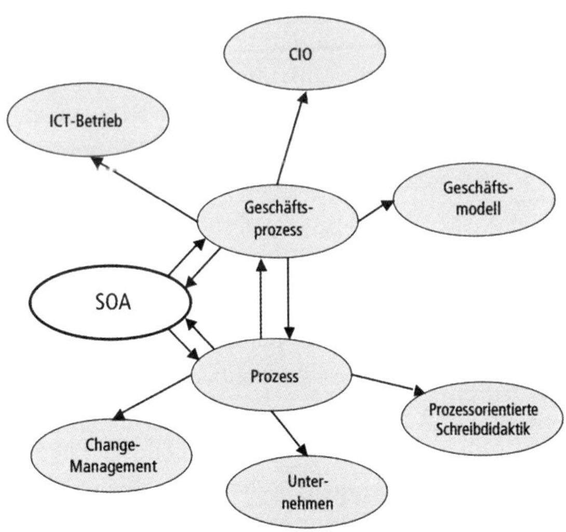

(Quelle: eigene Darstellung)

Bei SOA handelt es sich somit um eine Struktur, welche die Unternehmensanwendungsintegration ermöglicht, indem die Komplexität der einzelnen Anwendungen hinter den standardisierten Schnittstellen verborgen wird.

Subtrend „Utility Computing"

Der englische Begriff *Utility* bezieht sich auf Versorgungsleistungen wie Elektrizität, Telefon, Wasser und Gas, die normalerweise von einem Versorgungsbetrieb bereitgestellt werden. Das Prinzip klingt simpel: IT-Infrastruktur wird über Netzwerke zur Verfügung gestellt. Ähnlich wie beim Elektrizitäts- oder Telefonnetz bezieht der Kunde beim Utility Computing Rechenleistungen, Speicherkapazitäten oder Anwendungen über ein gemeinsam genutztes Rechennetz. Als Service Provider kommt auch das Rechenzentrum eines Unternehmens infrage; in diesem Fall wären die Kunden die einzelnen Sparten dieses Unternehmens. Man spricht im Kontext dieses Themas im Bereich der Software von „Software-as-a-Service" und im Bereich der Hardware von „Utility Computing".

Software-on-Demand

Beim Software-as-a-Service stellt ein Anbieter eine Software auf einem zentralen Server zur Verfügung. Der Nutzer muss diese nicht kaufen, sondern zahlt eine Miete nach Zugriffshäufigkeit bzw. -menge (on demand). Er kann sich von überall her in den Systemverbund bzw. die „Wolke" einklicken.

Hardware-on-Demand

Die Grundidee des „on demand" ist ebenso auf die Hardwareseite übertragbar. Hier können Kunden Ressourcen nutzen, ohne eine eigene Infrastruktur aufbauen zu müssen. Ohnehin würde manchem PC die Kapazität fehlen, um große Rechen- bzw. Arbeitsleistungen zu vollbringen. Beim Utility Computing erhalten sie Rechen- oder Speicherleistungen via Datenleitung sozusagen aus der Steckdose. Einzelne Server oder CPU sind also nicht mehr bestimmten Nutzern zugeordnet, sondern werden in einem Ressourcenpool zusammengefasst. Zu den vielen Begriffen kommt darum noch ein weiterer hinzu, nämlich *Grid Computing*, ein loses Bündnis von geografisch verteilten Computern, deren Leistungen zu einem virtuellen Supercomputer gebündelt werden, um extrem rechenintensive Prozesse zu bewerkstelligen.

Cloud Computing

Die Anwendungen und Daten befinden sich nicht mehr auf dem lokalen Rechner oder im Firmenrechenzentrum, sondern – metaphorisch gesprochen – in einer „Internetwolke" (*Cloud*). Darum wird der Begriff *Cloud Computing* synonym zu *Utility Computing* verwendet. Bekanntlich wird das Internet in Netzwerkdiagrammen auch als Wolke visualisiert (vgl. <http://de.wikipedia.org/wiki/Cloud_Computing>).

Heute werden Cloud-Computing-Dienste in der Regel über das Internet bezogen. Der Zugriff auf die Anwendungen oder die Konfiguration erfolgt über einen Webbrowser. Wer bei eBay beispielsweise handelt, nutzt einen solchen Utility-Service (vgl. *Cloud Computing und Visualisierung in der Praxis.* <http://blog.netmonic.com>).

Einige bekannte Anbieter von Dienstleistungen zu Cloud Computing

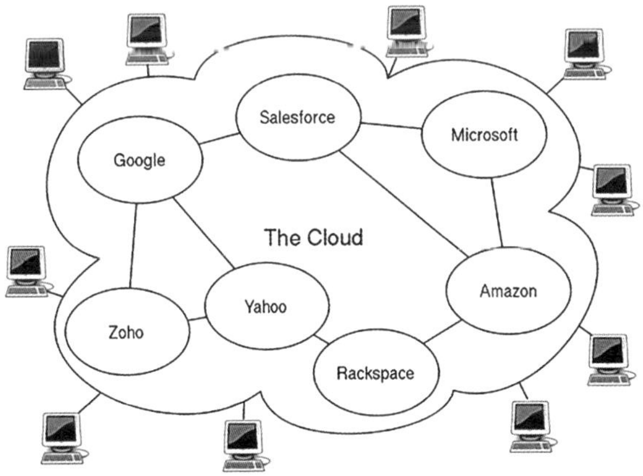

(Quelle: eigene Darstellung)

Angebote dieser Art werden sich verstärken. Sie sind kostengünstiger als der Kauf schnell veraltender Hardware. Außerdem bietet sich Klein- und Mittelunternehmen die Möglichkeit, teure Software renommierter Anbieter, beispielsweise von SAP oder Oracle, zu nutzen, ohne viel investieren zu müssen.

Cloud Computing ist ein Milliardengeschäft. Experten gehen von einem Branchenumsatz aus, der sich 2009 weltweit auf 17 Milliarden US-Dollar belief und bis 2013 auf 44 Milliarden US-Dollar steigen soll.

IKT-Trend „Ubiquität"

Computing vollzieht sich immer mehr „ubiquitär", das heißt allgegenwärtig. Die Nutzung ist nicht mehr an einen speziellen Ort wie den PC-Arbeitsplatz gebunden. Diese Entwicklung ist für jedermann sichtbar, denn die IKT durchdringt immer mehr das Umfeld des Menschen. Dank WiFi und Bluetooth nimmt diese Vernetzung immer mehr zu. Man spricht daher auch vom „Evernet" oder dem „Netz der Dinge". Durch neue Funktechnologien wie GPRS, UMTS oder WLAN wird es dem Nutzer möglich, zu jeder Zeit unabhängig vom verwendeten Endgerät und der zugrunde liegenden Netztechnologie sowie des jeweiligen Netzbetreibers erreichbar zu sein und zu kommunizieren. Als Folge hiervon wird der Computer als eigenständiges Gerät überflüssig und durch eine Vielzahl intelligenter und miteinander vernetzter Geräte ersetzt werden. Es entsteht das Internet der Dinge.

- **Internet der Dinge:** Das Internet der Dinge bezeichnet die elektronische Vernetzung von Gegenständen des Alltags. Es basiert auf der Möglichkeit, Gegenstände mit einer eigenen elektronischen Intelligenz auszustatten. Das ermöglicht den selbstständigen Informationsaustausch der Gegenstände untereinander.

- **Internet der Dienste:** Während das Internet die infrastrukturelle Grundfunktion der Übertragung bietet, ermöglicht das Internet der Dienste spezielle Anwendungen, die mit eigenen Protokollen in einem Netzwerk funktionieren.

Die Vernetzung von Gegenständen durch IKT-Sensoren

Dies beschreibt die elektronische Vernetzung von Gegenständen des Alltags. Es wird immer mehr möglich sein, mikroelektronische Sensoren selbst in einfachste Gegenstände und Produkte zu integrieren und in den Lebensraum der Menschen einzubringen. Sie werden dort drahtlos vernetzt und ermöglichen so einen selbstständigen Datenaustausch der „Dinge" untereinander. So werden zum Beispiel Postpakete mit einem Chip ausgestattet, der neben Produktinformationen zusätzlich auch das Transportziel enthält. Ein solches Smart Label verbindet das Produkt mit dem Internet. Der Versandprozess verläuft schnell, autonom und ohne eine zentrale Instanz. Selbst Alltagsgegenstände können feststellen, in welcher Umgebung sie sich gerade befinden und welche anderen Objekte sich in ihrer Nähe befinden. Eine solche Verortung ist heute bereits bei Mobiltelefonen üblich. Zukünftig können Gegenstände jeglicher Art dank Radio Frequency Identification (RFID) geortet werden. Das ist die Basistechnologie für eine Vernetzung von Waren, Gütern und deren Umgebung.

Die Vernetzung von Mensch mit Gegenstand

Dieser Entwicklung liegt die Vision eines den Menschen ständig umgebenden Netzwerkes zugrunde. Der Idee nach könnten so Kühlschränke, Autos, Sportschuhe, Brillen usw. mit einer IP-Adresse ausgestattet und an das Internet angeschlossen werden. Kühlschränke versenden so automatisch ihre Lebensmittelbestellung, Autos können Verkehrsinformationen austauschen, Sportschuhe Leistungsdaten an den Trainer übermitteln usw. Eine Voraussetzung für dieses „Überall-Internet" ist eine ausreichend große Anzahl von IP-Adressen. Dies wird mit dem vollständigen Umstieg auf

IPv6 erreicht werden. Ziel ist die permanente Vernetzung, im Sinne einer Infrastruktur wie heute Strom oder Wasser. Damit wird eine neue Dimension in der Kommunikation von Menschen möglich.

Sensoren statt Maus und Tastatur

Bei dieser Technologie entfällt die klassische Schnittstelle. Sie ist nicht mehr notwendig. An die Stelle von Maus und Tastatur treten Sensoren. Der Anwender kann sich ganz auf das Endgerät konzentrieren. Biometrische Verfahren identifizieren ihn automatisch, GPS-Systeme lokalisieren ihn, und telemetrische Anwendungen übertragen selbstständig Daten an die Endgeräte des Nutzers.

Haushalt und Auto machen sich selbstständig

Die Ubiquität wird dadurch erreicht, dass die IKT in die den Nutzer umgebenden Gegenstände, Haushaltsgeräte, Geldscheine, Gebäude u. a. m. eingebettet wird. Vor diesem Hintergrund wird es bald schon möglich sein, dass das eigene Auto zur Ferndiagnose oder Wartung mittels eines Mobilfunkmoduls selbstständig Kontakt mit dem Hersteller oder einer KFZ-Werkstatt aufnimmt (*remote service*).

Denkbar ist auch, dass mobile Geräte mit dem Nutzer „mitwandern“. Solche Geräte haben viele Formen: mobile Computer (z. B. Laptops, Personal Digital Assistants oder Tablets), Mobiltelefone; „Wearables“ wie Textilien; Accessoires; medizinische Geräte mit Rechner- und Kommunikationsleistungen sowie computerisierte Implantate. Eine solche mit unaufdringlicher IKT angereicherte Umgebung kann die Lebensqualität steigern.

Chips für den Menschen

Doch nicht nur die Umgebung des Menschen könnte in sich vernetzt werden, auch er selbst könnte Teil dieses Netzes werden: In den USA wurde bereits 2004 von der Gesundheitsbehörde der Implantierung des sogenannten „VeriChips“ in den menschlichen Körper zugestimmt. Dieser Transponder dient der Patientenerkennung und enthält dessen relevante Informationen bezüglich Allergien, einzunehmender Medikamente u. a. m.

Subtrend „Peer-to-Peer Networking"

Die Peer-to-Peer-Kommunikation (P2P) findet zwischen Rechnern bzw. Endgeräten (Peers) auf der Anwenderebene statt (z. B. einer Tauschbörse für Musik und Videos). In einem Peer-to-Peer-Netzwerk ist jeder angeschlossene Computer im Sinne des Wortes Peer gleichberechtigt. Jeder Computer stellt den anderen Computern seine Ressourcen zur Verfügung. Dabei dient das Internet als Basisnetzwerk. Ein Netzwerkverwalter ist nicht vorgesehen. Jeder Netzwerkteilnehmer bestimmt selbst, welche Ressourcen er freigibt. Er ist nur für seinen Computer einschließlich Datensicherung verantwortlich.

Obwohl P2P ursprünglich für den Datenaustausch in Tauschbörsen erfunden wurde, wird es mehr und mehr zur Verknüpfung von Inhalten, Objekten und Kontexten nahezu jedweder Art genutzt.

Denkbar sind aber auch Peer-to-Peer-Vernetzungen wie diese: Die Sensorik eines Autos registriert in 100 Metern Aquaplaning und meldet dieses automatisch einem nachfolgenden Motorrad.

Subtrend „Eingebettete Systeme"

Der Begriff *Informations- und Kommunikationstechnologie* wird zumeist mit Computern und Servern gleichgesetzt. Das ist aber nur die halbe Wahrheit. Im Umfeld des Menschen werden immer mehr Geräte eingesetzt, die aus Hard- und Software bestehen, kleine und große. Man spricht hier von eingebetteten oder integrierten Systemen. Etwa 98 Prozent aller programmierbaren Prozessoren arbeiten eingebettet in Telefonen, Autos und Flugzeugen, in der Haus-, Energie- und

Medizintechnik, in Heimwerker- und Großmaschinen, in Quarzuhren oder in Smartphones. Hierbei handelt es sich um programmierbare Subsysteme eines größeren Systems. Zukünftig werden sie noch stärker als heute zwecks Informationsaustausches vernetzt und multifunktional konstruiert werden.

Chips für eingebettete Systeme

Jährlich werden schätzungsweise 4 Milliarden Bauteile mit integrierten IKT-Systemen produziert. Die Halbleiterindustrie erwirtschaftet 60 Prozent ihres Umsatzes mit Chips für eingebettete Systeme. Das erklärt, warum viele Industrieunternehmen inzwischen mehr Softwareingenieure beschäftigen als reine IT-Firmen. In der Unterhaltungselektronik entfallen 65 Prozent der Kosten des Endprodukts auf Baugruppen mit integrierten Systemen.

Eingebettete Systeme als Innovationstreiber

Eingebettete Systeme sind starke Innovationstreiber. Im Automobilbau hat die IKT 90 Prozent Anteil an den Innovationen im Motor, an den Bremsen, der Plattform und im Cockpit, um nur einige Bereiche zu nennen. Obwohl die eingebetteten Systeme maßgeblich zu Innovationen und zur Produktdifferenzierung beitragen, werden sie von der Öffentlichkeit kaum wahrgenommen. Der Kunde sieht sie nicht. Der Chip im Autoreifen, der dem Bordcomputer den nachlassenden Luftdruck meldet, ist nicht sichtbar. Außerdem gibt es keine distinktive „Eingebettete Systeme-Industrie". Die Systeme entstehen an den Schnittstellen zwischen Halbleiter- und Softwareindustrie und den Branchen, in denen sie eingesetzt werden. Die relevante Software wird in den produzierenden Unternehmen geschrieben, selten in Programmierfirmen.

Integrierte Software für eingebettete Systeme

Nicht nur die Anzahl „intelligenter" Produkte wächst, sondern auch die integrierte Software. Hierzu ein Beispiel: Windows XP basiert auf ca. 40 Millionen Codezeilen. Die Elektro-

Eingebettete Systeme im Pkw

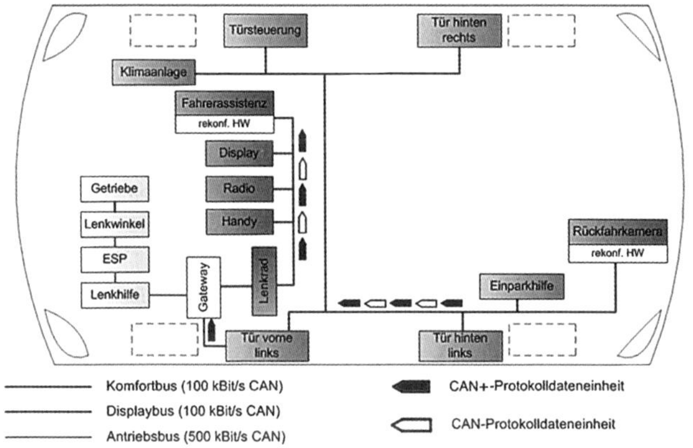

(Ein Beispiel für eine Kommunikationstruktur in einem Automobil, bei der ein kognitives eingebettetes System auf Basis rekonfigurierbarer Hardware zum Einsatz kommt.

Quelle: Universität Erlangen-Nürnberg, Department Informatik)

nik eines normalen Pkw umfasst heute etwa 15 Millionen Codezeilen und 2015 etwa 100 Millionen. Das erklärt, warum in Produktentwicklungsprojekten auf einen Ingenieur zwei Programmierer kommen und in Deutschland etwa 90 000 Systementwickler an Design und Programmierung von eingebetteten Systemen arbeiten.

Subtrend „Umgebungsintelligenz"

Zu den eingebetteten Systemen gehören auch die Angebote des Ambient Assisted Living. Hierbei handelt es sich um die drahtlose Vernetzung von IT-Systemen, Prozessoren und Sensoren mit Alltagsobjekten. Sinn und Zweck: Durch den Einsatz neuer Technologien, vor allem Sensoren, wird die Umgebung des Menschen mittels unsichtbarer elektronischer Steuerung so gestaltet, dass sich für die betroffenen Personen ein hoher Grad an Bequemlichkeit, Sicherheit und drahtloser Kommunikation ergibt. Dazu gehören auch die elektronische Unterstützung bei alltäglichen Verrichtungen oder die Gesundheits- und Aktivitätsüberwachung durch funküberwachte Herzschrittmacher. Das ermöglicht eine verbesserte Lebensqualität und womöglich intensivere soziale Teilnahme älterer Menschen am gesellschaftlichen Leben,

Umgebungsintelligenz

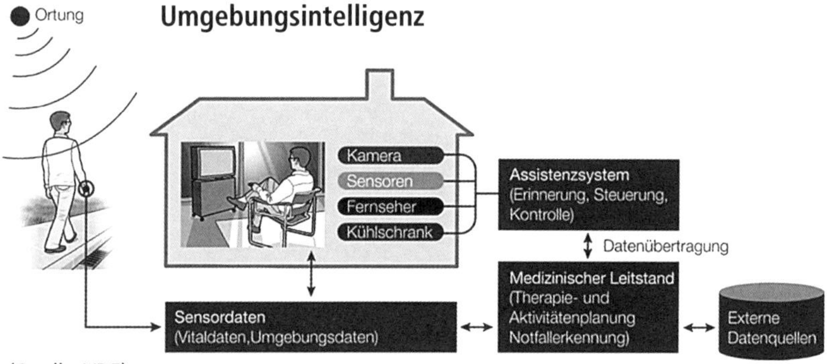

(Quelle: VDE)

aber auch neue Geschäftsfelder werden erschlossen und effizientere und persönlichere Gesundheits- und Sozialdienste ermöglicht.

Subtrend „Biometrie"

Unter *Biometrie* versteht man automatisierte Verfahren zur Identifikation von Personen, basierend auf deren Verhaltensmerkmalen und biologischen Eigenschaften. Obwohl die Biometrie nicht die strategische Relevanz wie andere IKT-Branchen besitzt, ist sie durch starkes Wachstum gekennzeichnet und mit viel politischer Brisanz behaftet. Hier schwingt George Orwells „Big Brother is watching you" mit.

Verschiedene Biometrieverfahren

Auf dem internationalen Biometriemarkt existieren derzeit verschiedene Arten der Personenerkennung. Größte Bedeutung hat die Fingerabdruckerkennung, gefolgt von der Gesichtserkennung. Dahinter rangieren Verfahren, welche die Handgeometrie oder den Aufbau der Iris und der Retina (Netzhaut) überprüfen. Daneben gibt es eine Menge anderer, aber wenig genutzter Methoden, wie etwa die Stimmerkennung oder sogar die Identifikation des Körpergeruchs. All diesen Biometrieverfahren ist gemeinsam, dass sie die physiologischen Eigenschaften oder die Verhaltensmerkmale eines Menschen mit zuvor gespeicherten Daten eines bestimmten Personenkreises abgleichen.

Breites Anwendungsspektrum

Die Biometrie hat ein breites Anwendungsspektrum bzw. eine hohe Querschnittsrelevanz. Ihr wichtigstes Einsatzgebiet ist gegenwärtig noch die Zugangskontrolle, indem Mitarbeiter sensibler Bereiche von Atomkraftwerken, Flughäfen, Kasernen, Ministerien oder Banken per Fingerabdruck oder Gesichts-Scanning authentifiziert werden. Im Bankenbereich wäre es denkbar, dass für den Auszahlvorgang am Geldautomaten zukünftig keine Geldkarte mehr notwendig ist. Analog könnte auch der Einkauf im Supermarkt per Fingerabdruck bezahlt werden.

Zu Gast bei „Freunden"

Der Anschlag auf das World Trade Center 2001 und wiederholte Terroranschläge in vielen Ländern der Welt haben der biometrischen Branche starken Auftrieb gegeben. Wer als Ausländer in die USA einreist, kann ein Lied davon singen. Er wird biometrisch vermessen, mit Kriminellen abgeglichen und für alle Fälle vorsorglich gespeichert.

Wachstumsmarkt Biometrie – Anteile des Umsatzes der Erkennungsverfahren

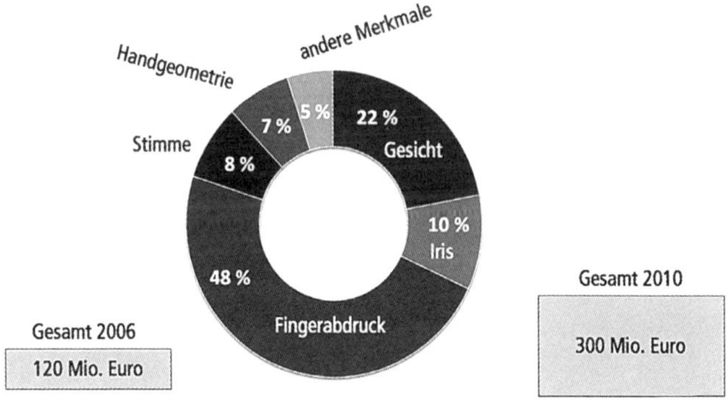

(Quelle: BITKOM)

Der Trend zu komplexen Erkennungssystemen

In Deutschland geben E-Pass und die Krankenkassenkarte mit allen diagnostischen Daten einen Vorgeschmack auf zukünftige Entwicklungen. Die größte Bedeutung werden Hand- und Gesichtsgeometrie erlangen, aber in weniger als einem Jahrzehnt werden Iris- und Spracherkennung ergänzend bzw. zusammen mit anderen biometrischen Erkennungssystemen eingesetzt werden.

IKT-Trend „Datennutzbarkeit"

Aufgrund der immer stärkeren Durchdringung der menschlichen Umwelt mit IKT ist eine enorme Menge an digitalen Daten entstanden, deren stetiges Wachstum noch längst nicht zu Ende ist.

Datenflut bringt Profit

Diese Datenexplosion wird durch den normalen Nutzer immer mehr beschleunigt. Mittels Blogs, Wikis und Podcasts generiert er selbst die Datenflut. Vielleicht ehemals angedachte, sogenannte soziale Netzwerke haben sich zu digitalen Werbeträgern par excellence entwickelt. Als Geschäftsmodell sind sie mittlerweile so interessant, dass große Medienunternehmen viel Geld ausgeben, um sie aufzukaufen.

Die Verteilung der Daten wird dadurch begünstigt, dass die Bandbreiten von Übertragungstechnologien weiter zunehmen. Dadurch besteht die Möglichkeit, den Speicherort selbst großer Datenkapazitäten fast beliebig zu wechseln.

Dezentrale Daten sinnvoll bündeln

Vor zehn Jahren noch lagen Daten in strukturierter Form vor und konnten unmittelbar als Information genutzt werden. Heute sind es höchstens noch 20 bis 30 Prozent, die in Datenbanken oder Content-Managementsystemen zur Verfügung stehen. Die große Aufgabe liegt zukünftig darin, die wachsende Masse an dezentral verteilten Daten sinnvoll zu bündeln und zugänglich zu machen, sodass sie effizient genutzt werden können. Wer hier Lösungen anbietet, hat die Nase vorn und die Auftragsbücher voll.

Subtrend „Semantische Technologien"

Zu den semantischen Technologien gehören alle Verfahren, die es Maschinen bzw. Programmen erlauben, Informationen, die nicht in der Fachsprache der Informatik formuliert wurden, zu verstehen und zu verarbeiten. Es handelt sich also um Informationen, die in der „Normalsprache“ generiert wurden, wie beispielsweise Beiträge in einem Diskussionsforum im Internet. Die gewöhnliche menschliche Sprache ist für ein Computerprogramm wegen ihrer unstrukturierten Form nicht verständlich. Semantische Technologien schaffen hier Abhilfe und stellen eine Verbindung zwischen der Fachsprache der Informatik, die für eine Software verständlich ist, und der Sprache der Menschen her. Sie „übersetzen“ mehr und mehr ohne Bedeutungsverlust, können Wissen automatisch interpretieren und daraus neues Wissen ableiten.

Semantisches Web

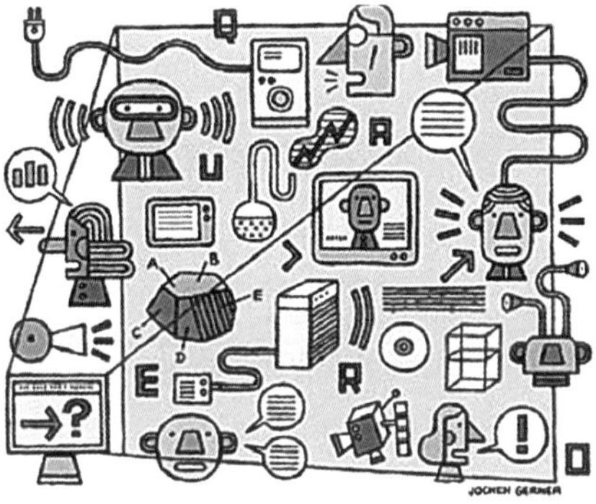

(Quelle: Jochen Gerner)

Web 3.0

Das semantische Web ist eine Erweiterung des genutzten World Wide Web. Es soll nun die durch Anwender entstandenen Inhalte in Blogs und sozialen Netzwerken interpretieren, weiterverarbeiten und miteinander verknüpfen. Die Verbindung aus diesem benutzergetriebenen Teilbereich des Web und des semantischen Web wird als Web 3.0 bezeichnet.

Das semantische Web

Durch die ständig steigende Informationsflut werden semantische Technologien immer mehr an Bedeutung gewinnen. Während das World Wide Web Daten miteinander vernetzt, setzt das semantische Web die Bedeutung der Informationen von Daten in Beziehung zueinander. Als Folge hiervon wäre es denkbar, dass auf Suchanfragen bessere Ergebnisse präsentiert werden, dass zukünftig Fragen im Web beantwortet werden können oder auch neues Wissen generiert werden kann, indem das semantische Web Zusammenhänge erstellt, die zuvor niemandem aufgefallen sind. Denkbar wäre auch, dass das semantische Web beispielsweise einen Bezug zwischen Wetterdaten sowie Staumeldungen und den möglichen Haltestellen für Pausen und den Vorlieben des Autofahrers herstellt, um eine Reise vorab besser zu organisieren.

IT-Zukunft bis 2022 – Ergebnisse einer Studie des Fraunhofer-ISI

Das Fraunhofer Institut für System- und Innovationsforschung (ISI) hat 2008 mehr als 400 Experten zur Zukunft der IKT befragt. In der folgenden Übersicht ist eine Auswahl jener Entwicklungen und Realisierungszeitpunkte aufgeführt, die von mindestens 50 Prozent der Antwortenden für wahrscheinlich gehalten werden (Quelle: Kerstin Cuhls/ Simone Kimpeler: Delphi-Report – Zukünftige Informations- und Kommunikationstechniken, Fraunhofer-ISI: 2008). Ergebnis: Vieles sei in den nächsten 25 Jahren technisch machbar, aber nicht alles sei wünschenswert.

2014	Softwareprogramme für in Deutschland entwickelte Hardware werden überwiegend in den BRIC-Staaten (Brasilien, Russland, Indien, China) geschrieben.
2014	Drahtlose portable Übertragungstechnologien (z.B. WLAN) erreichen 1 Gbit/s bei stationärer Nutzung.
2014	Die Konvergenz von Geräten und Diensten ist gewährleistet: Der Fernseher empfängt SMS, Videoanruf auf Computer ist ebenso möglich wie VoIP über Mobilfunk oder WLAN.
2015	Über die letzte Meile im Festnetz, also bis hin zum Endnutzer, werden im täglichen Einsatz Übertragungsraten von mehr als 1 Gbit/s erreicht.
2015	Die meiste Software wird für Embedded Systems geschrieben, also für spezifische Anwendungen konstruierte IKT-Komponenten, die in Alltagsgegenstände integriert sind.
2015	Im „Internet der Dinge" sind nicht nur Daten, sondern auch viele Geräte und Alltagsgegenstände direkt über das Internet lokalisierbar und steuerbar.
2016	Vom Nutzer festgelegte Interessenprofile und Softwareagenten bestimmen den individualisierten Medienkonsum und die personenspezifische Informationsnutzung.

2016 Die alltägliche Bedeutung von Open-Source-Software übersteigt die Bedeutung kommerzieller Software.

2016 Es gibt einen neuen IT-Boom, der durch die starke Nachfrage nach IKT-Anwendungen in den Branchen Gesundheit, Wellness, Tourismus usw. (z.B. Geräte zur Ferndiagnose, virtuelle Stadtführung etc.) ausgelöst wird.

2016 Spracherkennungssoftware ist in der Lage, die überwiegende Zahl der Nutzer ohne Training zu erkennen, und erreicht eine Trefferquote von mehr als 90 Prozent.

2016 Einweg- oder Wegwerfelektronik (z.B. Chips für wenige Cent) ist auf dem Markt, weil geeignete Kunststoffe sich durch Druckverfahren oder andere Rolle-zu-Rolle-Verfahren sehr kostengünstig zu elektronischen Bauelementen verarbeiten lassen.

2017 Kleine Sender bzw. Medienanbieter, die sich auf regionale Themen spezialisiert haben, haben in der öffentlichen Meinungsbildung eine größere Bedeutung als große internationale Hörfunk und Fernsehanbieter.

2017 Die On-Demand-Nutzung (Nutzung auf Abruf durch individuelle Empfänger) von Hörfunk und Fernsehen überwiegt die Nutzung von Broadcast-Sendungen, also Sendungen, die alle Nutzer zur gleichen Zeit empfangen.

2017 Ein „Seamless Network" ist etabliert, bei dem es keine Inkompatibilitäten gibt und bei dem die Nutzer in das jeweils vorhandene physikalische Netz (Festnetz, Mobilfunknetz, Wireless, Satellit usw.) automatisch eingebucht werden.

2017 Ad-hoc-Vernetzung ist weitverbreitet: Wo kein Netz verfügbar ist, vernetzen sich die IKT-Komponenten, die in Alltagsgegenstände integriert sind (Embedded Systems), spontan drahtlos untereinander.

2017 Für Sensoren, RFID-Chips und wenig Strom benötigende Endgeräte wird im alltäglichen Einsatz neben chemoelektrischer Energie eine Vielzahl alternativer Energiequellen (wie z.B. Körperwärme, Bewegungsenergie, Licht oder Schallwellen) genutzt.

2018 Mit dem Einsatz neuer hocheffizienter und sicherer Energiespeicher sind die heute noch existierenden Probleme mit der Stromversorgung mobiler IKT-Geräte gelöst.

2018 Jeder Mensch ist von einer „digitalen Aura" umgeben, bei der im Hintergrund codierte Präferenzprofile drahtlos ausgetauscht und verglichen werden können. So überspielt beispielsweise das Filmplakat einen Trailer zum neuesten Kinofilm auf den PDA, oder das Mobiltelefon teilt seinem Besitzer im Café mit, dass die Dame am Nebentisch ihr Auto verkaufen möchte.

2018 Kleine, leichte Datenbrillen oder Retina-Displays sowie leichte Datenhandschuhe sind verbreitet und werden zu Modeaccessoires.

2019 Flexible Displays (z.B. faltbare oder zusammenrollbare Displays) sind weitverbreitet und ersetzen zur Hälfte die heutigen Anwendungen von Papier.

2019 Über die Hälfte der kleinen und mittelständischen Unternehmen nutzt semantische Techniken, die eine inhaltsbezogene Informationssuche ermöglichen. Dadurch werden sprachlich formulierte Aufgabenstellungen von Maschinen sinnvoll interpretiert und eigenständig umgesetzt.

2019 3-D-Internet-Anwendungen wie Hologramme werden genutzt, um vielleicht Fußballübertragungen oder Spielfilme auf beliebige Oberflächen zu projizieren.

2020 Die Mikroelektronik nutzt völlig neue, beispielsweise von der Biologie inspirierte Verfahren und physikalische Prinzipien zur Realisierung von Speichern und Prozessoren.

2020 Quantencomputer sind Wirklichkeit und in Spezialgebieten (z. B. wissenschaftlichen Simulationen) eingesetzt, in denen massiv parallel gerechnet werden muss.

3.3 Die Nanotechnologie

Fast reflexartig wird der Begriff *Nanotechnologie* genannt, wenn es um Zukunftstechnologien geht. Das hängt wahrscheinlich damit zusammen, dass man über diese Technologie am wenigsten weiß, da sie kein geschlossenes Themengebiet ist, also keiner wissenschaftlichen Einzeldisziplin oder einer einzelnen Branche zugeordnet werden kann. Nanotechnologie ist ein Sammelbegriff für ein ganzes Bündel an Technologien. Vereinfacht ausgedrückt kann man von einer Querschnittstechnologie des Allerkleinsten sprechen. Der Sammelbegriff Nanotechnik „umfasst verschiedene Verfahren zur Untersuchung sowie zur gezielten Herstellung und Anwendung von Prozessen, Strukturen, Systemen oder molekularen Materialien, Bauteilen und Werkstoffen, die in mindestens einer Dimension typischer Weise unterhalb von 100 Nanometern (1nm = 10^{9}) liegen“, so die Definition der Deutschen NanoKommission. Nanotechnologie wird also nicht vom Inhalt her definiert, sondern von der Strukturgröße.

Nanotechnologie als Querschnittstechnologie

Der Begriff *Nano* kommt aus dem Altgriechischen (nãnos = Zwerg). Ein Nanometer ist ein Milliardstel Meter. Zur Veranschaulichung: Ein Meter verhält sich zu einem Nanometer wie der Durchmesser der Erde zu dem einer Haselnuss. Die Nanotechnologie bewegt sich also in der Welt der Moleküle und Atome. Sie berührt die Forschungsgebiete Clusterphysik, Oberflächenphysik, Oberflächenchemie, Halbleiterphysik, Lebensmitteltechnologie (Nano-Food). Sie ist damit die Querschnittstechnologie des beginnenden 21. Jahrhunderts.

Als solche erfordert sie einen hohen Grad an fachübergreifender Kommunikation und Kooperation, da sich auf der Nanoebene die Begriffswelten der Physik, Informatik, Materialwissenschaft, Medizin, Chemie und Biologie treffen und Verfahren einer Disziplin durch Methoden anderer Fachrichtungen ergänzt werden müssen.

Die Nanotechnologie folgt zwei Entwicklungsrichtungen:

- Zum einen kann man sie als Fortsetzung und Erweiterung der Mikrotechnik ansehen, indem man Strukturen und Komponenten immer weiter miniaturisiert. Nanostrukturierte Werkstoffe werden hier aus einem größeren Festkörper hergestellt. Man spricht deshalb vom Top-down-Ansatz (von oben nach unten). Er dominiert in der Physik und physikalischen Technik.
- Chemiker und Biologen dagegen verfolgen den Bottom-up-Ansatz (von unten nach oben). Sie bauen aus einer Vielzahl von einzelnen Moleküleinheiten größere nanoskalige Molekülverbunde auf.

Manipulation im Mikrokosmos

Nanoskaligkeit ist bei vielen biologischen und natürlich vorkommenden Systemen notwendig, damit sie funktionieren. So setzt sich das Erbgut des Menschen aus nanoskaligen Bausteinen zusammen, in denen genetische Informationen codiert sind. Die Natur beherrscht die Herstellung nanoskaliger Systeme perfekt. Viele Beispiele biologischer Werkstoffe (Knochen, Zähne, Muschelschalen etc.) zeigen bei näherer Betrachtung, dass deren exzellente mechanische Eigenschaften auf der regelmäßigen Anordnung nanoskaliger Bausteine verschiedener Hierarchieebenen basieren.

Großes Potenzial für neue Anwendungen

Während es bisher nur möglich war, die Natur nachzubilden, erlaubt die nanotechnologische Manipulation von Atomen und Molekülen innerhalb gewisser chemo-physikalischer Grenzen, Materialien und Strukturen zu erzeugen, die ohne den menschlichen Verstand in der freien Natur nie entstanden wären. Es bietet sich ein Potenzial für völlig neuartige technologische Anwendungen, für die es in der Menschheitsgeschichte keinen Vergleich gibt. Der Aufbau aus atomaren und molekularen Bausteinen ermöglicht es, die Eigenschaften von Naturstoffen gezielt einzustellen, um diese Wirkungen zu erzielen:

- Extreme Härte und Bruchfestigkeit bei Tiefsttemperaturen
- Superplastizität bei hohen Temperaturen
- Hohe chemische Selektivität der Oberflächenstrukturen
- Deutlich vergrößerte Oberflächenenergie

Nanoeigenschaften

In der Nanowelt wirken andere Gesetze als in der Makrowelt. Nanomaterialien haben ein stärkeres Verhältnis von reaktiven Oberflächenatomen als die reaktionsträgen Teilchen im Inneren. Darum weisen sie eine deutlich höhere chemische Reaktivität auf. Materialien verändern in Nanogröße ihre aus dem Alltag bekannten Eigenschaften. Die Stoffe haben andere Farben, Schmelzpunkte, elektrische Leitfähigkeiten oder Härten. Keramik wird transparent, Gold bekommt eine rote Farbe, Metalle werden zu Halbleitern – um nur einige Beispiele zu nennen.

Am Blatt der Lotuspflanze wird dies gern demonstriert. Dessen Oberfläche ist so glatt, dass Flüssigkeiten wie Wasser, Harz oder Honig einfach abperlen. Wissenschaftler konnten diesen Effekt experimentell konstruieren und so für den Menschen nutzbar machen.

Nanotechnische Produktanwendungen

Viele Anwendungen beruhen auf den neuen Möglichkeiten des Materialdesigns und der Generierung neuartiger technologischer Komponenten, so zum Beispiel Schmutz abweisende Farben und kratzfeste Oberflächenbeschichtungen, Pigmente und Zusatzstoffe (Additive), zahnärztliches Füllmaterial sowie UV-Schutz in Sonnencremes. Viele hiervon haben sich den Lotuseffekt zunutze gemacht.

Die Entwicklung völlig neuer optischer, elektrischer oder magnetischer Eigenschaften ist anwendbar auf viele Produkte:

- Versiegelte Fenster, die leicht zu reinigen sind
- Brillengläser, die nicht mehr beschlagen

- Urinale, die nicht mehr gespült zu werden brauchen
- Autos, die durch Regen sauber werden
- Textilien, die keine Flecken mehr bekommen
- Algenfreie Dachpfannen
- Medizinische Verbände oder Implantate, die mit dem menschlichen Körper verwachsen

Vielseitige Nanoanwendungen

Momentan arbeiten Nanoforscher an der Miniaturisierung der Halbleiterelektronik und Optoelektronik sowie an neuartigen Werkstoffen wie Nanoröhren. In der Medizin werden Nanopartikel schon bald als Wirkstofftransporter eingesetzt, insbesondere bei der Tumorbekämpfung.

Mittelfristig wird die Nanotechnologie in nahezu alle industriellen Bereiche hineinwirken. Sie nimmt damit auf viele Bereiche von Wirtschaft und Gesellschaft Einfluss, und zwar in einem Maße wie ehedem die Dampfmaschine oder heutzutage der Computer.

Querschnitt Nanotechnologie

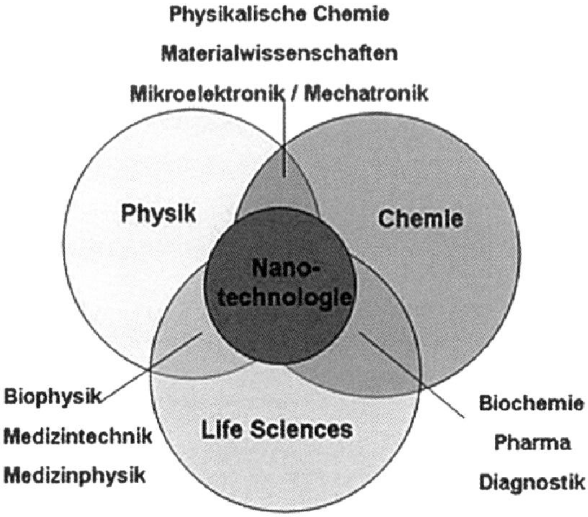

(Quelle: Hochschule München, Fakultät für Feinwerk- und Mikrotechnik, Physikalische Technik)

Nanotechnologische Anwendungsbranchen

Das Anwendungsspektrum der Nanotechnologie ist groß, da die atomare und molekulare Miniaturisierung in nahezu allen Bereichen der materiellen Welt denkbar ist. Ihr Potenzial liegt in der Handhabung und Nutzung kleinster Materialstrukturen, aus denen sich völlig neue Materialeigenschaften, Funktionalitäten und technische Neuerungen gewinnen lassen, sowohl als Verbesserungen für bereits etablierte Produkte und Technologien als auch für völlig neue Anwendungsfelder. Die folgende Beschreibung beschränkt sich auf die wichtigsten Felder der Nanotechnologie und orientiert sich überwiegend am nanotechnologischen Schriftgut des Verbandes Deutscher Ingenieure (vgl. Gerd Bachmann, VDI-TZ, <www.myresearch.de>) und des Bundesministeriums für Bildung und Forschung (BMBF).

Nanoelektronik

Die Nanoelektronik interessiert sich für die Nutzung elektronischer Eigenschaften von Nanostrukturen, vorwiegend bei integrierten Schaltkreisen der Informationstechnologie. Diese Disziplin ist aber nicht klar abgegrenzt, da es zwischen der Mikroelektronik und Nanoelektronik viele Überschneidungen gibt und schon bald die Verschmelzung geben wird.

Quantisierungs-Effekte – nicht zu verwechseln mit Quantifizierung – gewinnen mit zunehmender Miniaturisierung von Transistoren und Drähten zunehmend an Bedeutung. Die herkömmliche Transistortechnologie stößt aufgrund der Wellennatur der Elektronen spätestens bei Strukturbreiten um 20 Nanometer auf physikalische Grenzen. Die Lösung liegt in Logikbausteinen einer digitalen Elektronik, die auf kleinsten Partikeln oder auch Molekülen basieren (Molekularelektronik). Das optimiert den Aufbau von Computerchips und senkt deren Kosten. Von hier ist es dank quantenmechanischer Kopplungsphänomene nicht mehr weit zu Quantencomputern. Auch die Sensorik, Datenspeicherung und Displayherstellung und somit weitere technische Branchen werden von der Nanotechnologie zu neuen Produkten und Verfahren angeregt.

Nanooptik

Die Nanooptik befasst sich mit optischen Phänomenen unterhalb der Wellenlänge des Lichts. Mithilfe modernster mikroskopischer und spektroskopischer Verfahren ist beispielsweise die optische Abbildung von Einzelmolekülen oder die Untersuchung der Interaktion von zwei Biomolekülen möglich. Zugleich schafft die Nanooptik die Grundlagen für eine neue Hochgeschwindigkeits-Kommunikationstechnik. In modernen Halbleiterlasern wurden die bisherigen nanotechnologischen Erkenntnisse bereits nutzbar gemacht. Das Ergebnis sind extrem hochwirksame und temperaturstabile optoelektronische Bauelemente mit weitreichenden Anwendungsmöglichkeiten in der Informationsspeicherung, Bilderzeugung und Materialbearbeitung.

Nanofabrikation

Will man nanowissenschaftliche Erkenntnisse zum Nutzen von Wirtschaft und Gesellschaft umsetzen, muss man sie der industriellen Produktion zuführen. Das handwerkliche Aneinanderfügen individueller Atome ist wenig rationell und rentabel. Hier liegt die Aufgabe der Nanofabrikation. Sie erforscht und entwickelt Methoden zur Herstellung von Produkten mit vertretbarem Aufwand, um sie wirtschaftlich anwendbar zu machen. Ein wichtiger Bereich ist hierbei die Erforschung von ultrapräzisen Oberflächen und ultradünnen Schichten sowie deren Herstellung.

Nanomaterialien

Nanomaterialien kommen in der Natur vor, bei Vulkanausbrüchen oder Waldbränden. Sie werden auch von Menschen verursacht in Form von Fahrzeug- oder Industrieabgasen. Denkbar ist auch die synthetische Herstellung und zusätzliche Ausstattung mit Eigenschaften, welche die Materialteilchen so stark verkleinern, dass deren Anteil an Oberflächenatomen stetig zunimmt. Infolgedessen ändern sich die optischen, elektronischen, magnetischen, katalytischen oder mechanischen Eigenschaften eines Materials extrem. So ist es beispielsweise möglich, Oberflächen eine unterschiedliche Farbe, Benetzungsfähigkeit, Wärmereflektivität, Härte oder Reibeigenschaft zu verleihen. Die Struktur eines Materials in der Nanometerdimension hat enorme Auswirkungen auf die Eigenschaften von Objekten. Das ist der Grund, warum Nanomaterialien der wirtschaftlich bedeutsamste Bereich der Nanotechnologie sind.

Hier einige der wichtigsten Anwendungsbereiche: kratzfeste optische Beschichtungen für Autoscheiben und Brillengläser; elektrochrome Dünnschichtsysteme für Spiegeloberflächen und Architekturglas, bei Datenspeicherschichten oder Magnetofluiden; umweltverträgliche Kleber; Molekularsiebe oder Brandschutzmaterial.

Nanochemie

Nanochemiker erforschen die Herstellung und Veränderung von chemischen Stoffen und Systemen, die ihre Zweckbestimmung und Wirkungsweise aus der Nanoskaligkeit beziehen. Mittels chemischer Methoden zur Synthese und Analyse chemischer Verbindungen sollen mit ihnen Nanomaterialien hergestellt werden. Von besonderem Interesse sind hierbei supramolekulare Systeme, zum gezielten Wirkstofftransport oder schalt- bzw. steuerbaren bzw. einstellbaren Materialeigenschaften. Solche supramolekularen funktionalen Systeme bilden die stoffliche Grundlage für neue Materialien.

Nanobiotechnologie

Die Nanobiotechnologie könnte man als die interdisziplinäre Schnittmenge zwischen Nanotechnologie und Biotechnologie definieren. Sie koppelt biologische und technische Systeme, wie bei Silizium-Chips in Rattenhirnen, die es ermöglichen, elektromagnetische Signale in Nervenimpulse umzuwandeln. Nutznießer sind unter anderem die Bildgebung, die Medizintechnik (z. B. Krebsbekämpfung) und die molekulare Diagnostik. So spielen verbesserte Oberflächeneigenschaften eine zentrale Rolle sowohl für die Biokompatibilität von Implantaten und Medikamententrägern wie auch für neuartige medizinische Labortests.

Nanotechnologische Erkenntnisse aus den Bereichen Sensorik, biokompatible Oberflächen, Wirkstoffträgersysteme, Hautersatzmaterialien, biologische Membranen für die Nanofiltration sowie DNA- und Protein-Strukturbestimmung fließen immer stärker in die Lebenswissenschaften ein. Insbesondere den DNA-, Protein- und Lab-on-a-chip-Systemen wird ein Multimilliardenmarkt prophezeit.

Nanoanalytik

Um die Nanotechnologie zu beherrschen und anzuwenden, bedarf es analytischer Methoden und Werkzeuge. Hier liegt das Betätigungsfeld der Nanoanalytik als Querschnittswissenschaft. Während noch vor einigen Jahren Chemie und Photonik die hauptsächlichen Anwendungsfelder der Nanoanalytik waren, sind es heute die Pharmazeutik, Lebensmittelherstellung und die Verbundstofftechnologie. Die Nanoanalytik liefert die analytischen Methoden und Werkzeuge zur Erfassung und normengerechten Anwendung der Basiselemente und sorgt für die Qualitätssicherung. Der Nanometer wird für Genauigkeitsangaben zukünftig genauso wichtig sein wie heute der Mikrometer. Er entwickelt sich immer mehr zum Präzisionsstandard für die Materialanalyse und Materialprüfung und folglich auch für die Materialbearbeitung.

Wirtschaftliche Bedeutung

Die industrielle Eroberung und Nutzung der Nanometer-Dimension hat bereits eingesetzt. Die Zahl der Patente steigt jährlich. Deutschland mischt in der Liste dieser Anmeldungen oben mit.

Erschließung des Nanokosmos

Ähnlich wie in der Informationstechnik geht die Erforschung der physikalischen Grundlagen und die Entwicklung und Markteinführung erster Produkte Hand in Hand. In der Elektronik gehört die nanoskalige Strukturierung bei der Chipherstellung oder bei der Entwicklung neuer Festplatten für Computer schon heute zum Handwerk. Aber auch für viele andere in Deutschland wichtige Industriebranchen wie Chemie, Pharma, Automobilbau, Informationstechnik oder Optik hängt die künftige Wettbewerbsfähigkeit ihrer Produkte von der Erschließung des Nanokosmos ab.

Perspektiven

Die künftigen Fortschritte der Nanotechnologie sind entscheidend für die weitere dynamische Entwicklung dieser Industriesektoren. Experten prognostizieren eine volkswirtschaftliche Hebelwirkung der Nanotechnologie von bis zu 3 Billionen US-Dollar bis zum Jahre 2015. Dies entspricht ca. 15 Prozent der globalen Güterproduktion. Nanotechnologisches Know-how wird mittelfristig einen immensen Einfluss auf die Wertschöpfung in den Bereichen Gesundheit, Informations- und Kommunikationstechnik sowie der Energie- und Umwelttechnik ausüben (vgl. nano.DE-Report 2009 des BMBF).

Nanotechnologie in Deutschland

Rund 750 Unternehmen in Deutschland sind auf unterschiedlichen Stufen der Wertschöpfungskette mit der Entwicklung und Vermarktung nanotechnologischer Produkte, Verfahren und Dienstleistungen befasst. Man kann sie unterteilen in Nanoproduzenten, Nanoanwender und Nanoproduktnutzer. Von den 750 Unternehmen sind ca. 400 dem Nanokernbereich zuzuordnen. Bei diesen entfallen 30 Prozent der Geschäftsaktivitäten auf die Nanotechnologie.

Etwa 65 000 Menschen sind im nanotechnischen Bereich tätig. Sie erwirtschafteten 2008 einen Umsatz von etwa 35 Milliarden Euro. Wenn man Vermutungen über den nächsten großen Konjunkturzyklus anstellt, dann hat die Nanotechnologie infolge ihres Querschnittscharakters mit die größten Chancen.

3.4 Die Biotechnologie

Der Bereich Biotechnologie gehört zum engeren Kreis der Favoriten für den sechsten Kondratjew-Zyklus. Auch hierbei handelt es sich um eine „Querschnittstechnologie, die sich mit der Überführung neuer biologischer Erkenntnisse in marktfähige Technologien und Anwendungen befasst.“ (hier wie auch folgend vgl. Bundesministerium für Wirtschaft und Technik (BMWT): *Biotechnologie.* <www.kompetenz-netze.de>)

Zur Biotechnologie gehören diese drei großen Anwendungsfelder:

- Bei der weißen Biotechnologie geht es um die biologische Produktion von Chemikalien sowie Wirkstoffen, mit denen die konventionelle chemische Produktion ökologisch und ökonomisch optimiert wird.
- Die grüne Biotechnologie entwickelt innovative Verfahren zur Verbesserung von Lebensmitteln (z. B. functional food) und zur Optimierung von Nutzpflanzen (z. B. Trockenresistenz).
- In der roten Biotechnologie werden molekular- und zellbiologische Erkenntnisse für die Entwicklung und die Produktion neuer Therapeutika sowie Diagnostika zum Einsatz gebracht.

Breites Anwendungsfeld

Man sieht, das Innovationsfeld Biotechnologie umfasst ein breites Technologiespektrum von Agrar- und Ernährungswissenschaften bis zur Bio- und Gentechnologie. Der Einfluss der Biotechnologie auf die Chemie-, Ernährungs- und Agrarindustrie ist immens. Auch die Gesundheitswirtschaft profitiert in hohem Maße von der Biotechnologie, etwa durch neue Arzneimittel oder innovative diagnostische Verfahren. In der Hauptsache geht es darum, Lebewesen zur Herstellung von Gütern zu benutzen, es in andere Existenzformen zu bringen. Leben wird sozusagen „getunt", indem der genetische Code umgeschrieben wird. Dadurch ändert sich der Stoffwechsel der Zellen, und die gewonnenen Stoffe sind für neue Arzneimittel nutzbar.

Immenses Entwicklungstempo

Das Entwicklungstempo der modernen Biotechnologie erklärt sich mit dem enormen Erkenntniszuwachs in den Biowissenschaften auf der „molekularen" Ebene. „Die Entschlüsselung der genetischen Information und die Erfolge in der Proteomik haben zu einem völlig neuen Verständnis der biochemischen Grundlagen lebender Materie geführt. Dementsprechend sind biotechnologische Verfahren und Produkte äußerst vielfältig und reichen von der mikrobiologischen Herstellung von Feinchemikalien über genetisch veränderte Nutzpflanzen bis hin zu biotechnologischen Impfstoffen." (ebenda)

Wirtschaftliche Bedeutung

Der Umsatz der deutschen Biotechnologie lag im Jahr 2009 bei 2 Milliarden Euro, die Ausgaben für Forschung und Entwicklung erreichten mehr als 1 Milliarde Euro. Etwa 530 Unternehmen und 14 950 Mitarbeiter beschäftigen sich in Deutschland mit der Biotechnologie. Die Bedeutung der Biotechnologie wächst auch in solchen Unternehmen, bei denen sie nur einen Teil des Geschäftes ausmacht. In diesen etwa 110 identifizierten Firmen, zu denen insbesondere Pharma- und Chemiekonzerne sowie Saatguthersteller zählen, arbeiten

16 500 Mitarbeiter im Biotechnologiebereich. Damit sind in der gesamten kommerziellen Biotechnologie in Deutschland mehr als 30 000 Menschen beschäftigt.

3.5 Die Optik

Optische Technologien wirken in viele Branchen hinein, ja prägen sie. Das liegt in der Natur dieser Technologie, denn sie umfasst die Gesamtheit physikalischer, chemischer und biologischer Naturgesetze und Technologien zur Erzeugung, Verstärkung, Formung, Übertragung, Messung und Nutzbarmachung von Licht. Das kohärente Licht, verkörpert durch den Laser, ist zu einem wichtigen Präzisionsinstrument für die industrielle Fertigung, die Kommunikationstechnik und die Medizintechnik geworden. Zur Erklärung: Bei kohärentem Licht schwingen alle Wellen in die gleiche Richtung, mit gleicher Frequenz und mit gleicher Phase. Im Gegensatz dazu erzeugt eine Glühbirne inkohärentes Licht, wobei die Wellen sich ungeordnet und ohne wechselseitige Beziehung im Raum bewegen.

Großes Potenzial der LED-Branche

Auch das inkohärente Licht, wie man es in Lampen, Leuchten, LED und Fotovoltaikanlagen findet, wird erfolgreich genutzt. Deutsche Unternehmen und Forschungseinrichtungen sind in diesen Märkten weltweit erfolgreich. Unternehmen wie Carl Zeiss, Jenoptik oder Schott haben bis zu 40 Prozent Marktanteil und beschäftigen ca. 110 000 Mitarbeiter. Die jährlichen Wachstumsraten liegen im zweistelligen Bereich. Allein das Potenzial der LED (Light Emitting Diode) ist vielversprechend: Herkömmliche Glühbirnen brauchen ca. 150 Watt, LEDs nur ein Zehntel davon, und das bei wesentlich längerer Lebensdauer.

LED-Anwendungen

Anwendung finden optische Technologien schon heute in DVD-Spielern oder in Lesegeräten an der Kasse im Supermarkt, verschiedenen Formen von Laserverfahren oder auch in Leuchtdioden (LED). Photonik ist der Sammelbegriff für alle optischen Technologien, bei denen Geräte und Verfahren mit Licht gesteuert oder Informationen und Energie transportiert werden.

Optoelektronik, Biophotonik und Femtonik

Für die Schnittstelle zwischen Mikroelektronik und optischen Technologien hat sich der Terminus *Optoelektronik* eingebürgert. Diese Technologie wandelt elektronisch erzeugte Daten und Energien in Lichtemissionen um und umgekehrt.

Biophotonische Anwendungen

Die Biophotonik ist ein weiterer Zweig der optischen Technologien. Sie arbeitet an der Nutzung lichtbasierter Technologien. „Zu diesen Technologien gehören moderne Mikroskopie- und Spektroskopieverfahren, aber auch der Einsatz von Licht in Form von Lasern als Werkzeug, sei es in der Zellbiologie oder in der Chirurgie." (Bundesministerium für Bildung und Forschung (BMBF): *Was ist Biophotonik?* <www.biophotonik.org>)

Licht misst schnell, empfindlich und berührungslos. Damit ist es ein ideales Werkzeug für die Aufklärung von biologischen Prozessen und die Diagnose von Krankheitsursachen direkt auf zellulärer Ebene. Ein solches vertieftes Verständnis der Vorgänge in unserem Körper ermöglicht es, neue Strategien zur Bekämpfung von Krankheiten zu entwickeln.

Anwendungen der Femtonik

Der Bereich der Femtonik, auch als Femtosekundentechnologie bezeichnet, ist als Folge ultrakurzer Lichtimpulse eine hochinnovative Lasertechnologie, die in fast allen Lebensbereichen praktisch anwendbar ist. Wirtschaftliche Anwendung kann sie zum Beispiel in der industriellen Fertigung, den Informations- und Kommunikationstechniken, der Umwelttechnologie oder den Lebenswissenschaften (Medizin, Biologie, Chemie) bieten. Sie ermöglicht vollkommen neue Möglichkeiten der minimalinvasiven Materialbearbeitung und zählt zu den Schlüsseltechnologien dieses Jahrhunderts.

In der hochpräzisen Materialbearbeitung ermöglicht die Femtosekundentechnologie eine schädigungsfreie, sprich kalte Bearbeitung. Die Messtechnik kann durch die zeitliche Auflösung bisher existierender Messverfahren gesteigert werden, sodass völlig neue Anwendungsbereiche erschlossen werden. Medizinern vieler Fachrichtungen eröffnen sich mit der Anwendung ultrakurzer Laserpulse neue Wege in der Bearbeitung biologischer Weich- und Hartgewebe (z. B. in der Zahnmedizin, Ophthalmologie und der Hals-Nasen-Ohrenheilkunde). Ultrakurzzeit-Röntgenverfahren können in der Medizintechnik verbesserte Frühdiagnosen ermöglichen oder bei invasiven Eingriffen Folgeschäden minimieren helfen.

Wirtschaftliche Bedeutung

Mit rund 119 000 Beschäftigten (2008) stellen die optischen Technologien einen bedeutenden Wirtschaftszweig hierzulande dar. Etwa 16 Prozent der Arbeitsplätze im verarbeitenden Gewerbe werden durch diesen Wirtschaftszweig positiv beeinflusst. Die Unternehmen der optischen Technologien erzielten im Jahr 2008 einen Umsatz von 21,7 Milliarden Euro. Die Exportquote beträgt 66 Prozent. Derzeit kommen 40 Prozent aller weltweit eingesetzten Laserstrahlquellen und ein Viertel aller Lasersysteme aus Deutschland. Beim Licht der Zukunft – der LED – sind es 12 Prozent. Auch beim Wirkungsgrad der LED liegt der Rekord mit 150 lm/W (Lumen pro Watt) in Deutschland. Für das neue Licht, also LED (anorganische Leuchtdiode) und OLED (organische Leuchtdiode), werden besonders große Wachstumsraten prognostiziert (vgl. Die Bundesregierung: *Optische Technologien schaffen Arbeit und Wachstum.* <www.hightech-strategie.de/de/242.php>).

Die Unternehmen wenden zusammen rund 2,1 Milliarden Euro (2008) im Jahr für Forschung und Entwicklung (F&E) auf. Der F&E-Anteil am Umsatz liegt bei rund 10 Prozent. Mehr als ein Drittel der Produkte ist jünger als drei Jahre.

3.6 Alte und neue Werkstoffe

Die alten Werkstoffe haben sich vielfältig bewährt. Sie sind Teil unseres täglichen Lebens. Wir kennen sie als Metalle, Kunststoffe und Faserverbundstoffe. Bevor die neuen Werkstoffe jedoch vorgestellt werden, vorab ein Blick auf die vertrauten Werkstoffe.

Metall

Altwerkstoff Metall: Die größte Rolle spielte und spielen wohl auch weiterhin die Metalle. Man kann sie in Eisenmetalle und Nichteisenmetalle (NE-Metalle) unterteilen. Bei den Eisenmetallen bildet der Stahl mit seinen über 4000 erhältlichen Legierungen den weitaus größten Anteil der verwendeten Werkstoffe. Gerade diese Gruppe zeichnet sich durch ihre Vielfältigkeit in ihren Eigenschaften aus. Moderne Hochleistungsstähle ermöglichen Zugfestigkeiten von über 1100 N/mm^2, und das bei guter Verfügbarkeit, vergleichsweise geringen Kosten und guter Verarbeitbarkeit im Vergleich zu vielen anderen Werkstoffen.

Kunststoff

Altwerkstoff Kunststoff: Kunstoffe bieten als Konstruktionswerkstoff hervorragende Eigenschaften. Ihre Stärken liegen in der einfachen Verarbeitbarkeit sowie beim geringen Gewicht und günstigen Preis. Sie werden unterteilt in:

- Thermoplaste, wie Polyetylen, Polypropylen und Polystyrol (Styropor)
- Duroplaste, die flüssig aufgetragen werden und sich dann verhärten (z. B. Harz)
- Elastomere, deren Grundstoff zumeist Erdöl ist

Faserverbundstoff

Altwerkstoff Faserverbundstoff: Der Faserverbundstoff ist eine Kombination aus einer Faser und einem Kunststoff, der als Basis dient. Dahinter steht die Grundidee, die nützlichen Eigenschaften beider Materialien geschickt miteinander zu verbinden. Auf diese Weise lassen sich herkömmliche, schwerere Werkstoffe ersetzen. Im Flugzeugbau kommen zum Beispiel viele faserverstärkte Kunststoffe zum Einsatz. Glas- oder Kohlenstofffasern, eingebettet in ein Polymer oder einen anderen Kunststoff, verleihen den Materialien besonders hohe Steifigkeit.

Zu den Faserverbundstoffen gehören auch die Glasfasern und die Kohlefasern. Sie zeichnen sich ebenfalls durch ihre hohe Steifigkeit aus. Ein klassisches Anwendungsgebiet für faserverstärkte Kunststoffe ist der Bootsbau. Auch der Airbus 320 wird bereits zu über 50 Prozent aus derartigen Materialien gefertigt.

Neuwerkstoff Metallschaum

Metallschäume sind eine neue Art von Werkstoffen, die durch Luft- bzw. Gaseinschlüsse eine starke Gewichtsreduzierung bei ansonsten konstanten Materialeigenschaften ermöglichen. Hierzu werden meist Aluminiumlegierungen durch verschiedene Verfahren im Volumen so vergrößert, dass der so entstandene Werkstoff nur noch etwa ein Zehntel der ursprünglichen Dichte des Ausgangsmaterials aufweist (vgl. Die Bundesregierung: *Leichter durch neue Werkstoffe.* <www.bundesregierung.de>). Gegenwärtig wird Metallschaum hauptsächlich aus Aluminium und dessen Legierungen hergestellt. Allerdings wird auch an Schäumen aus Stahl und Titanlegierungen geforscht, was noch mal einen erheblichen Anstieg der Festigkeitswerte nach sich ziehen würde.

Die Hauptvorteile von Metallschäumen sind: geringe Dichte, hohes Energieabsorptionsvermögen, einfache Bearbeitung, teilweise Gasdurchlässigkeit und große innere Oberfläche.

Hybridwerkstoffe

Eine ganz neue Entwicklung sind die Hybridwerkstoffe: Sie können zum Beispiel aus Aluminiumlegierungen und Verbundwerkstoffen zusammengesetzt sein. Diese Kombination ermöglicht feste, leichte und dabei äußerst korrosionsbeständige Bauteile. Ein Anwendungsgebiet sind Hochspannungsleitungen. Verglichen mit konventionellen Stahlleitungen sind die neuartigen Leitungen nämlich um die Hälfte leichter. Ihre elektrische Leitfähigkeit ist sogar besser als die von Stahl.

Neuwerkstoff Amorphe Metalle

Amorphe Metalle oder metallisches Glas sind metallische Werkstoffe. Statt der für Metalle typischen kristallinen Gefügestruktur, welche Metalle beim normalen Erstarrungsprozess einnehmen, wird bei diesem Material durch extrem schnelles Abkühlen im Bereich von 106 K/s das Entstehen von Kristallen unterbunden und der Werkstoff in seiner im flüssigen Zustand vorherrschenden Nahordnung der Atome quasi „eingefroren“. Die Nahordnung wird somit auch nach Erstarren beibehalten. Hierdurch werden Eigenschaftskombinationen erreicht, die von herkömmlichen Metallen nicht bekannt sind.

Neuwerkstoff Keramiken

Der recht große Bereich der keramischen Werkstoffe hat im letzten Jahrzehnt enorm an Bedeutung als Konstruktionswerkstoff, aber auch als Schneidstoff in der spanenden Bearbeitung gewonnen. Es ist abzusehen, dass sich dieser Trend in Zukunft weiter verstärkt. Die Stärke von keramischen Werkstoffen liegt in ihrer großen Härte begründet. Aber auch andere Eigenschaften, wie herausragende Erosionsverschleißfestigkeit, geringes Gewicht (im Vergleich zu Stahl) und Korrosionsfestigkeit, sind Merkmale dieser Materialien.

Allen Keramiken ist gemeinsam, dass sie durch einen Sinterprozess gewonnen werden. Hierzu wird ein Pulver in eine Form gepresst und anschließend in einem Sinterofen gebacken. Dabei entsteht durch Diffusionsprozesse ein Zusammenhalt zwischen den Pulverpartikeln. Das führt zu einem festen Bauteil.

Keramische Anwendungen

Innerhalb der nächsten Jahrzehnte wird man keramische Werkstoffe auch in komplexen technischen Anlagen wie zum Beispiel Kolbenmotoren, Turbinen und Turboladern einsetzen. Bei modernen Flugzeugtriebwerken werden die Leitschaufeln schon heutzutage aus sogenannten „Superlegierungen" auf Titanbasis mit einer Keramikschicht, welche durch Plasmaspritzen aufgebracht wird, hergestellt. Da diese Keramikschichten die Beanspruchung des Trägerwerkstoffes reduzieren, ist es gelungen, den Wirkungsgrad solcher Triebwerke zu steigern, indem die Verbrennungstemperaturen und die Drehzahl erhöht werden konnten.

Perspektiven

Deutschland nimmt weltweit eine führende Position in der grundlagenorientierten Werkstoffforschung ein. Technologiekonzerne und Unternehmen der chemischen Industrie entwickeln Werkstoffe mit hohen Anwendungspotenzialen in strukturbestimmenden Technologiebereichen. Eine Reihe von Schlüsseltechnologien wie die Informations-, Umwelt-, Wehr-, Energie-, Verkehrs- und Fertigungstechnik wäre ohne den Einsatz neuer Werkstoffe nicht realisierbar.

Beispiel: Beton

Selbst Architekten setzen auf neue Werkstoffe, um beim Bauen Gewicht zu sparen. In Stuttgart entwickeln Fachleute derzeit einen Beton, der ähnlich wie ein Knochen strukturiert sein soll: Tragende Betonteile haben nach diesem Konzept eine hohe Dichte, während weniger beanspruchte Teile sehr porös sind, also viel Luft enthalten. Auf diese Weise sollen sich bis zu 20 Prozent Gewicht einsparen lassen.

Beispiele: Motoren und Bremsen

Im Motorenbau verbietet sich die Verwendung brennbarer Materialien. Darum kommen hier vorwiegend Leichtmetalle zum Einsatz. Aus Magnesium, Titan und Aluminium entstehen belastungsfähige Bauteile. Bremsen werden dagegen bei hochmodernen Autos häufig aus einer kohlefaserverstärkten keramischen Substanz hergestellt. Solche Bremsen kommen mittlerweile auch auf der Schiene zum Einsatz, zum Beispiel bei den ICE.

Wirtschaftliche Bedeutung

Hohe Marktpotenziale und zum Teil beträchtliche Wertschöpfungen lassen neue Werkstoffe zu einem attraktiven Bereich unternehmerischer Aktivitäten werden. Neue Werkstoffe haben eine Schrittmacherfunktion insbesondere für Entwicklungen im Bereich der Schlüsseltechnologien. Der wirtschaftliche Erfolg von Werkstoffinnovationen ist dann groß, wenn durch sie mit neuen Produkten neue Märkte erschlossen werden können. Zwar konnten die Simulationsmethoden für eine realistische Beschreibung und Vorhersage der mikroskopischen Eigenschaften neuer Stoffe in den vergangenen Jahren erheblich verbessert werden. Trotzdem ist das Verständnis der vielfältigen Phänomene in komplexen Werkstoffen noch lückenhaft (vgl. Socher, M. et al.: *Neue Werkstoffe.* TAB-Arbeitsbericht 32, Berlin, 1995. <www.tab-beim-bundestag.de/publikationen/berichte/ab032.html>).

3.7 Die Mikrosystemtechnik

Ohne dass es den Menschen bewusst ist, haben sie heute schon vielfältige Berührungen mit der Mikrosystemtechnik. Was diese Technologie kennzeichnet, sagt schon ihr Name: Mikrosysteme sparen aufgrund ihrer Größe viel Platz und Gewicht ein. Die Mikrosystemtechnik ermöglicht die Herstellung winziger Bauteile, zum Beispiel als Mikrosensoren oder Mikroaktoren, einem Energiewandlungselement. Diese sind oft nicht viel größer als ein Fingernagel.

Beispiel: Auto

Ein gutes Anwendungsbeispiel für Mikrosysteme ist das Auto. Winzige Beschleunigungssensoren detektieren einen Aufprall und lösen bei einem Unfall den Airbag aus. Kleinste Drehratensensoren messen ein Schleudern des Fahrzeugs und helfen dem Fahrer auch bei Regen, Schnee und Eis, sicher auf der Straße zu bleiben. Sensoren für Druck und Strömung stellen das richtige Brennstoffgemisch für den Motor ein und reduzieren die Umweltbelastung.

Beispiel: IKT

Mikrosystemtechnik ist aber keineswegs auf die Automobilindustrie beschränkt. In hochwertigen Digitalkameras wirken Beschleunigungssensoren dem Verwackeln entgegen. Im PC sind kleine Schreibleseköpfe aktiv, mit denen Daten auf die Festplatte geschrieben werden. Im Tintenstrahldrucker schießen Tausende winziger Aktoren kleinste Tintentröpfchen mit einer unglaublichen Präzision und Geschwindigkeit auf das Papier. Zwei- bis dreistellige Milliardensummen werden weltweit durch den Verkauf von Tintendruckköpfen und Schreibleseköpfen für Festplatten, CD- und DVD-Laufwerke umgesetzt.

Beispiel: Medizintechnik

Mikrostrukturierte Produkte sind nicht mehr nur an Silizium gebunden, sondern nunmehr auch in Kunststoffen und Metallen realisierbar. So wurde beispielsweise ein Medikamentenzerstäuber möglich, der für Asthmatiker einen fein verteilten Medikamentennebel mit Tröpfchengrößen im Bereich von nur wenigen Tausendstel Millimetern erzeugt. In dieser Form können die Wirkstoffe ideal von der Lunge aufgenommen werden. Dieser Medikamentenzerstäuber wird inzwischen jährlich in 10 Millionen Stückzahlen produziert, und es werden damit bis zum Jahr 2015 Umsätze in Milliardenhöhe prognostiziert.

Die Integration von Basistechnologien

Allen Mikrosystemen ist gemeinsam, dass verschiedene Funktionen, Materialien, Komponenten und Technologien in einem System miteinander verknüpft sind. Die Mikrosystemtechnik integriert so unterschiedliche Basistechnologien wie die Mechanik, die Optik, die Fluidik, die Polymerelektronik oder neue Materialien. Sie liefert die nötigen Schnittstellen, um innovative Entwicklungen aus neuen Technologiefeldern wie der Bio- oder der Nanotechnik in Produkte zu integrieren. Viele der neuen Entwicklungen der Nanotechnologie sind ohne sie nicht nutzbar.

Wirtschaftliche Bedeutung

Die Mikrosystemtechnik spielt für die europäische Industrie eine immer größer werdende Rolle. Deutschland ist Innovationsführer in diesem Bereich. Immer mehr Unternehmen – darunter vor allem Mittelständler – nutzen sie für die Entwicklung neuer oder zur Verbesserung bestehender Produkte und Verfahren. Es gibt bereits zahlreiche Geräte und Anwendungen, in denen Mikrosysteme eine zentrale Rolle spielen. Nahezu unsichtbar und von vielen unbemerkt übernehmen Mikrosysteme unter anderem in der Kommunikationstechnik, im Maschinen- und Anlagenbau, in der Umwelttechnik, der Chemie und Pharmazie, der Energietechnik, der Logistik, der Haus- und Gebäudetechnik, im Automobilbau und in der Medizintechnik wichtige Aufgaben.

Mikrosystemtechnik als wichtigste Querschnittstechnologie

Weltweit steht die Mikrosystemtechnik für knapp 300 Milliarden Euro Umsatz, Tendenz steigend. Dieser Wirtschaftszweig verzeichnet ein Wachstum von jährlich 16 Prozent und beschäftigt in Deutschland direkt und indirekt rund 700 000 Mitarbeiter. Rechnet man noch den „Hebeleffekt", also die weiteren Auswirkungen, die diese Entwicklung auf Erfindungen und Produkte hat, hinzu, steigt das Potenzial der Mikrosystemtechnik auf 25 Prozent. In Expertenkreisen ist man sich darüber einig, dass die Mikrosystemtechnik eine Bedeutung und ein Potenzial für Deutschland hat, das mit dem der Automobilindustrie vergleichbar sei. Mikrosystemtechnik sei, so die Meinung vieler Experten, eine der „wichtigsten Querschnittstechnologien des 21. Jahrhunderts".

4. Metatrend: Arbeitswelt

Wissenschaftlich-technischer Fortschritt, Digitalisierung, Wertewandel und Globalisierung ergeben einen „Wirkstoff", der in alle Poren von Politik, Wirtschaft und Gesellschaft dringt und Veränderungen auslöst. Dies hat auch Folgen für das Beschäftigungssystem. Arbeitsmarkt und Arbeitswelt „häuten" sich in nie da gewesenem Ausmaß. Während die Welt nach 1945 die der voll beschäftigten Lohnarbeiter war, beginnt nun das Zeitalter der projektbeschäftigten Symbolanalytiker und Freelancer, des un- oder unterbeschäftigten Prekariats sowie der Ich-AG-Gesellschaften bürgerlichen Rechts (GbR). Damit endet auch die Epoche der auf dem BGB basierenden Arbeitsverträge mit der Arbeits- und Treuepflicht der einen und der Entgelt- und Fürsorgepflicht der anderen Seite.

4.1 Die Zukunft der Arbeit

Hat Arbeit noch eine Zukunft, oder erwartet uns eine Zukunft ohne Arbeit?

Die Antworten fallen unterschiedlich aus. Die neoliberalen Zukunftspropheten halten gesicherte Beschäftigung für möglich, vorausgesetzt, die grundlegenden Arbeitsverhältnisse, hier insbesondere das Arbeits- und Sozialrecht, die Mitbestimmung und das System der Tariflöhne werden fundamental modifiziert.

Der Kapitalismus als die Lösung

Das sind die Forderungen von Friedrich Merz in seinem 2008 erschienenen und kontrovers diskutierten Buch *Mehr Kapitalismus wagen.* Für ihn ist nicht der Kapitalismus das Problem, sondern die Lösung! Noch so gut gemeinte soziale und arbeitsrechtliche Regelungen würden den Markt und zugleich auch den Menschen einschränken, sein Recht auf Freiheit. Merz' durchgängiges Fazit lautet: „Wer Demokratie will, muss den Kapitalismus als Wirtschaftsform wollen." Die „unsichtbare Hand" des Marktes werde letztendlich alles richten und Arbeitsplätze schaffen, aber nur dann, wenn man möglichst wenig reguliert und den Markt sich selbst überlässt. Für Merz ist der Kapitalismus nicht das Problem, sondern die Lösung.

Die Idee der Epochenwende als Gegenmeinung

Meinhard Miegel kommt zu anderen Schlussfolgerungen. In seinem Buch *Epochenwende* sieht er das Ende der Wachstumsepoche der westlichen Gesellschaft mit all ihren Folgen für Arbeitsplätze und Wohlstand. „Eine Epoche wird durch eine andere abgelöst. Eine solche Epochenwende ist jetzt." (Miegel, 2005, S. 9)

4 Mio. neue Arbeitsplätze: der SPD-Deutschland-Plan

Im August 2009 versprach der SPD-Fraktionsführer im Bundestag, Frank Walter Steinmeier, für den Fall eines SPD-Wahlsieges vier Millionen neue Arbeitsplätze. In seinem „Deutschland-Plan" beziffert er die Einzelmengen:

- Eine Million neuer Jobs in der Gesundheitswirtschaft
- Zwei Millionen Arbeitsplätze in der Industrie durch den sparsameren Einsatz von Energie und Rohstoffen sowie durch die Förderung „grüner" Schlüsseltechnologien
- Eine halbe Million in der Kreativwirtschaft
- Eine halbe Million in sonstigen Dienstleistungen und im Handel

Das Ende der Vollbeschäftigung

Die kommunitaristischen Wortführer konstatieren das Ende des Industriezeitalters mit weitestgehender Vollbeschäftigung. Das bestätigt sich an den abnehmenden Zahlen der im industriellen Sektor beschäftigten Menschen. Während 1991 noch 36 Prozent der Beschäftigten in der Industrie ihr Geld verdienten, sind es 2008 nur noch 20 Prozent. Im Jahre 2020 werden nach vorsichtigen Schätzungen von allen erwerbsfähigen Personen nur noch

- 1 Prozent in der Landwirtschaft (primärer Sektor)
- 15 Prozent im gewerblich-industriellen (sekundären) Sektor und
- 34 Prozent im (tertiären) Dienstleistungssektor

tätig sein. Das bedeutet, dass nur noch die Hälfte der erwerbsfähigen Menschen erwerbstätig sein wird.

Die Metamorphose der Arbeit

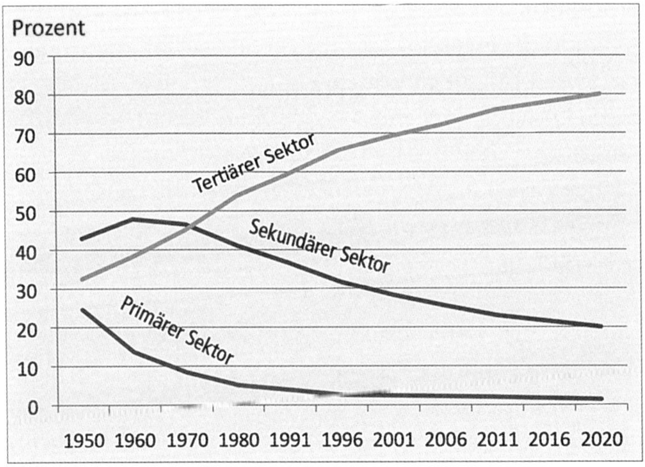

(Quelle: eigene Darstellung)

„Blaues Wunder" statt Wirtschaftswunder

Für den Wortführer dieses Denkansatzes, Jeremy Rifkin, ist Arbeitslosigkeit kein konjunkturelles Phänomen mehr, sondern eine Begleiterscheinung des technologischen Wandels und von Produktionsverlagerungen. Selbst die billigste Arbeitskraft sei teurer als die Maschine (Rifkin, 2004). Produktion und Produktivität steigen, aber die Arbeitsplätze werden abgebaut, selbst in China. Während aber China noch sein Wirtschaftswunder feiert, erleben wir Deutschen unser „blaues Wunder".

Der „Dritte Sektor"

Rifkin und seine Mitstreiter sehen die Lösung im sogenannten „Dritten Sektor", dem Bereich freiwilliger sozialer Arbeit. Hier stehen dann Sozialbeziehungen und nicht mehr Marktbeziehungen im Vordergrund.

Auf dem Wege in die 20 : 80-Gesellschaft

Erwerbs- bzw. Normalarbeit geht mit der Transformation von der Industriegesellschaft in die Wissensökonomie ihrem Ende entgegen. Das bislang als normal angesehene Arbeitsverhältnis stirbt aus. Der Automatismus zwischen Wirtschaftswachstum und Beschäftigungszuwachs funktioniert nicht mehr. Technologischer Fortschritt setzt in immer stärkerem Maße menschliche Arbeit frei. Obwohl es unendlich viel zu tun gäbe, fehlt es an bezahlter Normalarbeit. Ein Teil dieses Problems wird mit staatlich alimentierter Sozial- bzw. Bürgerarbeit kompensiert. Das setzt aber voraus, gemeinnützige Arbeit als Alternative zu traditionellen Arbeitsverhältnissen aufzuwerten. Der andere Teil soll über Arbeitszeitverkürzungen gelöst werden.

Die 20 : 80-Gesellschaft

Langfristprognosen nutzen die Begriffe 40 : 60- und 20 : 80-Gesellschaft, um die Veränderungsdynamik des Beschäftigungssystems auszudrücken. Damit ist gemeint, dass nur noch 20 Prozent der Erwerbsfähigen einer Normalbeschäftigung nachgehen. Sie sichern mit ihren Steuern die existenziellen Grundlagen der verbleibenden 80 Prozent. Deutlicher ausgedrückt: Heute versorgen vier Erwerbstätige sechs Nichterwerbstätige, morgen könnte das Verhältnis zwei zu acht sein. Wer zu den acht Nichtbeschäftigten gehört, den erwarten Diskriminierung und Rechtfertigungsdruck und materielle Armut. Um dem zu entgehen, werden sie sich aus dem sozialen Leben zurückziehen.

Von der Vollbeschäftigung zu Bastelexistenzen

Normalarbeitsverhältnisse sind ein Produkt der Industriegesellschaft. Doch diese befindet sich im Siechtum und damit auch ihr Verhältnis zur Arbeit, nebst dazugehörenden Infrastrukturen. Die Wohlstandsexplosionen der Jahre nach dem Zweiten Weltkrieg verlieh der Vollbeschäftigung jenen Glanz, der nun ermattet. Das, was sich bis heute Normalarbeitsverhältnis nennt, stirbt aus. Ein geradliniger Lebenslauf auf der Basis der „Berufung" zu einem Beruf wird zur Ausnahme. Bastelexistenzen und Patchworkbiografien treten an die Stelle ungebrochener Erwerbsbiografien bei der Mustermann Deutschland AG.

4.2 Prekarität – neuer Begriff für eine neue Situation

Die Wohlstandsgesellschaft in Deutschland leistet sich 2010:

- 600 000 Zeitarbeiter
- 600 000 sogenannte „1-Euro-Jobber"
- 1,3 Millionen sogenannte „Aufstocker" (Hartz-IV-Ergänzung), darunter 400 000 Vollzeitbeschäftigte
- Jeder dritte Beschäftigte übt Teilzeitarbeit aus
- 90 Prozent der Teilzeitarbeiter sind Frauen

Vollbeschäftigung als Luxusgut

Zwar steht das Ende der Arbeit nicht unmittelbar bevor, aber Erwerbsarbeit wird zur knappen Ware, Vollbeschäftigung gar zum Luxusgut. Das auf Festanstellung beruhende Gesellschaftsmodell steht zur Disposition. In den nächsten Jahrzehnten werden wohl nur noch 30 bis 40 Prozent der Erwerbstätigen das Privileg eines Standardjobs mit den Elementen Gehalt plus Sozialversicherung plus arbeitsrechtlicher Schutz genießen. Ein Drittel dieser Beschäftigten werden Staatsdiener sein.

Entwicklung der Arbeitslosigkeit in Deutschland

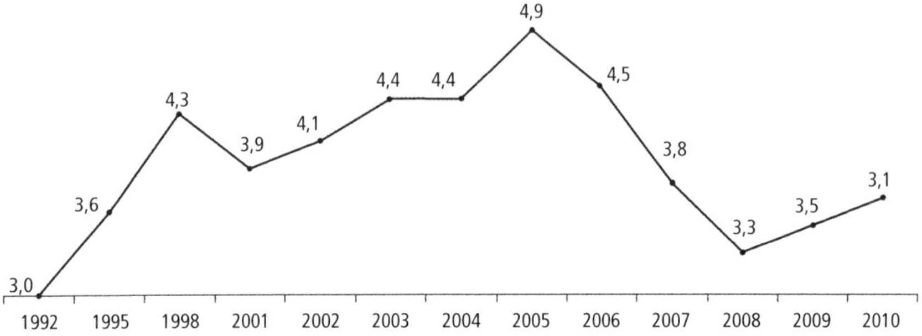

(Quelle: Statistisches Bundesamt)

Nur noch ein Fünftel Arbeit im Osten

Um 2050 wird die Zahl der Erwerbspersonen bei etwa 35 Millionen liegen, etwa 10 Millionen weniger als im Jahre 2010. Mit der Wiedervereinigung gingen in den östlichen Bundesländern vier von zehn Jobs verloren. Hier wird sich die Zahl der Erwerbstätigen mehr als halbieren. Nur noch 19 Prozent aller sozialversicherungspflichtigen Jobs entfallen auf die neuen Bundesländer.

Minijob statt Vollzeitstelle

Ein bezahlter 8-Stunden-Arbeitsplatz verschwindet mehr und mehr, aber Teilzeit-, Schwarz-, Leih-, Aushilfsarbeiten und Teleheimarbeit sowie ABM-Jobs nehmen zu. Mehrere Minijobs treten an die Stelle des Hauptberufes. Man könnte diese Art des fragmentierten Arbeitens mit Prekarität betiteln. Frauen sind in besonderem Maße von dieser Entwicklung betroffen. Sie nehmen 87 Prozent der Teilzeitarbeitsplätze ein. Zugleich nimmt die Lohnlücke zwischen Mann und Frau immer mehr zu. Der Bruttolohn von Frauen liegt seit Jahren im Schnitt um fast 25 Prozent unter dem der männlichen Kollegen.

Zur Lohndifferenz zwischen den Geschlechtern

Bisher wurden die Unternehmen hierfür verantwortlich gemacht. Doch zwei Untersuchungen des Soziologen Stefan Liebig und des DIW (2010) erschütterten diese Sichtweise. Eine Befragung bei 10 000 berufstätigen Frauen ergab, dass ihnen, so die Mehrheitsmeinung, „gerechterweise ein geringeres Einkommen zusteht als Männern“. Stets war das von Frauen als gerecht beurteilte „Wunschgehalt“ niedriger als das Entgelt vergleichbar qualifizierter Männer. In einer dieser Studien wurde das als gerecht empfundene Gehalt für einen 55-jährigen Arzt mit vier Kindern auf 7750 Euro taxiert. Bei einer Ärztin sank das fiktive Gehalt auf 7300 Euro.

Natürliche Grenzen von Leih- und Zeitarbeit

Die meisten Beschäftigten einer Leiharbeitsfirma sind immer nur für einige Wochen dort angestellt. Von den 2010 beendeten Jobs haben nur 30 Prozent mehr als drei Monate gedauert. Das widerlegt das Argument von der „Brückenfunktion“ der Zeitarbeit. Danach soll sie den Übergang in den ersten Arbeitsmarkt vermitteln. Allerdings schaffen es in einem Zweijahreszeitraum nur etwa 7 Prozent der „verleihten“ Beschäftigten, in eine Dauerbeschäftigung zu wechseln.

Aufwärtstrend der Leiharbeit

Die nachstehende Abbildung zeigt, wie viele Leiharbeiter in den vergangenen zehn Jahren beschäftigt waren. Der Trend ist beängstigend. Weil Leiharbeiter wesentlich weniger verdienen als ihre festangestellten Kollegen, müssen sie mehr arbeiten, um ein Wohlstandsgefälle zu vermeiden. Durch neue Produktivitätszyklen werden immer mehr Leiharbeiter für immer weniger bezahlte Arbeit zur Verfügung stehen. Leiharbeiter tendieren ihrem Einkommen nach zur Armut.

Entwicklung der Leiharbeit in Deutschland

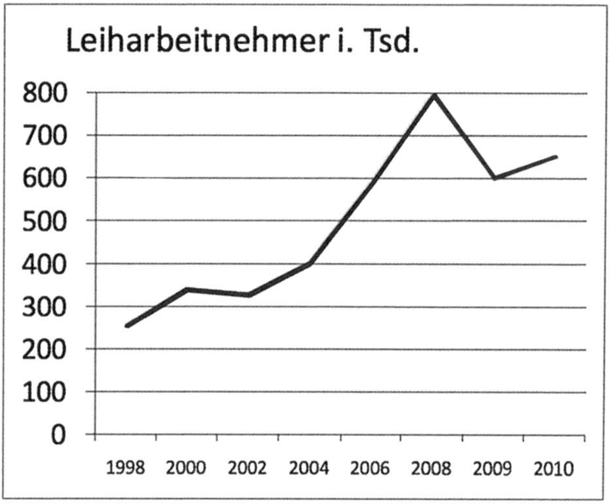

(Quelle: Statistisches Bundesamt)

Grenzen der Leiharbeit

Aber es gibt eine natürliche Grenze der Nutzung von Leiharbeit und Zeitarbeit, die schon bald erreicht sein wird. Der Grund hierfür dürfte sein, dass, je qualifizierter und wichtiger eine Arbeit ist, umso weniger man sie aufteilen oder von externen Mitarbeitern erledigen lassen kann. Ein Techniker, in dessen Anpassungsqualifikation das Unternehmen Zehntausende Euro investiert, soll sein Wissen und Können möglichst produktiv, das heißt ganztags zur Verfügung stellen. Hinzu kommt der Ehrgeiz und das Erfolgsstreben, weshalb man viel Zeit für eine Arbeit aufwendet, wenn man sie gut machen will. Wer beruflich Erfolg haben will, muss viel Zeit für die Arbeit aufbringen. Je größer der Erfolg, umso mehr Möglichkeiten eröffnen sich. Die neuen Möglichkeiten erfordern aber noch mehr Zeit. So wird man Opfer eines Kreislaufes mit einer sich selbst verstärkenden Rückkopplung (Bolz, 2009).

„Brasilianisierung" der Arbeitswelt

Etwa um 2015 wird nur noch jeder zweite Arbeitnehmer eine Vollzeitstelle haben. Es gibt zwar genug Arbeit, aber keine bezahlte. Rund 20 Millionen Menschen werden flexible Mini- oder Nebenjobs verrichten. Uns droht etwas, was man die „Brasilianisierung" der Arbeitswelt nennt, das heißt die Auflösung normaler Erwerbs- und Lebensbiografien. Der Lebensjob ist die Ausnahme, Zweit- und Drittjobs werden die Regel: vormittags Taxi fahren, nachmittags Nachhilfe erteilen und abends kellnern oder bestenfalls die Doktorarbeit für zeitarme, aber gut situierte Berufstätige schreiben.

Atypische Erwerbsformen in Deutschland (in Millionen)

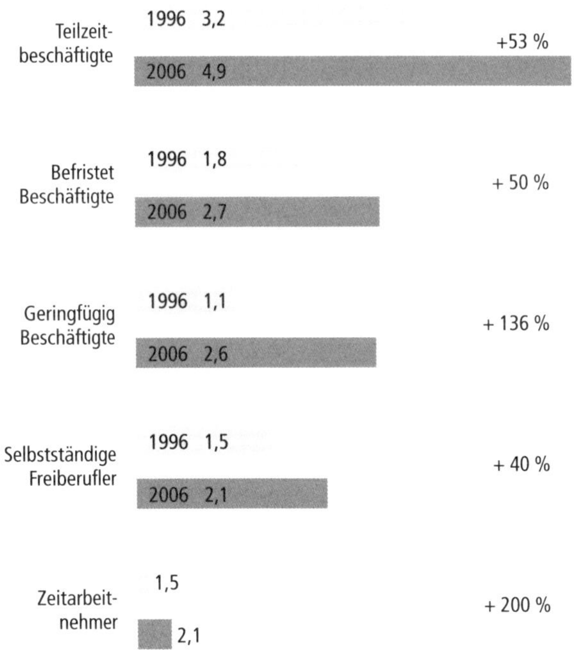

(Quelle: Statistisches Bundesamt)

Der Drahtseilakt zwischen Arm und Reich

Die Grenzen zwischen dem Noch-Wohlstand und der Schon-Armut werden fließender (Opaschowski, 2008). Wir werden uns auf „Drahtseilbiografien" einstellen müssen. Ein temporäres Beschäftigungsverhältnis bringt Hoffnung ins Gemüt und Geld aufs Konto ... hoffentlich genug, um beim Drahtseilakt nicht abzustürzen. Diese „Jobber" werden hin- und her geschoben, mal hierin, mal dorthin. Wer sich nicht schieben lässt, wird als unflexibel abgestempelt. Karriereleitern gibt es kaum noch. Deren Sprossen sind brüchig. Man kann, ohne dass man je die Chance hatte, aufzusteigen, schnell wieder ganz unten landen.

Armut trotz Arbeit

Die gesellschaftlichen Folgen einer mutierenden Arbeitswelt sind besonders für die Betroffenen gravierend. Während man früher infolge fehlender Arbeit verarmte, droht die Armut heute trotz vorhandener Arbeit, wie es die große Zahl der sogenannten Aufstocker zeigt. Das sind jene 1,35 Millionen Vollzeitbeschäftigte, deren Einkommen unter der für sie notwendigen Grundsicherung liegt. Mittlerweile bezieht jeder siebte Deutsche im erwerbsfähigen Alter Sozialleistungen. Noch hat Deutschland eine offizielle Armutsquote, die bei „nur" 14 Prozent liegt – jedoch ist dies ein Drittel mehr als noch vor zehn Jahren. Als arm gilt, wer als allein Lebender weniger als 925 Euro im Monat zur Verfügung hat, eine Familie mit zwei Kindern weniger als 1943 Euro, Alleinerziehende mit einem Kind weniger als 1203 Euro und mit zwei Kindern weniger als 1480 Euro.

Niedriglöhne in Deutschland

Das Statistische Bundesamt hat 2009 darauf hingewiesen, dass seit 1998 der Anteil „atypisch Beschäftigter" stark gestiegen ist. Waren 1998 noch 72,6 Prozent der Beschäftigten vollbeschäftigt, waren es 2008 nur noch 66 Prozent, wobei der Anteil atypischer Beschäftigungen im selben Zeitraum auf 22,2 Prozent anstieg. Dabei ist fast die Hälfte (49 Prozent) dieser Beschäftigungsverhältnisse unterbezahlt und fällt unter die OECD-Niedriglohngrenze, die 2006 im Mittelwert bei 9,85 Euro brutto die Stunde lag.

Aus einer Studie (2009) des Instituts für Arbeit und Qualifikation in Duisburg geht hervor, dass 6,5 Millionen Menschen in Deutschland unterhalb der Niedriglohnschwelle von 9,62 Euro (West) und 7,18 Euro (Ost) arbeiten.

Bildung ist wichtig, aber keine Zukunftsgarantie

Die Segnungen einer guten Berufsausbildung, eines Studiums oder anderer Formen der Qualifizierung garantieren immer weniger eine zufriedenstellende Berufsperspektive. So ist das Praktikum nach dem Studium nichts anderes als die Teilnahme an einem Lotteriespiel. Selbst jene Mitarbeiter, die ihre „Employability" aktuell halten, stehen plötzlich auf Freisetzungslisten, weil komplette Standorte geschlossen werden. Wegen der Halbwertszeit des Wissens rechnen sich nur noch für zwei von drei Mitarbeitern Investitionen in die berufliche Qualifizierung. Die Situation ist paradox: Je unsicherer die Zukunft ist, desto riskanter ist eine praxisnahe Ausbildung. Der Mensch gewinnt an Wissen und verliert an Sicherheit. Dass der Beruf das Rückgrat des Lebens sei, wie Friedrich Nietzsche es mal ausgedrückt hat, davon kann überhaupt keine Rede mehr sein. Wer heute zu lange an einem Beruf festhält, dem droht ein existenzieller Bandscheibenschaden. Das, was früher als Berufung galt, ist nur noch ein Durchgangsstadium hin zu neuen Erfahrungen und Tätigkeiten. Beruf ist zukünftig die Fähigkeit, sich den Erfordernissen des Arbeitsmarktes ständig anzupassen.

Die Nachfrage nach qualifizierten Arbeitskräften

Aus der Sicht des Unternehmens ist die Weiterbildung seiner Mitarbeiter existenziell. Das zeigt die steigende Nachfrage nach qualifizierten Arbeitskräften, die mit einer sinkenden Nachfrage nach geringer qualifiziertem Personal einhergeht. Wenn die Zahl jüngerer qualifizierter Mitarbeiter als Folge des Geburtenrückganges um gut ein Drittel abnimmt – so wie prognostiziert –, dann müsste der Anteil der Studierenden um mehr als 40 Prozent steigen, um die Zahl der berufstätigen Hochschulabsolventen konstant zu halten.

Zunahme der Dequalifizierung Älterer und Armer

Der schärfer werdende Qualifizierungswettbewerb geht voll zu Lasten vor allem älterer Arbeitnehmer und der unterbezahlt Beschäftigten, denen das Geld für kostspielige private Weiterbildung fehlt. Deren Dequalifizierung nimmt zu. Als Folge hiervon könnte sich die Beschäftigungskrise zur Bildungskrise ausweiten.

Veränderungen im Sozialgefüge

Die Arbeitswelt ist zweigeteilt und driftet immer mehr auseinander. Mit der „Prekarisierung" der Gesellschaft ändert sich deren Sozialstruktur. Manche Autoren wie Charles Handy skizzieren eine 3-Klassen-Belegschaft (Handy, 1999):

- Stammbelegschaft
- Externe Projektspezialisten
- Leiharbeit in Service und Verwaltung

Ulrich Beck sieht es ähnlich. Er geht von vier Beschäftigtenklassen der Zukunft aus (Beck, 2007):

- Kolumbus-Klasse des globalen Zeitalters, die Entdecker globaler Chancen
- Prekäre Hochqualifizierte, die Gutverdiener, die ständig am Ball bleiben müssen (Selbstausbeuter)
- Working poor, die durch Globalisierung ständig bedrohten Minijobber
- Lokalisierte Armut, die Menschen ohne die Hoffnung auf Verbesserung

Drahtseilakt zwischen Noch-Wohlstand und Schon-Armut

Selbst der Mittelstand fürchtet um seinen Platz zwischen ganz unten und ganz oben. „Oben bleibt oben, unten unten, und die Mitte bröckelt", sagt der Soziologe Heinz Bude. Die Gesellschaft ist zwar durchlässiger geworden und bietet mehr

Chancen als früher. Doch die Gefahr des Absturzes und des Verlustes an Prestige ist so groß wie nie zuvor. Der Glaube, es doch vielleicht irgendwann in die Mitte zu schaffen, geht immer mehr verloren. Längst geht es nicht mehr um den Aufstieg, sondern um die Angst vor dem Abstieg. Die sogenannten „Leistungsträger“ wissen, abwärts geht es schneller als aufwärts. Deren Lebens- und Arbeitswelt ist brüchig geworden. „Statuspanik“ macht sich breit. Der Stern auf der Motorhaube ändert nichts am leeren Konto, aber dämpft die Angst, als Verlierer erkannt zu werden. Ein teures Auto erinnert wenigstens an gute alte Zeiten. Armut bedeutet nicht mehr Hunger und Kälte, sondern zunächst nur Ausgrenzung. Das Geld für den Reitunterricht wird bei Aldi benötigt, Urlaub wird gestrichen, und aus dem Golfklub wollte man ohnehin austreten. Ein leeres Portemonnaie wirkt ausgrenzend. Die Mittelschicht erodiert am unteren Rand. Deutschland wird zur „Republik der Mitte-Losen“ (DER SPIEGEL).

Die Mittelschicht dünnt sich aus

Noch im Jahre 2000 wurden 64 Prozent der Deutschen der Mittelschicht zugeordnet, 2010 waren es nur noch 58 Prozent. Wer zwischen 70 und 150 Prozent des durchschnittlichen Haushaltseinkommens verdient, bei einem Ehepaar mit zwei Kindern 2300 bis 4900 Euro netto, gehört zur Mittelklasse.

Das Ende eines deutschen Markenprodukts

Wer noch gut verdient, den beschleicht das Gefühl, die Schlechtverdienenden zu alimentieren. Die in der Mitte sich abrackernden Geldverdiener nähren den „Mittelstandsbauch“, denn ihre Steuerlast ist vergleichsweise höher als die der Niedrig- und die der Spitzenverdiener. Immer weniger Berufstätige müssen die steigenden Kosten der sozialen Sicherungssysteme finanzieren. Der Abbau klassischer Arbeitsverhältnisse, begleitet vom Wachstum des Niedriglohnsektors, entzieht dem Adjektiv „sozial“ des deutschen Markenprodukts „soziale Marktwirtschaft“ immer mehr die Grundlage.

Abschottung der Eliten, Ausgrenzung der Armen

Die Klientelpartei unterlegt das politpropagandistisch mit Parolen wie „Arbeit muss sich wieder lohnen“ und mit Komplimenten an ihre Wähler in der „Mitte“. Das verstärkt die Abschottung der wohlhabenden Eliten bei gleichzeitiger Ausgrenzung der Armen. Die Gemeinschaft mutiert zu einer Ansammlung von Individuen, die sich auf der Basis von emotionsfreien Kosten-Nutzen-Abwägungen begegnen und austauschen, sich aber eigentlich aus dem Wege gehen.

Zerfall der familiären Ordnung

Infolge dieser Entwicklung setzt der Zerfall der familiären Ordnung ein. Immer mehr Individuen passen nicht mehr in das Klischee der bürgerlichen Familie. Die dem gelderwerbenden Ehemann und der hausfräulich tätigen Ehefrau zugedachten Rollen des Industriezeitalters trennen sich auf dem Wege in die Zukunftsgesellschaft.

Familiengründung mit Verschuldung

Die neue Arbeitswelt verändert die Lebensperspektive junger Menschen. Was gestern noch als anormal galt, ist heute der Normalfall. Wer eine Familie gründen will, dem droht schon vorweg Verschuldung und Armut, vor allem dann, wenn man in prekären Beschäftigungsverhältnissen unterwegs ist. Von der Situation alleinerziehender Mütter ganz zu schweigen. Diejenigen unter uns, welche die größten Lasten zugunsten der Gesellschaft zu tragen haben, weil ihre Kinder die Arbeitnehmer von morgen sein werden, sind heute am meisten von Armut betroffen.

Auch das 3-Phasen-Lebensmodell verliert an Relevanz: Es bestand, ganz grob gesehen, aus:

- Jugend und Ausbildung 20 Jahre
- Erwerbs- und Familienleben 40 Jahre
- Ruhestand 15 Jahre

Mit 20 Lebensjahren hat niemand die notwendige Qualifikation für eine Tätigkeit in der wissensbasierten Ökonomie.

Das Erwerbsleben verkürzt sich, wenn man nicht vor 30 aus dem Hörsaal kommt und mit 55 schon zum alten Eisen gehört.

Resignation statt Aktion

Bei den an den gesellschaftlichen Rand gedrängten Menschen sind Frustration und Resignation in den letzten Jahren weiter gewachsen. Sie sind mutlos, voller Sorge vor dem, was noch kommen wird. Fortschrittsangst macht sich breit und erzeugt einen Druck, von dem man nicht weiß, wie man ihn bewältigen soll, weil er einem die eigene Entbehrlichkeit vergegenwärtigt. Dieses Gefühl, nicht gebraucht zu werden, ist Menschen unzumutbar. Das inhaltsleere Gerede der Politiker, die konsumgierigen neuen Medien, Hightech, Globalisierung, Arbeitslosigkeit, steigende Preise bei den Gütern des Grundbedarfs, der dauernde Appell, sich lebenslang zu bilden, das sind die Pfeile, die zermürben. Ausgerechnet der hilflose Staat soll ihnen helfen, von dem sie sich im Hartz-IV-Bürokratismus gegängelt, überwacht und schikaniert fühlen. Ratlosigkeit und Resignation breiten sich aus.

„Volksschließfächer"

Viele der Abgehängten schreiben ihre Armut persönlichen Mängeln zu. Schließlich kann ja jeder, wenn er nur will ... Aber kann er wirklich? „Alles ist erreichbar", propagieren Denke-positiv-Souffleure wie Höller und Löhr. Aber die Armut erreicht die Betroffenen in den eigenen vier Wänden, zum Beispiel in den Plattenbauten von Duisburg und Berlin. Sie wird bürokratisch individualisiert und bleibt politisch folgenlos. Diese „Volksschließfächer" sind still und leise an die Stelle von Volksversammlungen getreten.

Gefahr für die Demokratie

Wie sollen sich Arbeitslose oder prekär Beschäftigte in jene Gesellschaft einbringen, in der „Alle Staatsgewalt vom Volke ausgeht"? Gemeinschaftskundelehrer haben das früher so erklärt: Man trete in eine Partei ein, werbe dort für seine

Überzeugungen, gewinne Mehrheiten, die in die politische Programmatik und über den Bundestag in Gesetze einfließen, und so weiter und so fort. Warum fliehen die Menschen aus Parteien, die doch als ehrwürdige „Träger und Mittler des Volkswillens“ fungieren wollen? Wie erklärt sich die Gleichgültigkeit gegenüber der Politik? Der Hass auf Politiker? Antwort: Die Politik und die Politiker haben lange schon ihre Glaubwürdigkeit verloren.

Wirksam kann man die Arbeitslosigkeit nur dann bekämpfen, wenn diejenigen, die Arbeit haben, bereit sind, etwas von ihrer Arbeit abzugeben – auch die dazugehörigen Einkünfte.
OSWALD VON NELL-BREUNING

Die Demokratiekrise nimmt zu

Armut und Arbeitslosigkeit gefährden die Demokratie. Das historische Nachkriegsbündnis zwischen Kapitalismus, Sozialstaat und Demokratie zerbricht. Der Staat kann weder Arbeit noch Gleichheit und Gleichberechtigung garantieren. Arbeitslosigkeit macht staatliche Sozialprogramme unbezahlbar. Die Folgen sind Politikverdrossenheit, eine steigende Gleichgültigkeit gegenüber den Institutionen des Staates, zunehmende Gewaltbereitschaft gegen vermeintlich Schwächere oder gegenüber Ausländern u. a. m. Die „Rattenfänger“ haben ein leichtes Spiel. Man spricht von der Demokratiekrise, doch die Politik unternimmt kaum etwas dagegen.

Nach einer Untersuchung der Friedrich-Ebert-Stiftung (2006) stimmte jeder vierte Befragte bundesweit dem Satz zu: „Was Deutschland jetzt braucht, ist eine einzige starke Partei, die die Volksgemeinschaft insgesamt verkörpert.“ 15 Prozent der Befragten versammelten sich hinter diesem Satz: „Wir sollten einen Führer haben, der Deutschland zum Wohle aller mit starker Hand regiert.“

Die Sehnsucht nach Autorität

Es ist zu hoffen, dass der Geschichtsphilosoph Oswald Spengler diesmal unrecht behält. In seinem epochalen Werk *Der Untergang des Abendlandes* hatte er 15 Jahre vor der faschistischen Machtergreifung die Abstiegs- und Verlustängste der Deutschen und deren Sehnsucht nach dem starken Mann eindrucksvoll beschrieben. Abstiegsangst und die Sehnsucht nach Autorität gehen Hand in Hand.

4.3 Fachkräftemangel – Perspektive für die Arbeitslosen?

Die Wirtschaft, vor allem die Industrie, ist mit einem „doppelten Dilemma" konfrontiert:

- Gering qualifizierte Arbeitnehmer werden immer weniger nachgefragt.
- Hoch qualifizierte Arbeitnehmer decken nicht ausreichend den Bedarf.

Die Ursachen liegen auf der Hand:

- Tätigkeiten für Geringqualifizierte werden immer mehr von hoch automatisierten Anlagen ausgeführt oder in Länder mit geringen Personalkosten verlagert.
- Mit steigender Orientierung der Unternehmen hin zu produktbegleitenden Dienstleistungen steigt der Bedarf an Technikern und Ingenieuren.
- Die Nutzung von Gruppenarbeit hat eine negative Auswirkung auf den Anteil der Un- und Angelernten.
- Zukunftstechnologien wie IKT, Nano- und Biotechnik erfordern wegen ihrer hohen Wissensintensität hoch qualifiziertes, am besten akademisch ausgebildetes Personal.
- Die Einführung von Ambient-Intelligence-Anwendungen bietet weitere Möglichkeiten zur Automatisierung von einfachen Kontroll- und Überwachungstätigkeiten oder manuellen Verrichtungen, was den Abbau einfacher Arbeitsplätze verstärkt.

Steigender Bedarf an Akademikern

Das zweite Dilemma ist absehbar. Der steigende Bedarf an Universitäts- und Fachhochschulabsolventen ist infolge des demografischen Wandels zukünftig kaum noch zu decken. Dieser Engpass wird durch zwei Entwicklungen verstärkt:

- Der Wettbewerb um die besten Köpfe mit technischem und wirtschaftlichem Profil wird zukünftig immer stärker international oder zumindest standortübergreifend ausgetragen werden. Kleine und mittlere Unternehmen mit ihrer geringen „Arbeitgeberattraktivität" und den eingeschränkten Gehaltsmöglichkeiten bekommen erhebliche Rekrutierungsprobleme.
- In bio- und nanotechnologischen Unternehmen ist der Bedarf an hoch qualifiziertem Personal kaum zu decken, da es an Ausbildungsstätten und Qualifizierungsangeboten mangelt. Dieser Mangel wird durch fehlendes Interesse für diese Themen noch verstärkt.

Die Prognosen der Prognos AG

Die 1959 als Ausgründung der Universität Basel gegründete Prognos AG, die im Auftrag von Politik, Unternehmen und Verbänden Prognosen erstellt, prognostiziert bis zum Jahre 2030 eine Arbeitskräftelücke von 5,2 Millionen Personen, vor allem bei gut qualifiziertem Personal. Hierbei handelt es sich nach Meinung der Baseler Forscher nicht um ein konjunkturelles Problem, sondern um „eine der größten strukturellen Herausforderungen für den Standort Deutschland" (Studie 1/2009). Globalisierung und technischer Fortschritt führen zu deutlichen Verschiebungen der Beschäftigungsstruktur. So wird die Nachfrage im Dienstleistungsbereich bis 2030 um 1,7 Millionen Personen steigen, vor allem im Gesundheitswesen als Folge des demografischen Wandels und infolge zunehmender nationaler und internationaler Arbeitsteilung bei Unternehmensdienstleistern. Es gibt aber auch Dienstleistungsbranchen, in denen der Arbeitskräftebedarf zurückgeht wie im Handel, Verkehr und öffentlichen Dienst. Auch hier hinterlässt die IKT-Automatisierung ihre Spuren.

Beschäftigtenstruktur 2004–2030 (Anteile in Prozent)

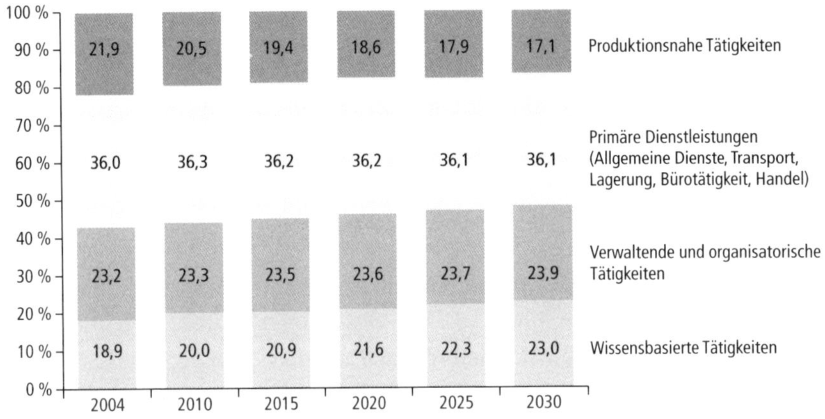

(Quelle: Vereinigung der Bayerischen Wirtschaft e.V. und Prognos AG, 2009)

Laut Prognos werden 2030 etwas mehr als die Hälfte der Erwerbstätigen direkt mit der Produktion von Gütern und Dienstleistungen befasst sein. Der Anteil produktionsnaher Tätigkeiten sinkt aber auf deutlich unter 20 Prozent.

Starker Trend zur Wissensgesellschaft

Der Anteil von planenden und organisierenden sowie wissensbasierten Tätigkeiten wird auf 47 Prozent steigen. Hier zeigt sich der Trend zur Wissensgesellschaft. Besonders stark steigt die Nachfrage nach Erwerbstätigen mit Hochschulabschluss. Zum Teil sind Zuwachsraten um 50 Prozent zu erwarten, so in der Forschung, Werbung oder Beratung.

Maßnahmen und Entwicklungen

Um die skizzierte Lücke zu schließen, muss man sich auf diese und ähnliche Entwicklungen einstellen:

- Die Durchlässigkeit zwischen Fachrichtungen und Tätigkeiten wird gesteigert, um so eine höhere Flexibilisierung zu erreichen. Das könnte die Arbeitskräftelücke bis 2030 um etwa 1,2 Millionen Personen verringern.

- Als Folge einer Ausweitung der durchschnittlichen wöchentlichen Arbeitszeit auf maximal 40 Stunden, vor allem von Teilzeitarbeitskräften, wird man versuchen, die Lücke zu schließen. Prognos schätzt, dass diese dadurch um weitere 1,4 Millionen verkleinert wird.
- Mit einer höheren Erwerbsbeteiligung, vor allem von Frauen und Älteren, könnten weitere 1,2 Millionen Personen dem Arbeitsmarkt zur Verfügung gestellt werden. Das aber setzt vielfältige flankierende Maßnahmen voraus, vor allem Weiterbildung.
- Durch verstärkte Bildungsrekrutierung in die Hochschulen hinein könnte das Arbeitskräftedefizit um weitere 1,4 Millionen reduziert werden.

3,8 Billionen Euro Wohlstandsverlust

Gelingt es nicht, die genannten Maßnahmen als Gesamtsystem umzusetzen, droht die oben beschriebene Arbeitskräftelücke von mehr als 5 Millionen Personen. Der daraus resultierende Wohlstandsverlust beläuft sich laut der Prognos AG auf 3,8 Billionen Euro.

Die Meinung des Deutschen Instituts für Wirtschaftsforschung (DIW)

Im Herbst 2010 rieb sich das interessierte Publikum dann verwundert die Augen. Nach Meinung der DIW-Arbeitsmarktexperten haben Umfragen bei den Arbeitgebern nur eine begrenzte Aussagekraft (DIW, 46/2010). Die Antworten würden nur die kurzfristigen Probleme der befragten Unternehmen beinhalten, aber keinen grundsätzlichen Charakter haben.

Die Lohnentwicklung hinkt hinterher

Der DIW-Arbeitsmarktexperte Karl Brenke macht darauf aufmerksam, dass in der Industrie noch immer 300 000 Arbeitsplätze unbesetzt sind, das seien 6 Prozent weniger als vor zwei Jahren. Er untermauert seine Argumentation mit der Gehaltsentwicklung von Fachkräften. Eigentlich seien knappe Güter teuer, aber Deutschlands Fachkräfte hätten bei der

Lohnentwicklung nicht besser abgeschnitten als andere Arbeitnehmer. Bei Investitionsgütern mussten die leitenden Angestellten im zweiten Quartal des Jahres 2010 sogar Reallohneinbußen hinnehmen – und das, obwohl sie händeringend gesucht würden.

Gibt es einen Fachkräfteüberschuss?

Anders als die Wirtschaftsverbände sehen die DIW-Experten für die Zukunft kaum Probleme. Sie verweisen auf die hohe Zahl der Ingenieurstudenten. So ist das Fach Maschinenbau ebenso beliebt wie die Betriebswirtschaftslehre. Jährlich gingen etwa 9000 Maschinenbauingenieure in den Ruhestand. Sie seien problemlos zu ersetzen, denn allein im Wintersemester 2009/2010 machten mehr als 23 000 Ingenieurstudenten ihr Examen. Nicht nur der Ersatzbedarf sei somit gedeckt, sondern die dringend gesuchten Ingenieure stünden in mehr als ausreichender Menge zur Verfügung. Brenke dazu im Interview: „Ich sehe, dass wir gerade im naturwissenschaftlich-technischen Bereich und im Ingenieurwesen in einem Maße ausbilden, dass wir in kurzer Zeit die Studienabsolventen gar nicht auf dem deutschen Arbeitsmarkt unterbringen werden. Der Effekt könnte sogar sein, dass qualifizierte Fachkräfte vermehrt aus Deutschland abwandern werden.“

Zur Kompatibilität von Studien

Die Studie beinhaltet eine besondere Pikanterie. Sie passt so gar nicht zu den Aussagen des DIW-Chefs Klaus Zimmermann, dem Kritiker eine wohlwollende Nähe zu den Geldtöpfen der Wirtschaft unterstellen. Bevor die Studie veröffentlicht wurde, musste sie „Zimmermann-kompatibel“ gemacht werden: Die umstrittene Studie beziehe sich auf den Status quo, die Aussagen des Präsidenten hingegen auf die Zukunft, hieß es.

Hoffnungsvolle Prognosen

Von vielen Seiten kommen regelmäßig Studien zur Arbeitsmarktentwicklung. Da sie weit in die Zukunft hineinreichen, sind sie uneinheitlich in ihren Aussagen. Einig sind sie sich hinsichtlich der Tatsachen der demografischen Entwicklung und der daraus resultierenden Folgen für den Arbeitsmarkt.

Vollbeschäftigung?

Falls die Experten von Kiel Economics, einem Ableger des renommierten Instituts für Weltwirtschaft, richtigliegen, dann stehen wir kurz vor der „Wiedereinführung" der Vollbeschäftigung. Bis 2014 werden nur noch 1,84 Millionen Menschen ohne Arbeit sein. Die Arbeitslosenquote läge damit unter 4,5 Prozent (2010: 7,5 Prozent). Dies verdanken wir dem demografischen Knick. Bis 2020 wird sich die Zahl erwerbsfähiger Menschen als Folge der Überalterung unserer Gesellschaft um 1,8 Millionen vermindern.

Einschränkend sei angemerkt, dass diese Prognose unter den Annahmen gilt:

- Die Konjunktur entwickelt sich positiv.
- Es gibt keine Wirtschaftsbeben wie die Banken- oder Griechenlandkrise.

Ähnlich fällt die Prognose des Instituts für Arbeitsmarkt- und Berufsforschung der Bundesagentur für Arbeit aus. Die Nürnberger gehen bis 2025 von einem Rückgang der Arbeitslosen auf 1,5 Millionen aus.

Gefahren für die Wettbewerbsfähigkeit

Solche Zukunftsbilder ändern aber nichts am Problem des Fachkräftemangels und der resultierenden Gefahren für die deutsche Wettbewerbsfähigkeit. Wenn es nicht gelingt, den Fachkräftemangel zu beseitigen und die Bildungssituation zügig, umfassend und nachhaltig zu verbessern, „besteht die Gefahr, dass es langfristig zu einem Fachkräftemangel bei gleichzeitig hoher Unterbeschäftigung Geringqualifizierter kommen könnte", so das Fazit aus Nürnberg.

4.4. Selbstständigkeit als Schicksal

Vor 1945 waren etwa 25 Prozent der arbeitenden Bevölkerung in Deutschland Selbstständige. Von 1950 bis 1970, zur Blütezeit der Lohngesellschaft, sank deren Anteil in der Bundesrepublik auf 8 Prozent. Nach 2000 setzte dann wieder ein durch die Wiedervereinigung begünstigter Aufwärtstrend ein, nochmals verstärkt durch die Banken- und Wirtschaftskrise der Jahre 2008/09.

Steigender Trend zur Selbstständigkeit

Die Statistiken zeigen, dass der Anteil derjenigen, die in einem abhängigen Beschäftigtenverhältnis arbeiten, wie immer das auch aussehen mag, noch immer deutlich größer ist als der Teil, der „ständig selbst" arbeitet. Aber der Trend weist in Richtung Selbstständigkeit – vor allem in der projektbezogen organisierten IKT-Branche, bei Steuerberatern, Wirtschaftsprüfern, Anwälten, Dozenten, Unternehmensberatern sowie in Heil-, Kultur- und Medienberufen. Gab es 1998 etwa 3,9 Millionen Selbstständige, so ist diese Zahl zehn Jahre später auf ca. 4,4 Millionen angewachsen, wovon 2008 etwa 1 Million Freiberufler (1998: 646 000) registriert waren.

Zur Freiheit der Unsicherheit

Selbstständigkeit als die Freiheit der Unsicherheit

Doch die Neo-Entrepreneure sind nicht mit dem klassischen Nachkriegsunternehmer, dem Milchmann, Gemüsehändler, Uhrmacher und Schumacher von nebenan vergleichbar. Es handelt sich um „Self-Employer", „Solounternehmer", „Freelancer", „Ich-Agile", „Franchise-Nehmer" und „outgesourcte Mitarbeiter", die in der „Freiheit der Unsicherheit" (Beck, 2007) als Selbstangestellte ihre eigenen Chefs sind. Diese Gründerspezies setzt konsequenterweise an der kleinsten sinnvollen Einheit an, auf die man sich heute noch verlassen kann – sich selbst (Albers, 2010). Die britische Wirtschaftszeitung *The Economist* betitelte diese Entwicklung mit „Entrepreneuralism has become coll". Diese „Arbeitskraftunternehmer" verbinden die selbstständige Planung der eigenen

Tätigkeit mit einer aktiven „Vermarktung" der eigenen Leistung. Klappt es mit der Vermarktung nicht, gibt es Misserfolge und Rückschläge, und die Ursachen werden nicht im schleichenden Strukturwandel gesucht, sondern als individuelles Versagen gedeutet.

Der neue Sowohl-als-auch-Unternehmer und -Arbeitnehmer

Die Selbstständigkeit ist aber eher Schicksal als Chance. Sie ist eine Sowohl-als-auch-Mischung aus Tagelöhner und Subunternehmer, nicht mehr im Großraumbüro sitzend, sondern am häuslichen Schreibtisch oder dank ihrer Ankoppelungskompetenz mal hier und mal dort tätig sind. Der Arbeitnehmerbegriff des deutschen Arbeitsrechts müsste angesichts dieser Entwicklung eigentlich neu definiert werden, wenn nicht gar gleich das Handelsrecht gelten sollte.

Erfolgszahlen

Die Politik feiert gern ihre Start-ups, sind sie doch der Beweis für die Funktionsfähigkeit der Marktwirtschaft und des Erfolges der Hartz-IV-Reformen. So haben sich im Jahre 2009 872 000 Personen selbstständig gemacht, darunter 397 000 im Vollerwerb und 475 000 im Nebenerwerb. Die KfW-Bank schreibt in ihrem jährlichen Gründungsmonitor 2008 hierzu: „Das Gründungsgeschehen ist damit auf einem Tiefstand im Beobachtungszeitraum angelangt … Der mittlere Brutto-Beschäftigungseffekt einer Neugründung beträgt 1,9 vollzeitäquivalente Stellen im Voll- und 0,3 vollzeitäquivalente Stellen im Nebenerwerb."

Misserfolgszahlen

Die KfW-Bank berichtet weiter, dass im Zeitraum von 24 bis 36 Monaten ein Drittel der Gründer das Handtuch werfe. Im längeren Verlauf brechen über 50 Prozent der Neo-Entrepreneure ab, so das Ergebnis anderer Studien. Das Ergebnis aus Pleiten und Neugründungen ist also ein Nullsummenspiel, vor allem deshalb, weil man nur 13 Prozent der Gründungen als innovativ einstufen kann. Nur

3 Prozent gründen im Bereich des verarbeitenden Gewerbes, aber 83 Prozent im Dienstleistungssektor.

Wie „gut" es dieser Gruppe von „selbstständigen Einzelkämpfern" geht, belegt die Steuerstatistik. Rund 1,35 Millionen Selbstständige sind von der Umsatzsteuer befreit, da ihr Jahresumsatz unter 17 000 Euro liegt.

Coworking – die moderne Form der Kollektivierung

Bei vielen dieser Solounternehmer scheint sich der genetische Drang zur Herde und Meute wieder durchzusetzen. Sie treffen sich zum Coworking im Coworking-Space, nicht auf LinkedIn oder XING, sondern mit „echten" Menschen. Hierbei handelt es sich um kollaborative Bürogemeinschaften, wie etwa das Betahaus in Berlin. Das Grundkonzept dieser Arbeitsform besteht darin, dass Freelancer, IT-Nomaden oder andere Varianten des Entrepreneurships unkompliziert und kurzfristig einen Büroplatz für begrenzte Zeit buchen können, nebenbei Kollegen treffen und mit ihnen zusammenarbeiten können. In einer Mischung aus entspannter Kaffeehausatmosphäre und konzentriertem Arbeitsumfeld wird ein Raum zwischen Arbeit und Privatsphäre angeboten, der Innovation und Kreativität fördert. Dank gemeinsamer Veranstaltungen, Workshops oder auch nur durch den Plausch an der Kaffeemaschine entstehen neue Kontakte, und es ergeben sich möglicherweise gemeinsame Projekte oder Aufträge. Die Nutzung dieser Coworking-Spaces ist zumeist unverbindlich und zeitlich flexibel.

Coworking-Spaces und Coworking-Day

Die meisten Coworking-Spaces befinden sich in den USA. In Deutschland bieten gegenwärtig etwa 10 bis 15 größere Coworking-Spaces ihre Möglichkeiten an. Darüber hinaus existieren verschiedene Coworking-Initiativen, die sich bemühen, Coworking als effektive Arbeitsform zu etablieren. Diese Initiativen organisieren sogenannte „Coworking-

Days", an denen man sich wöchentlich oder in bestimmten Zeitabständen zum gemeinsamen Arbeiten trifft.

Der Prozess der Vernetzung dieser neuen Art von Büro-Wohngemeinschaften ist im Gange, gegenwärtig noch deutschlandweit, aber demnächst wohl auch europa- und weltweit, und dieser Trend ist zu verfolgen unter <www.coworking-news.de>.

Alles schon mal da gewesen: Das Verlagssystem

Angestellte Selbstständige sind nichts fundamental Neues. Lange vor dem modernen Kapitalismus wurden Arbeits- und Organisationsformen praktiziert, die der „Idee des neuen Arbeitsvertrages" ähneln, so die Ökonomin Rosabeth Kanter, die eine an die Erfordernisse der globalen Welt angepasste Beziehung zwischen Arbeitnehmern und Arbeitgebern vorschlägt. Am Ende des 17. Jahrhunderts entstand in den Textilmanufakturen das sogenannte „Verlagssystem". Das Wort „Verlag" leitet sich von „verlegen" (leihen) ab. Der Verleger tritt mit Geld (Finanzierung) oder Rohstoffen in Vorlage. Der Arbeiter besaß seine eigene Ausrüstung, legte die Arbeitszeiten selbst fest und musste sich seinen Lebensunterhalt erarbeiten. Weder an dem Rohmaterial noch am fertigen Produkt und seinen Verkaufserlösen hatte er irgendwelche Rechte.

Dieses System wurde mit dem Aufkommen der Fabriken durch das *inside contracting* ersetzt. Die Vertragsunternehmer in den Fabriken trugen die volle Verantwortung für die Produktion in ihrem Bereich, stellten ihre eigenen Mitarbeiter und beaufsichtigten den Arbeitsprozess und die Qualität der Erzeugnisse.

4.5 Ist Bürgerarbeit die Lösung des Arbeitslosenproblems?

Die nationale Beschäftigungskrise verlangt nach Lösungen, die besser sind als Arbeitslosengeld und Hartz-IV-Almosen. Verschiedene Denkmodelle zirkulieren. Stellvertretend für alle sei hier das Zukunftsmodell von Ulrich Beck skizziert (Beck, 2007).

Zur Ökonomie des Sozialen

Er meint, dass das industrielle Vergangenheits- und Gegenwartsmodell, also die Arbeits- und Vollbeschäftigungsgesellschaft, nicht mehr greife, um Einkommen zu sichern und arbeitsbezogenen Sinn zu vermitteln. Zwar gehe die Arbeit nicht aus. Im Gegenteil, sie sei unendlich. Jeder Blick in die Gegenwart zeige die Fülle unerledigter Aufgaben. Gemeint sei also nicht die bezahlte Arbeit in Büros und hinter Fabrikmauern, sondern die unendlich vielen Gemeinschaftsaufgaben in Bereichen wie Umwelt, Bildung, Erziehung, Sozialpflege und Ähnliches mehr, in der, wie Beck es nennt, „Ökonomie des Sozialen". Es gebe genug notwendige Arbeiten, aber nicht mehr normal bezahlte.

Sozialeinkommen statt Sozialgehalt

Diese Lücke könne die „Tätigkeitsgesellschaft" ausfüllen, die zumindest partiell die Erwerbsgesellschaft ergänzt. Gemeinnützige „Bürgerarbeit" und Familienarbeit könnten also zukünftig gleichberechtigt neben der Erwerbsarbeit stehen. In Verbindung damit werde das frühere Normalgehalt durch ein Sozialeinkommen bzw. Bürgergeld, also eine Art garantiertes Mindesteinkommen, ersetzt. Warum nicht? Das zugrunde liegende Prinzip „Arbeit gegen Geld" ist nicht untypisch in unserer Gesellschaft.

Grundmerkmale der Bürgerarbeit

Auf der Grundlage der vorliegenden Materialien der Kommission für Zukunftsfragen der Freistaaten Bayern und Sachsen ist Bürgerarbeit:

- freiwilliges soziales Engagement, das
- projektgebunden (und damit zeitlich begrenzt) in kooperativen bzw. selbst organisierten
- Arbeitsformen,
- unter der Regie eines Gemeinwohl-Unternehmers,
- autorisiert, abgestimmt mit dem (kommunalen) Ausschuss für Bürgerarbeit
- ausgeschrieben, beraten und durchgeführt wird.

Die Aufwertung der Sozial- und Familienarbeit als Vernetzung der Bürgerarbeit

Bürgerarbeit wird nicht entlohnt, aber belohnt, und zwar immateriell (durch Qualifikationen, Ehrungen, die Anerkennung von Rentenansprüchen und Sozialzeiten u. a. m.). Wer existenziell darauf angewiesen ist, bekommt ein Bürgergeld, ähnlich der Sozialhilfe. Bezieher von Bürgergeld sind keine Bezieher von Sozial- oder Arbeitslosenhilfe, da sie in Initiativen gemeinnützig tätig sind. Sie stehen daher auch nicht dem Arbeitsmarkt zur Verfügung, es sei denn, sie wünschen es.

Die Voraussetzungen, um Bürgerarbeit einzuführen, sind vielfältig, zumindest müssten Sozial- und Familienarbeit aufgewertet werden und Sachverhalte wie Berufskarriere und Lebenserfolg neu gedeutet werden.

Testprojekt seit Juli 2010

Radikale Denker haben radikale Gegner. Die Vorwürfe an Beck & Co. lauten, Bürgerarbeit sei Arbeitshaus, Kommerzialisierung des Ehrenamtes und Megabürokratisierung. Wie immer man zu den Ideen der Vordenker neuer Beschäftigungsformen steht, Deutschland braucht Antworten auf die Frage: Hat Arbeit Zukunft, oder erwartet uns eine Zukunft ohne Arbeit? Bürgerarbeit und Bürgergeld sind der gedachte Versuch einer in die Praxis umzusetzenden Antwort.

Fordern und fördern durch Bürgerarbeit

Diese Antwort bekam eine reale Basis. Am 15. Juli 2010 startete die Arbeitsministerin, Ursula von der Leyen, ein auf drei

Jahre befristetes Testprojekt. Erwerbsfähige Langzeitarbeitslose sollen bezahlte Bürgerarbeit leisten. Hierfür wurden 1,3 Milliarden Euro bereitgestellt. Für die Ministerin ist „Bürgerarbeit ... gewissermaßen die konsequenteste Form des Förderns und Forderns". Das sind mögliche Arbeitsinhalte: Sporttraining für Jugendliche, Seniorenbetreuung, Pflege von Grünanlagen. Die Kommunen entscheiden selbst, wie sie ihre „Bürgerarbeiter" einsetzen. Für 30 Wochenstunden erhalten diese monatlich 900 Euro. 34 000 „Bürgerarbeitsplätze" sind zunächst vorgesehen.

Bürgerarbeit als Dauereinrichtung

Es ist zu erwarten, dass Bürgerarbeit ab 2013 zu einer Dauereinrichtung wird. Die infolge der Ersatzdienstverkürzung nicht mehr zur Verfügung stehenden Zivildienstleistenden könnten dann aus dem Reservoir der „Bürgerarbeiter" geschöpft werden. Wie immer man über Sinn und Zweck von Bürgerarbeit denkt, ihr steht ab etwa 2015 eine große „Karriere" bevor.

4.6 Die Arbeit der Zukunft

Die durch die industrielle Produktion geprägte Arbeitsweise verändert sich mit dem Aussterben der Industriegesellschaft. Damit verbunden ist ein Wandel der Arbeitsplätze. Büroangestellte mit Ärmelschonern und Fließbandarbeiter inmitten vieler Transmissionsriemen, mechanischer Schreib- und Buchungsmaschinen kann man nur noch auf Fotos in Industriemuseen betrachten. Jetzt stirbt auch noch das tarifvertraglich sowie sozial- und arbeitsrechtlich geregelte „Normalarbeitsverhältnis" aus.

Kommunikation als Arbeitsmittel

Jahrtausende war die Natur die Arbeitswelt des Menschen. Arbeit vollzog sich als direkter Stoffwechsel mit der Natur. Das Industriezeitalter schuf indirekte Arbeitsbeziehungen. Der Mensch stand nun nicht mehr der Natur, sondern Maschinen und Anlagen gegenüber. In der Dienstleistungs-, Internet- oder Wissensgesellschaft, je nachdem, wie man die gegenwärtige oder auf uns zukommende Gesellschaft benennt, vollzieht sich Arbeit immer mehr im direkten Austausch zwischen Personen. Kommunikation wird zur Arbeit. Infolgedessen müssen Anforderungsprofile neu geschrieben werden. Neue Berufe entstehen. In zehn Jahren wird es Berufe geben, die wir uns heute noch gar nicht vorstellen können.

Änderungen im Familienleben und Freizeitverhalten

Und weil Frauen und ältere Menschen zu den umworbenen Gruppen für anspruchsvolle Arbeiten zählen werden, wird als Folge hiervon das Familienleben und Freizeitverhalten sich ändern. Die globale Informationsgesellschaft und der demografische Wandel diktieren neue Regeln. Schon heute benötigen Wissensarbeiter oder sogenannte Symbolanalytiker, deren wichtigstes Arbeitsmittel der Laptop mit mobilem Internetzugang ist, keine Stechuhr, keine Arbeitsvorbereitung, keinen Vorarbeiter und keinen Achtstundentag, sondern Freiraum, kreative Anregungen, ununterbrochene Möglichkeiten, sich mit Partnern auszutauschen. Nichts hemmt heutzutage die Produktivität mehr als feste Büroarbeitszeiten, Schließzeiten, also wenn im produktiven Prozess die „Bürgersteige hoch- und Scheuklappen runtergeklappt" werden.

Wandel der Arbeit-von der Erwerbsorientierung zum freien Menschen

Die neuen Anforderungen an Unternehmen implizieren veränderte Anforderungen an die Arbeitnehmer. Diese müssen sich „kompatibel" zu den neuen Anforderungen der Zukunftsgesellschaft machen. Das impliziert ein anderes Denken und Handeln. Werte wandeln sich von der Erwerbsorientierung in Richtung Selbstständigkeit, Partizipation, Eigenverantwortlichkeit und Work-Life-Balance u. a. m. Change-Management hat Hochkonjunktur. Change-Manager verabreichen an die Mitarbeiter Placebos in dem Glauben, sie seien wirksam.

Zunahme der Anforderungen an Unternehmer = Zunahme der Anforderungen an Mitarbeiter

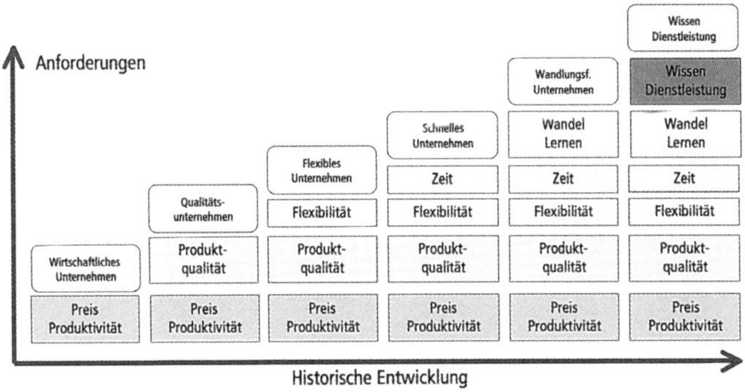

(Quelle: Jürgen Greschner: Lernfähigkeit von Unternehmen. Frankfurt a. M.: Lang, 1996, S. 56)

Die IKT durchdringt die Arbeitswelt

Die IKT ist die Haupttriebkraft des Wandels in der Arbeitswelt. Sie ermöglicht, verstärkt, beschleunigt und vertieft den Transformationsprozess der Arbeitswelt. IKT-Arbeitsplätze nehmen noch mehr zu. IKT-Arbeitsmittel durchdringen die Arbeitswelt. Die Einheit von Betrieb, Ort und Stundentakt löst sich auf. Die IKT besorgt die Verlagerung der Arbeit in die globalen Netze. Wer mit dem Rechner und gängiger Software nicht umgehen kann, für den schwinden die Arbeitsangebote. Andererseits reichen eine gute Idee und ein leistungsfähiger Laptop, um ein Unternehmen zu gründen, das aber genauso schnell wieder verschwinden kann, wie es gekommen ist.

Die Folgen der Organisationsrevolution: „Grenzenlose" Branchen und konturenlose Unternehmen

Zwischen ehedem traditionellen Unternehmen, Branchen und Sektoren brechen die Grenzen weg. Tchibo ist nicht mehr nur Kaffeehändler, und Amazon zum Beispiel ist mittlerweile ein Gemischtwarenladen mit Feinkostabteilung und einer Bücherecke. Hersteller bieten Komplettlösungen an, die aus Anlage plus Technologie plus Dienstleistung bestehen. Es entstehen neue unternehmerische Organisationsformen, darunter viele dezentrale kleine Einheiten. Firmen gehen auf der Grundlage ihrer Kernkompetenz zeitlich befristete Kooperationen mit anderen Unternehmen ein. Unternehmensgrenzen verlieren ihre Konturen.

Das, was früher die Fabrikmauer war, ist heute zunehmend eine virtuelle Grenze. Das Unternehmen gehört zwar Aktionären, die Kantine einem Essenslieferanten, der Werkschutz einem Sicherheitsdienst und die Werkfeuerwehr einem weiteren Dienstleister. Einige Werksteile sind Gemeinschaftsunternehmen mit anderen Companies. Die Logistik ist, wie viele Tätigkeiten, schon lange outgesourct. Das Unternehmen beginnt sich als soziale und wirtschaftliche Einheit aufzulösen. Manche Betriebe gar sind beweglich, so wie Arbeitsgemeinschaften auf Baustellen. Soziologen sprechen von einer „Verflüchtigung der Institutionen“ oder auch von „Entgrenzungsprozessen“. Wir erleben zeitliche und räumliche, technische und fachliche, soziale und räumliche, soziale und rechtliche Entgrenzung. Ja, sogar das „Normale“ entgrenzt sich.

Weltweite Entgrenzung und Vernetzung

Entgrenzung und Vernetzung vollziehen sich gleichwohl parallel. Das eine wäre ohne das andere nicht möglich. Es sind zwei Richtungen ein und desselben Prozesses, und der ambitionierte Manager wird erkennen, dass seine Aufgabe darin besteht, beide Richtungen in Balance zu halten, damit die eine nicht vorauseilt und die andere ins Stocken gerät. Entgrenzung mündet in Vernetzung. Die Vernetzungen wirken weit über den Ort und die Region hinaus. Lokal und global verschmelzen sich zu „glokal“.

Flexibilität und Sozialkompetenz

Diese Veränderungen bringen neue Typen von Arbeits- und Beschäftigungsformen mit flexiblen Zeit- und Vertragsstrukturen hervor. Selbst die Konturen zwischen Arbeitgeber, Manager und Arbeitnehmer verflüchtigen sich. Neue Arbeitsweisen verlangen Flexibilität. Sozialkompetenz wird zur Schlüsselqualifikation.

Die innerbetriebliche Vermarktlichung

Der Autor dieses Buches verdiente sein Studium unter anderem als Barkellner in einer Hamburger Nachtbar. Er wurde mit 30 DM pro Nacht entlohnt. Das war 1972. Zugleich existierte zwischen ihm und seinem Arbeitgeber eine Geschäftsbeziehung. Täglich um 21 Uhr übergab ihm der Manager 15 Flaschen hochprozentigen Alkohol. Dafür erhielt das Haus 1000 DM. Die Differenz zwischen Einkaufs- und Verkaufspreis betrug etwa 850 DM. Das Unternehmen hatte also einen garantierten Gewinn. Nun musste sich der Barkeeper als Unternehmer im Unternehmen bemühen, aus diesen 15 Flaschen Hochprozentigem „wirtschaftlich wohldosiert" so viele Schnäpse zu kippen, dass weit mehr als die investierten 1000 DM dabei herauskamen.

Unternehmer im Unternehmen

Das war vor 40 Jahren. Zu dieser Zeit setzte der Prozess der Vermarktlichung zunächst mit dem neuen Strukturelement „Profit Center" ein. Abteilungen waren nunmehr gezwungen, ihre Leistung intern und extern zu verkaufen, um so einen eigenen Beitrag zur unternehmerischen Wertschöpfung zu leisten. Die Fortsetzung dieses Prozesses führte über teilautonome Arbeitsgruppen, konkurrierende Konzernunternehmen (VW – Audi), subbetriebliche Centerbildungen hin zum „Unternehmer im Unternehmen". Das gesamte Unternehmen, einschließlich der Mitarbeiter, soll dem Druck des Marktes ausgesetzt werden, um so die internen Markt- und Wettbewerbskräfte zu stärken.

Der unselbstständige Selbstständige

Im Alltag stößt man immer häufiger auf diesen Typ „unselbstständig Selbstständiger": Fahrer von Paketdiensten mit eigenem Auto; Taxifahrer, die an den Touren prozentual beteiligt werden; Friseurinnen, deren Unternehmen aus einem Mietstuhl in einem innerstädtischen Friseursalon besteht; Putzfrauen, die für jedes gesäuberte Hotelzimmer 3 Euro in Rechnung stellen, oder freigesetzte Mitarbeiter, die als Ich-AG wieder ins Unternehmen zurückkehren. Die Konzernzentrale hatte einen Personalabbau angeordnet, aber die Beraterbudgets unangetastet gelassen. Linke Tasche, rechte Tasche …

Der „angestellte" Selbstständige muss heute Fragen beantworten, um die sich früher sein Vorgesetzter kümmerte. Dieser war verantwortlich für die Personalentwicklung seiner Abteilung. Ein neuzeitlicher Solounternehmer muss sich fragen: „Kann sich das Unternehmen meine Tätigkeit noch lange leisten?" „Bin ich ausreichend qualifiziert für das, was ich hier mache?" Er muss sein Angebotsportfolio genauso auf seine Markttauglichkeit überprüfen wie das Unternehmen seinerseits.

Der Markt kontrolliert und reguliert

Für provisionsentlohnte Außendienstmitarbeiter ist das alles nichts Neues. Ihr Arbeitsvertrag enthielt immer schon Elemente eines Dienstleistungs- oder auch Werkvertrages. Nicht mehr der Vorgesetzte kontrolliert, belohnt und bestraft, sondern der Markt in seiner Rolle als Universalregulator. Der Druck fehlender Vertragsabschlüsse ist brutaler als die Kontrolle durch den Chef. Für die Gehaltskürzung ist nicht mehr der Vorgesetzte verantwortlich, sondern die „schlechte Marktlage".

Vermarktlichung – woher und wohin?

Die Erklärung für diese Entwicklung ergibt sich aus der ökonomischen Entwicklung nach den 1980er-Jahren. Das technologische Rationalisierungspotenzial war weitgehend ausgeschöpft. Man orientierte sich nunmehr auf die nicht ausgeschöpften Humanressourcen und ungenutztes Organisationswissen. „Intelligente Organisationsstrukturen" mussten her, um beides optimal nutzen zu können. Zu diesem Zweck musste die hierarchische Aufbauorganisation einer kunden- und marktähnlichen Ablauforganisation weichen. An die Stelle der (tayloristischen) „Misstrauensorganisation" trat eine postindustrielle „Vertrauensorganisation". Das wiederum setzt fachlich und sozial kompetente Mitarbeiter mit einem weit gefassten Entscheidungs- und Handlungsspielraum voraus. Mit Begriffen wie *Intrapreneur* wurde der Mitarbeiter mehr und mehr in die innere Vermarktlichung eingefügt.

Von der Tertiarisierung zur Quartarisierung

Die Vermarktlichung schreitet unaufhörlich voran. Sie richtet sich gegen den Staat in Form von Entstaatlichung und Privatisierung. Sie richtet sich ebenso gegen die normalen Lebenswelten, in die immer mehr und stärker marktförmige Elemente einströmen. Ob Sterbebegleitung oder Erziehung, Partnerschaft oder Lebensberatung, Persönlichkeitsentwicklung oder … alles unterliegt der Vermarktung. *Quartarisierung* lautet der Fachbegriff für diesen Prozess. Sie ist ein Upgrade der *Tertiarisierung*, denn der neue Schwerpunkt liegt in der Entwicklung der Dienstleistungen.

Die Verschmelzung von Arbeit und Privatsphäre

Work is what you do,
Not were yo go.
Charles B. Handy

Arbeit und Leben wachsen über die IKT zusammen. Die Grenzen zwischen Arbeit und Freizeit, zwischen Home-Office und Büroarbeitsplatz, aber auch zwischen Raum und Zeit verschwinden. Das mobile Büro kann man heute schon im ICE oder in der Flugabfertigungshalle beobachten. Der Mitarbeiter ist ständig erreichbar. Arbeitsplätze werden entlokalisiert bzw. hybrid. Das Büro ist nicht mehr ein zweites Zuhause, sondern umgekehrt.

Schon seit einigen Jahren kann der Werkleiter eines chemischen Betriebes die Daten seiner Messwarte an seinem Home-PC einsehen und notfalls eingreifen. Arbeit kommt via Internet nach Hause oder in den ICE. Dieser „Luxus“

steigert die Abhängigkeit von der modernen Informationselektronik.

Der Wechsel von Officework und PC-Homework

Soweit das Firmenbüro weiter genutzt wird, vielleicht an ein oder zwei Tagen pro Woche, steht dort statt eines Schreibtisches ein Rollcontainer mit PC und allen IKT-Utensilien, der bei Bedarf geöffnet und beim Verlassen des Büros geschlossen wird. Der Mitarbeiter bewegt sich in einem Mix von individueller PC-Heimarbeit und kollektivem Officework. So wird Arbeit zwar produktiver, aber weniger verbal-kommunikativ. Nur Berufen mit körperlicher Präsenz wie Verkäufern, Lehrern und Hausmeistern bietet sich die Möglichkeit zum Kontakt und Gespräch.

Das Büro als Ersatzzuhause

An den verbleibenden Arbeitsplätzen entstehen neue Arbeitsarchitekturen. Sie sollen Kreativität, Flexibilität und Projektarbeit fördern. Es sind innenarchitektonisch schön gestaltete Arbeitsplätze, denn der Arbeitsplatz soll wie ein Ersatzzuhause empfunden werden. Das Unternehmen will nicht nur Geld und schickes Mobiliar, sondern auch Sinn bieten. Nicht mehr die Familie soll der Ort der Behaglichkeit sein, sondern die Firma. Arbeit und Muse, so die Idealvorstellung, vereinigen sich zur motivationsverstärkenden Traumehe.

Die Rolle der Dienstleistungswirtschaft

Die Tertiarisierung und Quartarisierung der Wirtschaft werden weiter fortschreiten. Ökonomen sehen in Dienstleistungen das „Produkt" der Zukunft. Schon heute arbeiten in Deutschland ca. 74 Prozent der Beschäftigten im Dienstleistungssektor. Dass von diesen Beschäftigten schon fast zwei Drittel im Bereich Informations- und Kommunikationsdienstleistungen, Forschung, Entwicklung, Bildung, Ausbildung und Weiterbildung tätig sind, ist das eigentlich herausragende Merkmal unseres wirtschaftlichen Strukturwandels und des Wandels zu neuen Beschäftigungsstrukturen.

Wandel der Arbeitswelt

Von 100 Erwerbstätigen arbeiten in diesen Bereichen

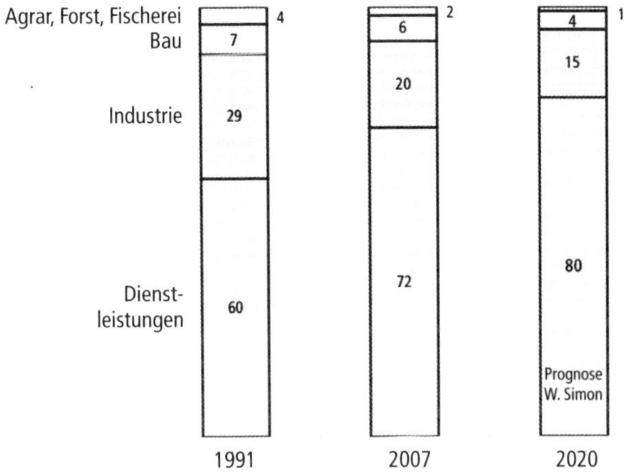

(Quelle: Statistisches Bundesamt)

Der tertiäre Sektor als Ausgleich von Arbeitsplatzverlusten

Der tertiäre Sektor mit seinem Wachstumspotenzial könnte zum Ausgleich des Verlustes von Arbeitsplätzen in der Industrie beitragen. Unterstützende Wirkung käme hierbei von der weltweiten Reorganisationswelle der Industrieunternehmen, die sich stärker auf ihr Kerngeschäft konzentrieren und deshalb Tätigkeiten wie Werbung, Personalentwicklung, EDV, Logistik und Buchhaltung auslagern. Insbesondere im Bereich Information/Medien/EDV wird sich eine Vielzahl neuer Dienstleistungsjobs entwickeln. Das größte Arbeitsplatzpotenzial dürfte in Deutschland jedoch bei den hausnahen Dienstleistungen liegen.

Zunehmende Rationalisierung im Dienstleistungssektor

Europas Dienstleistungssektor wächst, aber nicht in dem Maße, um dem Abbau in der Industrie entgegenzuwirken. Infolge des IKT-Fortschritts bietet auch der Dienstleistungssektor gewaltige Rationalisierungspotenziale, zum Beispiel durch automatische Bearbeitung von Onlinebewerbungen oder unbezahlte Eigenproduktion des Kunden, wie das beim Onlinebanking der Fall ist.

Die Industrie als Dienstleister

Gabor Steingart stellt die These, wonach die Dienstleistungswirtschaft an die Stelle der Industrieökonomie tritt, ernsthaft infrage. Für ihn ist die Trennung künstlich, da viele Industrieunternehmen unter ihrem Dach diverse Dienstleister beherbergen: Marketing, Rechnungswesen, Vertrieb und Personal. Ein Großteil der Dienstleistungen kreise um einen Industriearbeitsplatz. „Der Kellner ist nur das letzte Glied in der Wertschöpfungskette der Lebensmittelindustrie", meint er (Steingart, 2004, S. 76). So sei auch der schreibende Journalist untrennbar mit der Druckindustrie verbunden, die seine Dienstleistungen erst zum Produkt macht. Hunderttausende Dienstleister im Handel verkaufen das, was die Industrie herstellt.

Wachstum industrieller Dienstleistungen

Der Übergang zur Dienstleistungsgesellschaft ist eine partielle Renaissance der Industriegesellschaft. Dienstleistungen werden mit steigender Tendenz von der Industrie erbracht. Dienstleistungen und Sachgüter werden immer mehr kombiniert. Unternehmen sind auf dem Wege vom reinen Produkthersteller zum Komplettdienstanbieter oder anders ausgedrückt: zum produzierenden Dienstleister. Das sind die Gründe:

- Die Qualität von Produkten lässt sich oft nicht mehr wesentlich steigern. Als Folge hiervon wird der Service zum entscheidenden Wettbewerbsfaktor.
- Im Service stecken erhebliche Gewinnpotenziale. Die Kosten für die Instandhaltung und den Service von Industriegütern und Maschinen belaufen sich auf bis zu 90 Prozent der Anschaffungskosten während ihrer gesamten Lebenszeit. Zugleich sind die Gewinnmargen im After-Sales-Geschäft bis zu zehnmal höher als im klassischen Produktgeschäft.
- Hersteller erkennen immer mehr, dass sie sich durch ein attraktives Serviceangebot, zum Beispiel durch Betreiber-

und Finanzierungsmodelle, im Wettbewerb differenzieren können.

- Infolge zurückgehender Neuanlagengeschäfte suchen Unternehmen nach neuen Ertragsquellen und stoßen auf den Service- und Kundendienstmarkt.

Die Tertiarisierung der Industriearbeit

Der Aufbau neuer Dienstleistungsangebote übertrifft den gleichzeitig stattfindenden Abbau derselben. Die Erklärung hierfür lautet Tertiarisierung der Industriearbeit. Das ist der Fachausdruck dafür, dass die Industrie seit einigen Jahren Serviceleistungen um die Produkte herum verkauft. Diese Leistungen sind Finanzierung, Schulung, Fernüberwachung, Inspektionen bis hin zum kompletten Betrieb von Maschinen und Anlagen, sogenannten Betreibermodellen. Diese innere Tertiarisierung von Industrieunternehmen macht qualifizierte Fachkräfte, Techniker und Ingenieure zu Dienstleistern.

Was outgesourct wird

Der Leser reibt sich verwundert die Augen und fragt: „Was ist denn mit Outsourcing?“ Die Antwort: Es werden nur solche Tätigkeiten ausgelagert, die nicht in direktem Zusammenhang mit dem Produktionsprogramm stehen und von spezialisierten Unternehmen besser und billiger erbracht werden können, wie die Lohnabrechnung, der Fuhrpark, die IKT, der Werkschutz oder die Kantine zum Beispiel.

Dort, wo die Industrie wächst, wächst auch der Service

Von den etwa 11 Millionen Erwerbstätigen des produzierenden Gewerbes in Deutschland sind mehr als 1,1 Millionen als Anlagenprogrammierer, Wartungstechniker, Anlageninstrukteur, Kundenberater, Finanzierungsberater tätig, also mit produktbegleitenden Dienstleistungen betraut. Diese Zahlen zeigen, dass der industrielle Service ein volkswirtschaftlich relevanter Faktor geworden ist, dessen Bedeutung weiter ansteigen wird. Dort, wo die Industrie wächst, wachsen auch die Servicearbeitsplätze.

Mehr, schneller, flexibler

Der Arbeitnehmer von morgen arbeitet flexibler, selbstständiger und eigenverantwortlicher. Er ist für wechselnde Unternehmen und in wechselnden Teams zuständig. Selbstständigkeit und Festanstellung wechseln. Die Arbeit wird in Menge und Güte anspruchsvoller, der Arbeitsstil nomadisch. Arbeit unterliegt wie viele andere gesellschaftliche Bereiche der Beschleunigung.

Flexibilität und Mobilität

Flexibilität und Mobilität, jeweils geistige wie örtliche, sind die Voraussetzungen, um Unternehmen veränderungsfähig zu machen, das heißt wechselnden Umfeldbedingungen anzupassen. Sie benötigen strukturelle, technologische und soziale Flexibilität, so wie es die Abbildung ausdrückt.

Von der fixen zur flexiblen Arbeit

(Quelle: Fraunhofer IAO – OFFICE 21)

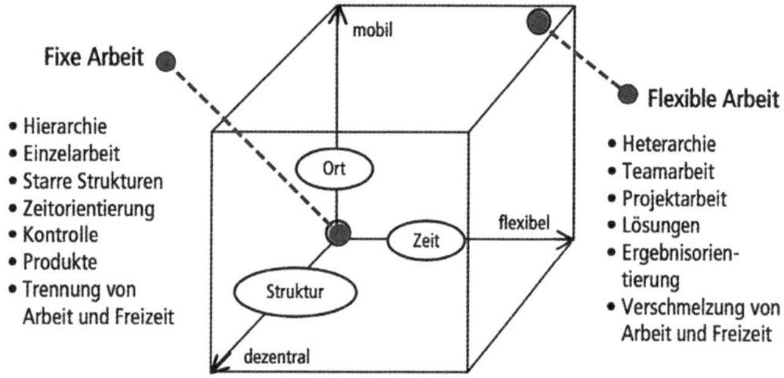

½ × 2 × 3

Infolge von Arbeitslosigkeit und globalem Wettbewerbsdruck nimmt der Druck auf die Berufstätigen zu. Charles Handy illustriert dies mit seiner Formel: ½ × 2 × 3. Demnach leistet die Hälfte der Belegschaft mit doppelter Bezahlung dreimal so viel wie vorher die Vollbelegschaft.

Leistungssteigerungs-Leistungsversagungs-Gesetz

In der neuen Arbeitskultur werden kollektive Zeitrhythmen durch individuelles Zeitmanagement ersetzt. Arbeitszeiten sind frei wählbar, denn wichtig ist nicht das Absitzen von Stunden, sondern die Zielerreichung bzw. die Einhaltung der Deadline. Stechuhren werden durch die „Vertrauensarbeitszeit" abgelöst. Ergebnisvollzug tritt an die Stelle von Vorschriftenbefolgung. Zielvereinbarungen ersetzen Arbeitsaufträge. Das macht es notwendig, die Arbeit in eine „Rund-um-die Uhr-Wirtschaft" einzubetten. Der 8-Stunden-Tag weicht dem 24-Stunden-Tag. Beruf- und Privatleben vermischen sich. Die Beschäftigten werden in einem Räderwerk gedreht und gerüttelt, so wie Charlie Chaplin es im Film *Modern Times* schon 1936 dargestellt hat. Damit wächst der Druck auf Unternehmen, ein systematisches Gesundheitsmanagement aufzubauen. Nur, welcher Mittelständler ist dazu in der Lage?

Das Leistungssteigerungs-Leistungsversagungs-Gesetz

Die Folgen für den Einzelnen beschreibt der Soziologieprofessor Karl Otto Hondrich prägnant in seinem „Leistungssteigerungs-Leistungsversagungs-Gesetz". Demnach bewirkt Leistungssteigerung einer Gruppe von Mitarbeitern Leistungsversagen der anderen, denn der Leistungslevel wird am Höchstleistenden definiert. „Heute muss jeder permanent strampeln", meint der Arbeitssoziologe Klaus Dörre, „sobald man nachlässt, droht der Fall nach unten." Dieses Prinzip permanenter persönlicher Leistungsverbesserung gehört zur Logik einer Wirtschaftsordnung, die das Ich in den Mittelpunkt stellt. Die Gefahren einer möglichen Selbstausbeutung und die Symbiose von Arbeit und Freizeit wurden oft beschworen, aber immer noch nicht überwunden.

Mehrarbeit statt Neueinstellung

Die Leistungsverdichtung zeigt sich auch daran, dass, bevor eine neue Stelle geschaffen wird, zunächst sechs andere Mitarbeiter Mehrarbeit leisten müssen. Viele Menschen sind dazu sogar bereit, um so ihren sozialen Status abzusichern. Samstag gehört Vati und Sonntag Mutti wieder der Firma. Ein ganzes Wochenende mit der gesamten Familie wird zum Luxus der Erwerbstätigen.

Fernbeziehungen als Folge der Flexibilisierung

Dieser Flexibilisierungswahn mag für das Überleben von Unternehmen immens wichtig sein, für die Aufrechterhaltung zwischenmenschlicher Beziehungen wie Familie und Partnerschaften gilt dies nicht in jedem Fall. Immer häufiger werden Partnerschaften über große Entfernungen hinweg geführt, besonders dann, wenn beide Partner in qualifizierten Positionen bei attraktiven Arbeitgebern tätig sind. Statt des traditionellen Zusammenseins existieren nun zwei Haushalte, für jede Person einer.

Arbeit und Kapital verlieren ihre Konturen

Auch die Entlohnungsformen unterliegen der Flexibilisierung. Ein immer größer werdender Teil der Gehaltszahlungen besteht aus erfolgsabhängigen Gehaltsbestandteilen. Der Begriff „Mitarbeiter" bekommt so eine völlig neue Bedeutung. Die einstmals scharfe Grenze zwischen Arbeit und Kapital verliert ihre Konturen bzw. existiert nicht mehr.

Die Zunahme psychischer Erkrankungen

Die kontinuierliche Zunahme psychisch bedingter Erkrankungen ist ein Beleg für die zunehmende Arbeitsbelastung in Unternehmen. In einer Studie des Forschungsinstituts der Allgemeinen Ortskrankenkassen (2008) wurden die Krankheitsdaten von 9,7 Millionen Arbeitnehmern des Jahres ausgewertet. Nach dieser Studie liegen seelische Störungen mittlerweile an vierter Stelle bei den Ursachen für eine Erkrankung Berufstätiger. Sie sind zugleich die häufigste Ursache für Frühverrentungen. Jede dritte Frühverrentung wurde mit Depressionen begründet. Betriebsärzte und Gewerkschaften sehen im Stress den Auslöser. Während die Arbeitsunfähigkeit im statistischen Schnitt 17,3 Tage dauerte, sind es bei stressbedingten Erkrankungen 23 Tage. Frauen sind der Studie zufolge stressanfälliger als Männer.

Innere Tertiarisierung und die Folgen

Die innere Tertiarisierung unserer Unternehmen begünstigt diese Entwicklung. Die Qualität der Produkte lässt sich oftmals nicht mehr steigern, sodass der Service zum eigentlichen Wettbewerbsfaktor wird. Industriebetriebe bieten Dienstleistungen an, sie wandeln sich vom Sachguthersteller zum kompletten Problemlöser. Selbstständige Serviceabteilungen müssen bei Störungen schnell „vor Ort" beim Kunden sein. Das ist der Grund für neue Arbeitszeitmodelle, vor allem für die kapazitätsorientierte variable Arbeitszeit. Eine starre Wochenarbeitszeit wäre kontraproduktiv.

Neue Qualifikationsinhalte

An jedem Wochenende kann man im Stellenanzeiger überregionaler Zeitungen solche und ähnliche Textbeispiele lesen: „Für dic Erfüllung der Aufgabe sind außerdem insbesondere Teamfähigkeit, Kommunikationsstärke und Analysefähigkeit entscheidend." Oder: „Sie sind planungs- und organisationsstark und bringen gute Verhandlungs-, Präsentations- und soziale Fähigkeiten mit."

Von Schlüsselqualifikationen

Suchanzeigen dieser Art belegen den großen Stellenwert, den Unternehmen überfachlichen Qualifikationen, sogenannten *Schlüsselqualifikationen*, beimessen. Hierbei handelt es sich um extrafunktionale, fachübergreifende bzw. fundamentale Qualifikationen. Sie sind der Schlüssel, der den Zugang zu neuen Lern- und Arbeitsinhalten schnell und selbstständig ermöglicht. Manche Autoren sprechen gar von Metawissen oder auch von universalen *survival tools*. Der interessante Aspekt ist dieser: Der Wesenskern von Schlüsselqualifikationen verändert sich nicht, selbst wenn sich Technologien oder Berufsinhalte wandeln.

Die Bedeutung der Sozialkompetenz

Schlüsselqualifikationen gewinnen an Bedeutung, insbesondere die Sozialkompetenz. Der Begriff *Sozialkompetenz* wird oft auch mit *Soft Skills* umschrieben. Das Interesse von Unternehmen an Soft Skills resultiert aus veränderten Anforderungsprofilen für Mitarbeiter. Als Folge von IKT-Durchdringung und Globalisierung entwickelten sich dezentrale Entscheidungsstrukturen. Selbst organisierte, informelle Netzwerke, ganzheitliche, projektorientierte Aufgabenbewältigung treten an die Stelle der tayloristischen Arbeitsteilung. Solche Arbeits- und Organisationsformen setzen aber Team-, Kontakt- und Kommunikationsfähigkeit voraus. Zugleich werden starke Persönlichkeiten gefordert, Einzelkämpfer, Stehaufmännchen, Hereos und Genies. Der Wirtschaftspsychologe Oswald Neuberger hat für diesen Widerspruch den Begriff *Führungsdilemmata* geprägt. Der Vorgesetzte soll Bestehendes bewahren, aber auch verändern; er soll Konkurrenz und Kooperation zugleich fördern; auf Distanz achten, aber zugleich Offenheit und Nähe aufbauen; vertrauen und kontrollieren; Ordnung durchsetzen und Freiheit ermöglichen. Daraus entsteht eine Doppelkompetenz beim Vorgesetzten und beim Mitarbeiter: mal das eine, mal das andere.

Bedeutung von Kommunikation und Kooperation

Der Bedeutungszuwachs von Kommunikation und Kooperation ergibt sich aus dem Übergang von der Industriegesellschaft hin zur Dienstleistungs- und Wissensgesellschaft. Die Wertschöpfung erfolgt hier weniger durch die direkte Einwirkung auf Naturstoffe wie Holz, Steine oder Metalle. Dafür gibt es immer präzisere und schnellere Industrieroboter. Werterzeugung vollzieht sich im kommunikativen Austausch zwischen Menschen. Das Gesprächsergebnis trägt dazu bei, die Natur in noch besserem Maße beherrschbar zu machen, Organisationen und Abläufe zu optimieren, Konflikte zu lösen, Projekte zu realisieren oder bestenfalls die Lebensgrundlagen der Menschen zu verbessern. Natürlich sind auch destruktive Zwecke denkbar.

Beziehungsmanagement

Dienstleister benötigen neben ihrem Fachwissen Beziehungsqualifikationen. Sie müssen Beziehungen aufbauen, pflegen und entwickeln, um mit anderen Menschen ein nutzbringendes Austauschverhältnis aufzubauen. Der Begriff *Beziehungsmanager* gehört darum schon lange zum Wortschatz der Businesswelt.

Die Rolle der Onlinekompetenz

Diese Face-to-face-Kommunikation wird immer mehr durch eine PC-to-PC-Kommunikation ergänzt. Wer bei eBay handeln will, bei Google Hilfe sucht, Wikipedia konsultiert oder bei Friend24 ein amouröses Abenteuer anstrebt, muss an seiner Onlinekompetenz arbeiten. Wer Blogs generiert, Wikis gestaltet oder in Open-Source-Netzwerken mitarbeiten will, benötigt diese immer wichtiger werdende binäre 0-1-Sozialintelligenz. Es geht nicht mehr um den PC als überdimensionierte Schreib- oder Rechenmaschine, um Dateien als elektronische Form von Karteikästen, sondern um das Cyberspace als Werkstatt des 21. Jahrhunderts.

Onlinebusiness und Onlinearbeit verschmelzen

Da in der neuen Arbeitswelt immer mehr Geschäfte auf das Netz verlagert werden, entscheidet das Fahrvermögen auf der Datenautobahn über Erfolg oder Misserfolg im Wettbewerb. Sie ist die notwendige Infrastruktur für die Wertschöpfung, sie ist ebenso notwendig wie qualifizierte Onlinepiloten. Darum benötigt die neue Arbeitswelt solche Mitarbeiter, die sich eigenständig in virtuellen Arbeits- und Netzwelten orientieren und bewegen können. Onlinebusiness und Onlinearbeiten verschmelzen.

Sind Sie onliequalifiziert?

Wie steht es mit der Onlinequalifikation der Deutschen? Zwar verfügen weite Teile der Bevölkerung über einen schnellen Internetzugang. Doch haben sie wenig Ahnung von den Möglichkeiten des elektronischen Netzes. Das beweist eine Studie der Initiative D21 aus dem Jahre 2010. Demnach sind zwar 70 Prozent der Deutschen online, aber nur 26 Prozent sind in der digitalen Alltagswelt angekommen.

Die hier sichtbar werdende digitale Spaltung hängt nicht von der IKT-Ausstattung ab, sondern von der Kompetenz, der Nutzungsvielfalt und -intensität sowie der Einstellung gegenüber den digitalen Medien. Die Studie identifizierte diese sechs Typen von Online-Usern:

Nutzertyp	Digitale Außenseiter	Gelegenheitsnutzer	Berufsnutzer	Trendnutzer	Digitale Profis	Digitale Avantgarde
Prozentanteil an Bevölkerung	35	30	9	11 (davon 78 Prozent Männer)	12 (meist männlich)	3 (meist Single)
Durchschnittsalter	62,4	41,9	42,2	35,9	36,1	30,5
Digitale Ausstattung	25 Prozent mit eigenem PC und Drucker	98 Prozent mit eigenem PC (Notebook), Drucker und Digitalkamera	Verfügt am Arbeitsplatz über gute IKT-Infrastruktur, jedoch nicht privat	Ganze Bandbreite digitaler Geräte; Zweitcomputer	Verfügt am Arbeitsplatz und privat über eine gute IKT-Infrastruktur	Gute IKT-Infrastruktur mit mobiler Ausrichtung; geringes Einkommen
Charakteristika	▪ Negative Einstellung zur IKT ▪ Nur 20 Prozent der Gruppe findet sich im Netz zurecht	▪ Kennt viele IKT-Basisbegriffe ▪ Erkennt die Vorteile der IKT ▪ Arbeitet nicht lernaktiv mit den Medien	▪ Arbeitet mit normalen Anwendungen wie E-Mail und Textverarbeitung oder betrieblichen Anwenderprogrammen	▪ Umfassende Online-Kompetenz ▪ Anwendung von WEB-2.0-Applikationen ▪ Erkennt und nutzt den Vorteil von IKT-Medien	▪ Ist auf dem digitalen Terrain zu Hause ▪ Nutzt IKT weniger zum Zeitvertreib, sondern für praktische Zwecke	▪ Weniger IKT-Wissen als Profis ▪ Erfahrung basiert auf trial and error ▪ IKT bestimmt Freizeitverhalten ▪ 11 Std. tägl. IKT-Nutzung

Die Projektifizierung der Wirtschaft

Besonders in wissensintensiven Branchen verlagert sich die Arbeit in Projekte. So wird die Kooperation unterschiedlicher Wissensgebiete ermöglicht, was in den Grenzen eines fachlich spezialisierten Einzelunternehmens oft nicht möglich ist. Ohne Projektteams können komplexe Themen nicht mehr bewältigt werden. Spezialisten kommen in Projekten zusammen, wickeln sie ab und gehen wieder auseinander. Der Think Tank der Deutschen Bank prognostiziert der Projektarbeit einen Wachstumsanteil an der gesamtgesellschaftlichen Wertschöpfung von 15 Prozent im Jahre 2020 (2008: 2 Prozent). Die Zunahme an globalen Dienstleistungen gehört überwiegend zur Gruppe der grenzüberschreitenden Projektwirtschaft.

Von der Linien- zur Projektorganisation

Unternehmen benötigen Projektarbeit, um ihre Wettbewerbsfähigkeit zu sichern. Sie müssen immer häufiger auf Kundenanforderungen und sich wandelnde Märkte reagieren. Das ist nur mit einer die Linienorganisation ergänzenden Projektorganisation möglich. Diese wiederum erfordert fundierte Kenntnisse des Projektmanagements und projektfördernde Verhaltensweisen der Teammitglieder. Projektarbeit begünstigt die Virtualisierung des Arbeitsplatzes und die Flexibilisierung der Arbeitszeiten, da die individuelle Denk- und Schreibarbeit zwischen den Projektsitzungen nicht zwangsläufig im Unternehmen erbracht werden muss.

Selbstmarketing als Qualifikationserfordernis

Wir leben in einer Zeit, in der gute Leistung allein leider nicht mehr ausreicht, um Berufserfolg zu haben. *Managen Sie Ihre Online-Reputation, bevor andere es tun*, lautet der Untertitel eines Buches von Klaus Eck. Sie sollten immer als Erster eine eigene Webadresse unter Ihrem Namen anmelden, darunter ein Personal Blog anlegen oder eine Weiterleitung zu einem Profil – LinkedIn oder XING – einrichten. Nur wer sich als eine interessante Persönlichkeit professionell präsentiert, wer sich Gehör verschafft und überzeugend auftritt, hat die Chance, beachtet zu werden. Wie beim Produktmarketing muss „Leistung … genauso effektvoll verkauft werden wie ein Konsumprodukt, das durch seine Verpackung aufmerksam macht!“ (ManagerSeminare, 2002, S. 46 f.). „Personal Brand“ nennt sich dieses Public Relations in eigener Sache. Der Mensch wird zur Marke. Er markiert sich, um wahrgenommen zu werden. Alles, was diesem Ziel dienlich ist, wird eingesetzt: Kleidung, Frisur, Homepages, Titel, affektiertes Gehabe, ja selbst die Kasperrolle bei denkwürdigen Fernsehsendungen wie DSDS und manchen Talkshows. Vom Sein zum Schein.

„Persönlichkeit" als Verpackung

In diesem Zusammenhang wurden Begriffe wie *Selbst-Marketing*, *Selbst-GmbH*, *Employability* und *Jobility* geprägt. Sie tauchen immer wieder in jenen Zeitungen und Zeitschriften auf, die das Thema Karriere zum Inhalt haben. Die Mediengesellschaft nötigt den Einzelnen, über die gekonnte Verpackung seiner Persönlichkeit nachzudenken, sich zu designen und seine Arbeit zu signieren, so wie Picasso seine Bilder. Persönlichkeitscoaches bieten ihre Dienste an, wenn es darum geht, den Wert Ihrer „Ich-Aktie“ zu steigern. Zeitraubende Persönlichkeitsbildung im Reifungsprozess ersetzen sie durch Techniken des Personaltunings, hauptsächlich rhetorische Selbstpräsentation und erzwungenes Dauerlächeln. Man bastelt nicht an einer inneren, sondern an einer nach außen gerichteten Identität, eine ohne jede Authentizität. Der Hirnforscher Gerhard Poth belegt diesen Typ mit dem Begriff *Soziopath*. Er lernt die sozialen Spielchen dank vorhandener Intelligenz wie eine Fremdsprache.

Die Arbeitswelt wird weiblich

Wird die Arbeitswelt weiblich? Ja, lautet die Antwort in vielen Prognosen, zumindest, was das Mengenverhältnis Mann und Frau angeht. Männer waren die vornehmliche Arbeitskraft während der Industrialisierung und die sogenannten Ernährer in einem antiquierten Gesellschaftsbild, und folglich werden sie Opfer von Deindustrialisierungsprozessen und gesellschaftlichen Wandlungsprozessen sein. Mit dem Verschwinden der Fabriken fallen die Arbeiterjobs weg. Aber auch qualitativ verändert sich vieles, so beispielsweise die Zuweisung von Chancen und Positionen. Um Fabrikarbeit mussten Männer nicht mit Frauen konkurrieren. Heutzutage wird statt Arbeit mit Händen vermehrt Kopfarbeit nachgefragt. Personalleiter erkennen angesichts des demografischen Wandels, dass sie auf die besser ausgebildeten Frauen nicht verzichten können.

Frauen überholen Männer

Von 1992 bis 2010 stieg die Zahl der Abiturientinnen von 98 000 auf 150 000. Jedes vierte Mädchen in Deutschland erreicht die allgemeine Hochschulreife, allerdings nur jeder fünfte Junge. Der Anteil von Studentinnen nimmt zu. Schon 2003 hatten die Frauen erstmals die Männer bei der Zahl der Studienabschlüsse überflügelt. Von 1993 an ist der Anteil der Frauen mit abgeschlossenem Studium um fast 11 Prozentpunkte angestiegen, der der Männer nur um 5 Punkte.

Frauen auf dem Weg nach oben

Noch ist es nicht so, dass die „Feminisierung der Arbeitswelt“, so Beck, in allen Bereichen voranschreitet. Frauen putzen, verkaufen, lehren, kochen und verwalten, aber selten führen sie auch. Unbestritten ist, dass Frauen in immer stärkerem Maße auf der Karriereleiter um einen Platz nach oben kämpfen. Nach dem Führungskräftemonitor des Deutschen Instituts für Wirtschaftsforschung (DIW) liegt der Anteil der Frauen an Führungspositionen in der Privatwirtschaft bei 27 Prozent, obwohl sie die Hälfte aller Angestellten ausmachen. Auf Vorstandsebene sind vier Frauen in den Top 100 auszumachen. Bei den 200 größten deutschen Unternehmen findet man 21 Frauen unter den 833 Vorstandsmitgliedern. Tendenz steigend. Vorsichtige Schätzungen gehen davon aus, dass 2030 jede zweite Führungskraft in Europa weiblich sein wird.

Fehlende Chancengleichheit

Auch bei der Vergütung liegen die Managerinnen noch weit hinter ihren männlichen Kollegen zurück. Der durchschnittliche Verdienstunterschied beträgt 28 Prozent. Im Jahr 2006 war zwischen der Bundesregierung und den Spitzenverbänden der Wirtschaft vereinbart worden, die Chancengleichheit von Männern und Frauen zu fördern. In einer DIW-Pressemitteilung des Jahres 2010 heißt es: „Dieser Anspruch kann als gescheitert angesehen werden."

Die Vordenker der Deutschen Bank sehen dies im Trendverlauf positiver. Sie gehen davon aus, dass sich der Übergang zur Gleichstellung von Mann und Frau im Arbeitsleben fast im Selbstlauf vollziehen wird. Für das Jahr 2020 entwerfen sie dieses Szenario:

- Beruf und Familie lassen sich besser miteinander vereinbaren.
- Mehr Frauen, vor allem Mütter, sind berufstätig.
- Telearbeit von zu Hause boomt.
- Bezahlte und unbezahlte Arbeit wird zwischen den Geschlechtern gerechter aufgeteilt.
- Steigende Geburtenrate.
- Frauen studieren technische und naturwissenschaftliche Fächer.

Familie oder Karriere?

Obgleich diese Zukunft attraktiv klingt, sind Zweifel angebracht zur Einschätzung der Vereinbarkeit von Beruf und Familie. Solange Beruf und Familie nicht als Ergänzung gesehen werden, sondern als Substitute, bedeutet eine Aufwertung der Option „Arbeit" eine Abwertung der Option „Familie". Eine Entscheidung für die Familie ist häufig der Abschied von der Karriere.

Best Ager voran

Bis vor einigen Jahren wirkte der sogenannte Paternostereffekt: Die Lebenszeit der Menschen stieg an. Im Gegenzug nahm die Erwerbsarbeitszeit um mehr als ein Viertel ab. Aus der demografischen Entwicklung ergibt sich aber diese Frage: Wird die Belegschaft älter? Heute bereits sind mehr als die Hälfte der Bundesbürger älter als 40 Jahre, 2050 sogar älter als 50 Jahre. Das Erwerbspotenzial wird von heute knapp 40 Millionen auf etwa 32 Millionen bis 2040 schrumpfen. Was dann?

Altern ja, aber wie damit umgehen?

Die Bevölkerungswissenschaft ist eine Disziplin, die relativ wenige Überraschungen bereithält. Alle Rahmendaten, wie in der folgenden Tabelle (Quelle: Statistisches Bundesamt) illustriert, liegen für die nächsten Jahrzehnte vor. Nur das Handeln in den kommenden Jahrzehnten bleibt ungewiss.

	2005	2010	2015	2020	2030
Durchschnittsalter der Bevölkerung	41	43	45	47	51
Durchschnittsalter in Unternehmen	43	45	47	49	53

Anti-Aging kontra Best Ager

Unter Zugrundelegung der demografischen Daten werden die Belegschaften älter, obwohl es Branchen gibt, die sich dem Anti-Aging verschrieben haben, so die Werbebranche mit einem Durchschnittsalter von 33 Jahren und die Banken mit etwa 35 Jahren. Hier wird der Mitarbeiter in der Phase seiner Höchstleistung „vernutzt" und mit 55 auf sein Altenteil gesetzt.

Nicht das Alter ist das Problem,
sondern unsere Einstellung dazu.
Cicero

Zur altersgerechten Arbeitswelt-Dichtung …

Unsere Regierung bekräftigt alle vier Jahre den *Aufbruch in die altersgerechte Arbeitswelt* (Stand 2010) und die positiven Tugenden älterer Menschen und verweist auf den Anstieg Erwerbstätiger zwischen 60 und 64 von 1,2 Millionen im Jahre 2000 auf 1,7 Millionen Ende 2009. In diesem Bericht heißt es, dass die Beschäftigung von Menschen zwischen 55 und 64 Jahren im genannten Zeitraum um 28 Prozent auf 5,5 Millionen Arbeitnehmer zugenommen habe. Dabei handele es sich nicht nur um prekäre Arbeitsverhältnisse. Von den 2,7 Millionen befristet Beschäftigten des Jahres 2009 waren nur rund 200 000 älter als 55 Jahre.

... und Wahrheit

Nachdem die Regierung im November 2010 den oben genannten Bericht vorlegte, meldete die Bundesagentur für Arbeit einen Anstieg der Arbeitslosigkeit in der Altersgruppe 60 bis 64 Jahre. Von Oktober 2007 bis Oktober 2010 stieg die Zahl von 34 500 auf 145 000. Grund: Die staatliche Förderung der Altersteilzeit, die sogenannte 58er-Regelung, war 2009 ausgelaufen. Ältere Menschen können nunmehr nicht dem Arbeitsmarkt fernbleiben, sondern müssen sich ihm zur Verfügung stellen. Da aber keine Arbeitsplätze zur Verfügung stehen, tauchen sie jetzt wieder in der Arbeitslosenstatistik auf.

Wir haben ein Nebeneinander von größerer Arbeitslosigkeit älterer Menschen bei höherem Beschäftigungsanteil.

Das Prognoseproblem zur Beschäftigung älterer Menschen

Für eine Zukunftsaussage muss man die Auswirkungen der globalen Arbeitsteilung und Prozessvernetzung einbeziehen. Vielleicht ist es in einigen Jahren möglich, den Arbeitskräftemangel in einer Region durch arbeitsteilige Kooperation international auszugleichen. Zugleich stellt sich die Frage, ob die notwendigen Qualifikationsprofile zur Verfügung stehen und wie schnell diese an *Best Ager* vermittelbar sind. Auch muss man die finanziellen Belastungen berücksichtigen, denn ältere Mitarbeiter wurden bislang höher entlohnt als jüngere. Und last but not least hängt das Beschäftigungsniveau von der wirtschaftlichen Lage zukünftiger Gesellschaften ab, die zu prognostizieren bislang niemand gewagt hat.

„Bunte" Belegschaften

Für das unternehmerische Handeln in einer globalen Welt sind personelle Monokulturen wenig geeignet, um auf den Weltmärkten zu überleben. Eine weltweit vernetzte Wirtschaft, hochkomplexe Kundenstrukturen, vielfältige Produkte und ein brutal harter Wettbewerb erfordern das Management von Diversity als Bestandteil der Unternehmenskultur.

Zunehmend entdecken Unternehmen, dass sich mit Diversity ungenutzte Kundenpotenziale erschließen lassen. Heterogen zusammengesetzte Belegschaften erleichtern den Zugang zu neuen Märkten. Insofern bekommt Diversity einen weiteren Geschäftssinn. Wenn Mitarbeiter verschiedene Sprachen sprechen und sich in anderen Kulturkreisen bewegen können, sind sie näher an den Wünschen der Kunden vor Ort und gewinnen eher deren Vertrauen. Diversity bietet auch die Voraussetzung dafür, rechtzeitig auf Veränderungen in Teilmärkten reagieren zu können.

Vielfalt als Prinzip

Diversity wird gern als eine Art Make-up definiert, mit dem ein Unternehmen demografische Gegebenheiten der Gesellschaft in seiner Belegschaft abbildet. Aber bei Diversity geht es nicht nur um die spiegelbildliche oder quotenmäßige Abbildung gesellschaftlicher Gruppen, sondern Diversity bezieht sich auf alles, worin Menschen sich unterscheiden: Herkunft, Geschlecht, Alter, Versehrtheit, Erziehung, Religion und Lebensstil. Das ganze Spektrum an Meinungen, Einstellungen, Denk- und Lösungsansätzen, an unterschiedlichen Wahrnehmungen, Werten, Lebenserfahrungen und -philosophien ist für die Wirkung von Vielfalt und Buntheit ausschlaggebend.

Vom Ich zum Wir

Vielfalt und Buntheit bedeuten zugleich einen Umdenkungsprozess weg vom Ich hin zum globalen Wir. Das erfordert von jedem von uns, neugierig auf das andere zu sein, auf Ungewohntes und Fremdes zuzugehen, Neues zu erlernen sowie das Neue und das andere vor allem wertzuschätzen. Erst wenn das gelingt, ist Vielfalt gegeben und lässt sich Vielfalt leben.

Die Zukunft der Gewerkschaften

Nicht nur individualrechtlich verändern sich die Arbeitsbeziehungen in den kommenden Jahren. Auch kollektivrechtliche Entwicklungen wie beispielsweise die Stellung der

Gewerkschaften wirken auf das Arbeitsverhältnis. Seit den 1960er-Jahren sinken die Mitgliederzahlen deutscher Gewerkschaften. Waren 1960 etwa 34 Millionen Menschen gewerkschaftlich organisiert, so sind es im Jahre 2010 nur noch 20,5 Millionen.

Vertauensverlust in die Gewerkschaft

Für diesen Mitgliederschwund lassen sich zahlreiche Ursachen benennen. Sie bilden einen kaum zu entwirrenden Knoten. Alles in allem wird man sagen können, dass die Gewerkschaften es über die Jahrzehnte und wirtschaftlichen wie politischen Wechselläufe hinweg nicht geschafft haben, sich als politische Kraft zu etablieren. Umfragen wie die von Infratest dimap (2010) konstatieren einen erheblichen Vertrauensverlust (65 Prozent der Befragten) in die Arbeit der Gewerkschaften.

Lohninteresse kontra Kundeninteresse

Und der Eindruck hält sich hartnäckig, dass Spartengewerkschaften wir die der Lokomotivführer oder die Pilotenvereinigung Cockpit ihre Positionierung an wirtschaftlichen Schaltzentren nur als Blockademacht einsetzen, um ihre Standesinteressen durchzusetzen, aber nicht, um einem höheren Zweck wie Solidarität dienen zu wollen. Als Kunde der betreffenden Dienstleister fragt man sich, warum die Güterzüge durchs Land fahren und die Frachtflugzeuge abheben, während die Passagiere in ihrem Unmut allein gelassen werden. Wer aber solche Aktionen von – zahlenmäßig völlig unbedeutenden – Gewerkschaften als schikanös empfindet, den wird man nicht für die Arbeit der Gewerkschaften sensibilisieren können.

Der Abschied von den Großorganisationen

Der Trend zur gewerkschaftlichen Splittergruppe wird sich durchsetzen. Er verstärkt sich als Folge der Abkehr von Großorganisationen, wie es Kirchen- und Parteiaustritte zeigen. Diese Entwicklung muss im Zusammenhang mit dem Trend der Individualisierung gesehen werden. Kirche, Partei und Gewerkschaften haben ihre tragende Rolle als Stützpfeiler einer Gesellschaft für die Sichtweise und das Wertesystem von modernen Menschen verloren. In Bezug auf die Arbeitswelt bleibt eine Zersplitterung der Tariflandschaft und Spaltung der Belegschaften je nach Organisationszugehörigkeit übrig.

Das Ende der Schutzaufgaben und Interessenvertretung

Frühere gewerkschaftliche Schutzaufgaben wurden mittlerweile auf freie Anbieter übertragen, auf Rechtsschutzversicherungen, die mit dem Fachanwalt für Arbeitsrecht, der gleich um die Ecke praktiziert, kooperieren. Auch die jüngste höchstrichterliche Entscheidung zum Tarifvertragsrecht erschwert die gewerkschaftliche Interessenvertretung. Das Prinzip „Ein Betrieb – ein Tarifvertrag" wurde per Richterspruch am 23. Juni 2010 beendet.

Wo bleibt die Problemlösung?

Eine Langfristlösung des gewerkschaftlichen Schrumpfungsprozesses ist nicht in Sicht und würde wohl auch an den kurzfristigen Individualinteressen der maßgeblichen Funktionsträger und an innerorganisatorischen Widersprüchen scheitern. Ob und inwieweit sich hierdurch die Arbeitsbeziehungen zum Nachteil der verbliebenen Arbeitnehmer verschlechtern, bleibt abzuwarten. Man darf die Verhältnisse bei Lidl, Schlecker und der Telekom nicht auf Branchen und Betriebe übertragen, die im Sog der Wissensökonomie auf hochkarätige Facharbeiter, Techniker und Ingenieure angewiesen sind. Hier gilt: Wer attraktive Mitarbeiter haben will, muss attraktive Arbeitsverhältnisse bieten.

Aber was bieten die Gewerkschaften heute noch an? Was ist davon attraktiv?

Von der Industrie- zur Betriebsgewerkschaft

Industriegewerkschaften werden sich auf wenige Großunternehmen beschränken und tendenziell den Charakter von Betriebsgewerkschaften (BG) annehmen. Leih- und Zeitarbeiter, von der Bundesagentur für Arbeit vermittelte Geringverdiener, Projektprofis und Freiberufler passen nicht in das Korsett der IGM, IG BAU, IG BCE, NGG oder GEW. Aus der IG Metall wird in zwei Jahrzehnten eine BG-Siemens, BG-Volkswagen oder BG-ThyssenKrupp. Dafür sorgen auch Betriebsräte, die zwar Mitglied der Gewerkschaft sind, aber denen das Hemd näher als Hose ist. Das wird immer dann augenscheinlich, wenn in der *Tagesschau* Betriebsräte zu Wort kommen.

Der Betriebsrat hilft sich selbst

Betriebsräte, jahrzehntelang die direkte Gewerkschaftsrepräsentanz im Unternehmen, benötigen zur Wahrnehmung ihrer Aufgaben nicht mehr die Anbindung an Gewerkschaften. Informationen, die sie früher beim zuständigen Gewerkschaftssekretär einholten, besorgen sie sich heute im Internet, mit der Möglichkeit eines Angebotsvergleichs, so wie der Konsument beim Privateinkauf. Das breitere Informationsangebot und höhere Bildungsniveau sorgen auch dafür, dass der Mitarbeiter über ökonomische Zusammenhänge informiert ist. Er weiß, was ein tiefer oder hoher Eurokurs für sein Unternehmen bedeutet.

Existenzkrise der Gewerkschaft

Die Erfahrung zeigt, dass Krisenzeiten für Gewerkschaften nie gute Zeiten sind, obwohl sie es eigentlich sein müssten. Warum haben Gewerkschaften in Krisenzeiten keine Antworten auf die Fragen der Krisenbetroffenen? Wenn die auch von Nichtmarxisten prognostizierte Krisenzunahme kapitalistischer Ökonomie eintritt, dann kann das zur Existenzkrise für unsere Gewerkschaften werden.

5. Metatrend: Demografie

Auf der Erde leben etwa 6,8 Milliarden Menschen. Im Jahr 2025 werden es etwa 8 Milliarden sein und zur Jahrhundertmitte etwa 9,2 Milliarden. Die Bevölkerungsexplosion vollzieht sich exponentiell, vor allem in einigen Gegenden Asiens und Afrikas. Die Folgen sind jetzt schon spürbar. Es herrscht Mangel an Lebensmitteln, Trinkwasser, medizinischer Versorgung, Brennstoffen, Mangel an Arbeit und Obdach. Die Not leidende Bevölkerung drängt in die Städte oder in jeweils erreichbare reichere Länder.

Lebensfreude statt Kinder

Die Entwicklungsländer haben große Fortschritte in der Reduktion ihrer zu großen Geburtenraten erzielt. So betrug die durchschnittliche Geburtenrate der Erdbevölkerung:

- 1980 3,30 Kinder pro Frau
- 1997 2,82 Kinder pro Frau
- 2050 2,13 Kinder pro Frau (Schätzung der UNO)

Unser Problem in Deutschland ist nicht die Überbevölkerung, sondern die Unterbevölkerung. Immer mehr Menschen verzichten auf Familie und Kinder, um sich alle Optionen bezüglich Freiheit und Lebensgenuss offenzuhalten. Kinder zu bekommen ist keine „Investitionsentscheidung" (Kinder als Altersvorsorge) mehr, sondern eine „Konsumentscheidung". Die Kosten für Kinder werden zugunsten der eigenen Lebensfreude eingespart. Hohe Arbeitslosigkeit, lange Ausbildungszeiten und unsichere Beschäftigungsverhältnisse bremsen den Kinderwunsch selbst bei denen, die eigentlich gern Kinder hätten.

Die Folgen der Geburtenrate

Unsere Geburtenrate liegt bei 1,4 (Europa 1,59). Um die Einwohnerzahl Deutschlands konstant zu halten, bräuchten wir einen Wert von 2,1. Als Folge hiervon werden 2035 nur noch 78 Millionen Menschen in Deutschland (2010: 82 Millionen) leben. Der Wirtschaft werden die Menschen im erwerbsfähigen Alter wegbrechen, vor allem Facharbeiter. Und der Anteil kinderlos bleibender Frauen nimmt weiterhin zu, um 2 Prozent pro Jahr. Jeder Mensch hat natürlich das Recht, sich für oder gegen Kinder zu entscheiden. Aber niemand kann verlangen, dass ihm dann die Kinder anderer einen hohen Lebensstandard sichern.

5.1 Droht uns die Vergreisung?

Deutschlands Bevölkerung schrumpft und altert. Die Lebenserwartung ist in den letzten 50 Jahren insgesamt um etwa zehn Jahre angestiegen. Bis zum Jahre 2040 wird sich der Anteil der über 60-Jährigen an der Bevölkerung in Deutschland verdoppeln. Dies sind die Alarmsignale, die auf die demografische Entwicklung hinweisen:

- Bis 2050 nimmt die Bevölkerung bei uns um 20 Millionen Menschen ab und ist im Durchschnitt dann etwa 50 Jahre alt. Im Vergleich dazu wird das Durchschnittsalter in Ostasien bei etwa 35 Jahren und im übrigen Asien sowie in den meisten lateinamerikanischen Ländern zwischen 23 und 28 Jahren liegen. Führend mit einem geringen Durchschnittsalter wird das mittlere Afrika mit 16 bis 18 Jahren sein.
- Schon im Jahre 2030 werden 40 Prozent der deutschen Bevölkerung über 60 Jahre alt sein. Heute leben 36 Ruheständler von 100 Beitragszahlern; 2030 werden es 45 Ruheständler sein.

High-Risk-Regionen

Wir können davon ausgehen, dass die zunehmende Alterung der Gesellschaft anhält. Wenn schon heute ein Drittel der Bevölkerung über 60 Jahre alt ist, dann hat dies gravierende Folgen für die Konsum- und Lebensgewohnheiten. In der Zukunftsgesellschaft werden mehr Alte als Junge leben. Es entstehen vielerorts in Deutschland demografische „High-Risk-Regionen".

Mehr Alte als Junge: zur globalen Vergreisung

Auch weltweit zeichnet sich ein Zeitalter der globalen Vergreisung ab. Das ist eine neue anthropologische Lage für die Menschheit, deren Lebenserwartung für 99,9 Prozent ihres Daseins maximal 30 Jahre betrug. Erstmals in der Erdengeschichte werden 2050 mehr Alte als Junge den Globus bevölkern, weil auch in den nicht industrialisierten Ländern eine verbesserte Gesundheitsversorgung zunehmen und die Geburtenraten tendenziell zurückgehen werden. „Das Problem ist nicht, dass die Menschen sich wie die Kaninchen vermehren, sondern dass sie nicht mehr sterben wie die Fliegen", meint der UNO-Berater für Bevölkerungsfragen, Peter Adamson (zitiert nach DER SPIEGEL 16/2002). In China beispielsweise, wo alles derzeit im Schnelldurchlauf vonstattengeht, könnte die Alterung der Bevölkerung bei der jahrzehntelang verordneten Ein-Kind-Politik in etwa 20 Jahren für Probleme sorgen, sofern nicht rechtzeitig Maßnahmen getroffen werden, die darauf abzielen, dass ausreichend Erwerbstätige für die Versorgung der Gesellschaft zur Verfügung stehen.

Die demografische Zeitbombe tickt

Die demografische Zeitbombe hierzulande tickt, je mehr sich das Rentenproblem verschärft. Um dieses Problem in den Griff zu bekommen, brauchen wir bis 2020 eine um 25 Prozent höhere Wertschöpfung pro Arbeitsplatz. Wo soll die herkommen, zumal es infolge steigender Bildungsanforderungen und längerer Ausbildungszeiten kaum noch Berufseinsteiger unter 25 Jahren geben wird. Hieraus folgt, dass sich die erwerbstätige Zeit, auf die gesamte Lebensdauer bezogen, verkürzt. Hochrechnungen zeigen, dass sich das Verhältnis von Erwerbstätigen zu Rentnern in der EU von 4:1 auf weniger als 2:1 zurück entwickelt. Außerdem werden die öffentlichen Ausgaben für Renten, Gesundheitsfürsorge und Altenpflege in den EU-Mitgliedsstaaten zwischen 4 und 8 Prozent des Bruttoinlandsprodukts ansteigen. Die Rentenkassen müssen dann aus den Staatskassen alimentiert werden. Für die Berufstätigen bedeutet dies, dass sie noch mehr in die Rente einzahlen und länger arbeiten müssen, aber immer weniger ausbezahlt bekommen.

Demografische Zeitbombe

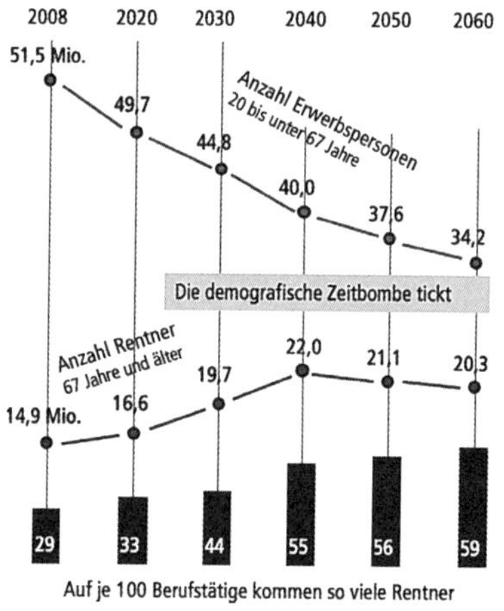

(Quelle: Statistisches Bundesamt)

Die Prognos AG geht in ihrer Studie *Deutschland 2035* davon aus, dass das Bruttoinlandsprodukt in den nächsten 25 Jahren durchschnittlich nur noch um 1 Prozent jährlich wächst. Hauptgrund hierfür sei die Überalterung der Gesellschaft.

Zunehmende Armut älter werdender Frauen

Die Erschütterungen der demografischen Zeitbombe trifft auch die Schwellen- und Entwicklungsländer. „Während die Industrienationen zuerst reich wurden und dann alterten, werden die Entwicklungsländer altern, bevor sie es zu Reichtum gebracht haben", fürchtet Gro Harlem Brundtland von der Weltgesundheitsorganisation (zitiert nach DER SPIEGEL

16/2002). Älter werdende Frauen sind am stärksten von Armut betroffen. Sie verelenden regelrecht, denn statistisch gesehen kommen auf einen 80-jährigen Mann rund zwei gleichaltrige Frauen – meist ohne staatliche Rente oder private Altersvorsorge auskommend.

5.2 Die jungen Alten

Das „Zweite Alter" zwischen 50 und 70 ist ein Lebensabschnitt, der nicht mehr als Abbau und Rückzug interpretiert und empfunden wird, sondern als gestaltbare Lebensphase. Die neue Altengeneration wird ein Vermögen von etwa 30 Billiarden Euro erben und erlangt so eine weitgehende Unabhängigkeit vom Renteneinkommen. Es ist die Gruppe mit der größten Kaufkraft: die Babyboomer der 1960er- und 1970er-Jahre. Hierbei handelt es sich um eine Generation, die, so der Altersforscher Ken Dychtwald (Dychtwald, 1999):

- Nicht nur Nahrung gegessen hat, sondern die Restaurants umwandelte
- Nicht nur Kleider trug, sondern die Modeindustrie veränderte
- Nicht nur gearbeitet, sondern Arbeitsplätze umgestaltet hat
- Nicht nur Geld geliehen hat, sondern die Finanzmärkte veränderte
- Nicht nur Computer benutzte, sondern neue Technologien schuf

Mächtige Rentner

Diese Menschen gehen jetzt in Rente. Sie haben die Welt neu modelliert, und sie werden das auch als Rentner tun. Sie verfügen über gewaltige Machtmittel. Ihr Anteil an der Wählerschaft wird immer größer. Keine Partei kann es sich mehr erlauben, diese Wählergruppe zu verärgern. Das wäre glatter politischer Selbstmord.

Der Vergreisung der westlichen Welt steht die Verjüngung der anderen Welten gegenüber, wie das die folgende Übersicht darstellt.

Junger Süden, greiser Norden

	Palästina	Saudi-Arabien	Afghanistan	Irak	Pakistan	Deutschland	Frankreich	Japan	USA	Brasilien	China
Durchschnittsalter	16,9	21,4	17,6	19,5	19,8	42,6	39,1	43,9	36,5	28,2	32,7
Geburtenrate pro Frau	5,0	3,1	6,6	4,18	4,0	1,4	2,0	1,3	2,1	1,9	1,5

Europas Bevölkerung schrumpft

Das demografisch „stagnierende" Europa ist an seiner südlichen und südöstlichen Grenze von Staaten mit galoppierendem Bevölkerungszuwachs umgeben. Obwohl sich die Einwohnerzahl Europas im 20. Jahrhundert von 408 auf 730 Millionen gesteigert hat, halbierte sich der Anteil an der Weltbevölkerung von einem Viertel auf ein Achtel.

6. Metatrend: Migration

Migration sei ein „Weltschicksal", beklagte Martin Heidegger. Sie existiert seit Jahrtausenden. Ihre Gründe sind Hunger, Angst und Gewalt. Seitdem die Menschen auf der Suche nach Nahrung sind oder den Besitz des anderen neiden und sich gegeneinander bekriegen, gibt es Migration. Religion und Wahn taten in den letzten zwei Jahrtausenden ihr Übriges, den Menschen, statt ihm zu helfen, zu vertreiben.

Es gibt zu viele Flüchtlinge, sagen die Menschen.
Es gibt zu wenig Menschen, sagen die Flüchtlinge.
Ernst Ferstl

Sarrazins Provokation

Im August des Jahres 2010 löste das Buch *Deutschland schafft sich ab* von Thilo Sarrazin eine vehement geführte Diskussion um das Für und Wider der Zuwanderung von Ausländern aus. Seine Kritiker beriefen sich auf die Werte demokratisch verfasster Gesellschaften, auf Toleranz und Glaubensfreiheit und verstießen gegen diese, indem sie zugleich an den Grundfesten der Meinungsfreiheit rüttelten. Ob man den Thesen Herrn Sarrazins zustimmt oder nicht, ob sie wahr, halbwahr oder unwahr sind, soll hier nicht entschieden werden, aber er hat ein Thema angesprochen, das sich nun seinen Weg von den Stammtischen in die öffentliche Diskussion suchen sollte, bevor es einen gefährlichen Konflikt heraufbeschwört, der das friedliche Zusammenleben von Menschen unterschiedlicher Herkunft gefährdet.

6.1 Migration: Ein globales Phänomen

In Deutschland leben 82 Millionen Menschen, darunter 5,6 Millionen Eingebürgerte mit ausländischen Wurzeln. 7,25 Millionen sind Ausländer. Die Welt hat sich in unseren Stadtvierteln eingenistet.

Globale Wirtschaftsmigration

Insbesondere das 20. Jahrhundert zeichnet sich durch eine kontrollierte Wirtschaftsmigration aus. Um in der arbeitsintensiven Produktion der 1960er-Jahre des deutschen Aufschwungs wegen eines Arbeitskräftemangels nicht auf den Anschluss verzichten zu müssen, lud man Italiener und später Türken an deutsche Fließbänder ein. Es sind die enormen Einkommens- und Vermögensunterschiede zwischen Nord (Europa, Nordamerika) und Süd (Afrika, Mittel- und Südamerika), die den Migrationsstrom befördern. Der Strom fließt aber nicht nur nach Norden, wie man vordergründig annimmt, sondern auch von Ost (Ostasien, Osteuropa) nach West (Arabische Halbinsel, Westeuropa). Andere Migrationsströme der Moderne sind Bürgerkriegen geschuldet, insbesondere in zentralafrikanischen Ländern. Neun von zehn Migranten sind Wirtschaftsmigranten, und nur einer von ihnen hat politische Gründe.

Auswanderungsland Deutschland

Noch nie haben sich auf der Erdkugel so viele Menschen zwischen Ländern und Kontinenten bewegt wie in unserer Epoche. Fast alle Länder dieser Welt sind Auswanderungsländer und Zielländer. So betrug 2009 beispielsweise die Zuwanderung in Deutschland etwa 721 000 Menschen, die Abwanderung ca. 733 000 Menschen. Dieser Abwanderungstrend hält seit 2005 an.

Die Migration nimmt zu

Migration wird an Umfang zunehmen. Migranten haben eine ungeheure Mobilität und großen Ehrgeiz. Die Frage wird sein: Welche Migranten werden die reichen Länder noch reinlassen bzw. welche vergreisende westliche Gesellschaft wird sich in 40 Jahren Migranten leisten können? Mehr noch als die politisch motivierte Migration wird die wirtschaftlich inspirierte zunehmen. Der SPIEGEL rät, wir könnten Begriffe wie *Grenzsicherung* getrost aus dem Duden streichen, da sich die Zahl unserer Nachbarn in Afrika bis 2050 auf 2 Milliarden Menschen verdoppeln wird (DER SPIEGEL 35/2010).

Migration und die Angst vor dem Identitätsverlust

Obgleich nahezu alle Nationen von Migration betroffen sind, wird weltweit Zuwanderung als Bedrohung empfunden, weil es anscheinend nichts mehr gibt, was man mit Fremden teilen möchte, ja, sie löst Ängste vor „Identitätsverlust" aus. Sarrazin meint: „Ich möchte nicht, dass wir zu Fremden im eigenen Land werden." So weit wird es wohl nicht kommen, jedoch ist Migration die unbeständigste Komponente bei der Bestimmung der Bevölkerungsgröße. Geburts- und Mortalitätsraten ändern sich nur langsam, aber die Zu- und Abwanderung variiert von Jahr zu Jahr erheblich.

6.2 Die Weltbevölkerung wächst vor allem außerhalb Europas

Unabhängig hiervon sollte man sich die Dynamik der Weltbevölkerung genau ansehen. Zwar hat sich die Zahl der Europäer im 20. Jahrhundert von 430 auf 780 Millionen vergrößert, aber ihr Anteil an der Weltbevölkerung schmolz auf ein Achtel. Im Jahre 2050 werden 9,2 Milliarden Menschen auf dem Globus leben, davon in:

- Asien (einschl. Türkei): 5,23 Milliarden Menschen (57,1 Prozent)
- Afrika: 2 Milliarden Menschen (22,0 Prozent)
- Europa (einschl. Russland): 719 Millionen Menschen (7,6 Prozent)
- Nord- und Mittelamerika: 718 Millionen Menschen (7,6 Prozent)

- Südamerika: 478 Millionen Menschen (5,1 Prozent)
- Ozeanien mit Australien: 55 Millionen Menschen (0,6 Prozent)

Migration wird zur Nachbarschaft

Unsere Weltmitbewohner werden sich auf die Reise machen und schon bald zum vertrauten Stadtbild vieler Klein- und Mittelstädte gehören. Örtliche Toleranz für ethnische Minderheiten wird zu einem wichtigen wirtschaftlichen Standortfaktor. Das Thema lautet dann nicht mehr Integration. Deutschland und die ganze westliche Welt müssen sich neu orientieren und organisieren. Aber was für eine grausige Vorstellung, nicht wahr, mit Menschen leben zu müssen, die Bier und Korn verschmähen und nüchtern herumlaufen …

Migration folgt der Arbeit

Das religiöse Bild von sonntäglichen Gottesdiensten wird erweitert um Tausende Buddhisten, Hinduisten oder Muslime, die ihren religiösen Handlungen so selbstverständlich nachgehen, wie uns das Glockengeläut der Kirchen vertraut ist. Vielleicht werden sie diese Landstriche bevölkern, die schon heute in den östlichen Bundesländern fast menschenleer sind. Aber wo es keine Arbeit gibt, lässt sich auch ein Wirtschaftsmigrant nicht nieder.

Die Toleranzschwelle wird strapaziert

Zahlen und Illusionen ändern überhaupt nichts an der Zusammenballung und der Wahrnehmung der Menschen. In vielen Stadtbezirken unserer Großstädte liegt der Anteil der Zugewanderten bei mehr als 50 Prozent. Berlin-Neukölln verbreitet sich deutschlandweit. Das überfordert die Toleranzschwelle vieler Deutscher. Aber auch die Sozialsysteme und die Haushalte der Kommunen machen schlapp. Wie will man Probleme lösen, die die Politik als solche gar nicht wahrnimmt bzw. sich seit vier Jahrzehnten keine Kompetenz zur Lösung der Probleme angeeignet hat? Wenn die Lösung den Menschen auf der Straße überlassen bleibt, dann drohen Konflikte unbekannten Ausmaßes. Dann wird es nicht mehr genügen, einen Wagen der Bereitschaftspolizei vorbeizuschicken und abends bei Beckmann die Betroffenheitsfloskeln herunterzubeten.

6.3 Schafft Deutschland sich ab? Die Fehler der Politik

Jetzt werden die migrationspolitischen Fehler der Vergangenheit abgerechnet. Nicht erst Sarrazin hat darauf aufmerksam gemacht, dass in keinem anderen Land das Leistungsniveau von Einwandererkindern und einheimischem Nachwuchs so weit auseinanderklafft wie in Deutschland. Daran soll sich auch nichts ändern, wenn es nach dem Willen deutscher Mittelschichteltern geht, die ihren Kindern keine Schulbanknachbarschaft mit türkischen Kindern zumuten wollen. Mit der per Volksentscheid abgelehnten Schulreform in Hamburg 2010 hat man an dem Ast gesägt, dem diese Schichten ihren Wohlstand verdanken. Sie können in Sarrazins Klagelied über das schlechte Bildungsniveau der Muslimkinder einstimmen. Dass das so bleibt, dafür hat man in Hamburg gesorgt. In Hamburg wurde nicht nur gegen die berufliche Zukunft von Migrationskindern entschieden, sondern gegen die Lösung der zukünftigen Probleme einer Arbeitswelt, die Köpfe statt Muskeln braucht. Hierfür werden spätere Generationen einen Preis zahlen, der 2010 von Hamburg aus diktiert wurde und den die Parteien aus Angst vor dem Verlust an Wählerstimmen akzeptiert haben.

Einwanderer ja – Einwanderungsland nein

Deutschland fehlt der Wille zu einer neuen Einwanderungspolitik. Die Parteien sind ängstlich, wenn Wählerstimmen auf dem Prüfstand stehen, und verschließen sich diesem Thema. Für Ausländer, die keinen Mindestlohn von 66 000 Euro p. a. nachweisen können, gilt „off limits“. Die Grenzen sind dicht. *Deutschland schafft sich ab* ist insofern eine treffende Aussage, aber nicht wegen der Muslime, sondern wegen einer unwürdigen und verbürokratisierten Einwanderungspolitik. Die Politik schiebt nach wie vor wohlklingende Sprechblasen vor sich her, so wie man es vom Rentenproblem, der Staatsverschuldung und anderen Krisenfeldern gewohnt ist. Wir brauchen Einwanderer, aber wollen kein Einwanderungsland sein. Die Quadratur des Kreises. Nur hat dieses Bild einen Fleck bekommen, seitdem Deutschland seit fünf Jahren ein Auswanderungsland geworden ist. Deutschland entwickelt sich zur demografischen „High-Risk-Nation".

6.4 Ist die Zuwanderung ein Korrektiv?

Vor Jahren noch zog es per Saldo jährlich rund 250 000 Ausländer nach Deutschland. Ohne diese „demografische Entwicklungshilfe" wäre die Bevölkerungszahl noch stärker geschrumpft, als es ohnehin schon infolge niedriger Geburtenraten der Fall war. Selbst bei einem Zuwanderungsüberschuss von 100 000 bis 200 000 Menschen errechneten die Mathematiker des Statistischen Bundesamtes einen Bevölkerungsschwund von etwa 12 Millionen Menschen bis 2050. Das Durchschnittsalter läge dann bei etwa 60 Jahren, 15 Prozent wären über 80 und davon ein Drittel dement. Wird ein solch gerontokratisches Gemeinwesen überhaupt attraktiv für Einwanderer sein? Oder werden China, die Schweiz und Kanada, Indien, Neuseeland, Norwegen und Brasilien mit höher dotierten Begrüßungsscheinen die Arbeitswilligen aus aller Welt locken können?

Ausländer in Deutschland

Wen könnten wir noch nach Deutschland einladen, um unseren Kindermangel auszugleichen?

Aus unseren europäischen Nachbarländern inklusive den EU-Beitrittsländern sowie den USA, Kanada und Australien können diese Einwanderer nicht kommen, denn diese Länder haben denselben Geburtenmangel wie wir. Eher wandern gut qualifizierte Deutsche in diese Länder aus, denn eine gute Ausbildung ist die notwendige Eintrittskarte für diese Länder. Die USA ziehen 55 Prozent der Hochqualifizierten an, während die EU 85 Prozent der ungelernten Immigranten aufnimmt. Im Kampf um die besten Köpfe liegt Deutschland also weit zurück.

Migration und Ethik

Nachdem klar ist, dass wir keine ausreichende Anzahl gut ausgebildeter Einwanderer aus westlichen Industrieländern bekommen werden, bleiben die Schwellenländer und die wirtschaftlich schwachen Entwicklungsländer übrig. Aber gerade diese Länder benötigen selbst dringend ihre intellektuelle und wissenschaftliche Elite zum Aufbau ihres Landes. Es wäre unethisch – aber Ethik ist kein ökonomischer, geschweige denn ein politischer Imperativ –, wenn wir als reiches Land die Mühen und Kosten für eine anständige Kinderbetreuung, Schul- und Ausbildung scheuen, zum Ausgleich aber junge Akademiker der „Dritten Welt“ anlocken. Allein, weil man die Ausbildungskosten junger Menschen hierzulande gespart hat? Gibt es nichts anderes in diesem Land, woran man sparen kann? Müssen unsere Politiker ausgerechnet an unseren Kindern und deren Zukunft sparen?

Braucht Deutschland Fachkräfte?

Aufkommende Wissensgesellschaft. Folgen der Globalisierung. Demografische Entwicklung. Vor diesem Hintergrund wird eine moderne Zuwanderungspolitik auch für Deutschland immer notwendiger. Falls es stimmt, dass Ärzte, Ingenieure und IT-Spezialisten fehlen, ebenso qualifizierte Handwerker, Kranken- und Pflegepersonal und Ausbilder auf jeder Ausbildungsstufe für den Nachwuchs, wo sollen sie herkommen? Die Wirtschaftlichkeitsbilanz von Migration muss negativ ausfallen, wenn man die Qualifizierten, die schon im Land sind, seit Jahrzehnten als solche gar nicht anerkennen will und die anderen gar nicht erst ins Land lässt. Weltweit ist der Wettbewerb um die klügsten und kreativsten Köpfe entbrannt. Nicht mehr italienische oder polnische Hilfsarbeiter werden benötigt, sondern Brain-Worker, egal, woher sie kommen.

Bald schon werden die Babyboomer aus dem Arbeitsleben ausscheiden und immer weniger junge Menschen in die Berufswelt eintreten. Die Waage ist aus der Balance geraten. Heute steht ein Erwerbspotenzial von rund 44,5 Millionen Menschen zur Verfügung. In der kommenden Jahrhundertmitte werden es nur noch 26 Millionen sein.

Im Trend: Sinkende Geburtenrate

Ausländerinnen der zweiten Migrantengeneration haben sich dem Gebärverhalten von deutschen Frauen nahezu angepasst, fand die Soziologin Nadja Milewski heraus. Gar 22 Prozent dieser Frauen bleiben kinderlos. Für ausländische Frauen gilt offensichtlich dasselbe Raster von steigender Bildung, Berufstätigkeit und Kinderwunsch. Und der Anpassungstrend an die demografischen Muster Westeuropas wird und muss zwangsläufig zunehmen.

Als Folge dieser Entwicklung müssen wir nach den Berechnungen des Sachverständigenrates deutscher Stiftungen für Integration und Migration einen jährlichen Wohlstandsschwund von gut 20 Milliarden Euro verkraften.

6.5 Demografische Problemlösung oder soziale Problemmehrung?

Doch trotz eines noch so intensiven kosmopolitischen Glaubensbekenntnisses darf man nicht die mit der Migration verbundenen Probleme ignorieren. Das Fatale an diesen Problemen ist jedoch, dass sie seit 40 Jahren bekannt sind und nach wie vor bestehen: hohe Arbeitslosigkeit, Parallelgesellschaften, mangelnde Sprachkenntnisse, geringer Bildungsstand und geringe Bildungschancen, hohe Kriminalitätsrate und folglich ein schlechtes Image. In Berlin liegt die Erwerbslosenquote der Migranten bei 31 Prozent, und 26 Prozent leben von der öffentlichen Hand. Insgesamt ist die Arbeitslosenquote der Nicht-EU-Ausländer doppelt, die Sozialhilfequote dreimal und die Kriminalitätsrate etwa viereinhalbmal so hoch wie die der Deutschen. Man kommt nicht umhin, alle Kosten und Begleitumstände der lautstark geforderten Zuwanderung dem demografischen Vorteil einer verjüngten Gesellschaft gegenüberzustellen. Da in dieser Gleichung bekannt ist, wer die Kosten zu tragen hat, dürfte der Rest nicht mehr schwer zu kalkulieren sein.

Deutschland: Ein zweigeteiltes Land

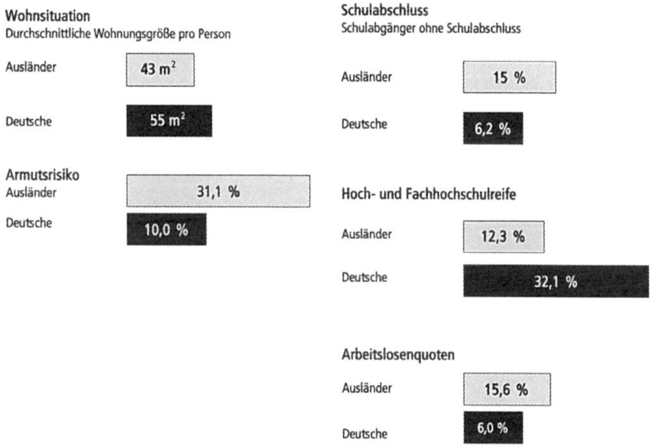

(Quelle: Statistisches Bundesamt, Bertelsmann Stiftung)

Zwei Lebenswelten

Die Abbildung wirft die Frage auf, ob Deutschland noch immer zweigeteilt ist, jedoch nicht in Ost und West, sondern in die gut situierten Deutschen und die weniger begüterten Ausländer. Sie zeigt, dass sich die Lebenswelten vor allem in der Zuteilung von Bildungschancen und auf dem Arbeitsmarkt erheblich voneinander unterscheiden.

Deutschland – noch immer zweigeteilt?

Hier stellt sich die Frage nach den „Schuldanteilen". Wie viel Anteil hat die defizitäre Migrationspolitik? Wie viel Einfluss hat die Unterschichtung? Das ist jener Prozess, dem Ausländer unterliegen, die neue Unterschicht zu bilden. Er verstärkt den Kreislauf von Armut, Gewalt und Perspektivlosigkeit und sorgt dafür, dass sich Ausländer immer mehr von der Normalgesellschaft entfernen. Das Gleiche gilt auch für die deutsche Armut. Aber wieso lassen wir das zu? Können wir uns das leisten?

Migration und Bildung sichern den Wohlstand

Man muss sich darüber im Klaren sein, dass die Versäumnisse der letzten Jahrzehnte in der Migrationspolitik sich nicht mit Phrasen und zwei Wahlversprechen aufholen lassen. Wer ernsthaft an einer Änderung der bestehenden Unzulänglichkeiten interessiert ist, sollte den Begriff *Bildung* in all seinen Facetten ins Felde führen und dafür Sorge tragen, dass die junge Generation – ob mit oder ohne Migrationshintergrund – gebildet und ausgebildet wird. Wir brauchen qualifizierte Berufe und dazu die ausgebildeten Leute, die exakt diese Berufe ausüben und somit den Wohlstand unserer Gesellschaft sichern helfen.

Die Hamburger Parallelgesellschaft des Bürgertums

Migration verlangt aber auch von den Deutschen, dass sie sich öffnen und auf die Zuwanderer zugehen, sie einladen, gleichberechtigter Teil der Gesellschaft zu werden. Nur so kann die bestehende Parallelgesellschaft verschwinden. Das Beispiel des Hamburger Volksentscheids gegen ethnisch gemischte Schulklassen zeigt leider deutlich, dass Deutschland hier noch großen Nachholbedarf hat.

7. Metatrend: Multioptions-Gesellschaft

Die technischen Entwicklungen, die demografischen Notwendigkeiten und wirtschaftlichen Veränderungen wirken vielfältig auf die Gesellschaft und ihre Strukturen. Normen und Regeln zerbröseln. Das Angebot an Möglichkeiten der Lebensgestaltung wird immer größer. Wir erleben den Übergang von der Uniformität zur Pluralität von Lebensformen. Menschen sind mobiler und ihre Gruppenmitgliedschaften vielfältiger. Neue Freiheiten überlassen dem Individuum die Entscheidung über Gut oder Böse. Ob schwul oder lesbisch, links oder rechts, ob Abtreibung oder Geburt, ob Single oder Gatte, ob Christ oder Atheist, das liegt heute im Ermessen des Einzelnen. Jeder kann seine Präferenzen so ordnen, wie er es für richtig hält. Der Mensch hat die Möglichkeit, sich aus Traditionen, Regeln, Sitten oder Routinen, also aus den tradierten sozialen Zwängen, zu befreien. Hierfür haben sich die Begriffe *Multioptions-Gesellschaft* oder auch *Multioptions-Individuum* herausgebildet. Ulrich Beck spricht von einem „Prozess der Individualisierung und Diversifizierung von Lebenslagen und Lebensstilen". Diese Begriffe wollen die Fokusverschiebung von der Gesellschaft weg hin zur Individualisierung andeuten. Das Individuum wird zum zentralen Bezugspunkt für sich selbst und die Gesellschaft. Während die soziologischen Klassiker die Gesellschaft als Motor für Vergesellschaftungsprozesse definierten, wird diese Rolle nun dem Individuum zugeschrieben. Jetzt wird nach den Wirkungen des Handelns des Einzelnen für die Gesellschaft gefragt.

Der Mensch als Multioptions-Individuum

Menschen stellen ihr persönliches Lebensprogramm aus unendlich vielen gesellschaftlichen Angebotsoptionen zusammen. Sie entwickeln sich so zum Multioptions-Individuum. Sie sind aber auch gezwungen, ihren Lebensweg aus eigenem Antrieb heraus zu planen und zu steuern. Neue Freiheiten bedingen neue Bürden und Entscheidungsprobleme: Berufswahl, Lebensstilpräferenzen, Partnerschaftswahl, Verein, Kirche oder Partei, Konsumentscheidungen u. a. m. Wenn äußere Entscheidungsstützen fehlen, muss das Individuum lernen, unabhängig von anderen zu denken, zu handeln und sein Leben zu organisieren. Da die gewachsenen Strukturen der ehemals kirchlichen, jetzt säkularisierten und gleichwohl demokratischen Industriegesellschaft immer mehr zerfallen, ist man dem Arbeitsmarktschicksal mit allen Risiken, Widersprüchen und Chancen ausgesetzt.

Patchwork-Lebensläufe

Individualisierung bedeutet die Entdeckung anderer Lebenswelten, Rollenmodelle und Identitäten. Es beinhaltet den situativen Wandel gleichsam einem Chamäleon, je nach Lebens- und Erlebnislage. Anything goes – alles ist möglich. Lebensläufe fransen an ihren Rändern aus. Das normierte Lebenslaufschema greift nicht mehr. Personalfachleute bezeichnen solche destandardisierten Lebensverläufe als Patchworkbiografien. Diese Kandidaten erscheinen oft interessanter als jene mit stromlinienförmiger Karriereplanung vom Kindergarten über das BWL-Studium hinein ins Bankenmanagement.

Konsumismus und Spaßkultur

Zur Individualisierung gehört auch die seit Jahren andauernde und sich verstärkende Tendenz zu Konsumismus und der Medien Liebling: der Spaßkultur. Es scheint, als würde sich hier eine neue Werte- und Verhaltensorientierung herausbilden, die unsere bisherige Erlebniskultur völlig verändert. Hauptsache Party. Love-Parade ja, aber zu Demonstrationen gegen die Jugendarbeitslosigkeit kommen gerade mal 200 bis 300 Teilnehmer, zumeist ältere Gewerkschaftsmitglieder.

7.1 Droht die Ich-Gesellschaft?

Nähern sich die Menschen an oder entfernen sie sich voneinander? Sozialpsychologen meinen, eine zunehmende soziale Distanzierung feststellen zu können. Sie überschreiben dieses mit *Von der Nächstenliebe zur Selbstliebe.* Der prägnante Begriff für diese Art Egotrend lautet *Ich-Gesellschaft.*

Klassen als soziale Außenstütze

In der Agrar- und der Industriegesellschaft bewegten sich die Menschen in klar voneinander abgegrenzten Klassen und Schichten, die von der Herkunft und der Berufswelt her geprägt waren. Der Erlebnishorizont war durch diese Schichten klar abgesteckt, übergreifende Kontakte waren selten. Das „Richtige" und „Wichtige" wurde klassenspezifisch vermittelt. „Krupp ist Monopolherr, und Krause ist Prolet, das ist der Klassengegensatz, den jedermann versteht", lautet der Text eines Arbeiterliedes. Die Klassen hatten ihre kulturellen und ideologischen Außenstützen. Die Arbeiterklasse die Gewerkschaften und Sportvereine, die Kapitalistenklasse die IHK und den Arbeitgeberverband.

Sozialsystem ersetzt Großfamilie

Im Laufe der Zeit wurde die Berufswelt facettenreicher. Es gab nicht mehr nur den Hammer schwingenden Malocher, sondern mehr und mehr solche Mitarbeiter, die über den richtigen Hammerschwung nachdachten und ihn planten. Gewerkschaften und Sportvereine veränderten sich, Familienstrukturen auch. Kleinfamilien traten an die Stelle der Großfamilien. Das Sozialsystem trat an die Stelle der ihre Eltern versorgenden Kinder. Kulturelle Außenstützen verloren ihre soziostatische Funktion.

Die Qual der Wahl

Diese Entwicklung ging einher mit dem Verlust von Traditionen. Normen verloren ihren dogmatischen Imperativ. Homosexuelle müssen sich nicht mehr verstecken, Pornodarstellerinnen plaudern mit TV-Talkmastern, ein Kirchenaustritt bezeugt intellektuelle Souveränität. Durch diese Befreiung aus mentalen Zwangsjacken besteht die Möglichkeit einer vielfältigen, selbst gestalteten und unterschiedlichen Lebensführung. Das Individuum muss nun selbst die Zügel in die Hand nehmen und seinen eigenen Weg einschlagen. Es hat die Freiheit der Wahl und muss sich definieren, organisieren und „realisieren“. Die Multioptions-Gesellschaft bietet einen ganzen Katalog an Möglichkeiten, so wie früher ein Versandhaus.

Von der Individualisierung zum Egoismus

Wer die Wahl hat, hat die Qual. Das Mehr an Möglichkeiten führt zu einem Weniger an Gewissheiten. Menschen benötigen Identität als Auswahlkriterium für die vielfältigen Angebote und Probleme. Anders ausgedrückt: Identität basiert auf einem starken Ich. Gefährdet dieses starke Ich den sozialen Zusammenhalt unserer Gesellschaft? Nach Meinung des Psychoanalytikers Horst-Eberhard Richter führt die Individualisierung zu einem besorgniserregenden Egoismus. Emotionale Verhärtung und soziales Desinteresse sind die Folgen. Sie bewirken einen Mangel an Mitmenschlichkeit und Gemeinschaftssinn. Nicht von ungefähr ist die Selbstmordrate in den lezten 50 Jahren weltweit um mehr als 60 Prozent angestiegen.

Shareholder-Value für die Ich-Aktie

Die Auslöser dieser Entwicklung liegen auch in der Umwelt. Der Arbeitsplatz ist bedroht, der Nettolohn wird geringer, die Konkurrenz untereinander härter und die Zukunft unsicherer. Das alles verstärkt die Selbstsorge, den Egoismus, den Neid und die Entsolidarisierung. Soziologen beobachten einen Rückgang positiver sozialer Resonanz: Man gibt weniger und bekommt auch weniger. In einem solchen Umfeld muss der Mensch seinen „Ich-Wert“ steigern, um sich gegenüber der Konkurrenz behaupten zu können. Er braucht einen Shareholder-Value für seine „Ich-Aktie“.

Ich-Business

Große Unternehmen haben den Individualisierungstrend bereits erkannt und ihr Marketing darauf eingestellt. Die Schlagworte hierfür lauten „One-to-One-Marketing" oder „Egonomics", sie beschreiben den Kampf um den Kunden mittels individuell zugeschnittener Angebote. Als Beispiel hierfür steht das Customizing, also passgenaue Angebote für den Kunden, wie die individualisierte Tageszeitung.

Vom Körperbewusstsein zum Narzissmus

Der Individualismus beinhaltet eine gewisse Ich-Bezogenheit mit einer starken Tendenz zum Narzissmus. Dieser findet seinen Ausdruck im übertriebenen Körperbewusstsein. Man hungert sich schlank, trainiert und schwitzt im Fitnessstudio. Beauty- und Botox-Produkte finden reißenden Absatz, Tätowierungen, Piercings und andere sogenannte Schönheitsoperationen werden immer alltäglicher und zum Ausdruck einer übersteigerten Selbstsucht, die nur noch einem Ziel dient: aufzufallen.

Ein Maximum aus dem Leben herausholen

Eine ausgeprägte Erlebnisorientierung begleitet die Individualisierung. „Spaßgesellschaft" heißt das neue Programm, „Event-Marketing" das neue Zauberwort der Verkaufsförderung. Erlebnisreisen werden angeboten, und Kaufhäuser wandeln sich zu Erlebnisstätten um. Vergnügungsparks wetteifern mit adrenalinsteigernden Achterbahnen. Schnee wird aus den Alpen für ein Snowboard-Event in die Großstädte transportiert. Free-Climbing und House-Running sorgen für immer heftigere Adrenalinschübe. Menschen suchen immer neue Herausforderungen, um ihr Leben interessanter zu gestalten. Sie müssen intensiv erleben, sonst haben sie das Gefühl, nicht zu leben. Wer leben will, muss sich beeilen, um so ein Maximum aus dem irdischen Leben herauszuholen. Aber wie leicht vergisst man in dieser „zweidimensionalen Gesellschaft", so Manfred Prisching, mit den Elementen Geld und Spaß dabei wirklich zu leben. Normalität erscheint abnormal. Das normale Leben wird entwürdigt.

Mit Reality-TV dabei sein

Die Spektakelgesellschaft hat weitere Varianten. Da sich nicht jeder ständig in extreme Situationen stürzen kann, holt man sich Extremes eben via Fernsehen nach Hause. Reality-TV lässt uns kurz nach einem schweren Motorradunglück über die Schulter der Sanitäter gucken, und Kriegsberichterstattung wird erst interessant, wenn man die zerstückelten Leichen eines Enthauptungsschlages sieht. So hat man aus sicherer Entfernung das Gefühl, dabei gewesen zu sein.

Doch bleiben wir bei relevanten Lebens- und Erlebniswelten. Die folgenden Teilaspekte sollen etwas genauer analysiert werden:

- Veränderungen im Wertesystem
- Die neue Frauenrolle
- Die neuen Familienformen

7.2 Von den Pflichtwerten zu den Selbstentfaltungswerten und wieder zurück

Werte sind grundlegende, zentrale und allgemeine Orientierungsleitlinien menschlichen Handelns und sozialen Zusammenlebens innerhalb einer Kultur oder gar im Rahmen der Menschheit. Auch Verhaltensstandards, die sich durch den Erziehungsprozess und die Sozialisation verinnerlichen, kann man als Werte und somit als Handlungsleitfäden definieren. Mehr als 200 Definitionen stehen zur Auswahl.

Werte wandeln sich

Gern wird auf die zeitlosen, ewig gültigen Werte verwiesen, wie Gerechtigkeit, Menschlichkeit oder Tapferkeit. Aber Werte sind nicht universell überzeitlich gültig, sondern entwickeln sich evolutionär im gesellschaftlichen Prozess oder werden gesetzt. Sie unterliegen dem Wandel, verlieren an Bedeutung, werden verdrängt oder gehen gar verloren. Andere wiederum werden neu definiert, weiterentwickelt oder neu gewichtet. Damit sei gesagt: Es gibt keine unverrückbaren universellen Werte. Das aber ist kein Argument gegen von der Allgemeinheit akzeptierte Leitwerte unserer demokratisch zivilisierten Gesellschaft wie Menschenrechte und Menschenwürde, Meinungs- und Versammlungsfreiheit. Aber auch hier stellt sich die Frage nach ihrer Kompatibilität mit der Todesstrafe beispielsweise, mit der Sterbehilfe, der Abtreibung, der Kinderarbeit oder der Obdachlosigkeit.

Das Verhältnis von Vernunft und Werten

Was wertig ist, hängt davon ab, was das Umfeld als richtig oder vernünftig erklärt. Der Mensch passt sich dem an, was ihm Eltern, Großeltern, Freunde, Lehrer und die Gesellschaft vorgeben. Man hat ihm schließlich schon als Kind Gehorsam und Konformität anerzogen, zwei wesentliche Antriebsfaktoren für soziales Handeln. Anpassungsfähigkeit an das, was als das Normale gilt, sichert ein normales Leben. Die „Theorie der Schweigespirale“ lehrt: Die meisten Menschen sagen öffentlich nur das, womit sie nicht auf Widerspruch stoßen.

Für viele Deutsche, darunter solche mit humanistischer Bildung, waren die Juden Schädlinge, die es auszurotten galt. Diese Sichtweise war „normal“. Diese „Normalität“ war nach 1933 definiert worden. Sie prägte das Handeln der SS, der Wehrmacht und vieler Deutscher. Das Handeln von KZ-Mördern erklärt sich nicht mit ihrer Gewalttätigkeit, sondern ihrem Verständnis von Normalität. Die allgemein akzeptierten Werte sind heute die Grundlage für die Pflege geistig Behinderter, damals waren sie die Legitimation für deren Tötung, da es sich nicht um „lebenswertes Leben“ handelte. Sklaverei, Holocaust, Indianerausrottung, Kreuzzüge oder Gulag, Befürworter wie Gegner hatten ihre Wertegefüge, die ihnen „richtiges“ Verhalten garantierten.

Damit sei gesagt: Es gibt keine unverrückbaren gottgesetzten, universellen Werte. Das aber ist kein Argument gegen allgemeine Leitwerte unserer Zivilisation, wie Menschenrechte und Menschenwürde, Meinungs- und Versammlungsfreiheit. Aber auch hier stellt sich die Frage nach ihrer Kompatibilität mit der Todesstrafe, der Sterbehilfe, der Abtreibung oder der Kinderarbeit.

Vom Wettstreit der Werte

In unserer Welt stoßen Werte aufeinander und gehen in den Wettstreit. Jede Religion beharrt auf ihren Gott, jede Regierung auf ihr System, und die Menschen, ob nun in Asien, Afrika und Amerika, halten das für wertig, was sie kennen. Solange Neugier die Menschen dazu treibt, sich kennenzulernen, werden sie zu den Rhythmen des Hare Krishna tanzen. Doch die Welt braucht keine Belehrungen, keine dogmatischen Hierarchien darüber, welche Werte besser als andere sind. Vielfalt zulassen ist auch ein Wert an sich.

Von den materialistischen bis zu den postmaterialistischen Werten

Zwischen den mittleren 1960er- und den mittleren 1970er-Jahren vollzog sich ein Wertewandelschub parallel zum Übergang in die Konsumgesellschaft, der bis in die 1980er-Jahre andauerte. In dieser Zeit publizierte der Politologe Ronald Inglehart seine Theorie des Wertewandels. Danach vollzog sich in der erwähnten Zeitspanne ein Wandel von rein materialistischen hin zu postmaterialistischen Werten wie Selbstentfaltung und Lebensqualität.

Von den Pflicht- und Akzeptanzwerten hin zu den Selbstentfaltungswerten

In Deutschland griff der Soziologe Helmut Klages diesen Gedanken auf und modifizierte Ingleharts Begriffe. Er sprach von Pflicht- und Akzeptanzwerten sowie Selbstentfaltungswerten. Für ihn war der Wertewandel in Deutschland bzw. Westeuropa nach 1970 durch die Abnahme von „Pflicht- und Akzeptanzwerten“ wie Fleiß, Treue, Ordnung bei gleichzeitiger Zunahme der eher individualisierten „Selbstentfaltungswerte“ wie Gleichberechtigung, Toleranz und Zivilcourage gekennzeichnet. War die Nachkriegszeit noch durch die Befriedigung physischer Bedürfnisse wie Nahrung und Geselligkeit bestimmt und somit von materiellen Werten geprägt, wurde mit der „stillen Revolution“ der 1960er- und 1970er-

Jahre das Streben nach mehr Freiheit und Freizeit laut. Das Prinzip „Leistung" verschwindet dabei nicht, sondern wird nur nach Sozial- und Herkunftsgruppen, Alter und Geschlecht, Religion und Wohnort neu definiert und „koordiniert".

Das Nebeneinander von Werten

Im Gegensatz zu Inglehart ging Klages davon aus, dass die Begriffe *Materialismus* und *Postmaterialismus* nicht einander entgegengesetzte Pole eines Kontinuums, sondern Ausdruck zweier Orientierungsdimensionen sind. Diese überlagern sich gegenseitig, sodass es zu Mischungsverhältnissen im Wertesystem des Einzelnen kommt. Einige davon tendieren eher zum Postmaterialismus, andere zum Materialismus. Während Inglehart und Klages von einer Zunahme der Postmaterialisten bei gleichzeitigem Rückgang der Materialisten ausgingen, zeigen neuere Studien, dass nur der Anteil der Materialisten rückläufig war. Der Anteil Mischtypen dagegen stieg an. Menschen orientieren sich sowohl an materialistischen wie postmaterialistischen Werten:

- **Pflicht- und Akzeptanzwerte:** Fleiß – Pflichterfüllung – Disziplin – Gehorsam u. Ä.
- **Selbstentfaltungswerte:** Spontaneität – Genuss – Kreativität – Selbstverwirklichung u. Ä.

Von der Wertekultur zur Warenkultur

Die Entwicklung der Freiheits- und Entfaltungswerte wie Selbstverwirklichung, Genuss und Erlebnis gewannen in der postmodernen Generation massiv an Bedeutung. Tugenden wie Sparsamkeit, Bescheidenheit und Freundlichkeit fielen dem Wertewandel zum Opfer. Auf dem Weg in das 21. Jahrhundert wurde der Freizeitbereich zum eigentlichen Motor des gesellschaftlichen Wandels. Das alles vollzog sich vor dem Hintergrund der Erwerbsarbeit des 20. Jahrhunderts, die ihrem Ende entgegengeht. Spätestens mit Beginn der Globalisierung und zunehmenden Migrationsströmen sowie der weltweiten Finanz- und Wirtschaftskrise 2008/09 stellt sich die Frage der weiteren Werteentwicklung. Ein „Wandel des Wertewandels“ deutet sich an.

Alles wollen, alles können, überall dabei sein

Elisabeth Noelle-Neumann diagnostiziert einen allgemeinen Werteverfall. Das Vordringen der Selbstentfaltungswerte gehe auf Kosten traditioneller bürgerlicher Pflichten. Die Wertekultur werde zur Warenkultur. Kirchen, Politiker, Lehrer und Eltern haben ausgedient. An die Stelle der Religion sei eine Ersatzreligion aus Werbung und Lifestyle sowie religionsfreundlicher Gottlosigkeit getreten. In der multioptionalen Konsumkultur könne man sich alles kaufen, vorausgesetzt, man habe das nötige Kleingeld und dürfe überall dabei sein. Die Welt sei wie ein Einkaufswagen, in den man alles hineinlegt, was man möchte. Alles wollen, alles können, überall dabei sein.

Die Renaissance sozialer Werte

Seit der Jahrtausendwende sollen sich nun aber Veränderungen im Wertekanon abzeichnen. Werteforscher konstatieren eine Renaissance der prosozialen Werte wie Freundschaft, Freundlichkeit, Sicherheit, Treue und Loyalität. Verantwortung wird plötzlich wieder genauso wichtig wie Freizeit. Die Selbstentfaltungswerte bleiben zwar wichtig im Leben, verlieren aber ihre Dominanz. Die Werteforschung bietet ein wenig verlässliches Bild über die Gegenwart und Zukunft der Wertesituation. Es gilt weiterhin das, was schon Klages 1984 über das individuelle Wertesammelsurium feststellte. Die Werteorientierung des modernen Menschen ist eine Mixtur aus mehreren Versatzstücken, die je nach Gewichtung die grobe Richtung individueller Präferenzen beschreiben.

7.3 Die politische Wertepräferenz der deutschen Bevölkerung

Die vorliegenden Wertestudien sind zumindest im Begrifflichen sehr uneinheitlich, wenn sie auch inhaltlich vielleicht dasselbe meinen. Aber selbst das wird nicht immer deutlich. Darum erscheint ein Blick auf die aktuellste und interessanteste Studie ratsam.

Die neuen sozialen Milieus

Im März 2006 interviewte die TNS Infratest im Auftrag der Friedrich-Ebert-Stiftung rund 3000 Deutsche über 18 Jahre zum Thema „Gesellschaftliche Reformen in Deutschland“. Im Mittelpunkt standen nicht Konsum- und Lebensgewohnheiten, sondern politische Präferenzen. Statt nach Klassen und Schichten wurde die Gesellschaft nach „neuen sozialen Milieus“ gegliedert, die sich in Wertevorstellungen und subkulturellen Einheiten voneinander unterscheiden.

Werte der deutschen Wahlbevölkerung (Angaben in Prozent)

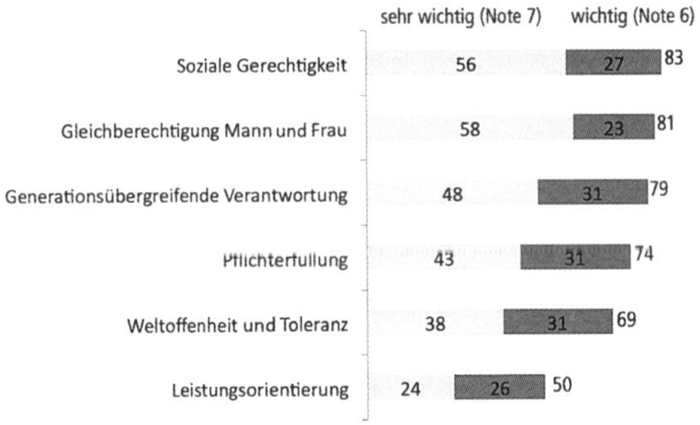

Die fehlenden Werte auf 100 Prozent beinhalten die Noten 1 bis 5 und „keine Angabe".

(Quelle: TNS Infratest Sozialforschung, 2006)

Kurz gefasst lässt sich sagen, dass für den Großteil der Befragten Leistung und Gerechtigkeit, Solidarität und Eigenverantwortung keine Widersprüche, sondern zwei Seiten ein und derselben Medaille sind. Sie wollen Leistung erbringen, aber erwarten auch, dass sie eine Leistungschance bekommen und einen gerechten Anteil am Wohlstand erhalten.

„Politische Typen" in Deutschland

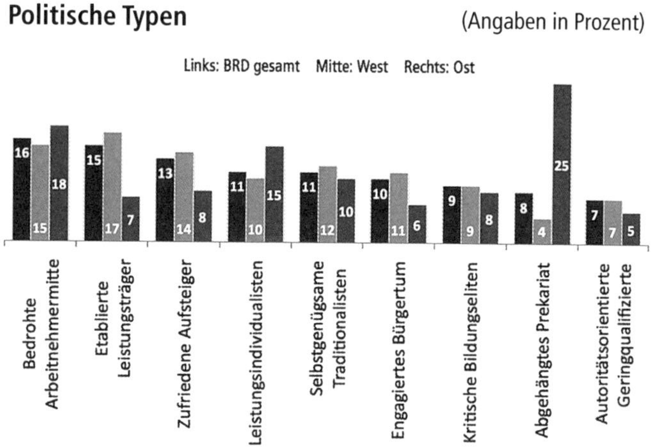

(Quelle: TNS Infratest Sozialforschung, 2006)

Die Untersuchung kommt zu neun „Politischen Typen" und ihren politischen Wertevorstellungen und Einstellungen:

- **Leistungsindividualisten** (11 Prozent Anteil an der Wahlbevölkerung): Sie sind Gegner staatlicher Eingriffe und wollen eine Gesellschaft, die sich in erster Linie am Leistungsprinzip orientiert. Zwei Drittel sind männlich. Politisch bevorzugen sie das bürgerliche Lager und überdurchschnittlich die FDP.
- **Etablierte Leistungsträger** (15 Prozent): Sie repräsentieren vor allem das kleinstädtische gehobene (liberal)konservative Milieu, sind stark leistungsorientiert, elitebewusst und haben eine überdurchschnittliche Bindung an die Union.
- **Kritische Bildungseliten** (9 Prozent): Sie sind die politisch am weitesten links stehende, jüngste und zugleich qualifizierteste Gruppe. Die kritischen Bildungseliten haben den höchsten Anteil partei- und gesellschaftspolitisch Aktiver. Über vier Fünftel von ihnen wählen eine der drei linken Parteien, die gegenwärtig im Deutschen Bundestag vertreten sind.

- **Engagiertes Bürgertum** (10 Prozent): Hierbei handelt es sich um ein weiteres, wenn auch stärker bürgerliches rot-grünes Kernmilieu. Frauen sowie qualifizierte Beschäftigte im öffentlichen Dienst sowie soziokulturelle Berufe sind stark überdurchschnittlich vertreten. Von allen Typen wird die SPD vom engagierten Bürgertum am besten bewertet.
- **Zufriedene Aufsteiger** (13 Prozent): Sie stehen für eine leistungsorientierte moderne Arbeitnehmermitte. Die Mitglieder kommen überwiegend aus einfacheren Verhältnissen, nehmen aber nun durch ihren eigenen Aufstieg eine Position in der gesellschaftlichen Mitte ein. Politisch neigen sie überproportional zur Union, ein gutes Drittel tendiert aber auch zur SPD.
- **Bedrohte Arbeitnehmermitte** (16 Prozent): Sie repräsentiert die vor allem (klein)städtische und stärker industriell geprägte Arbeitnehmerschaft. Hinsichtlich der Parteipräferenz ist eine starke SPD-Orientierung festzustellen, allerdings gibt es auch eine Offenheit für die Union und zunehmend (aus Enttäuschung über die SPD) für die Linkspartei.
- **Selbstgenügsame Traditionalisten** (11 Prozent): Sie sind von allen Gruppen am stärksten auf die beiden Volksparteien ausgerichtet. Sie sind stark an Konventionen orientiert und wollen einen regulierenden Staat. Der Politik wird wenig Vertrauen entgegengebracht, auch weil viele Prozesse nicht mehr verstanden werden.
- **Autoritätsorientierte Geringqualifizierte** (7 Prozent): Sie sind die am stärksten autoritär-ethnozentristisch eingestellte Gruppe. Aus meist einfachen Verhältnissen kommend, wurde ein „Aufstieg im Kleinen" erreicht. Ihre überdurchschnittliche Zustimmung zur SPD geht einher mit einer fundamentalistischen Ablehnung der Grünen und ihrer politischen Vorstellungen.
- **Abgehängtes Prekariat** (8 Prozent): Es ist geprägt von sozialem Ausschluss und Abstiegserfahrungen. Diese

Gruppe hat einen hohen Anteil berufsaktiver Altersgruppen, weist den höchsten Anteil an Arbeitslosen auf und ist zugleich ein stark ostdeutsch und männlich dominierter Typ. Mit der Großen Koalition sind sie in hohem Maße unzufrieden. Nichtwähler sind ebenso überproportional vertreten wie Wähler der Linkspartei und rechtsextremer Parteien.

7.4 Die Shell-Jugendstudie 2010

Der Jugend gehört die Zukunft –
aber eben erst die Zukunft.
KURT SONTHEIMER

Die seit 57 Jahren im Vierjahresrhythmus erscheinende Shell-Jugendstudie gibt einen kontinuierlichen Einblick in die Wertestruktur junger Deutscher im Alter von 12 bis 25 Jahren. Sie basiert auf einer Stichprobe von 2600 Jugendlichen, die 2010 in persönlichen Interviews von TNS Infratest befragt wurden. Hier wird beschrieben und analysiert, ohne zu werten. Der besondere Wert der Studie liegt darin, dass sie aufgrund der kontinuierlichen Datenerhebung und -veröffentlichung rückblickende Vergleiche und Schlussfolgerungen zur möglichen Werteentwicklung Jugendlicher erlaubt, sodass man Vermutungen über die Erwachsenenwerte der 2020er- bis 2050er-Jahre anstellen kann. Im Großen und Ganzen kann man davon ausgehen, dass elementare Jugendwerte in das spätere Erwachsensein hineinwirken und wirksam bleiben. Insofern ermöglicht die Shell-Jugendstudie einen Einblick in die Wertestruktur der Menschen kommender Jahrzehnte. Zwar sind die ermittelten Werte jugendspezifisch, aber grundlegende Werteprägungen sind ein Teil der Persönlichkeitsstatik und wirken auf das Denken und Handeln bis ins hohe Alter.

Zunehmender Optimismus

Das stimmt zuversichtlich: Trotz der Projektionen zur Beschäftigungssituation in Deutschland und trotz der an anderer Stelle beschriebenen Ängste der Deutschen blicken knapp 60 Prozent (2006: 50 Prozent) der Jugendlichen zuversichtlich in ihre Zukunft. Nur 7 Prozent sehen sie düster. Das wird den Optimismusprediger Matthias Horx erfreuen.

Einschätzungen zum Lebenslauf

In der Studie wird ein Auseinanderdriften zwischen den verschiedenen Sozialschichten deutlich. Jugendliche aus sozial schwächeren Schichten äußern sich zunehmend pessimistisch zu ihrer Zukunft. Nur noch 33 Prozent sehen sie in einem rosigen Licht (2002: 40 Prozent). Während etwa zwei Drittel der Nachwuchsgeneration mit ihrem Lebensverlauf „zufrieden“ sind, sind es bei der Unterschicht nur noch 40 Prozent.

Pessimismus bei unteren Sozialschichten

Optimismus zeigt sich auch in dem Glauben, nach der Ausbildung in ein Arbeitsverhältnis übernommen zu werden. Davon gehen 76 Prozent aus (2006: 49 Prozent). Fast drei Viertel der Jugendlichen erwarten, dass sich ihre beruflichen Wünsche im Leben erfüllen werden. Auch hier ist ein gegenteiliges Stimmungsbild in den unteren Sozialschichten feststellbar: 41 Prozent (2006: 49 Prozent). Mit zunehmender „Prekarisierung“ von Wirtschaft und Gesellschaft wird dieser Wert wohl weiter sinken.

Etwa 10 bis 15 Prozent der Jugendlichen deuten ihre Lebenssituation und Berufschancen vor dem Hintergrund ihrer Zugehörigkeit zur sozialen Problemschicht eher pessimistisch. Im Vergleich zu früheren Jugendstudien steigt der Anteil der Pessimisten.

Familie

Die Familie wird auch in Zukunft als sicherer Heimathafen gesehen. Neun von zehn Jugendlichen haben ein gutes Verhältnis zu ihren Eltern. Drei Viertel von ihnen stimmen dem Erziehungsverhalten ihrer Eltern zu. Mehr als ein Drittel aller Jugendlichen zwischen 22 und 25 Jahren wohnt noch bei den Eltern. (Zu bedenken ist hierbei, dass die Antworten ohne die Erfahrung einer Partnerschaft oder Ehe gegeben wurden und somit auf das spätere Leben kaum übertragbar sind. Die Realität der Geburtenraten und Lebensformen sprechen eine ganz andere Sprache.)

In der Wahl seiner Eltern kann man nicht vorsichtig genug sein.
PAUL WATZLAWICK

Internet

2002 hatten erst 66 Prozent der Jugendlichen Zugang zum Internet. Vier Jahre später waren es 82 Prozent, und 2010 sind es 96 Prozent. Pro Woche verbringen sie fast 13 Stunden im Netz (2006: 10; 2002: 7). Es dient zu gut 50 Prozent zur Aufrechterhaltung der sozialen Netzwerke und zu 39 Prozent als Suchmaschine.

Diese vier Nutzertypen wurden ermittelt:

- **Gamer** (24 Prozent der Jugendlichen, überwiegend männlich und aus dem Unterschichtenmilieu).
- **Digitale Netzwerker** (25 Prozent der eher jüngeren weiblichen Jugendlichen). Internet als Kontaktknoten. Verbringen mit 14,4 Stunden mehr Zeit im Internet als die anderen drei Gruppen.
- **Funktions-User** (17 Prozent der eher älteren weiblichen Jugendlichen). Internet als Mittel zum Zweck (einkaufen, aber auch einfach mal „drauflossurfen“).
- **Multi-User** (34 Prozent der Jugendlichen, eher älter und männlich). Internet als gezielte Informationsquelle. Der Gegenpart zu den Gamern.

Politische Einordnung

Wer an der Jugend spart, wird in Zukunft verarmen.
Adolf Haslinger

Das politische Interesse der Jugendlichen steigt offenbar wieder an: 2002 30 Prozent, 2006 35 und 2010 37 Prozent. Bei Oberstufenschülern und Studenten sind es immerhin zwei Drittel, die sich für Politik interessieren. Das ist aber kein Vertrauensbeweis für die Politik, denn Politik ist für die Jugend kein wertebasierter Orientierungspunkt. Außerdem, die Ergebnisse liegen weit weg von den Werten aus den 1970er- und 1980er-Jahren.

Schlechte Noten für die Bundesregierung

Die Westjugend ist zu 63 Prozent mit der deutschen Demokratie zufrieden. Aber in den neuen Bundesländern lehnt jeder zweite Jugendliche die „Volksherrschaft" in ihrer konkreten Ausprägung ab. Als Staatsform aber wird die Demokratie von 83 Prozent (2002: 77 Prozent) befürwortet. Die Bundesregierung bekommt von West- wie Ostjugendlichen schlechte Schulnoten. Bei arbeitslosen Jugendlichen ist die Zustimmung zur Regierungsarbeit am geringsten.

Leider ist die Bereitschaft zum politischen oder sozialen Engagement wenig ausgeprägt. Nur 17 Prozent können sich vorstellen, in einer Partei oder politischen Gruppierung mitzuarbeiten. Ein eventuelles Engagement ist stark bildungs- und schichtenabhängig.

Ablehnung von politischem Extremismus

Jugendliche ordnen sich im Durchschnitt leicht links von der Mitte ein. Politischer Extremismus wird abgelehnt. Grundlegende Spielregeln der Demokratie wie Meinungsfreiheit und freie Wahlen sind unumstritten. Das darf aber nicht den Blick für den in einigen Daten enthaltenen Explosivstoff verstellen. Jeder zweite Jugendliche Ostdeutschlands ist unzufrieden mit der Demokratie (fast jeder dritte Jugendliche im Westen), so

Politische Positionierung

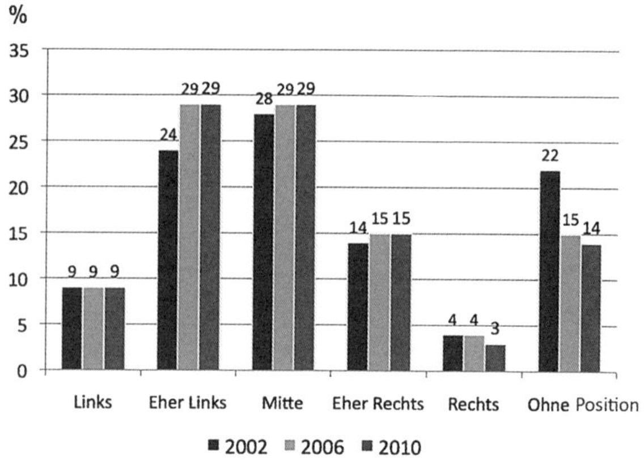

(Quelle: Shell-Jugendstudie, 2010)

wie er sie konkret erlebt. Unter den arbeitslosen Jugendlichen, egal ob in Ost oder West, ist ebenfalls jeder zweite enttäuscht von der demokratischen Staatsform. Man muss befürchten, dass mit einem Anstieg der Arbeitslosigkeit auch die Unzufriedenheit mit dem politischen System wächst.

Die Trinität von Vollbeschäftigung, sozialer Marktwirtschaft und Demokratie

Noch genießen unsere Jugendlichen die schützende Nestwärme ihrer Familien. Was ist aber, wenn sie im rauen Wind der Arbeitswelt auf eigenen Füßen stehen und für ihre Familie sorgen müssen? Die Trinität von Vollbeschäftigung, sozialer Marktwirtschaft und Demokratie wird zusehends instabiler. Wenn sie auseinanderbricht, droht uns etwas, von dem wir nicht wissen, was es sein wird, aber es lässt uns zuallererst immer an den Zusammenbruch der Weimarer Republik denken.

Schlechte Noten für Parteien, Kirchen und Konzerne

Politikverdrossenheit betrifft nicht nur die Politik. Parteien, die Kirchen und Großunternehmen werden schlecht benotet. Nur die Gewerkschaften können sich über eine befriedigende Note freuen. Das hat aber bisher keine Früchte in Form vermehrter Eintritte abgeworfen und wird es wohl auch zukünftig nicht.

Toleranz und Fremdenfeindlichkeit

Das Verhältnis zu Migranten scheint sich zu entspannen. Noch 2006 forderten 56 Prozent Zuzugsbeschränkungen. 2010 waren es nur noch 46 Prozent, aber weiterhin 56 Prozent in den neuen Bundesländern. Man kann der Jugend keine generelle Intoleranz unterstellen. Nur 10 Prozent äußern Vorbehalte gegenüber Schwarzafrikanern, aber 26 bzw. 27 Prozent gegenüber Türken und Russlanddeutschen. Homosexuelle Partnerschaft wird von 85 Prozent akzeptiert.

Trend: Toleranz gegenüber Älteren

Was das Verhältnis Junge und Alte angeht, so ist der Anteil derjenigen, die das Verhältnis als angespannt bezeichnen, von 48 (2006) auf 52 Prozent angestiegen. Im Zuge des Rentenproblems sollte man sich hier auf einen weiteren Anstieg einstellen. Insgesamt aber, so das Resümee der Studie, überwiegt der Trend in Richtung Toleranz.

Globalisierung

84 Prozent der Jugendlichen verbinden mit der Globalisierung Reisefreiheit und die Freiheit des Studien- und Arbeitsortes. Sie verknüpfen zu 53 Prozent Globalisierung mit Wohlstand (2006: 37 Prozent). Aber auch Umweltzerstörung wird beim Wort Globalisierung assoziiert.

Drei Grundpositionen sind hinsichtlich des Verhältnisses zur Globalisierung erkennbar:

- **Explizite Globalisierungsgegner** (19 Prozent): Globalisierung bringt eher Nachteile,
- **Explizite Globalisierungsbefürworter** (28 Prozent): Globalisierung bringt eher Vorteile.
- **Globalisierungs-Mainstream** (50 Prozent): Vor- und Nachteile sind etwa gleich.

Religion und Kirche

Die Studie zeigt, dass die Jugendlichen nur eine schwache Beziehung zu Religion und Kirche haben. Die persönliche Wichtigkeit Gottes für die Lebensführung fiel seit 2002 von 50 auf 44 Prozent ab. Anders jedoch bei Jugendlichen islamischen und orthodoxen Glaubens. Hier gab es einen Anstieg von 67 auf 76 Prozent.

Unpersönliches Gottesverständnis und religiöse Unsicherheit

Etwa 30 Prozent glauben an einen persönlichen Gott, weitere 19 Prozent an eine höhere Macht. Der Rest ist sich in religiösen Dingen unsicher. Insgesamt zeichnen sich ein unpersönliches Gottesverständnis und religiöse Unsicherheit ab. Drei Viertel der Jugendlichen aus den neuen Bundesländern sind konfessionslos. Im Westen sind es nur 12 Prozent. Die Westjugend bastelt sich ihre „Patchworkreligionen" zusammen.

Das Fazit: Eine pragmatische Generation behauptet sich

Die Studie bewertet das Wertesystem Jugendlicher in Summe als pragmatisch. Sie wissen, wie wichtig die persönliche Leistung für den Erfolg ist. Fleiß und Ehrgeiz stehen mit 60 Prozent hoch im Kurs und befinden sich weiterhin im Aufwind. Zugleich wollen 57 Prozent ihr Leben intensiv genießen.

Die Jugend handelt pragmatisch

Jugendliche wollen vorankommen, aber dabei das soziale Umfeld nicht aus dem Auge verlieren. Sie pflegen ihre Beziehungen zu Familie, Freunden und Bekannten, denn diese haben eine wichtige stabilisierende Funktion in prekären Situationen. Unabhängig hiervon betonen sie die Wichtigkeit persönlicher Unabhängigkeit. Kreativität, aber auch Sicherheit und Ordnung werden als wichtig eingestuft. Damit vermischen sich in den Lebensorientierungen junger Menschen weiterhin moderne und traditionelle Werte. Die Autoren der Studie schlussfolgern: „Eine pragmatische Generation behauptet sich."

Leider muss die Studie aber immer wieder darauf hinweisen, dass sich diese eher positiven Aussagen bei Jugendlichen aus bildungsfernen Sozialschichten erheblich relativieren.

7.5 Feminismus: Kommt das Matriarchat?

Handelt es sich bei dem, was man Feminismus nennt, nur um einen Kurzzeittrend oder einen Metatrend? Letzteres wäre passender, denn der Kampf um bürgerliche und politische Frauenrechte begann schon 1789 im Verlauf der Französischen Revolution. Olympe de Gouges veröffentlichte damals ihre Erklärung der Rechte der Frau und Bürgerin. Das war der Beginn eines langen Prozesses. Der Kampf um die gleichen Rechte für Frauen, wie sie Männer für sich beanspruchen, nahm in der zweiten Hälfte des 19. Jahrhunderts zu. Im 20. Jahrhundert war Finnland der erste europäische Staat, der 1906 das Wahlrecht für Frauen einführte, die Schweiz der letzte 1980.

Doch das waren nur Formalien, wichtige zwar, aber es hatte und hat noch nichts mit Gleichberechtigung zu tun. Dieser Kampf ist noch nicht ausgefochten.

Rechte für Frauen

Mit dem Wahlrecht für Frauen in Deutschland seit 1918 wurden ihnen auch die Rechte auf Erwerbstätigkeit und Bildung zugestanden. Im Familien- und Zivilrecht blieb vieles beim Alten noch bis in die 1950er-Jahre hinein. So konnte ein Ehemann das Arbeitsverhältnis seiner Frau bis 1958 fristlos kündigen. Bis 1977 mussten Frauen – zumindest laut dem Bürgerlichen Gesetzbuch – ihre Ehemänner um Erlaubnis fragen, wenn sie arbeiten gehen wollten. Zu der Zeit waren im Familien- und Zivilrecht der DDR alle Rechtsbeschränkungen beseitigt. Der Anteil von Studentinnen konnte dort von der Staatsgründung bis zur Wiedervereinigung auf über 50 Prozent gesteigert werden. In den akademischen, politischen, gesellschaftlichen und wirtschaftlichen Führungspositionen waren Frauen in Relation besser vertreten als in der BRD.

Frauen in der Alma Mater

1754 wurde erstmals eine deutsche Frau promoviert. Die Universität Halle ernannte sie zum Dr. med. Erst zum Ende des 19. Jahrhunderts konnten sich Frauen an deutschen Universitäten ohne Beschränkungen immatrikulieren, woraufhin auch die Zahl der Promovendinnen anstieg. Im Jahre 1913 gab es 8 Prozent Studentinnen, 1930 schon 16 Prozent und 2008 knapp 48 Prozent. Von den aktuellen Promotionsstudierenden sind 42 Prozent weiblich. Hochschullehrerinnen sind aktuell auf knapp 18 Prozent der Lehrstühle berufen worden.

Aufstieg der Frauen, Abstieg der Männer

Feminismus scheint mehr als nur ein Metatrend zu sein. Er ist als Prozess der Gleichstellung von Mann und Frau ein Stück gesellschaftlicher Evolution. Auch wenn diese Dinge nichts mit Feminismus zu tun haben, so kommen in der öffentlichen Wahrnehmung immer neue Facetten hinzu, die das Bild der Frau und ihren Status verändern: eine Frau als Regierungschefin, Ministerinnen, Frauenfußball, Literaturnobelpreisträgerinnen, Frauen, die öffentliche Diskurse medial mitbestimmen, und grundsätzlich jene Persönlichkeiten wie Margot Käßmann, die sich einmischen und für ein offenes, tolerantes Selbstverständnis von Gleichberechtigung eintreten. Man kann also eine zunehmende emanzipative Aufrüstung der Frauen feststellen. Gleichzeitig sehen sich Männer immer häufiger als das schwache Geschlecht dastehen. Sie verlieren im Prozess des sozialen Wandels ihre Funktion als „Leithammel". In den ablaufenden Deindustrialisierungsprozessen, bei denen die alten Produktions- und Fabrikarbeiterjobs immer mehr wegfallen, verlieren sie ihren Status als Ernährer. In einer serviceorientierten Dienstleistungswelt, die mehr nach sozialer Kompetenz verlangt, haben Frauen nicht bessere Aufstiegs- und Karrierechancen als Männer, aber sie nutzen sie besser. Frauen sind die strategische Arbeitsreserve für anspruchsvolle Jobs.

Andere Metatrends, insbesondere die Globalisierung und Technologisierung, befördern, beschleunigen und verstärken den Prozess der Feminisierung, geben ihm ein globales Gepräge. Die Näherinnen in Bangladesch führen den Kampf primär um bessere Arbeitsbedingungen und gerechte Löhne, die westlichen Feministinnen um die Selbstbestimmung bei Schwangerschaft oder Lesbenliebe. Unabhängig von Geschlecht und Provenienz stehen noch immer Themen wie Zwangsprostitution, Genitalverstümmelung, Zwangsheirat, Infantizid an weiblichen Säuglingen und Ehrenmode auf der Tagesordnung des Kampfes um Frauenrechte.

Es ist an dieser Stelle nicht möglich, alle Aspekte der Feminisierung zu beschreiben. Während Horx in seinen Megatrends der 1990er-Jahre die soft facts beschreibt, wie weibliches Selbstbewusstsein, Erotik und männliche Vertrottelung, wird sich hier auf hard facts beschränkt und auf unterschwellige moralische Forderungen im Rahmen des Emanzipation-Hypes verzichtet. Die Zahlen, Daten und Fakten beziehen sich auf die Wahrnehmung schulischer und akademischer Chancen, die Rolle der Frauen in der Berufswelt, ihre Chancen des Aufstiegs und die geänderte Einstellung gegenüber dem Mann, der Ehe und Familie.

Verlust der sozialen Attraktivität von Männern

Hier liegt vielleicht auch die Ursache für die Zunahme an Scheidungsquoten, Heiratsverweigerungen und alleinerziehenden Elternteilen. Das wird unter anderem am steigenden Anteil der Singlehaushalte von Männern im Alter zwischen 30 und 50 deutlich. Die eher ungebildeten und alleinstehenden Männer werden nicht mehr „angelockt", weil es ihnen an sozialer Attraktivität fehlt. Frauen fragen sich: „Warum soll ich Kinder lebenslang erziehen, den Haushalt managen und mich um jemanden kümmern, der nichts auf die Reihe kriegt – anstatt mich selbst zu entdecken und zu verwirklichen?"

Die Wiedererlangung der „Freiheit" durch Ehescheidung

Vieles auf der Welt kommt zusammen,
aber selten die richtigen Paare.
August Strindberg

Wie kommt es, dass etwa ein Drittel der Ehen geschieden wird? Von 1950 bis heute hat sich die Wahrscheinlichkeit einer Eheauflösung verdreifacht. Ehen, die vier bis acht Jahre bestanden, weisen die höchsten Scheidungsziffern auf. Haben sich die Menschen oder die Rahmenbedingungen geändert? Die alte Frage: Sein oder Bewusstsein?

Mann + Frau = Statuswettbewerb

Bis in die 1960er-Jahre waren Gewalt, Alkoholismus oder die Finanzen die bestimmenden Scheidungsgründe. Heute sind es die materiellen Rahmen- und Lebensbedingungen der Frauen. Diese sind eine Variable der Einkommenssituation, denn mit der Berufstätigkeit leistet die Frau einen größeren Beitrag zum Haushaltseinkommen. Zwei gleichwertige Partner stehen sich zunehmend in einem Statuswettbewerb gegenüber. Die Frau muss nicht mehr nur die Handlungen des Mannes abnicken. Je größer der Ressourcenanteil der Ehefrau, umso mehr verschiebt sich die Entscheidungsmacht zu ihren Gunsten. Sie bedroht so die Versorgungsrolle des Mannes und damit seinen Status als familiärer Sippenführer. Der daraus resultierende Statuswettbewerb fördert Konflikte bis hin zur Instabilität von Ehen, oft verstärkt durch das höhere Bildungsniveau der Frau.

Für eine berufstätige Frau erschien fortan eine Trennung hinsichtlich der materiellen Folgen risikoarm, zumindest seit der zweiten Hälfte des 20. Jahrhunderts. Im Gegenteil, eine

Scheidung wird nicht mehr als moralisches Versagen, sondern als Problemlösung und damit als Chance eines Neuanfangs gesehen. Motto: „Endlich kann ich tun, was ich will.“ Das Risiko gesellschaftlicher Ächtung ist heute gleich null, besonders in protestantischen Großstädten wie Berlin, Bremen, Leipzig oder Hamburg.

Vor allem jüngere Frauen sind vom Wunsch nach Unabhängigkeit und Selbstständigkeit geprägt. Bleiben ihre Ansprüche unerfüllt, verlassen sie eher eine Ehe als ältere, die der Erhaltung der Ehe und damit stabiler Familienverhältnisse einen höheren Wert zuordnen.

7.6 Was kommt nach der Ehe und Familie?

Die Familie als soziobiologische Einheit, vorwiegend durch Eltern-Kind-Beziehungen gekennzeichnet, war und ist die vorherrschende und zugleich bedeutendste soziale Lebensform. Sie hat Fortpflanzungs-, Versorgungs-, Gefühls-, Sozialisations- und Konsumtionsfunktionen.

Stirbt die Normalfamilie aus?

In den letzten 30 Jahren hat die traditionelle „Normalfamilie“ ihre dominierende Stellung unter den Lebensformen eingebüßt. Die Neigung zu heiraten nimmt immer mehr ab. Verlobungen finden kaum noch statt. Der Zeitpunkt der Ehegründung verschiebt sich nach hinten, bei Männern auf knapp 33 und bei Frauen auf etwa 30 Jahre. Je später das erste Kind geboren wurde, desto weniger Zeit blieb für das zweite. Das Durchschnittsalter der Frauen bei der Geburt des ersten Kindes wird weiter nach hinten verlegt, von 24 Jahren 1970 auf 29 Jahre heute. Viele Ehen bleiben kinderlos.

Konventionelle und nicht konventionelle Lebensformen

Mit dem Begriff *Lebensformen* werden alle Konstellationen des Zusammenlebens bezeichnet. Im alltäglichen Sprachgebrauch wird dieser Begriff mit „Familie“, „Ehe“, „Partnerschaft“ oder „Lebensgemeinschaft“ konkretisiert. Man spricht auch von konventionellen Lebensformen wie Ehe und Familie sowie nicht konventionellen Lebensformen wie „eheähnliche Beziehung“ oder „Wohngemeinschaft“. Viele leben in einer „Ehe auf Probe“ oder gleichgeschlechtlichen Gemeinschaften zusammen, und diese Lebensform liegt im Trend: aktuell etwa 5,5 Prozent aller Haushalte. Aber der Trennungsdruck solcher Lebensformen ist geringer als in einer Ehe. Folglich finden viele Beziehungen auch in zwei Haushalten statt. Infolgedessen nimmt die Zahl der Einpersonenhaushalte mehr und mehr zu. Steigende Lebenserwartungen führen zu einem gleichzeitigen Anstieg der Zweipersonenhaushalte im Seniorenalter.

Autonome Lebensformen statt kirchlichem Gestaltungsdiktat

In der heutigen Gesellschaft ermöglichen die Rahmenbedingungen, Lebensformen relativ frei zu wählen. Kirche, Staat und „die guten Sitten“ haben ihr Gestaltungsdiktat verloren, sodass die Lebensformen autonom verlaufen und gestaltet werden können, ja sogar müssen. Lebensformen und -verläufe pluralisieren sich in nie gekanntem Ausmaß.

Singledasein oder Partnerschaft?

Heutige Lebensformen sind vielfältig. Noch immer leben drei Viertel der Bevölkerung in der konventionellen Familienform. Der Rest von 25 Prozent verteilt sich auf die nicht konventionellen Lebensformen. Unter diesen spielen Singlehaushalte eine wachsende Rolle. Waren es 1957 erst 18 Prozent, sind es heute knapp 40 Prozent. Die über 65-Jährigen stellen hier größte Gruppe. Echte „Singles“ machen nur etwa 3 Prozent aus. Man findet sie vorwiegend in Dienstleistungszentren und Großstädten.

Die Lebensbedingungen der jüngeren allein Lebenden sind zumeist gut. Sie sind gut ausgebildet, verdienen und konsumieren entsprechend.

Bei den nachehelichen Lebensgemeinschaften war mindestens einer der Partner vorher bereits verheiratet. Das zeigt, dass nicht ehelichen Familien eine Scheidung zugrunde liegt, es sei denn, sie sind aus einer Verwitwung hervorgegangen. Zumeist sind und bleiben diese Lebensgemeinschaften kinderlos.

Die prekäre Lage der Alleinerziehenden

Die Grafik zeigt, dass es in Deutschland rund 2,6 Millionen Alleinerziehende gibt. Tendenz steigend. Der Anteil verwitweter Alleinerziehender liegt bei nur etwa 15 Prozent. Zu 80 Prozent sind es Frauen im erwerbstätigen Alter, die ihre Kinder allein erziehen, überwiegend haben sie ein Kind. Ihre Ausbildung ist unterdurchschnittlich und ihre wirtschaftliche Lage prekär. Weit über 20 Prozent beziehen zunehmend Sozialhilfe. Im Gegensatz zum gut verdienenden weiblichen Großstadtsingle hat sich die alleinerziehende Mutter diese Lebensform oft nicht selbst ausgesucht. Um ihre materielle Situation zu verbessern, ist sie auf die öffentliche soziale Infrastruktur angewiesen, soweit diese tat-

Lebens- und Partnerschaftsformen

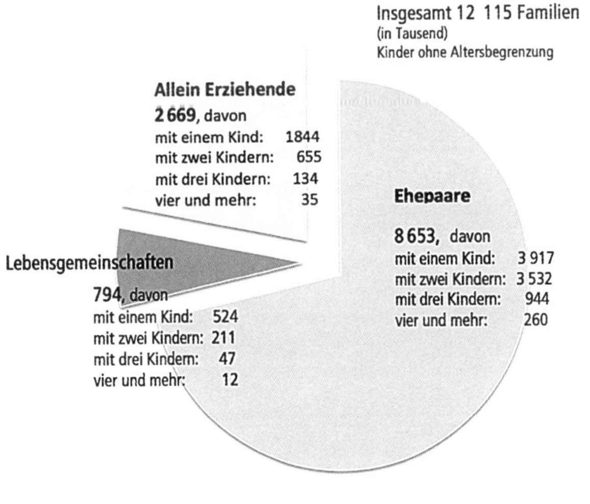

(Quelle: Statistisches Bundesamt)

sächlich vorhanden ist. Hier aber, im Kindergarten und der Schule, erfährt sie, dass Kinder eher der Standardisierung und Normierung unterworfen sind. Pluralisierung und Kindergarten vertragen sich nicht, wenn man nicht gerade das Geld für den Montessori- oder Waldorfkindergarten übrig hat.

Die große Mehrheit der Kinder in Deutschland wächst nach wie vor bei ihren leiblichen Eltern in einer ehelichen Familie auf. Dies gilt für über 80 Prozent der Kinder im Westen und über 70 Prozent der Kinder im Osten.

Der Trend zur Patchworkfamilie

Man trifft immer mehr auch den Typ der Fortsetzungsfamilie an. Beide Partner waren verheiratet, sind verwitwet oder geschieden und bringen ihre Kinder mit in die Fortsetzungsfamilie. Deshalb sprach man früher von „Stieffamilie“ oder heute von „Patchworkfamilie“, um die Vielfältigkeit einer solchen Gemeinschaft auszudrücken.

Der Trend zu nicht konventionellen Lebensformen

Man kann davon ausgehen, dass die konventionelle Familie ihren hohen Stellenwert behält, aber sie dominiert nicht mehr. Nicht konventionelle Lebensformen verbreiten sich, und weitere Formen bilden sich heraus. Während die zwischen 1944 und 1949 Geborenen im Mittel nur 1,3 Lebensformwechsel hatten, steigt das Mittel in den jüngeren Jahrgängen bis auf 1,7. Der Anteil an Ehen mit vorangehendem Zusammenleben der Partner vergrößert sich von 20 Prozent bei den Älteren auf 50 Prozent bei den Jüngeren. Es hat eine Neuanordnung der Familien- und Partnerschaftsbiografien begonnen. Die möglichen Lebensformen bestehen auch in Zukunft nebeneinander. Die Partnerschaftsverläufe sind wechselvoller und die Lebensmuster vielfältiger geworden, doch hat die Pluralisierung auch ihre Grenzen. Was auch immer kommt, Familie ist letztendlich das, was faktisch gemeinsam gelebt wird.

8. Metatrend: Wissen – der neue Produktionsfaktor

Wissen – Der einzige Produktionsfaktor,
der nicht unter das Gesetz des abnehmbaren Ertrags fällt.
JOHN M. CLARK

Wir entwickeln uns in eine Welt hinein, in der nicht mehr die klassischen Produktionsfaktoren ausschlaggebend sind, sondern das Wissen. Kommunikation und Wissen, transnationale Netze und dezentrale Produktion prägen zunehmend das Wirtschaftsleben.

Die Einheit von Zukunft und Wissen

Unsere Zukunft ist untrennbar mit dem Wissen und der menschlichen Kreativität verbunden. Letztere wird im Wirtschaftsprozess auch deshalb zunehmen, weil sich viele Unternehmen von der Last des Stofflichen befreien und stattdessen menschliche Fantasie managen. Heute wird immer weniger Material be- und verarbeitet, stattdessen Informationen und Wissen. E-Business führt zur Entstofflichung der Wirtschaft. Der Wert vieler Unternehmen besteht zu einem immer kleineren Teil aus Gebäuden und Grundstücken und zu einem immer größer werdenden Teil aus Erfahrung, Problemlösungskompetenz und Intellekt. Im Gegensatz zu früher basiert die Existenz von Unternehmen heute auf unsichtbaren „Aktivposten" wie Wissen, Patente, Marken, Reputation, Logistik etc. Der Schutz des intellektuellen Eigentums ist allerdings schwieriger als der von Anlagen und Werkzeugen.

Wettbewerbsvorteile durch Wissensmanagement

Das menschliche Wissen ist genauso Teil des nationalen Gesamtschatzes wie Fabriken, Gebäude, die Bahn, Kanäle, Schiffe, Wälder und andere Sachwerte. Es liegt auf der Hand, dass sich das Thema Wissensmanagement auf die unternehmenspolitische Tagesordnung drängt. Es befasst sich mit der Aufgabe, Wissen in einer Form so zu handhaben, dass unternehmensweite Kompetenz entsteht, die letztendlich zu Wettbewerbsvorteilen führt.

Vor dem Hintergrund gesättigter Märkte geraten Unternehmen unter Innovationsdruck. Neuentwicklungen zielen in erster Linie darauf ab, Produkte oder Angebote „intelligenter" zu machen. Das betrifft fast alle Wirtschaftszweige und zunehmend auch die Dienstleister.

Wissen ist Macht

Wissen ist die Information, mit der man etwas anfangen kann. Als solches birgt es ein enormes emanzipatorisches Potenzial in sich, das zum Zwecke größerer Transparenz und demokratischer Machtteilhabe beitragen kann. Dieses Potenzial ist aber auch mit großen Risiken verbunden, da mit dem Wissen auch immer das Nichtwissen ansteigt und damit die Gruppe der „Nichtwissenden" größer wird. In Anlehnung an Sokrates könnte man sagen: „Je mehr ich weiß, desto mehr weiß ich, dass ich nichts weiß." Mit der Ungleichverteilung von Wissen entstehen Machtverhältnisse zuungunsten der Nichtwissenden. „Wissen ist Macht", gab uns Francis Bacon mit auf den Weg.

Wissen ist die entscheidende Produktivkraft der Zukunft

Wissen ist die wichtigste Zukunftsreserve, die entscheidende Produktivkraft. 90 Prozent der Wissenschaftler, die jemals lebten, leben heute. Sie sind ein Beweis für die Existenz eines verselbstständigten Systems der Wissensproduktion. Wissen ist der Stoff, aus dem die Zukunft gemacht wird. Wir sind Zeugen einer globalen Verschiebung von der Hand- zur Kopfarbeit. Dieser Übergang von der Industrie- zur Wissensgesellschaft ist dem Übergang von der Agrar- zur Industriegesellschaft vergleichbar.

Die Herausbildung des quartären Sektors

Unternehmen werden den Charakter von produzierenden Schulen annehmen. Wenn wir Wissen mit Wissen kombinieren, entstehen ungeahnte Möglichkeiten. Das Wissen eines Fachgebietes interagiert mit dem Wissen anderer Bereiche. Zukunft entwickelt sich nicht entlang von Fachdisziplinen, sondern quer zu ihnen und diese übergreifend. Es entsteht der sogenannte „quartäre Sektor". Hierbei handelt es sich um Tätigkeiten aus dem Bereich des tertiären Sektors, die besonders hohe intellektuelle Ansprüche stellen und ausgeprägte Verantwortungsbereitschaft erfordern. Manche ordnen auch Dienstleistungen der Kreativwirtschaft unter den Begriff *Quartarisierung*.

8.1 Von der Hand- zur Kopfarbeit

Das Verhältnis von Hand- zu Kopfarbeit beträgt etwa 20:80. Dort, wo Gegenständliches verkauft wird, sinkt der Wertanteil für das Material immer mehr. Der Preis für Mikrochips beispielsweise ist zu 70 Prozent durch Wissen und nur zu 12 Prozent durch „reine Arbeit" bestimmt. Bei vielen Produkten entfällt der größte Teil auf den vergegenständlichten Intellekt, also auf das Innenleben aus Mikroprozessoren und Software, in denen Fantasie, Wissen und Erfahrung steckt. Das eigentliche Fertigungskapital eines Hardwareherstellers ist die menschliche Fantasie. Diese und der Wissensbesitz werden wichtiger als das Eigentum an Produktionsmitteln. Im Softwaregeschäft kommt es nicht so sehr auf das Betriebskapital an, sondern auf erstklassige Leute. In der wissensbasierten Gesellschaft spielt die Expertenspitze eine größere Rolle als der fachliche Durchschnitt. Da sich Kreativität und Wissen immer mehr zur Produktivkraft entwickeln, rückt der Mensch wieder in den Mittelpunkt, denn nur er kann Wissen erzeugen und kreativ nutzen. Wissensarbeiten zeichnen sich dadurch aus, dass das Berufswissen nicht ein Mal erworben wird, sondern ständig erneuert oder gar verworfen werden muss. Anders als bei herkömmlichen Technologien unterliegen die neuen Technologien ständigen Innovationen.

Der Symbolanalytiker als neuer Mitarbeitertyp

Hier braucht man einen neuen Typ Mitarbeiter, jene, die der Politologe Robert Reich als „Symbolanalytiker" charakterisiert. Dieser Typ Mitarbeiter ist für das Identifizieren und Lösen von Problemen sowie das Pflegen von Arbeits- und Wirtschaftsbeziehungen zuständig. Der Status des Symbolanalytikers beruht nicht vorrangig auf seiner Fachausbildung, sondern auf seinem abstrakten Denkvermögen, Systemdenken, seinen Sozialkompetenzen, seiner Kreativität, Offenheit und Flexibilität. Darum, so schlussfolgert Peter Glotz, sei die Wissensgesellschaft keine Gesellschaft der Wissenden, sondern eine, in der die Wissenden das Sagen haben, zumindest werden die Handlungsspielräume wesentlich größer sein als zu Zeiten der Industriegesellschaft. Das impliziere eine steigende Beteiligung an Planungs- und Entscheidungsprozessen.

Wissensarbeiter – die Zukunftsklasse?

An die Stelle von Kraft und Technik sind heute Wissen, Kreativität und Flexibilität getreten. Die Kreativen können den Wettkampf mit Starken und Mächtigen wagen. Darum ist der Ruf nach besseren, nach anderen, nach innovativen Dienstleistungen und Produkten gleichzeitig ein Appell an Mitarbeiter und Manager, mehr Wissen zu generieren und Kreativität zu entwickeln und zu ermöglichen.

Auf dem Weg ins 21. Jahrhundert geben Branchen den Ton an, die auf Kopfarbeit setzen und keine natürliche Heimat an Bachläufen oder über Kohleflözen benötigen. Ein gewisser Mangel an natürlichen Ressourcen kann sogar vorteilhaft

Ökonomischer Stellenwert des Wissens

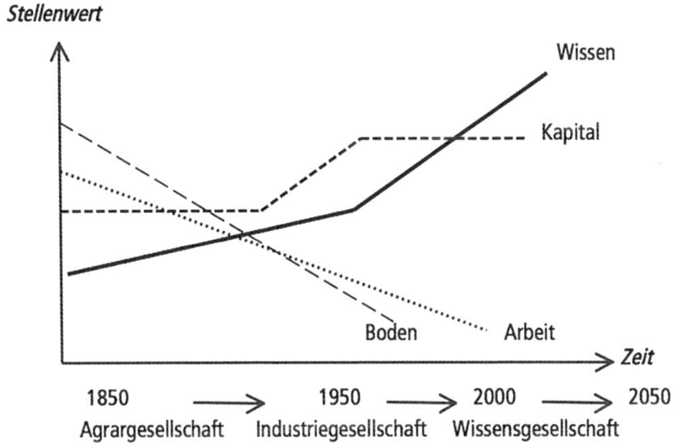

(Quelle: eigene Darstellung)

sein, da die Branchen der Zukunft ausnahmslos mit Wissen konkurrieren. Mikroelektronik und Biotechnologie können sich an fast jedem Ort der Welt ansiedeln. Wissen kann problemlos transportiert und überallhin mitgenommen werden. Wissen ist dank internationaler Vernetzung weltweit verfügbar, nutzbar und austauschbar. Darum sind die Wissensarbeiter, in aller Vorsicht und mit gewissen Vorbehalten ausgedrückt, die „Klasse" der Zukunft. Denn die Produktionsmittel, einstmals die traditionelle Grundlage des Kapitalismus, sind heute buchstäblich im Besitz der Mitarbeiter, weil sie allein die Bedienungsgewalt über sie haben.

8.2 Die Wissensexplosion

Wissen und Kreativität sind die wichtigsten Zukunftsressourcen. Ein Mehr an Kreativität wird möglich, weil es ein Mehr an intellektuellen Anregungen geben wird. Die neue Renaissance ist informationstechnologisch bedingt. Mittlerweile hat sich derart viel Wissen angesammelt, dass Wandel heute exponentiell und mit einer Schnelligkeit erfolgt, die kaum noch mittelfristige Projektionen und Planungen ermöglicht. Der Grund: Unser Wissen interagiert mit all unseren Erkenntnissen und Erfahrungen aus allen verfügbaren Bereichen.

Der Vormarsch emergenter Produkte und Angebote

Viele Neuerungen beruhen auf der Verknüpfung von Vorhandenem. Je mehr aber vorhanden ist, umso mehr kann in Form neuer Produkte, Dienstleistungen und Verfahren kombiniert werden. Durch dieses Zusammenspiel von Elementen der Mikroebene entstehen völlig neue Strukturen auf der Makroebene, sogenannte emergente Innovationen. Emergenz ist das, was Aristoteles so ausdrückte: „Das Ganze ist mehr als die Summe seiner Teile.“ Für den Soziologen Norbert Elias entstehen emergente Innovationen durch Aggregation, Integration und Kombination bestehender Teile, die zwar in Verbindung miteinander stehen, ohne dass sich das Gesamtsystem allein durch die Subsysteme erklären lässt.

Das zunehmende Tempo kreativer Destruktion und innovativer Konstruktion

Als Folge der schnellen und exponentiellen Wissensvermehrung werden wir eine Periode kreativer Destruktion des Alten und innovativer Konstruktion des Neuen mit zunehmendem Tempo erleben. Wenn dann noch dynamische Techniker und Ingenieure um neue Produkte und Dienstleistungen wetteifern, könnte daraus etwas revolutionär Neues entstehen. Aber leider kommen, statistisch gesehen, auf jeden Dynamiker drei Lethargiker.

Beispiel Kreativwirtschaft

Ein anschauliches Beispiel für den Wandel von der Hand- zur Kopfarbeit, von der Industrie- zur Wissensökonomie bietet die Kreativwirtschaft. Dieser Bereich der schöpferisch Aktiven umfasst das Buch-, Presse- und Verlagswesen, die Design- und Werbebranche, die Softwareindustrie, die Musik- und Kulturproduktion, die Filmindustrie, Architekten und darstellende Künstler.

Das Wachstum der Kreativwirtschaft

In Deutschland verzeichnet die Kreativwirtschaft exorbitante Zuwachsraten. Mit einer Bruttowertschöpfung von 63 Milliarden Euro, das entspricht 2,6 Prozent am Bruttoinlandsprodukt, liegt die Kreativwirtschaft vor der chemischen Industrie. Rund 237 000 Unternehmen und mehr als eine Million Erwerbstätige sind in diesem Bereich tätig. Tendenz von Wachstumsraten und Unternehmensgründungen steigend. Hierbei handelt es sich jedoch überwiegend um instabile berufliche Existenzen mit geringem Eigenkapital, aber mit hoher Qualifikation, Motivation und Mobilität.

8.3 Bildung als Voraussetzung für Wissen

Die Wissensgesellschaft verändert auch unser Bildungswesen. Der Zukunftswert einer Volkswirtschaft ist geprägt von der „Brain Power" ihrer Menschen. Bildung ist der Schlüssel für die Bewältigung zukünftiger Herausforderungen. Das betrifft vor allem die Revision des kulturellen Bildungsbegriffes, der noch einem Gesellschaftssystem entstammt, in dem Abitur und Studium ein Privileg der oberen Sozialschichten waren. Da sich diese nicht an der Erwerbsarbeit beteiligen mussten, akademisierte sich der Bildungsbegriff. Bildung hatte eine hohen kulturellen Stellenwert, aber einen eher marginalen ökonomischen Stellenwert. Die globale Wissensgesellschaft benötigt aber ökonomisch relevantes Anwendungswissen.

Wer nichts im Boden hat, der muss was in der Birne haben.
Wolfgang Bosbach

Das Bildungsziel: mehr Absolventen

In der Wissensgesellschaft erlangt die Bildung einen höheren wirtschaftlichen Stellenwert. Bildung ist die Voraussetzung, um über professionalisierte, akademisch qualifizierte Wissensarbeiter zu verfügen. In dienstleistungsorientierten Unternehmen beträgt der Anteil an Hochschulabsolventen bis zu einem Drittel. In Industrieunternehmen nimmt der Anteil an Technikern und Ingenieuren immer mehr zu. In der Forschungs- und Entwicklungsabteilung kann man sich keinen Personalabbau und keine Kürzung des Etats leisten. Das wäre der schnellste Weg in die Insolvenz. Aber auch Staaten neigen zu ruinösen Maßnahmen, wenn sie beispielsweise die Ausgaben für Bildung und Ausbildung kürzen. Viel eher sollte es im Interesse Deutschlands liegen, allen Studienberechtigten ein Studium zu ermöglichen und die Rahmenbedingungen zu optimieren, sodass mehr Absolventen die Bildungsstätten verlassen. Während hierzulande etwa 30 Prozent der Berechtigten ein Studium aufnehmen, sind es im OECD-Durchschnitt 40 Prozent. Von den Studienanfängern erreichen etwa ein Drittel einen Abschluss.

LLL – Long Life Learning und andere Formen der neuen Bildungslandschaft

Unsere Vorfahren hielten sich an den Unterricht,
den sie in ihrer Jugend empfingen, wir aber müssen
jetzt alle fünf Jahre umlernen, wenn wir nicht ganz
aus der Mode kommen wollen.

Johann Wolfgang von Goethe

Die Wissensgesellschaft verändert die Bildungslandschaft. Hierzu einige Beispiele:

- **Schlüsselqualifikationen:** In der Arbeitswelt von morgen wird mehr als nur fachliches Können verlangt. Sogenannte Schlüsselqualifikationen, auch als extrafunktionale, fachübergreifende bzw. fundamentale Qualifikationen bezeichnet, gewinnen immer mehr an Bedeutung. Fachwissen veraltet schnell, womit sich zugleich auch Qualifikationen entwerten. In dieser Situation helfen Schlüsselqualifikationen, neue Lern- und Arbeitsinhalte schnell und selbstständig zu erschließen. Diese Schlüsselqualifikationen wie Selbstführung, Zeitmanagement und Lerntechniken entstammen den Bereichen des Methodenwissens und haben in der Kommunikation und Interaktion wie zum Beispiel in Gesprächsführung, Teamwork und Moderation ihren Ursprung. In der Wissensgesellschaft ist nicht formelles, abrufbares Wissen gefragt, sondern lebendiges Wissen wie Erfahrung, Urteilsvermögen, Problemlösungskompetenz und Selbstorganisation.

- **Ent-Akademisierung,** das heißt, die Barriere zwischen Hochschule und Unternehmen wird eingerissen. Studierende lernen im Kontext ihres Arbeitsalltages. Dieses Lernen ist praxis- und handlungsbezogen. Somit wird Lernen zum Bestandteil einer Arbeitsleistung. Die unmittelbare Anwendbarkeit im Beruf steht dabei im Vordergrund.
- **Permanentes Selbst-Lernen:** Die Berufsausbildung reicht als alleinige Grundlage für das berufliche Leben nicht mehr aus. Aus- und Weiterbildung bilden zunehmend eine Einheit. In der Schnelllebigkeit des 21. Jahrhunderts müssen sich Fach- und Führungskräfte etwa im Fünfjahresrhythmus inhaltlich „rundumerneuern". Ständige Updates von IT- Programmen sorgen für Long Life Learning, und das in einem atemberaubenden Tempo. Menschen müssen sich als Maschinen mit einem etwa sechsjährigen Nutzwert definieren. Darum sollten sie zumindest ihre jährliche Wertminderung in den Erwerb neuen Wissens und Könnens investieren, um ihr Grundkapital als Führungs- und Fachkräfte zu erneuern. Aber, und dieses „Aber" ist zu betonen, niemand weiß genau, was man lernen muss, um in Zukunft noch gebraucht zu werden. Nur eines ist sicher: Menschen müssen das Lernen und auch das gezielte Entlernen lernen.

Arbeiten ist Lernen, und Lernen ist Arbeit

Reichte es früher, die von der Personalentwicklung verordneten Seminare abzusitzen, wird Fortbildung demnächst zur Bringschuld: Der Mitarbeiter muss nicht nur an seiner Entwicklung arbeiten, sondern die erworbenen Kompetenzen auch nachweisbar zur Steigerung des Unternehmenserfolges einsetzen. Die Info-High-Speed-Gesellschaft zwingt uns, schneller zu lernen. Just-in-time gilt nun auch für die persönliche Weiterbildung. Unternehmen werden sich zu Akademien entwickeln. Zwei bis drei Wochen jährlich sitzen Mitarbeiter dann auf der Schulbank, unabhängig von den Hausaufgaben, die sie sich selbst aufgeben, um dem Konkurrenzdruck des Arbeitsmarktes standzuhalten. Weiterbildung ist die notwendige Erfolgsversicherung, die Mitarbeiter mit sich selbst abschließen sollten. Sie wirft nur dann eine Rendite ab, wenn die Beschäftigten Prämien in Form täglichen Lernens entrichten. In Zukunft gilt: Arbeiten ist Lernen, und Lernen ist Arbeit. Lebenslanges Lernen setzt aber voraus, dass die Menschen ungehinderten Zugang zu relevantem Wissen haben. Nur so kann die Spaltung in Lernende und Nichtkönnende verhindert werden.

Individuelles Lernen ergänzt schulisches Lernen

Das Lernen findet zwar weiterhin in Bildungseinrichtungen statt, aber es erfolgt zunehmend individuell und selbst gesteuert. Das gezielte und strukturierte Vorgehen des Lehrers wird mehr und mehr durch teilnehmeraktive und selbst organisierte Formen des Lernens ergänzt werden. Für die Primärversorgung bleiben schulische Lehrformen wichtig, aber das selbst gesteuerte, in der „Schule des Lebens“ stattfindende Lernen gewinnt immer mehr Bedeutung. Dabei wird der direkte soziale Kontakt zwischen den Menschen eher abnehmen, das Lernen und die dafür notwendige Kommunikation via Bildschirme zunehmen.

8.4 Wissensgesellschaft oder Informationsgesellschaft?

Gesellschaften werden zumeist nach den hervorstechenden Merkmalen oder der vorherrschenden Produktionsweise bezeichnet. Man spricht von der Agrar-, der Industrie-, Dienstleistungs- und neuerdings von der Informations- oder auch

Wissensgesellschaft. Aber es gibt auch weitere Vorschläge, die je nach Ort, Zeit, Blickwinkel und Fachrichtung variieren: Bürger-, Erlebnis-, Kommunikations-, Risiko-, Medien-, Verantwortungs-, Netzwerk- oder Globalgesellschaft lauten die Angebote. Man merkt, die Gesellschaft sucht für sich nach einer neuen Bezeichnung bzw. Überschrift. Niemand weiß, was kommt und wie es zu bezeichnen ist.

Welcher Begriff passt?

Reichen die heute angebotenen Begriffe, um die Komplexität unserer Gesellschaft zu beschreiben? Die Antwort darauf fällt schwer. Soziale Wirklichkeit der Moderne lässt sich nicht ohne Weiteres in einem Begriff zusammenfassen. „Die" eine Gesellschaft im klassischen Sinne gab es begrifflich wohl nie und wird es nie geben. Andererseits möchte man begriffliche Ordnung in das „gesellschaftliche Durcheinander" bringen, am liebsten mit einem kurzen und prägnanten Begriff. Da aber jede gesellschaftswissenschaftliche und -theoretische Richtung hier eigene begriffliche Ansprüche geltend macht, müssen wir uns mit mehr oder weniger passenden Bezeichnungen zufriedengeben. Nur welche passt am besten?

Von der Informations- zur Wissenschaftsgesellschaft

In den 1960er-Jahren wurde erstmals der Begriff *Informationsgesellschaft* genutzt. Die Impulse kamen zunächst vom Radio und Fernsehen, später dann von der Informations- und Kommunikationstechnologie. Anfang der 1970er-Jahre begann der Begriff *Wissensgesellschaft* seine Karriere. Der Soziologe Daniel Bell und der Management-Vordenker Peter F. Drucker fungierten als Wortschöpfer. Während der Begriff Informationsgesellschaft eine gewisse Nähe zur IKT hat, greift die Bezeichnung Wissensgesellschaft weiter, indem alle gesellschaftlichen Facetten erfasst werden, denn zu allen gibt es Wissen.

Wissen als neuer Wachstumstreiber

Die neue Vokabel weist einerseits auf die Bedeutung der IKT hin, andererseits auf neue Formen der Wissensproduktion. Wissen tritt nun als Wachstumstreiber neben Arbeit und

Kapital auf. Drucker weist noch auf die Bildung als Quelle des neuen Begriffes hin, der bei ihm leicht abgewandelt „Wissensökonomie“ lautet. Diese sei gekennzeichnet durch eine wirtschaftliche und gesellschaftliche Ordnung, in der Wissen und nicht Arbeit und Rohstoffe oder Kapital die zentralen Triebkräfte sind.

Wissensgesellschaft oder alltäglicher Kapitalismus?

Zwar grenzt sich die Wissensgesellschaft durch ihren akademischen, verwissenschaftlichten und dienstleistungszentrierten Charakter von der durch manuelle Arbeit geprägten Industriegesellschaft ab, aber hier wird dafür plädiert, diesen Begriff kritisch zu hinterfragen und vorsichtig zu verwenden. Sicher, es gibt eine starke Tendenz weg vom Stofflichen hin zur Informationsverarbeitung. Wo aber liegt der genaue Umschlagpunkt von der Industrie- hin zur Informationsgesellschaft und von dort zur Wissensgesellschaft? Welcher Beruf gehört zu welcher Gruppe? Ist ein Fräser, der seine 3 Millionen Euro teure Maschine selbst programmiert, oder ein Werkzeugkonstrukteur in der Autofertigung ein Industrie- oder ein Wissensarbeiter?

Digitaler Kapitalismus

Peter Glotz führt den Begriff *digitaler Kapitalismus* ein (Glotz, 2001). Das entbehrt einer gewissen Logik nicht, denn auch in der Wissensgesellschaft wird Wissensarbeit im herkömmlichen Kontext der Profiterzielung genutzt. Gewinn ist die Voraussetzung dafür, dass Wirtschaft funktioniert. Geld bestimmt nach wie vor das Beziehungsgefüge unserer Gesellschaft. Geld vermittelt die Tauschbeziehungen. Geld wird akkumuliert, sodass unter dem Strich Kapital gebildet wird und als Gesellschaftssystem der Kapitalismus dabei herauskommt. Insofern deckt der Begriff *digitaler Kapitalismus* die vorherrschende Produktionsweise und das Gesellschaftsgefüge trefflich ab.

Literaturverzeichnis

Albers, Markus: *Meconomy. Wie wir in Zukunft leben und arbeiten werden – und warum wir uns jetzt neu erfinden müssen (Green Edition).* Berlin: epuli, 2010.

Ansoff, Igor H.: *Management Strategie.* München: Verlag Moderne Industrie, 1966.

Beck, Ulrich: *Schöne neue Arbeitswelt.* Frankfurt a. M.: Suhrkamp, 2007.

Beck, Ulrich: *Weltrisikogesellschaft. Auf der Suche nach der verlorenen Sicherheit.* Frankfurt a. M.: Suhrkamp, 2007.

Behrens, Stefan: *Möglichkeiten der Unterstützung von Strategischer Geschäftsfeldplanung und Technologieplanung durch Roadmapping.* Berlin: Logos, 2003.

Berth, Rolf: *Erfolg. Überlegenheitsmanagement: 12 Mind-Profit-Strategien mit ausführlichem Testprogramm.* Düsseldorf: Econ, 1995.

Bloch, Ernst: *Das Prinzip Hoffnung.* Bd. 5 der Werkausgabe, Frankfurt a. M.: Suhrkamp, 2004.

Bolz, Norbert: *Persönlichkeitsmärkte – die Arbeit der Zukunft.* In: *Zukunft jetzt!*, hrsg. von Ralf Caspary. Stuttgart: Franz Steiner, 2009, S. 77–92.

Böning, Uwe und Brigitte Fritschle: *Veränderungsmanagement auf dem Prüfstand. Eine Zwischenbilanz aus der Unternehmenspraxis.* Freiburg i. Br.: Hauffe, 1997.

Bono, Edward de: *Serious Creativity. Die Entwicklung neuer Ideen durch die Kraft lateralen Denkens.* Stuttgart: Schäffer-Poeschel, 1996.

Brehmer, Arthur (Hrsg.): *Die Welt in 100 Jahren.* Berlin: Verlagsanstalt Buntdruck, 1910 (Reprint: Hildesheim/Zürich: Olms-Presse, 1988).

Brommer, Ulrike: *Lehr- und Lernkompetenz erwerben. Ein Weg zur effizienten Persönlichkeitsentwicklung.* Wiesbaden: Gabler, 1992.

Buchanan, James M.: *Die Grenzen der Freiheit. Zwischen Anarchie und Leviathan.* Tübingen: Mohr Siebeck, 1984.

Büser, Tobias: *Die Förderung von Soft Skills durch computerunterstütztes Lernen in Unternehmen.* In: *Wirtschaftsinformatik* 42/2000, S. 60.

Burmeister, Klaus und Holger Glockner: *Vom Trend zur Innovation.* In: *Trendforschung. Die Märkte von morgen entdecken.* Bergisch-Gladbach: IHKn Nordrhein-Westfalens, 2006, S. 9–12.

Burmeister, Klaus; Andreas Neef und Bert Beyers: *Corporate foresight – Unternehmen gestalten Zukunft.* Hamburg: Murmann, 2004.

Busch, Heinz: *Planung, langfristige Zielvorstellungen und Zukunftsforschung.* In: *analysen und prognosen,* September 1970, S. 15–18.

Camphausen, Bernd: *Strategisches Management. Planung, Entscheidung, Controlling.* München: Oldenbourg, 2007.

Canton, James: *Extreme neue Welt. Welche Toptrends unsere Zukunft prägen.* Berlin: Econ, 2006.

Collins, James C. und Jerry I. Porras: *Immer erfolgreich. Die Strategien der Top-Unternehmen.* München: Heyne, 2006.

Collins, James C. und Jerry I. Porras: *Visionary companies. Visionen im Management.* München: Artemis und Winkler, 1995.

Czichos, Reiner: *Creaktivität und Chaos-Management.* München/Basel: E. Reinhardt, 1993.

Deutsche Bank Research: *Gesundheitswirtschaft im Aufwind.* Frankfurt a. M.: 2010.

Doppler, Klaus und Christoph Lauterburg: *Change Management. Den Unternehmenswandel gestalten.* Frankfurt a. M./New York: Campus, 2002.

Drucker, Peter F.: *Die Zukunft bewältigen. Aufgaben und Chancen im Zeitalter der Ungewißheit.* Düsseldorf: Econ, 1998.

Drucker, Peter F.: *The Effective Executive: The Definitive Guide to Getting the Right Things Done.* New York: Harper & Row, 1967.

Dychtwald, Ken: *Age Power. How the 21st Century will be Ruled by the New Old.* New York: Tarcher/Putnam 1999.

Fanon, Frantz: *Die Verdammten dieser Erde.* Frankfurt a. M.: Suhrkamp, 2001.

Feldafinger Kreis (Hrsg.): *Forschen für die Gesellschaft: Trends, Technologien, Anwendungen.* Kaiserslautern: 2000.

Fink, Alexander und Andreas Siebe: *Handbuch Zukunftsmanagement. Werkzeuge der strategischen Planung und Früherkennung.* Frankfurt a. M./New York: Campus, 2006.

Fink, Alexander; Oliver Schlake und Andreas Siebe: *Erfolg durch Szenario-Management. Prinzip und Werkzeuge der strategischen Vorausschau.* Frankfurt a. M./New York: Campus, 2002.

Flechtheim, Ossip K.: *Ist die Zukunft noch zu retten?* Hamburg: Hoffmann und Campe, 1987.

Flechtheim, Ossip K.: *Futurologie. Der Kampf um die Zukunft.* Köln: Wissenschaft und Politik, 1970.

Fukuyama, Francis: *Das Ende der Geschichte. Wo stehen wir?* München: Kindler, 1992.

Fuß, Reinhard und Wolfgang Stark: *Kritik, Phantasie und Realisierung – „Zukunftswerkstätten" und ihr Veränderungspotential.* In: *München WerkStadt der Zukunft.*, hrsg. vom Arbeitskreis „Zukunftswerkstätten". München, 1991, S. 10–11.

Gälweiler, Aloys: *Strategische Unternehmensführung.* Ausgewählte Schriften, hrsg. von Markus Schwaninger. Frankfurt a. M./New York: Campus, 2005.

Gausemeier, Jürgen; Alexander Fink und Oliver Schlake: *Szenario-Management. Planen und Führen mit Szenarien.* München/Wien: Carl Hanser, 1995.

Gilad, Ben und Markus Götz Junginger: *Mit Business Wargaming den Markt erobern. Strategische Kriegsführung für Manager.* München: Redline, 2010.

Glotz, Peter: *Die beschleunigte Gesellschaft. Kulturkämpfe im digitalen Kapitalismus.* Reinbek: Rowohlt, 2001.

Goudsblom, Johan: *Soziologie auf der Waagschale.* Frankfurt a. M.: Suhrkamp, 1979.

Graf, Hans G.: *Prognosen und Szenarien in der Wirtschaftspraxis.* Zürich: NZZ Libro, 1999.

Hamel, Gary: *Das revolutionäre Unternehmen. Wer Regeln bricht, gewinnt.* München: Econ, 2001.

Hamel, Gary und Coimbatore K. Prahalad: *Wettlauf um die Zukunft. Wie Sie mit bahnbrechenden Strategien die Kontrolle über Ihre Branche gewinnen und die Märkte von morgen schaffen.* Wien: C. Ueberreuter, 1995.

Händeler, Erik: *Geschichte der Zukunft. Sozialverhalten heute und der Wohlstand von morgen.* Moers: Brendow, 2004.

Handy, Charles B.: *Ohne Gewähr. Abschied von der Sicherheit – mit dem Risiko leben lernen.* München: Goldmann, 1999.

Handy, Charles B.: *Die Fortschrittsfalle. Der Zukunft neuen Sinn geben.* München: Goldmann, 1998.

Helmer, Olaf und Theodore Gordon: *50 Jahre Zukunft. Bericht über eine Langfrist-Vorhersage für die Welt der nächsten fünf Jahrzehnte.* Hamburg: Mosaik, 1967.

Herbst, Dieter: *Erfolgsfaktor Wissensmanagement.* Berlin: Cornelsen, 2000.

Herzberg, Frederick; Bernard Mausner und Barbara Bloch Snyderman: *The Motivation to Work.* New Jersey: Transaction Publishers, 1959.

Homburg, Christian und Hartmut Werner: *Kundenorientierung mit System: Mit Customer Orientation Management zu profitablem Wachstum.* Frankfurt a. M./New York: Campus, 1998.

Horx, Matthias: *Die Wissenschaft des Wandels.* In: *Trendforschung. Die Märkte von morgen entdecken.* Bergisch-Gladbach: IHKn Nordrhein-Westfalens, 2006, S. 43–45.

Horx, Matthias: *Wie wir leben werden. Unsere Zukunft beginnt jetzt.* Frankfurt a. M./New York: Campus, 2005.

Horx, Matthias: *Trendbuch 2. Megatrends für die späten neunziger Jahre.* Düsseldorf: Econ, 1995.

Horx, Matthias: *Trendbuch 1. Der erste große deutsche Trendreport.* Düsseldorf: Econ, 1993.

Horx, Matthias und Peter Wippermann: *Was ist Trendforschung?* Düsseldorf: Econ, 1996.

Horx, Matthias und Peter Wippermann: *Trendbuch 2. Megatrends für die späten neunziger Jahre.* Düsseldorf: Econ, 1995.

Hüttner, Manfred: *Prognoseverfahren und ihre Anwendung.* Berlin/New York: Walter de Gruyter, 1986.

Jungk, Robert: *Die Zukunft hat schon begonnen. Amerikas Allmacht und Ohnmacht.* Reinbek: Rowohlt, 1965.

Jungk, Robert und Norbert R. Müllert: *Zukunftswerkstätten. Mit Phantasie gegen Routine und Resignation.* München: Heyne, 1989.

Jungk, Robert und Hans Joseph Mundt (Hrsg.): *Unsere Welt 1985. Hundert Beiträge internationaler Wissenschaftler, Schriftsteller und Publizisten aus fünf Kontinenten.* München: Kurt Desch, 1965.

Kahn, Herman und Anthony J. Wiener: *Ihr werdet es erleben: Voraussagen der Wissenschaft bis zum Jahre 2000.* Wien et al.: Molden, 1968.

Kaku, Michio: *Zukunftsvisionen. Wie Wissenschaft und Technik des 21. Jahrhunderts unser Leben revolutionieren.* München: Lichtenberg, 1997.

Kennedy, Paul: *In Vorbereitung auf das 21. Jahrhundert.* Frankfurt a. M.: Fischer, 1993.

Korte, Karl-Rudolf und Manuel Fröhlich: *Politik und Regieren in Deutschland. Strukturen, Prozesse, Entscheidungen.* Paderborn: Schöningh (UTB), 2009.

Kreibich, Rolf: *Zukunftsfragen und Technologiebewertung.* ArbeitsBericht Nr. 26. Berlin: Institut für Zukunftsstudien und Technologiebewertung, 2006 (a).

Kreibich, Rolf: *Zukunftsforschung.* ArbeitsBericht Nr. 23. Berlin: Institut für Zukunftsstudien und Technologiebewertung, 2006 (b).

Kreibich, Rolf: *Zum Verhältnis von Zukunftsforschung und Freizeitwissenschaft.* ArbeitsBericht Nr. 20. Berlin: Institut für Zukunftsstudien und Technologiebewertung, 2005.

Kruse, Peter: *next practice. Erfolgreiches Management von Instabilität. Veränderung durch Vernetzung.* Offenbach: GABAL, 2004.

Liebl, Franz: *Der Schock des Neuen. Entstehung und Management von Issues und Trends.* München: Gerling-Akademie, 2000.

Lübbe, Hermann: *Schrumpft die Zeit? Zivilisationsdynamik und Zeitumgangsmoral.* In: *Was ist die Zeit?*, hrsg. von Kurt Weis. München: Deutscher Taschenbuch Verlag, 1994, S. 53–80.

Maddox, John: *Was zu entdecken bleibt. Über die Geheimnisse des Universums, den Ursprung des Lebens und die Zukunft der Menschheit.* Frankfurt a. M.: Suhrkamp, 2000.

Malik, Fredmund: *Strategie des Managements komplexer Systeme. Ein Beitrag zur Management-Kybernetik evolutionärer Systeme.* Bern et al.: Haupt, 2006.

Mann, Thomas: *Betrachtungen eines Unpolitischen.* Frankfurt a. M.: Fischer Taschenbuch, 2001.

Marx, Karl und Friedrich Engels: *Der achtzehnte Brumaire des Louis Bonaparte.* Marx-Engels-Werke (MEW), Band 8. Berlin: Dietz, 1960.

Marx, Karl und Friedrich Engels: *Das Manifest der Kommunistischen Partei.* Marx-Engels-Werke (MEW), Band 4. Berlin: Dietz, 1959.

Maslow, Abraham: *Motivation und Persönlichkeit.* Reinbek: Rowohlt, 1984.

Meadows, Dennis L. et al.: *Die Grenzen des Wachstums. Bericht des Club of Rome zur Lage der Menschheit.* Stuttgart: Deutsche Verlags-Anstalt, 1972.

Merz, Friedrich: *Mehr Kapitalismus wagen. Wege zu einer gerechten Gesellschaft.* München: Piper, 2008.

Mićić, Pero: *Die fünf Zukunftsbrillen. Chancen früher erkennen durch praktisches Zukunftsmanagement.* Offenbach: GABAL, 2007.

Mićić, Pero: *Das ZukunftsRadar. Die wichtigsten Trends, Technologien und Themen für die Zukunft.* Offenbach: GABAL, 2006.

Miegel, Meinhard: *Epochenwende. Gewinnt der Westen die Zukunft?* Berlin: Propyläen, 2005.

Minois, Georges: *Geschichte der Zukunft. Orakel, Prophezeiungen, Utopien, Prognosen.* Düsseldorf: Artemis und Winkler, 1998.

Möhrle, Martin G. und Ralf Isenmann (Hrsg.): *Technologie-Roadmapping. Zukunftsstrategien für Technologieunternehmen.* Berlin et al.: Springer, 2005.

Nagel, Kurt: *Die 6 Erfolgsfaktoren des Unternehmens. Strategie – Organisation – Mitarbeiter – Führungssystem – Informationssystem – Kundennähe.* Landsberg: Verlag Moderne Industrie, 1986.

Naisbitt, John und Patricia Aburdene: *Megatrends 2000. Zehn Perspektiven für den Weg ins nächste Jahrtausend.* Düsseldorf: Econ, 1991.

Naisbitt, John und Patricia Aburdene: *Megatrends des Arbeitsplatzes. Von Infrastrukturen zur Lebensqualität.* Bayreuth: Hestia, 1986.

Nefiodow, Leo A.: *Der sechste Kondratieff: Wege zur Produktivität und Vollbeschäftigung im Zeitalter der Information.* Sankt Augustin: Rhein-Sieg, 2007.

Nikles, Bruno W.: Methodenhandbuch für den Studien- und Berufsalltag. Berlin et al.: LIT, 2007.

Nonaka, Ikujiro und Hirotaka Takeuchi: *Die Organisation des Wissens: Wie japanische Unternehmen eine brachliegende Ressource nutzbar machen.* Frankfurt a. M./New York: Campus, 1997.

Olsberg, Karl; Claudia Ruby und Ulf Marquardt: *2057 – Unser Leben in der Zukunft.* Berlin: Aufbau, 2007.

Opaschowski, Horst W.: *Deutschland 2030. Wie wir in Zukunft leben.* Gütersloh: Gütersloher Verlagshaus, 2008.

Oriesek, Daniel F. und Jan Oliver Schwarz: *Business Wargaming. Unternehmenswert schaffen und schützen.* Wiesbaden: Gabler, 2009.

Orwell, George: *1984.* Frankfurt a. M./Berlin: Ullstein, 1990.

Penn, Mark J.: *Microtrends: Surprising tales of the way we live today.* London: Penguin, 2008.

Peters, Tom J. und Nancy K. Austin: *A passion for excellence. The leadership difference.* New York: Warner Books, 1985.

Peters, Tom J. und Robert H. Waterman: *Auf der Suche nach Spitzenleistungen. Was man von den bestgeführten US-Unternehmen lernen kann.* Landsberg: Verlag Moderne Industrie, 1986.

Pfadenhauer, Michaela: *Wie forschen Trendforscher? Zur Wissensproduktion in einer umstrittenen Branche.* In: *Forum Qualitative Sozialforschung,* 5 (2), 2004 (verfügbar über http://www.qualitative-research.net/fqs-texte/2-04/2-04pfadenhauer-d.htm).

Pfeiffer, Ulrich: *Deutschland. Entwicklungspolitik für ein entwickeltes Land.* Hamburg: Europäische Verlagsanstalt/Rotbuch, 1999.

Pillkahn, Ulf: *Trends und Szenarien als Werkzeuge zur Strategieentwicklung. Wie Sie die unternehmerische und gesellschaftliche Zukunft planen und gestalten.* Erlangen: Publicis Corporate Publishing, 2007.

Popcorn, Faith: *Der Popcorn Report. Trends für die Zukunft.* München: Heyne, 1992.

Porter, Michael: *Wettbewerb und Strategie.* Düsseldorf: Econ, 1995.

Porter, Michael: *Wettbewerbsstrategie. Methoden zur Analyse von Branchen und Konkurrenten.* Frankfurt a. M.: Campus, 1983.

Probst, Gilbert J. B. und Peter Gomez (Hrsg.): *Vernetztes Denken – Unternehmen ganzheitlich führen.* Wiesbaden: Gabler, 1989.

Probst, Gilbert J. B.; Steffen Raub und Kai Romhardt: *Wissen managen: Wie Unternehmen ihre wertvollste Ressource optimal nutzen.* Wiesbaden: Gabler, 1999.

Prognos und Deutsche Industriebank: *Die Gesundheitsbranche: Dynamisches Wachstum im Spannungsfeld von Innovation und Intervention. Trendstudie.* Düsseldorf/Basel: 2007.

Reason, James: *Human Error.* Cambridge: University Press, 1990.

Reibnitz, Ute H. von: *Es gibt immer eine Alternative. Entdecken und gestalten Sie Ihre berufliche Zukunft.* München: Kösel, 2006.

Reibnitz, Ute H. von : *Szenario-Technik. Instrumente für die unternehmerische und persönliche Erfolgsplanung.* Wiesbaden: Gabler, 1998.

Reinhardt, Frank A.: *Unternehmen und Produkte brauchen eine Vision.* In: *Trendforschung. Die Märkte von morgen entdecken.* Bergisch-Gladbach: IHKn Nordrhein-Westfalens, 2006, S. 17–18.

Rifkin, Jeremy: *Das Ende der Arbeit und ihre Zukunft. Neue Konzepte für das 21. Jahrhundert.* Frankfurt a. M./New York: Campus, 2004.

Rosenzweig, Phil: *Der Halo-Effekt. Wie Manager sich täuschen lassen.* Offenbach: GABAL, 2008.

Roubini, Nouriel und Stephen Mihm: *Das Ende der Weltwirtschaft und ihre Zukunft. Crisis Economics.* Frankfurt a. M./New York: Campus, 2010.

Rust, Holger: *Nichts ist vergänglicher als die Zukunft. Arbeit und Wirtschaft in der Trendforschung.* In: *Zukunft: Lebensqualität zwischen Arbeit und Wirtschaft.* Dokumentation der Konferenz vom 11./12. Mai 2009, hrsg. von Reinhard Hofbauer und Reinhold Popp. FHS Salzburg, Campus Urstein: 2009 (Werkstattbericht).

Rust, Holger: *Trend-Soziologismen. Die Überfremdung der professionellen Soziologie durch feuilletonistische Nutzwerttheorien und ihre Lieferanten.* In: *Soziologie,* 2, 35/2006, S. 143–160.

Rust, Holger: *Das Anti-Trendbuch. Klares Denken statt Trendgemunkel.* Wien: C. Ueberreuter, 1997.

Schlittgen, Rainer und Bernd H. J. Streitberg: *Zeitreihenanalyse.* München/Wien: Oldenbourg, 2001.

Schneider, Benjamin: *Personality and Organizations.* Mahwah: Lawrence Erlbaum, 2004.

Schneider, Wolfgang (Red.): *100 Wörter des Jahrhunderts.* Frankfurt a. M.: Suhrkamp, 1999.

Schumpeter, Joseph A.: *Kapitalismus, Sozialismus und Demokratie.* Tübingen: Francke, 1987.

Servan-Schreiber, Jean-Jacques: *Die amerikanische Herausforderung.* Hamburg: Hoffmann und Campe, 1969.

Shell Deutschland (Hrsg.): *Jugend 2010.* Frankfurt a. M.: S. Fischer, 2010.

Simon, Hermann: *Die heimlichen Gewinner (Hidden Champions). Die Erfolgsstrategien unbekannter Weltmarktführer.* Frankfurt a. M./New York: Campus, 1996.

Simon, Walter: *Kursbuch Strategieentwicklung. Analyse – Planung – Umsetzung.* München: Redline, 2008.

Simon, Walter: *GABALs großer Methodenkoffer. Persönlichkeitsentwicklung.* Offenbach: GABAL, 2007.

Simon, Walter: *GABALs großer Methodenkoffer. Führung und Zusammenarbeit.* Offenbach: GABAL, 2006.

Simon, Walter: *GABALs großer Methodenkoffer. Managementtechniken.* Offenbach: GABAL, 2005.

Simon, Walter: *GABALs großer Methodenkoffer. Grundlagen der Kommunikation.* Offenbach: GABAL, 2004(a).

Simon, Walter: *GABALs großer Methodenkoffer. Grundlagen der Arbeitsorganisation.* Offenbach: GABAL, 2004(b).

Simon, Walter: *Moderne Managementkonzepte von A–Z.* Offenbach: GABAL, 2002.

Simon, Walter: *Lust aufs Neue. Werkzeuge für das Innovationsmanagement.* Offenbach: GABAL, 1999.

Sloterdijk, Peter: *Versprechen auf Deutsch. Rede über das eigene Land.* Frankfurt a. M.: Suhrkamp, 1990.

Steingart, Gabor: *Die gestohlene Demokratie. Das Wahlbuch 09.* München: Piper, 2009.

Steingart, Gabor: *Weltkrieg um Wohlstand. Wie Macht und Reichtum neu verteilt werden.* München: Piper, 2006.

Steingart, Gabor: *Deutschland. Der Abstieg eines Superstars.* München: Piper, 2004.

Steinmüller, Angela und Karlheinz Steinmüller: *Wild Cards. Wenn das Unwahrscheinliche eintritt.* Hamburg: Murmann, 2004.

Steinmüller, Karlheinz und Angela Steinmüller: *Die Zukunft der Technologien. Ausgangspunkt – 2010 – 2020 – 2050 – plus ultra.* Hamburg: Murmann, 2006.

Stoess, Wolfgang Alexander: *Kundenbindungsmanagement: Eine empirische Studie.* Unveröffentlichte Diplomarbeit, Hochschule Rhein-Main, 2002.

Toffler, Alvin: *Der Zukunftsschock. Strategien für die Welt von morgen.* Bern et al.: Scherz, 1970.

Vahs, Dietmar und Ralf Burmester: *Innovationsmanagement. Von der Produktidee zur erfolgreichen Vermarktung.* Stuttgart: Schäffer-Poeschel, 2002.

Verne, Jules: *Paris im 20. Jahrhundert.* München: Deutscher Taschenbuch Verlag, 1998.

Vester, Frederic: *Die Kunst vernetzt zu denken. Ideen und Werkzeuge für einen neuen Umgang mit Komplexität.* München: Deutscher Taschenbuch Verlag, 2002.

Virilio, Paul: *Rasender Stillstand.* Frankfurt a. M.: S. Fischer, 1997.

Vollmer, Gerhard: *Was können wir wissen? Beiträge zur modernen Naturphilosophie.* 2 Bde., Stuttgart: Hirzel, 2003.

Warnecke, Hans-J.: *Die fraktale Fabrik. Revolution der Unternehmenskultur.* Reinbek: Rowohlt, 1966.

Weber, Max: *Politik als Beruf.* In: *Gesammelte politische Schriften.* München: Drei Masken Verlag, 1921.

Weber, Max: *Die protestantische Ethik und der Geist des Kapitalismus.* Tübingen: Mohr, 1904.

Weisbord, Marvin und Sandra Janoff: *Future Search. Die Zukunftskonferenz. Wie Organisationen zu Zielsetzungen und gemeinsamem Handeln finden.* Stuttgart: Klett-Cotta, 2001.

Womack, James P.; Daniel T. Jones und Daniel Roos: *Die zweite industrielle Revolution in der Autoindustrie. Konsequenzen aus der weltweiten Studie aus dem Massachusetts Institute of Technology.* Frankfurt a. M./New York: Campus, 1992.

Woudenberg, Fred: *An Evaluation of Delphi.* In: *Technological Forecasting and Social Change,* Vol. 40, Sept. 1991, S. 131–150.

Zellmann, Peter: *Die Zukunftsfallen. Wo sie sich verbergen. Wie wir sie umgehen.* Wien: Österreichische Verlagsgesellschaft, 2007.

Personenverzeichnis

Kursive Seitenzahlen verweisen auf Einträge im 2. Band

Stichwortverzeichnis

Kursive Seitenzahlen verweisen auf Einträge im 2. Band

Business-Bücher für Erfolg und Karriere

GABAL

te Härter
v nicht!
N 978-3-86936-064-5
7,90 (D) / € 18,50 (A) /
27,90

Jürgen Kurz
Für immer aufgeräumt
ISBN 978-3-89749-735-1
€ 19,90 (D) / € 20,50 (A) /
sFr 30,50

I. Moser-Will, I. Grube
Denkspiele
ISBN 978-3-86936-013-3
€ 19,90 (D) / € 20,50 (A) /
sFr 30,50

Annette Kessler
Vom Small Talk zur Konversation
ISBN 978-3-86936-119-2
€ 17,90 (D) / € 18,50 (A) /
sFr 27,90

s Baus
lail-Flut statt Büffeljagd
N 978-3-86936-122-2
,90 (D) / € 18,50 (A) /
27,90

Tomas Bohinc
Grundlagen des Projektmanagements
ISBN 978-3-86936-121-5
€ 17,90 (D) / € 18,50 (A) /
sFr 27,90

Svenja Hofert
Die 100%-Bewerbung
ISBN 978-3-86936-125-3
€ 17,90 (D) / € 18,50 (A) /
sFr 27,90

Stefan Gottschling
Einfach besser texten
ISBN 978-3-86936-126-0
€ 17,90 (D) / € 18,50 (A) /
sFr 27,90

ate Söffing
your Ideas!
978-3-86936-131-4
90 (D) / € 18,50 (A) /
7,90

Anouk Scherer
Authentisch Präsent Charismatisch
ISBN 978-3-86936-123-9
€ 17,90 (D) / € 18,50 (A) /
sFr 27,90

Christian Görtz
Mehr Umsatz durch Marketing-Kooperationen
ISBN 978-3-86936-124-6
€ 17,90 (D) / € 18,50 (A) /
sFr 27,90

Anita Hermann-Ruess
Highlight-Rhetorik
ISBN 978-3-86936-120-8
€ 17,90 (D) / € 18,50 (A) /
sFr 27,90

Weitere Informationen finden Sie unter www.gabal-verlag.de

Anzeige

GABAL®
Netzwerk Lernen

GABAL: Ihr „Netzwerk Lernen“ – ein Leben lang

Ihr Gabal-Verlag bietet Ihnen Medien für das persönliche Wachstum und Sicherung der Zukunftsfähigkeit von Personen und Organisationen. „GABAL“ gibt es auch als Netzwerk für Austausch, Entwicklung und eigene Weiterbildung, unabhängig von den in Training und Beratung eingesetzten Methoden: GABAL, die **G**esellschaft zur Förderung **A**nwendungsorientierter **B**etriebswirtschaft und **A**ktiver **L**ehrmethoden in Hochschule und Praxis e.V. wurde 1976 von Praktikern aus Wirtschaft und Fachhochschule gegründet. Der Gabal-Verlag ist aus dem Verband heraus entstanden. Annähernd 1.000 Trainer und Berater sowie Verantwortliche aus der Personalentwicklung sind derzeit Mitglied.

Lernen Sie das Netzwerk Lernen unverbindlich kennen.
Die aktuellen Termine und Themen finden Sie im Web unter **www.gabal.de.**
E-Mail: info@gabal.de.

Telefonisch erreichen Sie uns per 06132.509 50-90.

Die Mitgliedschaft gibt es quasi ab 0 Euro!
Aktive Mitglieder holen sich den Jahresbeitrag über geldwerte Vorteil zu mehr als 100% zurück: Medien-Gutschein und Gratis-Abos, Vorteils-Eintritt bei Veranstaltungen und Fachmessen. **Hier treffen Sie Gleichgesinnte, wann, wo und wie Sie möchten:**

- Internet: Aktuelle Themen der Weiterbildung im Überblick, wichtige Termine immer greifbar, Thesen-Papiere und gesichertes Know-how inform von White-papers gratis abrufen
- Regionalgruppe: auch ganz in Ihrer Nähe finden Treffen und Veranstaltungen von GABAL statt – Menschen und Methoden in Aktion kennen lernen
- Jahres-Symposium: Schnuppern Sie die legendäre „GABAL-Atmosphäre“ und diskutieren Sie auch mit „Größen“ und „Trendsettern“ der Branche.

Über Veröffentlichungen auf der Website (Links, White-papers) steigen Mitglieder „im Ansehen“ der Internet-Suchmaschinen.
Neugierig geworden? Informieren Sie sich am besten gleich!

„Es ist viel passiert, seit Gründung von GABAL: Was 1976 als Paukenschlag begann, ... wirkt weit in die Bildungs-Branche hinein: Nachhaltig Wissen und Können für künftiges Wirken schaffen ...“
(Prof. Dr. Hardy Wagner, Gründer GABAL e.V.)